全国高职高专规划教材

冲压成形工艺与模具设计

原红玲　主编

中国环境出版集团・北京

图书在版编目（CIP）数据

冲压成形工艺与模具设计/原红玲主编. —北京：中国环境出版集团，2022.3
全国高职高专规划教材
ISBN 978-7-5111-5087-5

Ⅰ. ①冲… Ⅱ. ①原… Ⅲ. ①冲压—工艺学—高等职业教育—教材②冲模—设计—高等职业教育—教材 Ⅳ. ①TG38

中国版本图书馆 CIP 数据核字（2022）第 040050 号

出 版 人 武德凯
责任编辑 黄晓燕 侯华华
责任校对 任 丽
封面设计 宋 瑞

出版发行 中国环境出版集团
（100062 北京市东城区广渠门内大街 16 号）
网 址：http://www.cesp.com.cn
电子邮箱：bjgl@cesp.com.cn
联系电话：010-67112765（编辑管理部）
010-67112735（第一分社）
发行热线：010-67125803，010-67113405（传真）
印 刷 北京中科印刷有限公司
经 销 各地新华书店
版 次 2022 年 3 月第 1 版
印 次 2022 年 3 月第 1 次印刷
开 本 787×960 1/16
印 张 23.5
字 数 500 千字
定 价 52.00 元

编写人员

主　编　原红玲

副主编　胡卫才　王　颖　李昌权　原晴晴

参　编　伍仕雄　何建林　张琴琴　张　斌

主　审　刘　斌

前 言

进入21世纪，制造技术在中国迅猛发展，模具技术作为现代制造技术的一个重要组成部分，对国民经济的发展起到了越来越重要的作用。冲压加工具有生产率高、生产成本低、操作简单、适合大批量生产等优点，在航空、机械、电子、家电等领域得到了越来越广泛的应用。

本书按照《国家职业教育改革实施方案》等文件要求，根据模具技术应用及发展对高素质技术技能人才的实际要求，组织具有丰富教学经验的“双师素质”教师和企业技术人员，按照“专业课程内容与职业标准对接，教学过程与生产过程对接”的原则，根据冲压模具设计的实际工作过程，重构课程结构和知识序列，精选项目载体，从生产实践的角度精心组织、编写教材内容，培养学生的冲压成形工艺设计、冲压模具设计等职业能力。

本书由广东环境保护工程职业学院原红玲教授任主编并统稿，华南理工大学刘斌教授任主审。项目1由广州科技职业技术大学李昌权和台山市冠立金属制品有限公司伍仕雄编写，项目2由广东环境保护工程职业学院原红玲编写，项目3由珠海城市职业技术学院张斌和郑州日发汽车零部件有限公司原晴晴编写，项目4由广东环境保护工程职业学院胡卫才编写，项目5由广东环境保护工程职业学院何建林编写，项目6由佛山职业技术学院王颖编写，项目7由广东环境保护工程职业学院张琴琴编写。本书配套动画的版权和二维码维护归属本书编者。如需动画源文件和教材配套课件，请联系1074541184@qq.com。

本书所有参考文献均在书后列出，在此对相关作者表示感谢！

由于作者水平有限，书中错误、缺点在所难免，恳请读者批评指正。

编　者

2021年10月

目　录

项目 1　冲压模具的安装与调试

【知识目标】

掌握冲压基本工序分类；

掌握冲压模具的分类与结构；

掌握冲压设备的基本分类，曲柄压力机的结构和主要技术参数；

掌握冲压模具安装的工艺步骤与方法；

了解冲压工艺的现状和发展方向。

【能力目标】

能对冲压模具进行装配、调试和维修；

能解决冲压模具装配、调试过程中出现的技术问题。

【素质目标】

培养学生良好的职业道德和职业习惯；

培养学生良好的沟通协调能力和团队协作精神；

培养学生强烈的安全意识和创新精神。

【项目描述】

装配和拆卸如图 1-1 所示的导柱式冲裁模具，学习模具结构，并正确地安装在压力机上。

图 1-1　导柱式冲裁模具

任务 1.1 冲压模具的拆装

【任务描述】

按照冲压模具拆装任务单，分组进行冲压模具拆装；认识模具结构及工作原理，画出模具装配图，并注明各零件名称。

【相关知识】

1.1.1 冲压与冲压模具的概念

冲压是塑性加工的基本方法之一。冲压是在室温下，利用安装在压力机上的模具对材料施力，使其产生分离或塑性变形，从而获得所需零件的一种压力加工方法。

由于冲压加工通常是在室温下进行的，所以常被称为冷冲压，又由于它的加工材料主要是板料，所以又称为板料加工。冲压不但可以加工金属材料，还可以加工非金属材料。

在冲压加工中，将材料加工成冲压零件（或半成品）的特殊工艺装备，称为冲压模具或冷冲模。冲压模具是冲压加工中必不可少的工艺装备，没有符合要求的冲压模具，冲压加工就无法进行；没有先进的冲压模具，先进的冲压工艺就无法实现。在冲压零件的生产中，合理的冲压成形工艺、先进的模具、高效的冲压设备是必不可少的三要素，如图 1-2 所示。

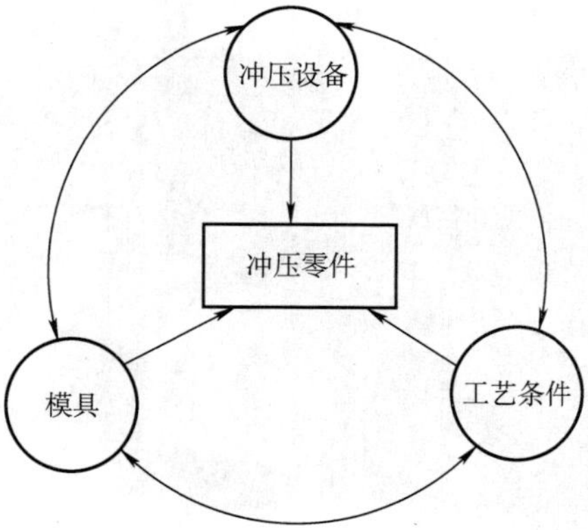

图 1-2 冲压零件质量的影响因素

1.1.2　冲压的特点及应用

1.1.2.1　冲压生产的特点

与其他加工方法相比，冲压生产无论在技术方面还是经济方面都具有优点：

①冲压件质量稳定，尺寸精度高。由于冲压生产是利用模具成形，模具制造精度高，故冲压件质量稳定，制件互换性好，尺寸精度高。一般情况下，冲压生产的尺寸精度可达 IT 10～14 级，有的制件不需要再进行机械加工，便可满足装配和使用要求。

②生产率高，成本低。冲压生产是利用冲压模具和冲压设备完成加工，其生产率高，操作方便，易于实现机械化、自动化。对于普通压力机，每分钟可生产几件到几十件制件，高速压力机每分钟可生产数百件甚至上千件制件。冲压件质量轻、刚性好、强度高，冲压过程耗能少，中、大批量生产时，成本较低。

③材料利用率高。冲压生产是一种少或无切削加工的方法之一。冲压生产能实现少废料甚至无废料生产，在某些情况下，边角余料也可以充分利用（冲压小零件）。因此，材料的利用率高，一般为 70%～85%。

④易得到复杂制件。由于利用模具加工，所以可以获得用其他加工方法不能或难以制造的形状复杂的零件。

冲压生产的缺点：

①模具制造周期长、制造成本高，不适应于小件生产。冲压生产多采用机械压力机，由于滑块往复运动快，手工操作时，劳动强度较大，易发生事故，故必须重视安全生产、安全管理和采取必要的安全技术措施。

②冲压加工产生振动和噪声两种环境影响。这些问题并不完全是冲压工艺本身带来的，主要是由传统的冲压设备落后造成的。随着科学技术的进步，这两种环境影响会得到一定程度的解决。

1.1.2.2　冲压生产的应用

由于冲压生产存在上述诸多优点，冲压加工的应用十分广泛。在汽车、拖拉机、电机、电器、仪表、玩具以及日常生活用品的生产方面，冲压加工都占有十分重要的地位。过去用铸造、锻造、切削加工方法制造的很多零件，现在被刚度好、质量轻的冲压件代替。

近年来的统计表明，在机电以及仪器、仪表生产中，有 60%～70%的零件是采用冲压工艺完成的。在汽车生产中大概有 60%～70%的零件是采用冲压工艺制成的，冲压生产所占的劳动量是整个汽车行业劳动量的 25%～30%。在电子产品中，冲压件所占的比例也相当大。人们日常生活中的金属制品，冲压件所占的比例更大，如不锈钢餐具等。因此，冲压技术应用非常广泛，学习、研究和发展冲压技术，对发展我国国民经济和加速工业建设现代化具有重要意义。

1.1.3 冲压工艺基本工序

冲压生产的零件，由于其形状、尺寸、精度要求、生产批量、原材料等各不相同，因此生产中所采用的冲压工艺方法也多种多样，概括起来，大致可分为分离工序和成形工序两大类。详见表 1-1 和表 1-2。

分离工序是使板料沿一定的轮廓线分离而获得一定形状、尺寸和断面质量的冲压件（俗称冲裁件）的工序，主要包括冲孔、落料、切断等工序。

成形工序是材料在不破裂的条件下产生塑性变形而获得的一定形状、尺寸和精度冲压件的加工工序，主要包括弯曲、拉深、翻边、胀形、缩口等。

表 1-1 分离工序

工序名称	工序简图	工序特点及应用范围
落料	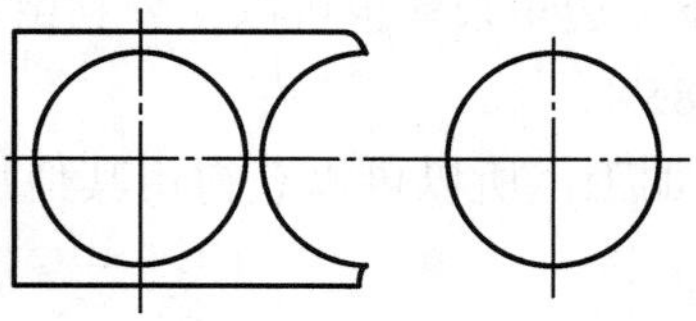	利用冲压模具沿着封闭轮廓线冲切，冲下的部分为制件，用于制造各种形状的平板制件
冲孔	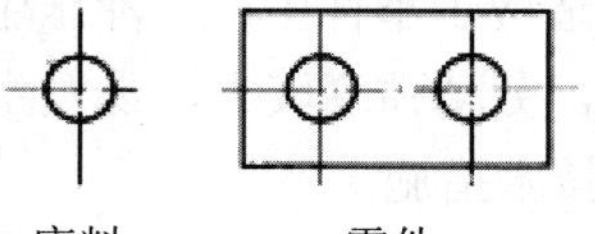	利用冲压模具沿着封闭轮廓线冲切，冲下的部分为废料，用于制件上去除废料
切断	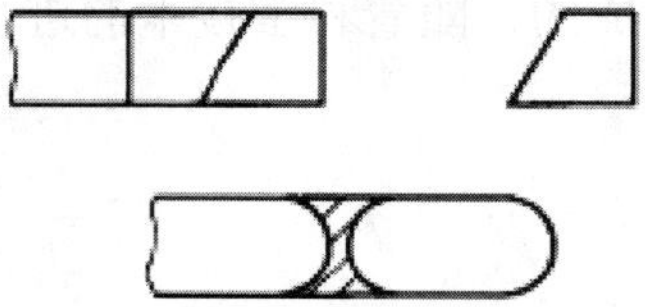	用剪刀或冲压模具沿不封闭曲线切断，多用于加工形状简单的平板零件
剖切		把冲压加工后的半成品切开成为两个或多个零件，多用于不对称零件的成双或成组冲压成形之后
修边	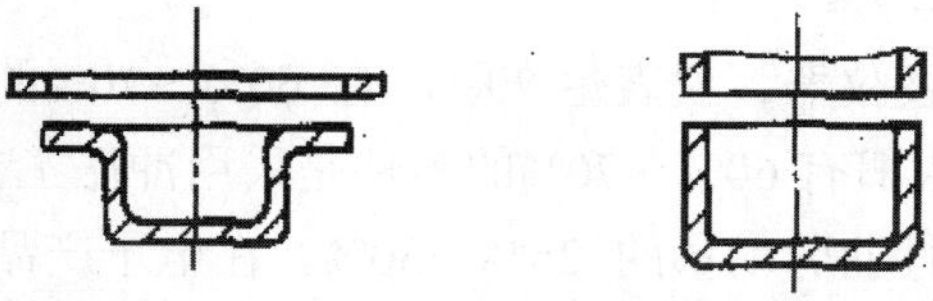	将成型零件的边缘修切整齐或修切成其他形状

表 1-2　成形工序

工序名称	工序简图	工序特点及应用范围
弯曲	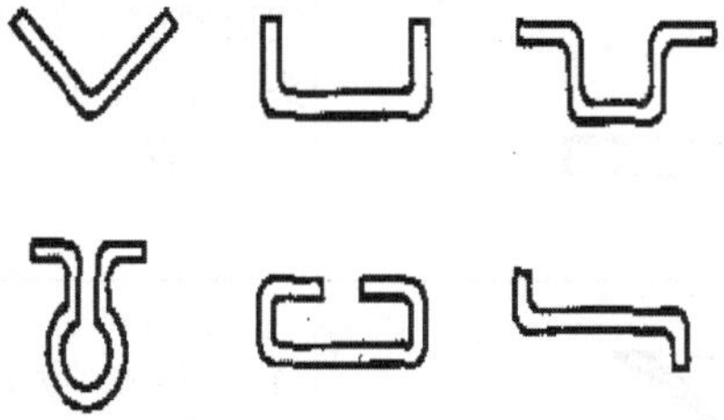	用弯曲模具将平板毛坯（或丝料、杆件毛坯）压弯成一定尺寸和角度，或将已弯件做进一步弯曲。可以加工各种复杂的弯曲件
拉深	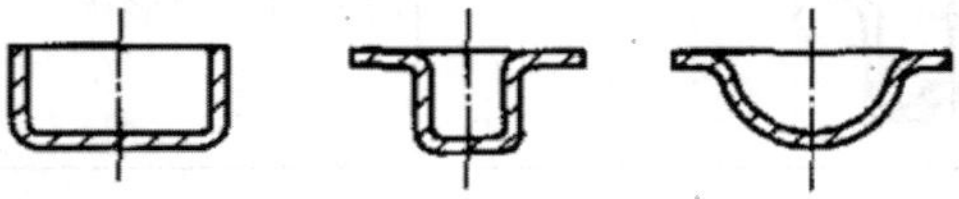	将平板毛坯冲制成空心制件，或将小口径空心零件冲制成大口径空心制件
变薄拉深	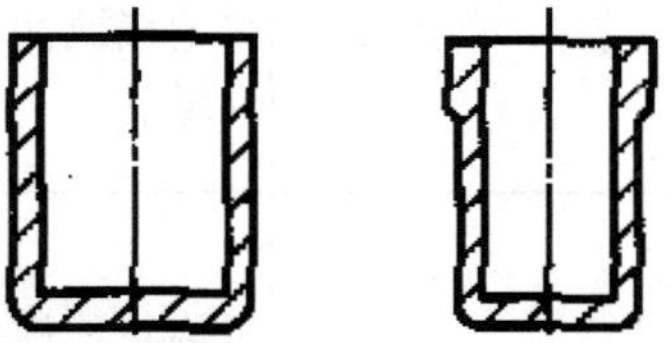	把拉深加工后的空心半成品进一步冲制成为底部厚度大于侧壁厚度的制件
翻边		把半成品制件的外缘或内孔冲制成竖立的边缘
胀形	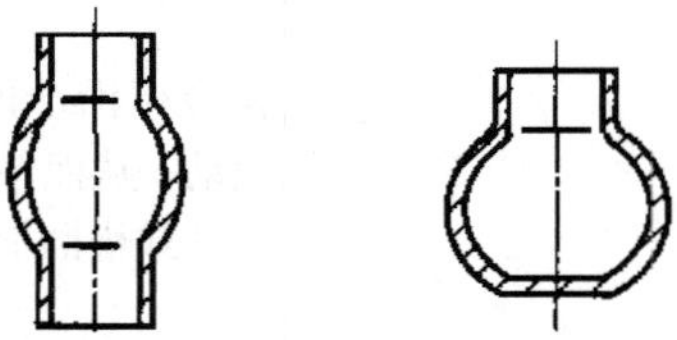	将空心工序件或管状件沿径向向外扩张，形成局部直径较大的制件
起伏成形		在板料毛坯或制件的表面局部地方压制出各种凸起或凹陷的形状
扩口		在空心毛坯或管状毛坯的某个部位施力使其径向尺寸扩大
缩口	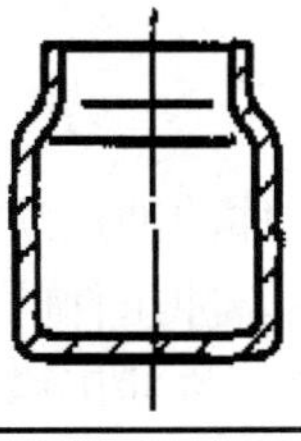	在空心毛坯或管状毛坯的口部施力使其径向尺寸变小

工序名称	工序简图	工序特点及应用范围
卷圆	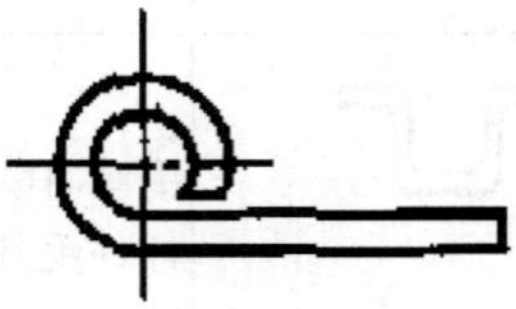	把板料端部卷成接近封闭的半圆头，常用于加工类似铰链的零件以及日用品部分制件
整形	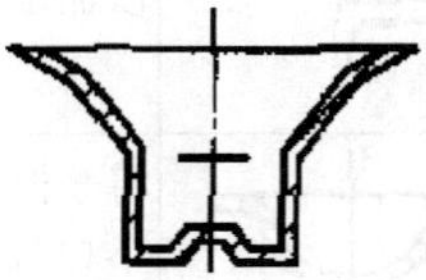	将弯曲、拉深或其他成形件校正成最终的正确形状
校平	 表面有平面度要求	将毛坯或冲裁件的不平度和挠曲度压平
旋压	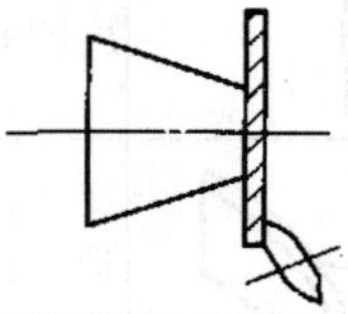	用旋轮使旋转状态下的坯料逐步成形为各种旋转体空心件
冷挤压	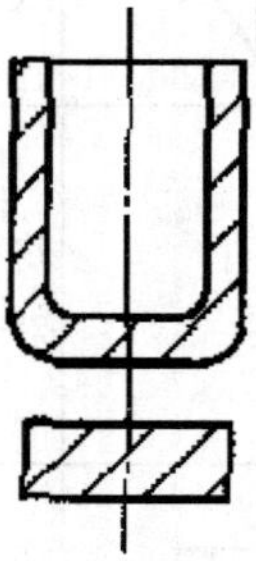	使金属沿凸凹模间隙或凹模模口流动，从而使原毛坯转变为薄壁空心件或横断面小的半成品
顶镦	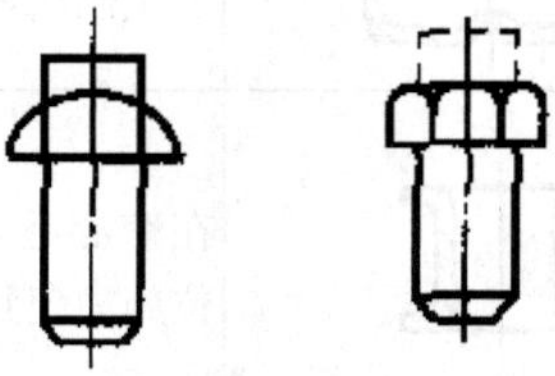	将杆状坯料局部镦粗

1.1.4　冲压模具的分类

冲压模具是冲压生产的主要工艺装备。冲压件的冲压质量、生产效率以及生产成本等，都与模具类型及其结构设计有直接关系。冲压件的品种、式样很多，所以冲压模具的类型也是多种多样的。为了研究方便，将冲压模具按照不同特征进行分类。一般有以下几种分类方法。

（1）按冲压工艺进行分类

①冲裁模具，又可分为冲孔模具、落料模具、切口模具、切断模具、剖切模具等。

②弯曲模具，又可分为自由弯曲模具、校正弯曲模具、V形弯曲模具、U形弯曲模具等。

③拉深模具，又可分为无凸缘筒形件拉深模具、有凸缘筒形件拉深模具、锥形件拉深模具、阶梯形件拉深模具、球面件拉深模具、抛物面件拉深模具、盒形件拉深模具等。

④成形模具，又可分为胀形模具、翻边模具、缩口模具、校形模具等。

（2）按工序组合程度进行分类

①单工序模：压力机行程一次，只对板料完成一种冲压工序的模具，如落料模具、冲孔模具、切边模具、弯曲模具、拉深模具等。单工序模结构简单，造价低，生产率低，形位精度低。

②复合模：模具上仅有一个工位，安排有两对或两对以上的凸、凹模，压力机行程一次，能对板料完成两种（或两种以上）冲压工序的模具。其结构的主要特点是具有复合形式的凸凹模，它既是落料的凸模，又是冲孔的凹模。复合模结构复杂，造价高，生产率适中，形位精度高。

③连续模：模具上有 n 个（$n>1$）工位，在一直线上等距离安装 n 对凸、凹模，条料送进一次，压力机行程一次，模具对板料的不同（n 个）位置上完成 n 对冲压，连续送进，连续冲压。连续模结构复杂，生产率高，产品形位精度适中。连续模又称为级进模或跳步模。

（3）按上下模的导向方式分类

按上下模的导向，冲压模具分为无导向的开式模具、有导向的导板模具和导柱模具等。

（4）按导料或定位形式分类

按导料或定位形式，冲压模具分为固定导料销模具、活动导料销模具、导正销模具、侧刃定距模具等。

此外，可以依据对冲裁件尺寸、精度等质量的不同，把模具分为精密冲裁模具和普通冲裁模具；依据模具体积的大小，把模具分为小型模具、中型模具和大型模具等。有时还可以根据压力机类型、送料方式、出件方式等对模具进行分类。

1.1.5　冲压模具的结构组成

1.1.5.1　模具零件的分类

尽管冲压模具很复杂，但总体分为上、下模两部分。上模固定在压力机滑块上，随滑块一起往复运动，下模固定在压力机工作台上。冲裁模的组成零件，一般有以下 6 类：

①工作零件，作用是直接使被加工材料变形、分离。典型零件有凸模、凹模、凸凹模等。

②定位零件，作用是使毛坯在模具上能迅速、准确地放正。典型零件有定位钉、定位块、导料板、导正销等。

③压料、卸料和顶件零件，作用是保证冲裁完毕后，将工件或废料从模具中排出，以便顺利实施下次冲裁。典型零件有卸料板、顶件板、打料机等。

④导向零件，作用是确保上、下模运动方向准确，使凸模与凹模之间保持均匀的间隙。典型零件有导柱、导套、导板等。

⑤支承零件，作用是将上述各类零件固定于一定部位上或将冲模与压力机连接，它是冲模的基础零件。典型零件有上、下模座，模板，固定板等。

⑥连接件，如螺钉、销钉等。

以上组成冲模的 6 类零件在冲裁的过程中互相配合，保证冲裁工作的正常进行，从而冲出合格的工件。应该指出，并不是所有的冲模都有上述 6 大类零部件，在新产品试制或小批量生产时，为了缩短试制周期和降低成本，经常设计简易模具，只有工作零件、支承零件和必要的连接件。在大批量生产时，为了确保工件质量和提高劳动生产率，除了上述 6 类零件外，很多模具还附加自动送料装置。

1.1.5.2 工艺零件和结构零件

根据 6 大类零部件在模具中的不同作用，又可以将它们分成工艺零件和结构零件两大类。

①工艺零件：直接完成冲压工艺过程并和坯料直接发生作用的零件，包括工作零件、定位零件，以及压料、卸料和顶件零件。

②结构零件：不直接参与完成工艺过程，也不和坯料直接发生作用，只对模具完成工艺过程起保证作用或对模具的功能起完善作用的零件，包括导向零件、支承零件和连接件。

1.1.6 冲压模具常用标准

1.1.6.1 冲压模具标准化的意义

冲压模具标准是指在冲模设计与制造中应该遵循和执行的技术规范和标准。制定冲压模具标准的意义有以下几个方面：

①可以缩短模具设计与制造周期。因为模具结构及制造精度与冲压件的形状、尺寸精度以及生产的批量有关，所以冲压模具的种类繁多而且结构十分复杂。比如

精密级进模的模具零件有时有上百个（甚至更多），这样使得模具的设计与制造周期较长。而实现模具标准化后，所有标准件都可以外购，从而简化了模具的设计，减少了模具零件的制造工作量，最终缩短了模具的制造周期。

②有利于保证质量。可以稳定和保证模具设计质量和制造中必须达到的质量规范，以保证冲压件的质量。

③有利于模具的计算机辅助设计与制造。模具技术标准是实现模具计算机辅助设计与制造的基础，可以这样说：没有模具标准化就没有模具的计算机辅助设计与制造。

④有利于国际国内的交流与合作。技术名词术语、技术条件的规范化、标准化将有利于国内、国际的商业贸易和技术交流，增强企业、国家的技术经济实力。我国在模具行业中推广使用的模具标准是经国家技术监督局批准的国家标准（GB）和机械行业标准（JB）。另外还有国际模具标准化组织ISO/TC29/SC8制定的冲压模具和成形模标准。除此之外，由于我国一些企业从国外引进了大量级进模与汽车覆盖件模具，随着模具的引进，国外冲模标准也在我国一些企业中引用，如日本三住商事株式会社（MISUMI）的Face标准、德国STRACK公司标准和美国DANLY公司标准等。

1.1.6.2　冲压模具常用标准简介

我国已颁布的冲压模具技术标准见表1-3。

表1-3　我国已颁布的冲压模具标准

分类	标准名称	标准代号
基础工艺质量	1）冲模术语	GB/T 8845—2006
	2）冲压件尺寸公差	GB/T 13914—2002
	3）冲压件角度公差	GB/T 13915—2002
	4）冲压件形状和位置未注公差	GB/T 13196—2002
	5）冲压件未注公差尺寸极限偏差	GB/T 15055—2007
	6）冲裁间隙	GB/T 16743—1997
	7）冲模技术条件	GB/T 14662—2006
	8）金属冷冲压件　结构要素	JB/T 4378.1—1999
	9）金属冷冲压件　通用技术条件	JB/T 4378.2—1999
	10）精密冲裁件　通用技术条件	JB/T 6958—1993
	11）金属板料拉深工艺设计规范	JB/T 6959—1993
	12）冲压剪切下料　未注公差尺寸的极限偏差	JB/T 4381—1999
	13）高碳高合金钢制冷作模具显微组织检验	JB/T 7713—1995
	14）冲模用钢及其热处理技术条件	JB/T 6058—1992

分类	标准名称	标准代号
模架	1）冲模滑动导向模架	GB/T 2851—2008
	2）冲模滚动导向模架	GB/T 2852—2008
	3）冲模滑动导向钢板模架	JB/T 7181.1～7181.4—1995
	4）冲模滚动导向钢板模架	JB/T 7182.1～7182.4—1995
	5）冲模模架零件技术条件	JB/T 8070—2008
	6）冲模模架精度检查	JB/T 8071—2008
	7）冲模模架技术条件	JB/T 8050—2008
零部件	1）冲模滑动导向模座（上模座）	GB/T 2855.1—2008
	2）冲模滑动导向模座（下模座）	GB/T 2855.2—2008
	3）冲模滚动导向模座（上模座）	GB/T 2856.1—2008
	4）冲模滚动导向模座（下模座）	GB/T 2856.2—2008
	5）冲模模板	JB/T 7643.1～7643.6—2008
	6）冲模单凸模模板	JB/T 7644.1～7644.8—2008
	7）冲模导向装置	JB/T 7645.1～7645.8—2008
	8）冲模模柄	JB/T 7646.1～7646.6—2008
	9）冲模导正销	JB/T 7647.1～7647.4—2008
	10）冲模侧刃和导料装置	JB/T 7648.1～7648.8—2008
	11）冲模挡料和弹顶装置	JB/T 7649.1～7649.10—2008
	12）冲模卸料装置	JB/T 7650.1～7650.8—2008
	13）冲模废料切刀	JB/T 7651.1～7651.2—2008
	14）冲模限位支承装置	JB/T 7652.1～7652.2—2008
	15）冲模零件技术条件	JB/T 7653—2008
	16）冲模　圆柱头直杆圆凸模	JB/T 5825—2008
	17）冲模　圆柱头缩杆圆凸模	JB/T 5826—2008
	18）冲模　60°锥头直杆圆凸模	JB/T 5827—2008
	19）冲模　60°锥头缩杆圆凸模	JB/T 5828—2008
	20）冲模　球锁紧圆凸模	JB/T 5829—2008
	21）冲模圆凹模	JB/T 5830—2008

1.1.7 冲压模具装配工具与步骤

1.1.7.1 冲压模具拆装工具

模具拆装常用工具如图 1-3 所示。

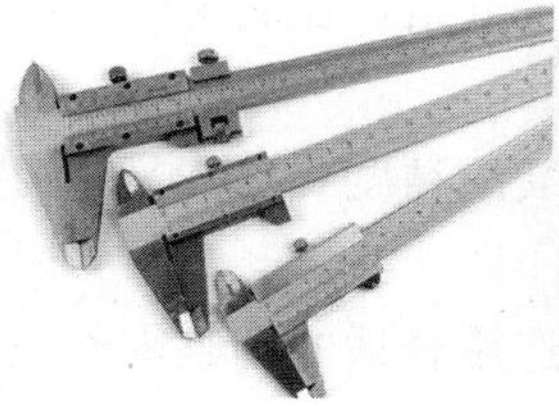

游标卡尺

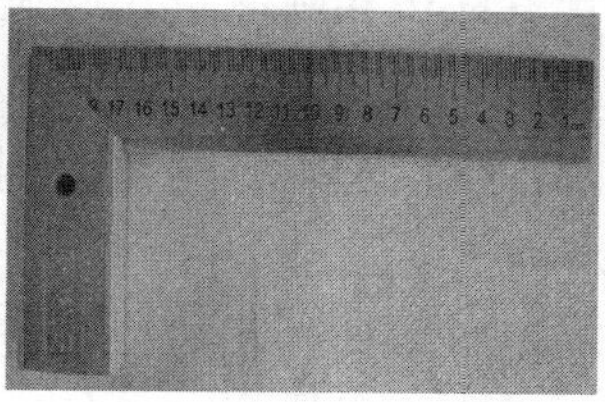

角尺

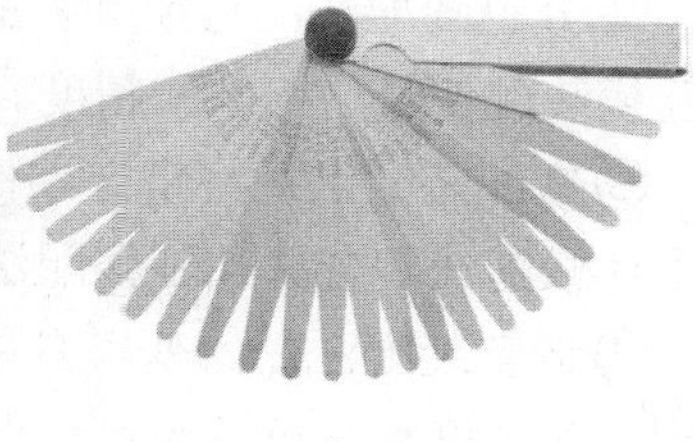

塞尺

活动扳手

内六角扳手

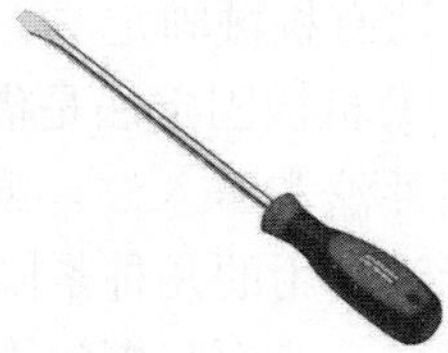

一字螺丝刀

台虎钳

等高垫块

橡皮锤

图 1-3　模具拆装常用工具

1.1.7.2　冲压模具装配基本知识

（1）模具装配的组织形式

模具装配的组织形式，主要取决于模具生产批量的大小。主要的组织形式有固定式装配和移动式装配两种：①固定式装配是指从零件装配成部件或模具的全过程是在固定的工作地点完成的，又可分为集中装配和分散装配两种形式。②移动式装配是指每一装配工序按一定的时间完成，装配后的组件、部件或模具经传送工具输送到下一个工序。根据输送工具的运动情况可分为断续移动式和连续移动式两种。

（2）模具的装配方法

模具的装配方法是根据模具的产量和装配的精度要求等因素来确定的。目前，模具装配常用的方法有以下几种：

①互换装配法：根据模具装配零件能够达到的互换程度，可分为完全互换法和不完全互换法。

②分组装配法：将模具各配合零件按实际测量尺寸进行分组，在装配时按组进行互换装配使其达到装配精度。

③修配装配法：将指定零件的预留修配量修去，达到装配精度要求，又分为指定零件修配法和合并加工修配法两种。

④调整装配法：改变模具中可调整零件的相对位置或选用合适的调整零件，以达到装配精度，又可分为可动调整法和固定调整法两种。

（3）冲压模具零件的固定方法

凸模、凹模在固定板上的固定，是冲压模具装配中的关键工序之一。常用的固定方法有机械固定法、物理固定法和化学固定法。

①机械固定法是借助于机械力来固定模具零件的方法。根据其紧固方式又分为紧固件法和压入法。紧固件法是利用紧固零件将模具零件固定的一种方法。图 1-4 所示为常用的几种紧固件法固定示例。图 1-4（a）为凸模与固定板孔采用 H7/m6 配合形式，背面用螺钉固定。图 1-4（b）为大尺寸凸、凹模直接用螺钉、圆销固紧、定位。图 1-4（c）、图 1-4（d）为简单弯曲凸模的固定方法。压入法是利用配合零件的过盈量将零件压入配合孔中使其固定的方法。压入法固定牢固可靠，是冲模凸模、凹模固定的常用工艺方法，适用于大批量生产。压入法有台肩固定和铆接两种形式，图 1-5（a）为台肩固定形式，图 1-5（b）为铆接固定形式，图 1-5（c）为凹模镶套台肩固定形式。

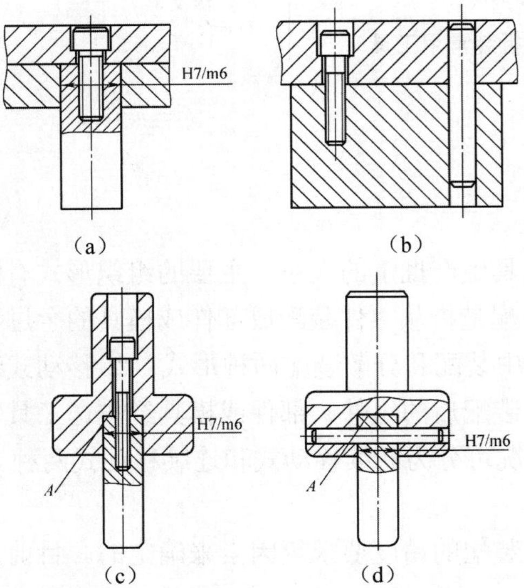

图 1-4　紧固件法固定示例

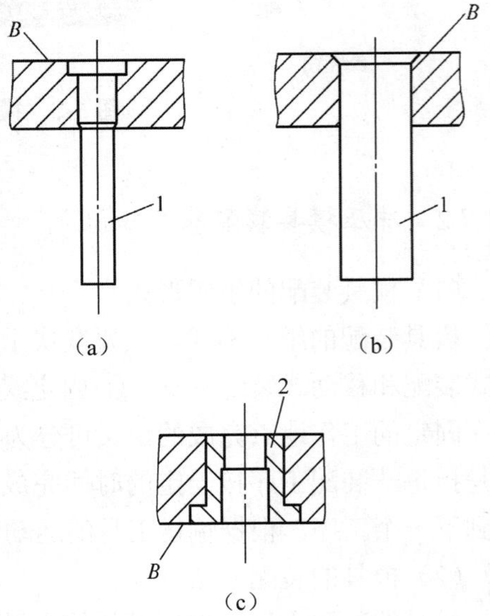

1—凸模；2—凹模镶套。

图 1-5　压入法固定示例

②物理固定法是利用金属材料热胀冷缩或冷胀的物理特性进行固定模具零件的方法，常用的有热套法和冷胀法（低熔点合金固定法）。热套法一般用于硬质合金凹模和冷挤凹模。冷胀法即低熔点合金固定，可用于凸模固定。生产批量不大时使用非标准模架，将导柱、导套固定于模座。

③化学固定法是利用有机或无机黏结剂，将模具固定零件进行粘接固定的方法。常用的有环氧树脂粘接和无机粘接两种方式，多用于凸模固定，也可用于非标准模架中导柱、导套的固定。

1.1.7.3 冲压模具拆装步骤

对于初学者来说，模具的拆装是学习模具结构的重要环节。

（1）拆装前准备

仔细观察已准备好的冲压模具，熟悉其各零部件的名称、功用及相互装配关系。

（2）拆卸步骤

①按拟定的拆模顺序将冲模拆为几个部件，再将其分解为单个零件，并进行清洗。

②深入了解以下几个方面：凸、凹模的结构形状，加工要求与固定方法；定位与导料零件的结构形式及定位特点；卸料、压料零件的结构形式、动作原理及安装方式；导向零件的结构形式与加工要求；支承零件的结构及其作用；紧固件及其他零件的名称、数量和作用。

③在拆卸过程中，要记清各零件在模具中的位置及配合关系。

（3）模具装配步骤和方法

①组件装配：将模柄与上模座，凸模与固定板，凹模与固定板等按照确定方法装配好（组件装配内容视具体模具而定），并注意装配精度的检验。

②确定装配基准：在模具总装前，根据模具零件的相互依赖关系，易于保证的装配精度，来确定装配基准。单工序模选择在装配过程中受限制较大的凸模（或凹模）部分为基准；复合模以及凸凹模作为装配基准；连续模以凹模为装配基准。

③确定装配顺序：依据装配基准，按顺序将各部件组装、调整，恢复模具原样。

注意：装配过程中，合理选择装配方法，保证装配精度，并注意对工作零件的保护。

任务 1.2　冲压模具的安装与调试

【任务描述】

将指定模具安装在曲柄压力机上，并进行试冲，根据试冲零件缺陷分析原因，通过调整模具安装解决零件缺陷问题。

【相关知识】

1.2.1　常用冲压设备

在冲压生产中，最常用的是曲柄压力机（俗称冲床）、摩擦压力机、偏心压力机、油压机等。

1.2.1.1　冲压设备的分类和型号

根据冲压设备驱动方式和工艺用途的不同，可对冲压设备进行分类。

按冲压设备驱动方式可分为机械压力机和液压压力机；按冲压设备的工艺用途可分为通用曲柄压力机、拉深压力机、板冲高速自动机、板冲多工位自动机、精密冲裁压力机、数控压力机、摩擦压力机、旋压机、板料成形液压机、冷挤压机、精压机、剪切机等。

冲压设备属于锻压机械类，锻压机械的基本型号由汉字拼音字母、英文字母和阿拉伯数字组成。如 JC23-63A 的意义见图 1-6。

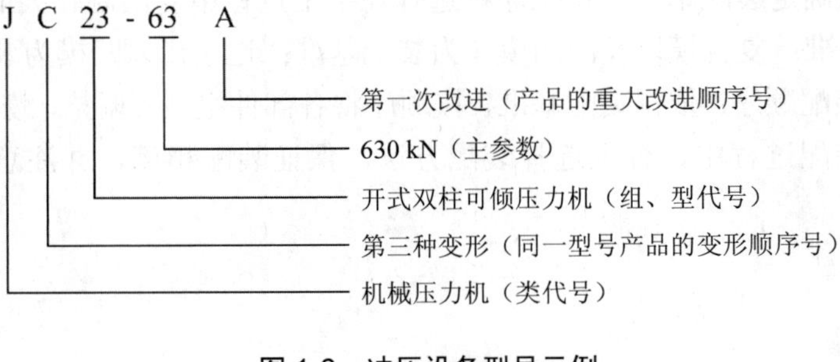

图 1-6　冲压设备型号示例

图 1-6 中，字母 J 代表锻压机械的大类，称为类别，见表 1-4。同一类锻压机械中分为若干列，称列别，由第 1 位数字（自左向右）表示，同一列中又分为若干组，

由第 2 位数字表示，见表 1-5，在第 2 位数字之后的数字代表锻压机械的主要规格，一般为公称压力，单位为 tf。转化为法定单位的“kN”时，应该用 10 乘该数字。第 2 位数字与规格部分的数字之间以短线“-”隔开。

表 1-4　通用锻压设备的类别代号

类别	机械压力机	液压机	线材成形自动机	锤	锻机	剪切机	弯曲校正机	其他
字母代号	J	Y	Z	C	D	Q	W	T

在类、列、组和主要规格完全相同只是次要参数与基本型号不同的压力机，按机床变型处理，即在原型号的字母后（第 1 位数字前）加字母 A、B、C…，依次表示第 1、第 2、第 3…变型。

对型号已确定的锻压机械，如在性能和结构上有所改进，按改进处理，即在原型号的末端加字母 A、B、C…，依次表示第 1 次、第 2 次、第 3 次…改进。

有些锻压设备，紧接组、型代号的后面还有一个字母，代表设备的通用特性，如 J92K-25 中的“K”表示“数控”；通用曲柄压力机型号 J21G-20 中的“G”表示“高速”，见表 1-5。

表 1-5　通用曲柄压力机型号

组		型号	名称	组		型号	名称
特征	号			特征	号		
开式单柱	1	1	单柱固定台压力机	闭式	3	1	闭式单点压力机
		2	单柱升降台压力机			2	闭式单点切边压力机
		3	单柱柱形台压力机			3	闭式倒滑压力机
开式双柱	2	8	开式柱形台压力机			6	闭式双点压力机
						7	闭式双点切边压力机
		9	开式底传动压力机			9	闭式四点压力机

1.2.1.2　曲柄压力机的结构与原理

冲压工艺过程中的动力来源于压力机。压力机种类繁多，但是生产中最常见、应用最多的是机械式曲柄压力机。

曲柄压力机（亦称冲床）的结构和工作原理见图 1-7，电动机 1 通过带传动带动大带轮 3 转动，小齿轮 4 与大齿轮 5 啮合使曲轴 7 转动，经过连杆 9 带动滑块 10 做上下直线移动。上模 11 固定于滑块上，下模 12 固定于工作台垫板 13 上，压力机便能对置于上、下模间的材料加压。为了满足使用需求，曲轴的两端分别装有离合器6和制动器8，以实现滑块的控制运动。飞轮装在传动轴端，这样能使电动机的负荷均匀和有效地利用能量，起到储能作用，大齿轮5起飞轮的作用。

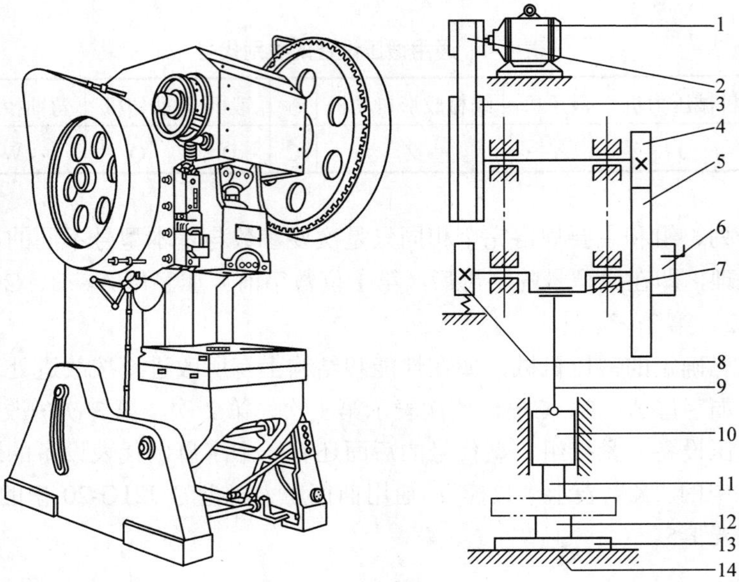

1—电动机；2—小带轮；3—大带轮；4—小齿轮；5—大齿轮；6—离合器；7—曲轴；8—制动器；9—连杆；10—滑块；11—上模；12—下模；13—垫板；14—工作台。

图1-7 JB23-63压力机外形和工作原理示意图

按下开关，电动机旋转，小带轮带动大带轮转动，通过小齿轮再带动大齿轮转动。合上离合器，曲轴开始转动，然后通过连杆滑块机构，带动滑块做上、下往复直线运动。压力机每完成一个冲次，即上、下运动一个循环，离合器会自动分离，滑块会自动停在上止点，只有开启连续冲压开关，压力机才会连续循环冲压。

1.2.1.3 压力机正确的操作

压力机的操作是一项很简单的工作，但是，错误的操作会使压力机、模具、工件遭受破坏，甚至会导致人身事故的发生。所以，正确操作是安全使用压力机的重要前提，应高度重视。

①操作压力机必须经过学习，掌握设备的结构、性能，熟悉操作规程，取得操作许可后方可独立操作。

②正确使用设备上的安全保护和控制装置，不得任意拆动。

③检查机床各传动、连接、润滑等部位及防护保险装置是否正常，装模具螺钉必须牢固，不得移动。

④机床在工作前应空运转2～3 min，检查脚闸等控制装置的灵活性，确认正常后方可使用，不得带病运转。

⑤安装模具要牢固，上、下模对正，保证位置正确，用手搬转机床试冲（空车），确保模具在良好状态下工作。

⑥开车前要注意润滑，取下床面上的一切浮放物品。

⑦压力机转动或运转冲制时，操作者站立要恰当，手和头部应与压力机保持一定的距离，并时刻注意冲头动作，严禁与他人闲谈。

⑧冲制短小工件时，应用专门工具，不得用手直接送料或取件。

⑨冲制长体零件时，应设置安全托料架或采取其他安全措施，以免受伤。

⑩单冲时，手脚不准放在手、脚闸上，必须冲一次搬（踏）一下，严防事故。

⑪两人以上共同操作时，负责搬（踏）闸者，必须注意送料人的动作，严禁一面取件，一面搬（踏）闸。

⑫工作完毕后，应使离合器脱开，然后切断电源，清除工作台上的杂物，用布揩拭，并在未涂油漆的部分涂上一层防锈油。

1.2.1.4　压力机上模具的安装与卸模

（1）冲压模的安装

模具在完成装配制造之后，根据压力机的冲压力大小、闭合高度、工作台尺寸等技术参数，将模具安装在合适的压力机上进行工作。冲压模的安装过程如下：

①切断电源，检查模具和压力机是否完好、正常，熟悉冲压工艺和冲压模具图纸，在确保正常的情况下，手动安装模具。

②检查安装模具所使用的紧固螺栓、螺母、压板、垫块、垫板等零件是否齐全。

③卸下打料横杆，将滑块下降到下止点，测量待装模具高度，据此调节装模高度，使其略大于模具的闭合高度。

④清除黏附在冲压模上下表面、压力机滑块底面与工作台面上的杂物，并擦洗干净。

⑤取下模柄锁紧块，将上模、下模同时推到工作台，注意将下弹顶装置放入工作台落料孔，并让模柄进入压力机滑块的模柄孔内，合上锁紧块。将压力机滑块停在下止点，并调整压力机滑块高度，使滑块与模具顶面贴合，紧固锁模块。

⑥将下模部分用压板轻轻紧固在工作台上，但不要将螺栓拧得太紧。

⑦用压力机上的连杆调整装模高度，上、下模闭合高度适当后，将压板螺栓拧紧，使滑块上升到上止点，装入打料横梁。

⑧试空车，检查压力机和模具有无异常。开动压力机，先在上下模之间放入纸片，并逐步调整滑块高度，使纸片刚好切断。然后放入试冲材料正式冲件，刚好冲下零件后，将可调连杆螺钉锁紧。

⑨调整压力机的打料横梁限止螺钉，以打料横梁能通过打料杆打下上模内的冲压废料为准。

⑩冲 5～10 件正式冲压件，确认质量是否符合要求。

工作过程：工作时，条料沿落料凹模的上平面送进，固定挡料销、导料销对条料进行定位，上模部分随压力机滑块向下运动，凸模冲入凹模内，完成对板料的冲裁分离，随后上模部分上行，包在凸模的废料和落料凹模内的制件被推出，然后坯料再一次送进，准备下一次冲裁。

（2）冲压模的拆卸

冲压模具在使用完之后，要从压力机上卸下，其步骤如下：

①手动或点动使压力机滑块下降，使模具处于完全闭合状态。

②待压力机停稳后松开模柄紧固螺钉、模具锁模块上的锁紧螺栓，让模柄或上模座与滑块松开分离。

③将滑块上升到上止点位置并离开模具的上模部分，切断压力机的电源，在滑块上升前应用手锤敲打一下上模座，以免上模座随滑块上升后又重新掉下来损坏模具刃口。

④卸开下模座压板螺钉，将模具从压力机工作台面上移出，完成卸模的全部工作。

1.2.2 冲压模具安装与调试步骤

1.2.2.1 冲压模具安装步骤

①熟悉冲压工艺和冲压模具图纸，检查所要安装的冲模和压力机是否完好正常。

②冲压模具放入压力机之前，清除黏附在冲压模上下表面、压力机滑块底面与工作台面上的杂物，并擦洗干净。

③测量冲压模具的闭合高度，并根据测量的尺寸调整压力机滑块的高度，使滑块在下止点时，滑块底面与压力机工作台面之间的距离略大于冲压模具的闭合高度。

④准备好安装冲压模具所需要的紧固螺栓、螺母、压板、垫块、垫板及冲压模具上的附件（顶杆、打杆等）。

⑤取下模柄锁紧块，将冲压模具推入，使模柄进入压力机滑块的模柄孔内，合上锁紧块，将压力机滑块停在下止点，并调整压力机滑块高度，使滑块与冲压模顶面贴合。

⑥紧固锁模块，安装下模压板，如模具有弹顶器时，应先安装弹顶器。

⑦调整压力机上的连杆，将滑块向上调 3～5 mm，开动压力机使滑块停在上止点，擦净导柱导套部位并加润滑油后，再点动压力机，使滑块上下运动 1～2 次后停在下止点，靠导柱导套将上下模具的位置导正后，将压板螺栓拧紧。

⑧开动压力机，并逐步调整滑块高度，先将上下模之间放入纸片，使纸片刚好

切断后再放入试冲材料，刚好冲下零件后，将可调连杆螺钉锁紧。

⑨若上模有顶杆（打料杆）时，要在压力机上装入打料横杆，并调整压力机的打料横杆限止螺钉，以便打料横杆能通过打料杆打下上模内的冲压废料或工件。

⑩安装好后进行试冲，如出现故障，则要分析原因进行模具的调整或修理，直到模具工作正常并冲出合格的冲压件为止。

1.2.2.2　模具安装后进行试模与调试的原因

模具按图纸技术要求加工与装配后，必须经过试模与调整工序，其目的如下：

①鉴定制件和模具的质量。模具的试冲和调整简称调试，调试的主要目的是确定制品零件和模具质量的好坏。根据试冲时出现的问题，分析产生的原因，设法加以修整和解决，使模具不仅能生产出合格的零件，而且能安全稳定地投入生产使用。

②确定成形零件的毛坯形状、尺寸及用料标准。在冷冲模中，有些形状复杂或精度要求较高的弯曲、拉深、成形等制品零件，很难在设计时精确地计算出变形前毛坯的尺寸和形状。为了得到较准确的毛坯形状和尺寸以及型腔模的用料标准，只能通过反复调试来确定。

③确定产品的成形条件和工艺规程。模具通过试冲与调整制出合格样品后，可以在试冲时掌握了解模具的使用性能，制品零件成形条件、方法和规律，从而可对模具成批生产时的工艺规程制定、指导生产提出可靠的依据。

④确定工艺设计、模具设计的某些设计尺寸。对于一些在模具设计和工艺设计中难以用计算方法确定的工艺尺寸，如拉深模的凸、凹模圆角，成形模浇口尺寸，必须经过试模和调整制出合格零件后，才能准确确定。调试时发现的有关工艺、模具设计与制造等的问题可供下次设计和制造时参考，以便进一步提高模具设计和加工水平。

⑤验证模具质量和精度，作为交付生产的依据。

1.2.2.3　冲压模具调试的内容

①将装配后的模具顺利地装在指定的压力机上。

②用指定的坯料（或材料）稳定地在模具上制作出合格的制品零件。

③检查成品零件的质量。若发现制品零件存有缺陷，应分析原因，设法对模具进行修整和调制，直到能生产出一批完全符合图纸要求的零件为止。

④根据设计要求，进一步确定某些模具经试验后所决定的尺寸，并修整这些尺寸，直到符合要求为止。

⑤在试模时，应排除影响生产、安全、质量和操作等各种不利因素，使模具能稳定、批量生产。

⑥经试模后，为工艺部门提供编制模具成批生产的工艺规程依据。

任务 1.3　冲压模具基本知识拓展阅读

【任务描述】

了解塑性变形基本知识。

【相关知识】

1.3.1　塑性变形的基本知识

1.3.1.1　金属塑性变形的基本概念

（1）塑性

塑性是金属在外力作用下，能稳定地发生永久变形而不破坏其完整性的能力。它反映了金属的变形能力，是金属的一种重要的加工性能。塑性的大小可以用塑性指标来评定，如拉伸实验时塑性指标可以用延伸率（δ）和断面收缩率（ϕ）来表示。金属的塑性不是固定不变的，会受金属的组织结构、变形温度、变形速度、制件尺寸等因素的影响。

（2）塑性变形

物体在外力的作用下产生变形，取消外力后，物体不能恢复到原始的形状与尺寸，这样的变形称为塑性变形。

（3）变形抗力

变形抗力是指金属抵抗形状变化和残余变形的能力。变形抗力反映了材料塑性变形的难易程度。一般来说，塑性好，变形抗力低，对冲压变形是有利的，但不能说某种材料塑性好，变形抗力就一定低。材料进行冷挤压时，在三向压应力作用下表现出较好的塑性，但冷挤压力同样也较大。

（4）应力

在外力的作用下，物体内各质点之间会产生相互作用的力，称为内力。单位面积上的内力叫作应力，应力有正应力（σ）和切应力（τ），单位为 MPa。

（5）应变

当物体受外力和内力作用时，会发生变形。表示物体变形大小的物理量称为应变。与应力一样，应变也有正应变（ε）和切应变（γ）。

（6）点的应力状态

材料内每一点的受力情况，通常称为点的应力状态。点的应力状态通过在该点所取的单元体上相互垂直的应力（S_x，S_y，S_z）来表示，如图 1-8（a）所示。一般可沿坐标方向将这些力分解为 9 个应力分量，其中包括 3 个正应力和 6 个剪应力，如图 1-8（b）所示。

（7）主应力与主应力图

对任何一种应力状态，总是存在这样一组坐标系，使得单元体各表面只出现正应力，而没有切应力，如图 1-8（c）所示。这 3 个正应力称为主应力，分别用σ_1、σ_2、σ_3表示。当$\sigma_1>0$时为拉应力，当$\sigma_1<0$时为压应力。用主应力表示的点的应力状态的图形称为主应力图，其可能的主应力图有 9 种，如图 1-9 所示。其中，图 1-9（a）为三向主应力图，图 1-9（b）为平面主应力图，图 1-9（c）为单向主应力图。

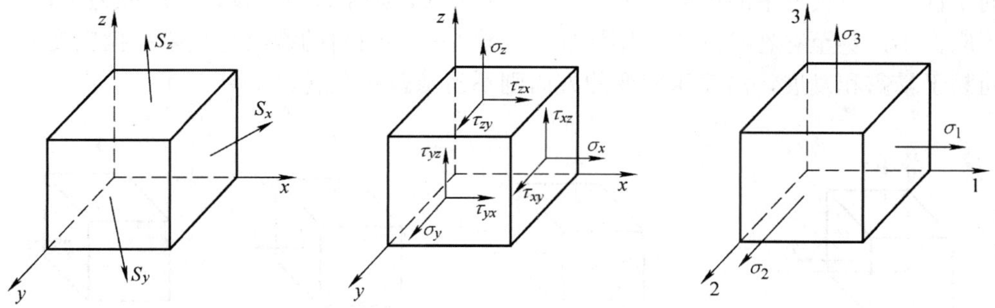

（a）　（b）　（c）

图 1-8　点的应力状态

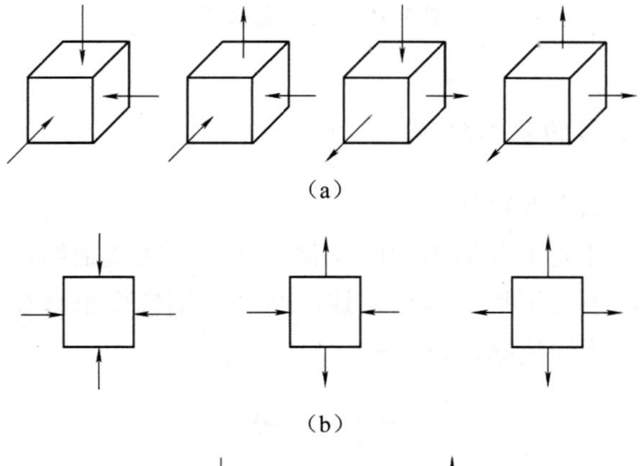

（a）

（b）

（c）

图 1-9　主应力状态

试验证明，应力状态对金属的塑性影响较大，压应力的数目越多，数值越大，金属的塑性越好；拉应力的数目越多，数值越大，金属的塑性就越差。

（8）主应变与主应变图

变形体内存在应力必定伴随应变，点的应变状态也是通过单元体来表示的。与应力状态相似，也可以用应变状态图来表示点的应变状态，同样，也可以找到一组坐标系，使得单元体各表面只出现主应变分量 ε_1、ε_2、ε_3，而没有切应变分量，如图 1-10（a）所示。其可能的应变状态仅有 3 种，如图 1-10（b）所示。

应变状态对金属塑性有较大的影响。由实践可知，单向压缩得到的变形程度比单向拉伸大得多，三向压应力状态的挤压能比二向压缩、一向拉伸的拉丝发挥更大的塑性。应力状态中的压应力个数多、压应力大，则塑性好；反之，压应力个数少、压应力小，甚至存在拉应力，则塑性差。这是因为材料的裂纹与缺陷在拉应变的方向易于暴露和发展，沿着压应变的方向则不易暴露和发展。

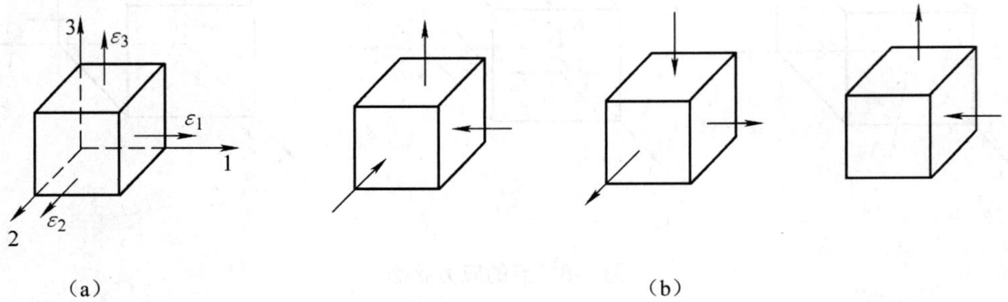

图 1-10 主应变状态

1.3.1.2 金属塑性变形的基本规律

（1）塑性变形体积不变定律

应变可以通过物体变形前后形状的变化来比较。实践证明，在物体的塑性变形中，变形前的体积等于变形后的体积，这就是金属塑性变形体积不变定律。这是变形工序中毛坯尺寸计算的依据，可用式（1-1）表示：

$$\varepsilon_1+\varepsilon_2+\varepsilon_3=0 \tag{1-1}$$

（2）塑性条件（屈服准则）

所谓塑性条件就是在单向应力状态下，如果拉伸或压缩应力达到材料的屈服点（σ_s）便可以屈服，从弹性状态进入塑性状态。但对于复杂应力状态，就不能仅仅根据一个应力分量来判断一点是否已经屈服，而要同时考虑各应力分量的综合作用。那么，在复杂应力状态下，各应力分量之间符合某种关系时，才能同单向应力状态下确定的屈服点等效，从而使物体从弹性状态进入塑性状态，此时，应力分量之间的这种关系就称为塑性条件，或称为屈服准则。

塑性条件必须经过实验验证。经过实践考验并为大家公认的塑性条件有两种：屈雷斯加（H. Tresca）屈服准则和密西斯（Von Mises）屈服准则。

①屈雷斯加屈服准则。1864 年法国工程师屈雷斯加认为，材料中最大切应力达到一定值时开始屈服，即屈雷斯加屈服准则，其数学表达式为

$$\tau_{\max}=\left|\frac{\sigma_1-\sigma_3}{2}\right|=\frac{\sigma_s}{2} \text{ 或 } |\sigma_1-\sigma_3|=\sigma_s \tag{1-2}$$

式中，σ_s ——材料的屈服极限。

②密西斯屈服准则。1913 年德国学者密西斯提出，在一定的变形条件下，无论变形物体所处的应力状态如何，只要其 3 个主应力满足以下条件，材料便开始屈服，即密西斯屈服准则，其数学表达式为

$$(\sigma_1-\sigma_2)^2+(\sigma_2-\sigma_3)^2+(\sigma_3-\sigma_1)^2=2\sigma_s^2 \tag{1-3}$$

（3）应力与应变的关系

物体受力产生变形，所以应力与应变之间一定存在某种关系。当物体产生弹性变形时，应力与应变之间的关系是线形的、变形过程是可逆的，其变形可以恢复，与物体的加载过程无关，应力与应变之间的关系可以通过广义虎克定律来表示。但物体塑性变形后，其应力与应变的关系就不同了。在单向受拉或受压时，应力与应变关系可以用硬化曲线来表示，然而在受到双向或三向应力作用时，变形区的应力与应变关系变得复杂。全量理论认为在简单加载（加载过程中只加载不卸载，且应力分量之间按一定比例递增）时，塑性变形的每一瞬间，主应力与主应变之间存在以下关系：

$$\frac{\sigma_1-\sigma_2}{\varepsilon_1-\varepsilon_2}=\frac{\sigma_2-\sigma_3}{\varepsilon_2-\varepsilon_3}=\frac{\sigma_3-\sigma_1}{\varepsilon_3-\varepsilon_1}=C \tag{1-4}$$

也可表示为

$$\frac{\sigma_1-\sigma_m}{\varepsilon_1}=\frac{\sigma_2-\sigma_m}{\varepsilon_2}=\frac{\sigma_3-\sigma_m}{\varepsilon_3}=C \tag{1-5}$$

式中，C——非负数的比例常数。在一定条件下，C 只与材料性质及变形程度有关，而与物体所处的应力状态无关，故 C 也可由单向拉伸实验求出。

（4）加工硬化现象

常用的金属材料塑性变形时，强度和硬度升高而塑性和韧性降低的现象称为加工硬化或冷作硬化。加工硬化对许多冲压工艺都有较大的影响，如由于塑性降低限制了毛坯进一步变形，往往需要在后续工序之前增加退火工序以消除加工硬化。加工硬化也有有利的一面，如提高局部抗失稳起皱的能力。

（5）反载软化现象

如果在冷塑性变形之后，再给材料反向加载，材料的屈服极限会有所降低，即反向加载时塑性变形更容易发生，这就是所谓的反载软化现象。反载软化现象对分析某些冲压工艺（如拉弯）有较大的实际意义。

（6）最小阻力定律

在塑性变形中，破坏了金属的整体平衡而强制金属流动，当变形体的质点有可能沿不同方向移动时，则每个质点沿最小阻力方向移动，这就是最小阻力定律。坯料在模具中变形，其最大变形将沿最小阻力的方向。最小阻力定律在冲压工艺中有十分灵活和广泛的应用，可用于正确指导冲压工艺及模具设计，解决实际生产中出现的质量问题。

1.3.2 常用冲压板料及其毛坯

1.3.2.1 板料的冲压成形性能

材料的冲压成形性能表明其是否便于冲压加工，一般来说，冲压成形性能包括两个方面：一是成形极限，二是成形质量，这是冲压对材料的基本要求。

材料的冲压成形性能是通过实验来获得的。实验方法主要有两种：间接实验和直接实验。间接实验的方法有拉伸实验、剪切实验和硬度实验等。拉伸实验简单易行，可测得材料的各项力学性能指标，所得结果能从不同角度反映材料的冲压性能，其中几项重要指标有：

（1）均匀延伸率（δ_b）

均匀延伸率是指在拉伸实验中开始出现拉伸细颈时的延伸率，表示材料产生均匀变形或稳定变形的能力。一般情况下，冲压成形都是在板料的均匀变形范围内进行的，所以δ_b对冲压成形有较为直接的意义。δ_b越大，材料的极限变形程度越大，越有利于冲压成形。

（2）屈强比（σ_s/σ_b）

屈强比是一项反映材料冲压性能的综合性指标。屈强比小，屈服极限（σ_s）与强度极限（σ_b）之间的差值大，允许的塑性变形区间大，这对所有的冲压变形都是有利的。

（3）硬化指数（n）

硬化指数表示材料在冷塑性变形中材料的硬化程度。n 越大的材料，硬化效果越大，这对伸长类变形是有利的。由于变形硬化引起的变形抗力的增加，可以补偿因拉伸引起的局部截面积的减小而引起的承载能力的减弱，从而阻止了局部集中变形的进一步发展，具有扩展变形区、使变形区均匀从而得到增加变形程度的作用。

（4）板厚方向性系数（r）

板厚方向性系数是指板料试样在拉伸实验时宽度应变（ε_b）与厚度应变（ε_t）的比值，又称塑性应变比。冲压成形时，一般希望变形发生在板平面方向，而厚度方向则不希望发生过大的变化。当 $r>1$ 时，表示宽度方向的变形比厚度方向的变形更大，即 r 越大，越有利于提高板料冲压成形极限。

冲压加工所用板料都是经过轧制的材料。由于纤维组织的影响，其各个方向的力学性能并不一致，因此，板厚方向性系数是从各个不同方向的取样，取其平均值。

（5）板平面方向性（Δr）

当在板料平面内不同方向上裁取实验试样时，实验中所测得的各种机械性能、物理性能等也不一样。板料这种机械性能、物理性能在板平面方向出现的各向异性，称为板平面方向性。板平面方向性的大小可以用板厚方向性系数在几个不同方向上的平均差别来衡量。板料的板平面方向性的存在，常会使拉伸件口部出现突耳，突耳的大小和位置与 Δr 有关，所以 Δr 叫作突耳参数。突耳现象影响零件的形状和尺寸精度，必要时需增加切边工序。

1.3.2.2　冲压常用材料

（1）冲压工艺对材料的要求

冲压所用的材料，不仅要满足产品设计的技术要求，还应当满足冲压工艺的要求和冲压后的加工要求（如切削加工、电镀、焊接等）。冲压工艺对材料的基本要求是：

①良好的塑性。对于冲压成形工序，为了有利于冲压变形和制件质量的提高，材料应该具有良好的塑性。对于分离工序，塑性好的材料可以得到较好的断面质量；对变形工序，塑性好，材料允许的变形程度大，可以减少冲压工序次数及中间退火次数。

②良好的表面质量。冲压时一般要求冲压材料表面光洁、平整，无氧化皮、裂纹、锈斑、划痕等缺陷。表面质量好的材料，冲压时工作不易破裂，废品较少；模具不易擦伤，寿命较高，而且制件的表面质量好。

③符合国家标准的厚度公差。材料的厚度公差应符合国家标准规定，一定的模具间隙适合一定厚度的材料，厚度公差太大，将影响工作质量，并可能损伤模具和设备。

（2）冲压常用材料的种类

冲压生产中常用的材料是金属材料，分为黑色金属和有色金属两种。

①黑色金属：普通碳素结构钢、优质碳素钢、合金结构钢、碳素工具钢、不锈钢、电工硅钢等。对厚度在 4 mm 以下的轧制薄钢板，按《冷轧钢板和钢带的尺寸、外形、重量及允许偏差》（GB/T 708—2006）的规定，钢板的厚度精度可分为Ⅰ（特别高级的精整表面）组、Ⅱ（高级的精整表面）组、Ⅲ（较高的精整表面）组、Ⅳ（普

通的精整表面）组。每组按拉深级别又可分为Z（最深拉伸）级、S（深拉伸）级、P（普通拉伸）级。

②有色金属：铜及铜合金、铝及铝合金、镁合金、钛合金等。

③非金属材料：纸板、胶木板、塑料板、纤维板和云母等。

表1-6为常用材料的力学性能，通过表中数据可以近似判断材料的冲压性能。

表1-6 冲压常用金属材料的力学性能

材料名称	牌号	材料状态及代号	力学性能			
			屈服点 (σ_s) / MPa	抗剪强度 (τ) / MPa	抗拉强度 (σ_b) / MPa	伸长率 (δ) / %
普通碳素钢	Q195	未经退火	195	255～314	315～390	28～33
	Q235		235	303～372	375～460	26～31
	Q275		275	392～490	490～610	15～20
碳素结构钢	08F	已退火	180	230～310	275～380	27～30
	08		200	260～360	215～410	27
	10F		690	220～340	275～410	27
	10		210	260～340	295～430	26
	15		230	270～380	335～470	25
	20		250	280～400	355～500	24
	35		320	400～520	490～635	19
	45		360	440～560	530～685	15
	50		380	440～580	540～715	13
不锈钢	1Cr13	已退火	120	320～380	440～470	20
	1Cr18Ni9Ti	经热处理	200	460～520	560～640	40
铝	1060、1050A、1200	已退火	50～80	80	70～110	20～28
		冷作硬化	—	100	130～140	3～4
硬铝	2A12	已退火	—	105～125	150～220	12～14
		淬硬并经自然时效	368	280～310	400～435	10～13
		淬硬后冷作硬化	340	280～320	400～465	8～10
纯铜	T1、T2、T3	软	70	160	210	29～48
		硬	—	240	300	25～40
黄铜	H62	软	—	260	294～300	3
		半硬	200	300	343～460	20
		硬	—	420	≥12	10
	H68	软	100	240	294～300	40
		半硬	—	280	340～441	25
		硬	250	400	392～400	13

（3）冲压常用材料的规格

冲压常用材料为各种规格的板料、条料、带料和块料。

① 板料的尺寸较大，用于大型零件的冲压，主要规格有 500 mm×1 500 mm、900 mm×1 800 mm、1 000 mm×2 000 mm 等。

② 条料是根据冲压件的需要，用板料裁剪而成，用于中小型零件的冲压。

③ 带料（又称卷料）有各种不同的宽度和长度，宽度在 300 mm 以下，长度可达几十米，成卷状供应。带料主要是薄料，适用于大批量生产的自动送料。

④ 块料一般用于单件小批量生产和价值昂贵的有色金属冲压，并广泛用于冷挤压。

（4）冲压常用材料在图样上的表示

在冲压工艺资料和图样上，对材料的表示方法有特殊的规定，例如：

$$\text{钢板}\ \frac{\mathrm{B-1.0\times1\,000\times1\,500-GB708-1988}}{\mathrm{08-II-S-GB13237-1991}}$$

表示：08 钢板，板料尺寸为 1.0 mm×1 000 mm×1 500 mm，普通精度，较高级的精整表面，深拉深级的冷轧钢板。材料的牌号可查阅相关资料。

1.3.2.3 新型冲压材料

目前设计研发的冲压新材料有高强度钢板、耐腐蚀钢板、双相钢板、涂层板及复合板料。

① 高强度钢板，是指对普通钢板加以强化处理而得到的钢板。通常采用金属强化，其原理有固溶强化、析出强化、细晶强化、组织强化（相变强化及复合组织强化）、时效强化和加工强化等。其中，前 5 种是通过添加合金成分和热处理工艺来控制板材性质的。高强度钢板屈服强度、抗拉强度高，为 270～310 MPa。用于汽车零件的高强度钢板抗拉强度可以达到 600～8 000 MPa，而相应的普通冷轧钢板的抗拉强度只有 300 MPa。高强度钢板的应用，能减轻冲压件的重量，节省能源和降低冲压产品成本。

② 耐腐蚀钢板。开发耐腐蚀钢板的主要目的是增加普通钢板冲压件的抗腐蚀能力。耐腐蚀钢板有两种类型：一类是加入新元素，如耐大气腐蚀钢板等，我国研制的耐大气腐蚀钢板有 10CuPCrNi（冷轧）和 9CuPCrNi（热轧）等，其耐腐蚀性是普通碳素钢板的 3～5 倍；另一类是表面涂或镀一层防腐材料，也是涂层板的一种。

③ 涂层板。在耐腐蚀板中，镀覆金属层的钢板属于一种涂层板。由于传统的镀锌板、镀锡板等已经不能适应汽车产业、电器产业、农用机械及建筑产业的需要，因此一些新品种的镀层钢板不断被开发出来。在涂层板中，各种涂覆有机膜层的板材具有更好的防腐蚀、防表面损伤的性能，越来越多地被用作各类结构件。

④ 复合板料。涂覆塑料的钢板是一种复合板；不同金属板叠合在一起（如冷轧

叠合）也是一种复合板，或叫叠合复合板。这类复合板材破裂时的变形比单体材料破裂时的变形更大，其基本材料特性值变大。

1.3.2.4 冲压毛坯

由于从原材料到冲压件往往需要很多副模具的多次冲压，因此作为冲压加工的对象，冲压毛坯有两类，一类是平板毛坯，另一类是成形件毛坯。根据冲压件大小及特点，还可分为单件毛坯或者多件毛坯。如图 1-11 所示。

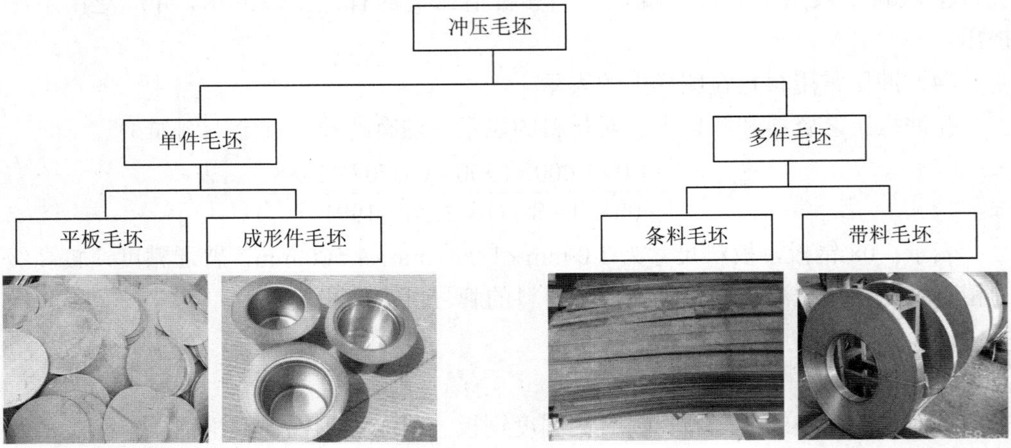

图 1-11 冲压毛坯形式

1.3.3 冲压的现状和发展方向

随着科学技术的不断进步和工业生产的迅速发展，许多新技术、新工艺、新材料、新设备不断涌现，促成了冲压技术的不断革新和发展。

1.3.3.1 冲压成形理论及冲压工艺

冲压成形理论的研究是提高冲压技术的基础。目前，国内外对冲压成形理论的研究非常重视，在材料冲压性能研究、冲压成形过程应力应变分析、板料变形规律研究及坯料与模具之间的相互作用研究等方面均取得了较大的发展。

特别是随着计算机技术的飞跃发展和塑性变形理论的进一步完善，近年来国内外已开始应用塑性成形过程的计算机模拟技术，即利用有限元（FEM）等数值分析方法模拟金属的塑性成形过程，根据分析结果，设计人员可预测某一工艺方案成形的可行性及可能出现的质量问题，并通过在计算机上有选择地修改相关参数，实现工艺及模具的优化设计。

1.3.3.2　冲压模具的设计与制造

冲压模具（简称冲模）是实现冲压生产的基本条件。在冲模的设计与制造上，目前正朝着以下两方面发展。一方面，为适应高速、自动、精密、安全等现代化需要，冲模正向高效率、高精度、高寿命、自动化及多工位方向发展。在我国，工位数达 50 甚至更多的级进模，寿命达亿次的硬质合金模，精度和自动化程度相当高的冲模都已经应用在生产中。同时，由于这样的冲模对加工、装配、调整、维修要求较高，因此各种高效、精密，数控、自动化的模具加工机床和检测设备也正在迅速发展。另一方面，为了产品更新换代和试制或小批量生产的需要，锌合金冲模、聚氨酯橡胶冲模、薄板冲模、钢带冲模、组合冲模等各种简易冲模及其制造工艺也得到迅速发展。

1.3.3.3　模具材料

模具材料及热处理与表面处理工艺对模具加工质量和寿命的影响较大，世界各主要工业国在此方面的研究取得了较大的进展，并开发了许多新的钢种，其硬度可达 HRC58～70，而变形只有普通钢的 1/5～1/2。如火焰淬火钢可局部硬化，且无脱碳；我国研制的 65Nb、LD 和 CD 等新钢种，具有热加工性能好、热处理变形小、抗冲击性能佳等特点。与此同时，还发展了一些新的热处理和表面处理工艺，主要有气体软氮化、离子氮化、渗硼、表面涂金、化学气相沉积（CVD）、物理气相沉积（PVD）、激光表面处理等。这些方法能提高模具工作表面的耐磨性、硬度和耐腐蚀性，使模具寿命大大延长。

1.3.3.4　冲压模具的标准化和专业化

冲压模具的标准化和专业化生产，已得到模具行业的广泛重视。这是由于模具标准化是组织模具专业化生产的前提，而模具的专业化生产是提高模具质量、缩短模具制造周期、降低成本的关键。我国已颁布了冷冲压术语、冷冲模零部件的国家标准。冲模的专业化正处在积极组织和实施之中。但总体来说，我国冲模的标准化和专业化水平还是比较低的。

1.3.3.5　冲压模具 CAD/CAE/CAM 技术

冲压模具计算机辅助设计/计算机辅助工程/计算机辅助制造（CAD/CAE/CAM）技术是改造传统模具生产方式的关键技术，它以计算机软件的形式为用户提供一种有效的辅助工具，使工程技术人员能借助计算机对产品、模具结构、成形工艺、数控加工及成本等进行优化设计，从而显著缩短模具设计与制造周期，降低生产成本，提高产品质量。随着功能强大的专业软件和高效集成制造设备的出现，以三维造型为基础、基于并行工程的模具 CAD/CAE/CAM 技术正成为发展方向，它能实现制造和装配的设计、成形过程的模拟和数控加工过程的仿真，还可对模具可制造性进行评价，使模具设计与制造一体化、智能化。

1.3.3.6 冲压设备和冲压生产自动化

性能良好的冲压设备是提高冲压生产技术水平的基本条件。高精度、高寿命、高效率的冲模需要高精度、高自动化的压力机与之相匹配。为了满足大批量高速生产的需要，目前冲压设备也由单工位、单功能、低速朝着多工位、多功能、高速和数控方面发展。加之机械手乃至机器人的大量使用，使冲压生产效率得到了大幅提高。

冲压生产自动化是提高劳动生产率和改善劳动条件的有效措施。由于冷冲压操作简单，毛坯和工序件形状比较规则，一致性好，因此容易实现生产的自动化。冲压生产的自动化包括原材料的运输、冲压工艺过程及检测、冲模的更换与安装、废料处理等各个环节，但最基本的是压力机自动化和冲模自动化。除上述自动压力机和数控压力机之外，适用于各种条件下自动操作的通用装置和检测装置，如带料、条料或工序件的自动送料装置，自动出件与理件装置，送料位置和加工检测装置，安全保护装置等，都是实现普通压力机和冲模自动化的基本装置。

1.3.3.7 快速模具制造技术

由于传统模具制作过程复杂、耗时长、费用高，目前基于快速成形技术的快速模具制造技术已经成为一个新的发展方向和研究热点。

目前，快速经济制模技术主要有低熔点合金制模技术、锌基合金制模技术、喷涂成形制模技术等。采用快速模具制造技术，能简化模具制造工艺，缩短制模周期，降低模具生产成本，在工业生产中取得了显著的经济效益。

实训与练习

1. 实训

在模具实训室挑选一副冲压模具进行拆装，并进行安装与调试，使其达到模具工作要求。

实训时间：3 d。

实训内容：参观模具制造工厂或模具拆装实训室，挑选不同结构的冲裁模若干，5 人一组，每组学生拆装一副冲裁模，指导老师现场讲解模具结构及动作过程，学生测绘后对照装配图将模具装配复原。

实训要求：了解冲裁模的结构组成，各部分的作用，零件间的装配形式、相互关系；熟悉冲压模拆装的基本要求、方法、步骤，以及常用拆装工具；掌握一般冷冲模的工作原理；熟悉冷冲模结构参数的测量；测绘各个模具零件并绘制模具装配图。

2．练习

（1）什么是冲压？与其他方法相比，冲压加工有何特点？

（2）冲压工序如何分类？各有什么特点？

（3）表达材料力学性能的指标有哪几个？对材料的成形有什么影响？

（4）冲压工艺对材料的基本要求有哪些？常用的冲压材料有哪些种类？

（5）冲压模具包括哪些类型？

（6）冲压模具有哪六大类零部件？功能分别是什么？

项目 2　冲裁模具设计

【知识目标】

了解冲裁变形过程；

掌握确定冲裁工艺性分析和冲裁工艺的方案；

掌握冲裁工艺计算方法；

掌握冲压模具典型结构以及冲裁零部件设计方法；

熟悉冲裁模具设计的方法和步骤。

【能力目标】

能进行冲裁件的工艺设计；

能独立设计一般复杂程度的冲裁模具。

【素质目标】

培养学生良好的职业道德和职业习惯；

培养学生良好的沟通协调能力和团队协作精神；

培养学生节能意识和清洁生产意识；

培养学生强烈的安全意识和创新精神。

【项目描述】

冲裁图 2-1 所示为某型号节能烤炉垫片，材料为 Q235，厚度为 2 mm，大批量生产，要求完成该零件的冲裁工艺性分析和冲裁模具设计工作。

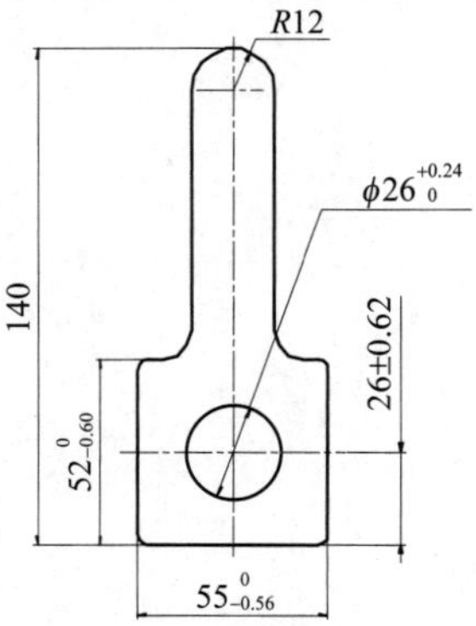

图 2-1　节能烤炉垫片

任务 2.1　冲裁原理的认知

【任务描述】

理解冲裁板料的受力特点以及冲裁变形所经历的 3 个阶段，能够正确识读冲裁断面的 4 个分区，并能分析冲裁断面质量的优劣，有针对性地提出提高断面质量的措施。

【相关知识】

2.1.1　冲裁的定义和用途

2.1.1.1　冲裁的定义

冲裁是利用模具使板料沿一定轮廓线产生分离的一种冲压工序。

根据变形机理的不同，冲裁可分为普通冲裁和精密冲裁，通常所说的冲裁是普通冲裁（本书仅介绍普通冲裁），常用的有落料、冲孔、切口、切断、剖切等，其中落料、冲孔的应用最多。落料是沿工件的外形封闭轮廓线冲切，冲下部分为工件；冲孔是沿工件的内形封闭轮廓线冲切，冲下部分为废料，如图 2-2 所示。

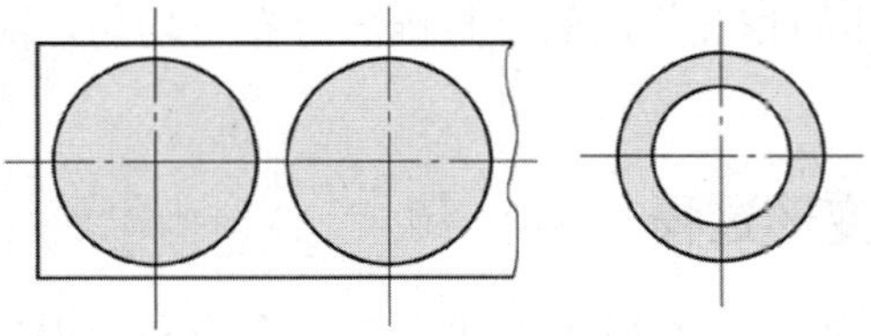

（a）落料　　（b）冲孔

图 2-2　垫圈冲裁中的落料与冲孔

2.1.1.2　冲裁的用途

冲裁工艺是冲压生产的主要方法之一。冲裁主要有以下用途：①直接冲出成品零件；②为弯曲、拉伸、成形等其他工序备料；③对已成形的工件进行再加工（如切边，切舌，拉伸件、弯曲件上的冲孔等）。

2.1.2 冲裁变形区的受力情况分析

在无压边装置的冲裁过程中，板料所受外力如图 2-3 所示。

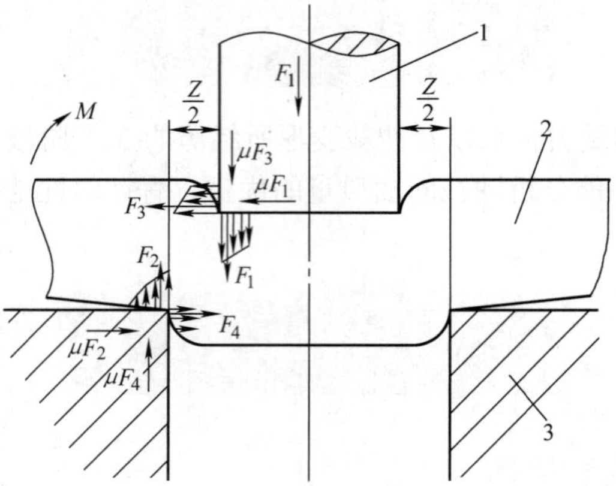

1—凸模；2—板料；3—凹模；

F_1、F_2—凸、凹模对板料的垂直作用力；F_3、F_4—凸、凹模对板料的侧压力；μF_1、μF_2—凸、凹模端面与板料间的摩擦力，其方向与间隙大小有关，但一般指向模具刃口（μ 是摩擦系数，下同）；μF_3、μF_4—凸、凹模侧面与板料间的摩擦力。

图 2-3 冲裁时作用于板料上的力

从图 2-3 中可以看到，板料由于受到模具表面的力偶作用而弯曲，并从模具表面上翘起，使模具表面和板料的接触面仅局限在刃口附近的狭小区域，宽度为板厚的 0.2～0.4 倍。接触面间相互作用的垂直压力分布不均匀，随着模具刃口的逼近而急剧增大。

2.1.3 冲裁板料的变形过程

冲裁过程如图 2-4 所示。凸模 1 和凹模 2 具有锋利的刃口，凸、凹模之间存在一定的间隙。凸模在压力机滑块的带动下下行，将板料冲裁出所需形状和尺寸的工件。

板料的冲裁是瞬间完成的。当模具间隙正常时，整个冲裁变形分离过程大致可分为 3 个阶段，如图 2-5 所示。

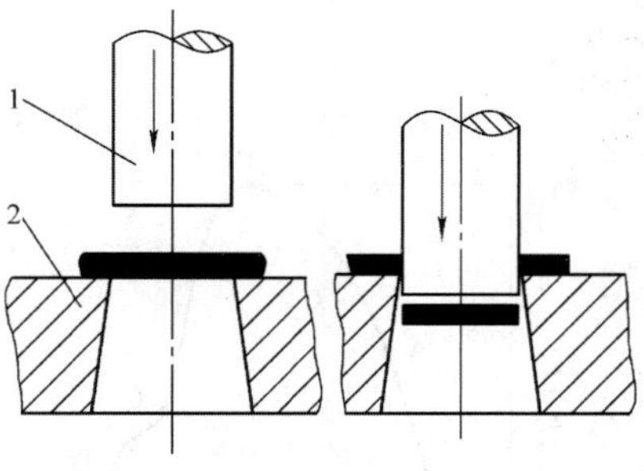

1—凸模；2—凹模。

图 2-4 普通冲裁示意图

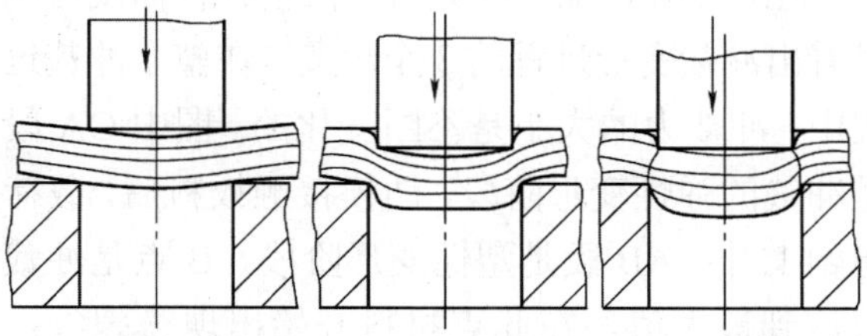

（a）弹性变形阶段 （b）塑性变形阶段 （c）断裂分离阶段

图 2-5 冲裁时板料的变形过程

2.1.3.1 弹性变形阶段

凸模接触板料并下压时，凸模与凹模刃口周围的板料产生应力集中现象。在凸、凹模压力下，板料产生弹性压缩、拉伸和弯曲变形，凹模上的板料向上翘曲，间隙越大，弯曲和上翘越严重。同时，凸模稍许挤入板料上部，板料的下部则略挤入凹模洞口，但板料内的应力未超过材料的弹性极限。

2.1.3.2 塑性变形阶段

凸模继续下压，材料内的应力达到屈服点，材料进入塑性变形阶段。凸模切入板料上部，同时板料下部挤入凹模洞口。在板料剪切面的边缘由于弯曲、拉伸等作用形成圆角，同时由于塑性剪切变形在切断面上形成一小段光亮且与板面垂直的直边。随着凸模挤入板料深度的增大，塑性变形程度增大，变形区材料硬化加剧，冲裁变形抗力不断增大，直到刃口附近侧面的材料由于拉应力的作用出现微裂纹时，塑性变形阶段结束，此时冲裁变形抗力达到最大值。由于凸、凹模间存在间隙，故在这个阶段板料还伴随着弯曲和拉伸变形。间隙越大，弯曲和拉伸变形也越大。

2.1.3.3 断裂分离阶段

板料的应力达到强度极限后，凸模继续下压，凹模刃口附近的侧面材料内产生裂纹，紧接着凸模刃口附近的侧面材料产生裂纹。已形成的上下微裂纹随凸模继续压入不断向材料内部扩展，当上下裂纹重合时，板料便被剪断分离。随后，凸模将分离的材料推入凹模洞口。

2.1.4 冲裁力—凸模行程曲线

由图 2-6 可知，冲裁力—凸模行程曲线可明显看出冲裁变形过程的 3 个阶段。在整个冲裁过程中，冲裁力的大小是不断变化的。图中 OA 段是冲裁的弹性变形阶段，凸模接触板料后，载荷急剧上升；AB 段是塑性变形阶段，B 点是冲裁力达到最大值，在此点材料开始出现微裂纹；BC 段为微裂纹扩展直至材料分离的断裂阶段，此阶段，受剪切面积减小，冲裁力急剧下降；CD 段主要是用于克服冲裁件断面与凹模壁产生的摩擦力和拉长毛刺将冲裁件推出凹模孔口时所需的力。

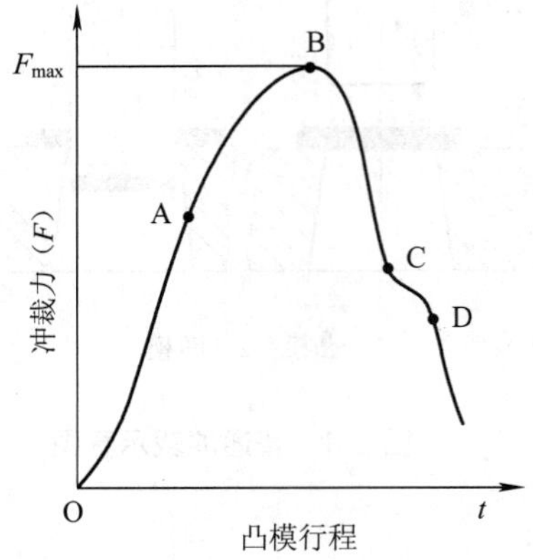

图 2-6 冲裁力—凸模行程曲线

2.1.5 冲裁件质量及其影响因素

冲裁时，不仅要冲制出形状、尺寸符合零件图纸要求的零件，还应有一定的质量要求。冲裁件质量包括断面质量、尺寸精度和形状误差。冲裁断面应尽可能垂直、光洁、毛刺小。尺寸精度应保证在图纸规定的公差范围之内。零件外形应满足图纸要求，表面尽可能垂直，即穹弯小。

2.1.5.1 冲裁件断面质量及其影响因素

（1）冲裁件断面四带及形成

冲裁变形区的应力和应变情况及冲裁件断面状况如图 2-7 所示。冲裁件的断面明显地分成 4 个特征区：

①圆角带 a：该区域是当凸模刃口压入材料时，刃口附近的材料产生弯曲和伸长变形，材料被拉入凸凹模间隙形成的。

②光亮带 b：该区域在塑性变形阶段形成。当刃口切入板料后，板料与凸、凹模刃口的侧表面挤压而形成光亮垂直的断面，通常占全断面的 1/3～1/2。光亮带通常是测量带面，影响制件的尺寸精度。

③断裂带 c：该区域在断裂阶段形成。断裂带紧挨着光亮带，是由刃口附近的微裂纹在拉应力作用下不断扩展而形成的撕裂面，断裂带表面粗糙，并带有 4°～6° 的斜度。

④毛刺带 d：在塑性变形阶段后期，凸模和凹模的刃口切入被加工板料一定深度时，刃口正面材料被压缩，刃尖部分是高静压应力状态，使裂纹的起点不会在刃尖处发生，而是在模具侧面距刃尖不远的地方发生，在拉应力的作用下，裂纹加长，材料断裂而产生毛刺，裂纹的产生点和刃口尖的距离称为毛刺的高度。在普通冲裁

中毛刺是不可避免的。

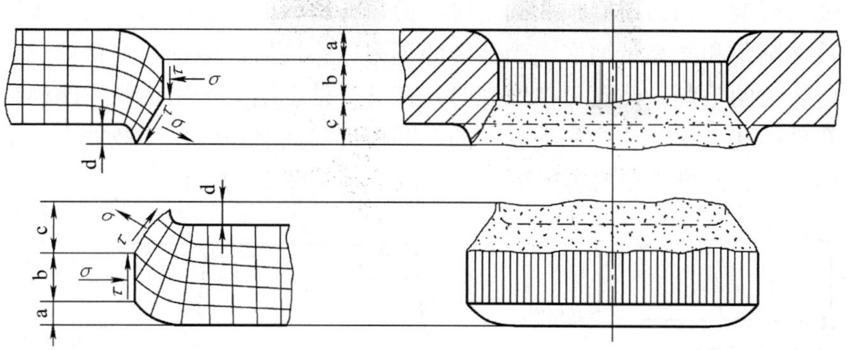

a—圆角带；b—光亮带；c—断裂带；d—毛刺带；σ—正应力；τ—切应力。

图 2-7　冲裁变形区应力、应变情况及冲裁件断面状况

（2）冲裁件的断面质量指标

冲裁件的断面质量指标：圆角带所占比例越小越好，光亮带的比例越大越好，断裂带的比例越小越好，毛刺越薄越好，总锥度越小越好。

（3）断面质量的影响因素

影响断面质量的因素主要有以下 3 项：

①材料力学性能的影响。材料塑性好，冲裁时裂纹出现得较迟，板料被剪切的深度较大，所得断面光亮带所占的比例就大，圆角也大。而塑性差的材料，板料被剪切不久就出现裂纹，使断面光亮带所占的比例小，圆角小，大部分是有斜度的粗糙带。

②模具间隙的影响。模具间隙适中时，冲裁时上、下刃口处产生的剪裂纹基本重合，此时冲裁件断面光亮带占截面的 1/3～2/5，切断面的圆角、毛刺和斜度均较小，冲裁件断面质量较好。

模具间隙过小时，凸模刃口处的裂纹比合理间隙时向外错开一段距离。上、下裂纹不重合，产生第二次剪切，然后被凸模挤入凹模洞口。这样制件断面会出现二次光亮带，在第二个光亮带下面存在着潜伏的裂纹，在端面出现挤长的毛刺。这种挤长毛刺虽比合理间隙时的毛刺高，但容易去除。而且断面的斜度和圆角小，冲裁件的翘曲小，所以只要中间撕裂不是很深，仍可使用。

模具间隙过大时，凸模刃口处的裂纹比合理间隙时向内错开一段距离，材料的弯曲与拉伸增大，剪切断面圆角增大，塑性变形阶段较早结束，断面光亮带减小，光亮带的斜度增大，形成厚而大的拉长毛刺，而且难以去除，同时冲裁件的翘曲现象严重，影响生产的正常进行。

模具间隙不均匀时，可能会产生局部间隙过大、过小等情况，因而在冲裁件的整个冲裁轮廓上分布着各种情况的断面。普通冲裁毛刺的允许高度与材料厚度密切相关，试模时毛刺高度不得超过 5%t（t 为料厚）。

③模具刃口状态的影响。模具刃口状态对冲裁过程中的应力状态及制件的断面质量有较大影响。当刃口磨损成圆角时，刃口与材料的接触面积增大，挤压作用增大，冲裁件圆角和光亮带增大。当凸、凹模刃口磨钝后，即使间隙合理也会在冲裁件上产生较大的毛刺。凸模刃口磨钝时，在落料件上端会产生毛刺，凹模刃口磨钝时，冲孔件的孔口下端会产生毛刺；凸、凹模刃口同磨钝时，冲裁件上、下端都会产生毛刺。凸、凹模刃口磨钝时毛刺的形成情况如图 2-8 所示。

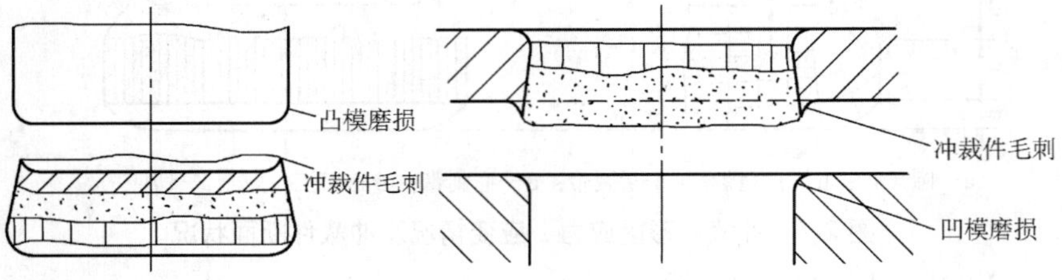

（a）凸模刃口磨钝　　（b）凹模刃口磨钝

图 2-8　凸、凹模刃口磨钝时毛刺的形成情况

2.1.5.2　冲裁件尺寸精度及其影响因素

冲裁件的尺寸精度是指冲裁件的实际尺寸与图样上基本尺寸之差。差值越小，精度越高。这个差值包括两方面的偏差：一是模具本身的制造偏差，二是冲裁件相对于凸模或凹模尺寸的偏差。

冲裁件的尺寸精度与许多因素有关，如冲模的制造精度、冲裁间隙、材料性质等，其中主要因素是冲裁间隙。

①冲模的制造精度对冲裁件尺寸精度有直接影响。冲模的精度越高，在其他条件相同时，冲裁件的精度也越高。一般情况下，冲模的制造精度要比冲裁件的精度高 2～4 个等级。表 2-1 所示为当冲裁模具有合理间隙与锋利刃口时，其模具制造精度与冲裁件精度的关系。

表 2-1　冲裁件的精度

冲模制造精度	材料厚度（t）/mm											
	0.5	0.8	1.0	1.6	2	3	4	5	6	8	10	12
IT6～IT7	IT8	IT8	IT9	IT10	IT10	—	—	—	—	—	—	—
IT7～IT8	—	IT9	IT10	IT10	IT12	IT12	IT12	—	—	—	—	—
IT9	—	—	—	IT12	IT12	IT12	IT12	IT12	IT14	IT14	IT14	IT14

②间隙过大时，板料在冲裁过程中除受剪切外还产生较大的拉伸与弯曲变形，冲裁后材料弹性恢复使冲裁件尺寸向实际方向收缩。对于落料件，其尺寸将会小于

凹模尺寸；对于冲孔件，其尺寸将会大于凸模尺寸。若间隙过小，则板料在冲裁过程中除剪切外还会受到较大的挤压作用，冲裁后，材料的弹性恢复使冲裁件尺寸向实体的反方向胀大。对于落料件，其尺寸将会大于凹模尺寸；对于冲孔件，其尺寸将会小于凸模尺寸。间隙适当时，在冲裁过程中，板料的变形区在比较纯的剪切作用下被分离，使落料件的尺寸等于凹模尺寸，冲孔件尺寸等于凸模的尺寸。

③材料的性质对材料在冲裁过程中的弹性变形量有较大影响。软钢的弹性变形量较小，冲裁后的回弹值也较小，因而零件精度高。而硬钢则与此相反。

2.1.5.3 冲裁件形状误差及其影响因素

冲裁件的形状误差是指翘曲、扭曲、变形等缺陷。间隙过大容易引起翘曲（穹弯）；材料的不平、间隙不均匀、凹模后角对材料的摩擦不均匀会产生扭曲缺陷；坯料的边缘冲孔或孔距太小等会因胀形而产生变形。

影响冲裁件形状误差的主要因素是刃口间隙。研究表明，间隙对冲裁件穹弯影响的一般规律为小间隙时，穹弯较大；间隙适中（一般为 5%t～15%t）时穹弯较小；随着间隙的增大穹弯又增大，使冲裁件的平直度降低。

2.1.6 冲裁间隙

冲裁间隙是影响冲裁工序的最重要的工艺参数。

2.1.6.1 冲裁间隙的概念

冲裁间隙是指冲裁凹模刃口横向尺寸（$D_{凹}$）与凸模刃口横向尺寸（$D_{凸}$）之间的差值。凸模与凹模每一侧的间隙称为单边间隙（c），两侧间隙之和称为双边间隙（Z）。如无特殊说明，冲裁间隙均是指双边间隙，如图 2-9 所示。计算方法见式（2-1）。

$$Z = D_{凹} - D_{凸} \quad (2\text{-}1)$$

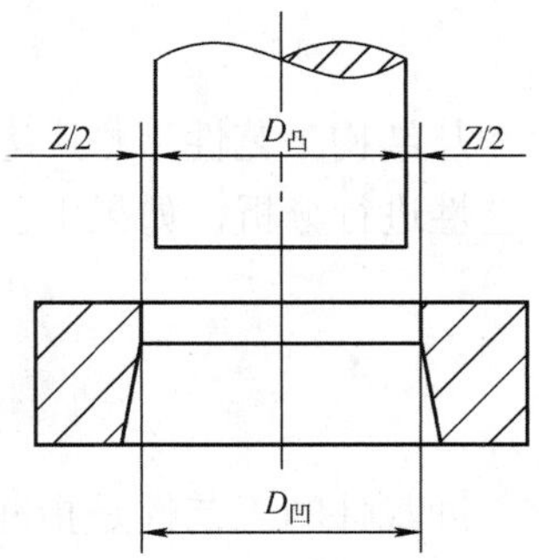

图 2-9 冲裁间隙

Z 值可为正，也可为负，但在普通冲裁中，均为正值。

2.1.6.2 冲裁间隙的重要性

冲裁间隙对冲裁件质量、冲裁力和模具寿命均有较大的影响，是冲裁工艺与冲裁模具设计中的一个非常重要的参数。

（1）冲裁间隙对冲裁件质量的影响

冲裁间隙是影响冲裁件质量的主要因素之一。冲裁间隙对冲裁件断面质量、冲裁件尺寸精度和形状精度的影响如前所述。

（2）冲裁间隙对冲裁力的影响

一般来说，在正常冲裁的情况下，冲裁间隙对冲裁力的影响并不显著，但冲裁间隙对卸料力、推件力的影响却较大。冲裁间隙较大时，卸料及推件时需要克服的摩擦阻力小，一般当单面冲裁间隙增大到材料厚度的15%～25%时，卸料力几乎降到零。

（3）冲裁间隙对模具寿命的影响

冲裁间隙是影响模具寿命的主要因素。冲裁过程中，凸模与被冲的孔、凹模与落料件之间均有摩擦，而且冲裁间隙越小，模具作用的压应力越大，磨损也越严重。所以过小的冲裁间隙对模具寿命极为不利。较大的冲裁间隙可使凸模侧面与材料间的摩擦减小，并减少制造和装配精度对冲裁间隙的限制，放宽冲裁间隙不均匀的不利影响，从而提高模具寿命。若冲裁间隙与厚度的比值（Z/t）达到15%～25%，则模具寿命可提高3～5倍。

任务 2.2　冲裁件工艺性分析

【任务描述】

从结构工艺性（尤其是极限尺寸）、经济性、材料等方面对节能烤炉垫片的冲裁工艺性进行分析，如果工艺性不好，能提出相应的修改方案。

【相关知识】

冲裁件的工艺性是指冲裁件对冲裁工艺的适应性，即冲裁加工的难易程度。良好的冲裁工艺性是指能用普通冲裁方法，在模具寿命较长、生产率较高、成本较低的条件下得到质量合格的工件。影响冲裁件工艺性的因素很多，但从技术和经济方面考虑，冲裁件的工艺性主要有以下要求。

2.2.1　冲裁件的结构工艺性

（1）冲裁件的形状

冲裁件的形状应力求简单、对称，有圆角过渡（图2-10），以便于模具加工，减少热处理或冲压时在尖角

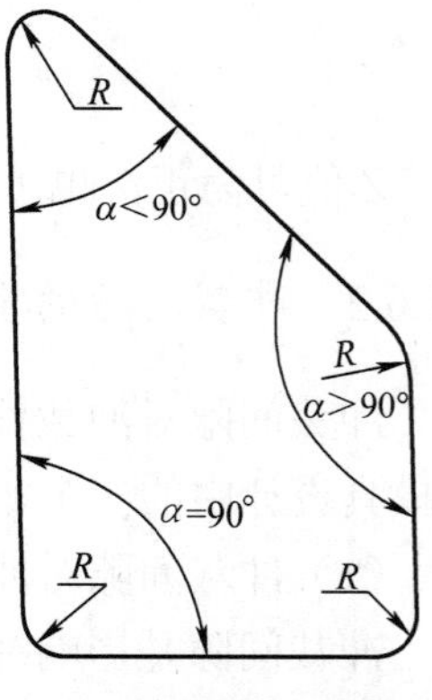

图 2-10　冲裁件的圆角图

处开裂的现象，同时也可以防止尖角部位刃口的过快磨损。圆角半径的最小值见表 2-2。

表 2-2　冲裁最小圆角半径（*R*）

零件种类		软钢	黄铜、铝	合金铜	备注/mm
落料	交角≥90°	0.25*t*	0.18*t*	0.35*t*	＞0.25
	交角＜90°	0.5*t*	0.35*t*	0.70*t*	＞0.5
冲孔	交角≥90°	0.3*t*	0.2*t*	0.45*t*	＞0.3
	交角＜90°	0.6*t*	0.4*t*	0.9*t*	＞0.6

（2）冲裁件的最小孔边距与孔间距

为避免工件变形和保证模具强度，孔边距和孔间距不能过小，其最小许可值见图 2-11（a）。

（3）冲裁件上凸出的悬臂和凹槽

尽量避免冲裁件上过长的凸出悬臂和凹槽，悬臂和凹槽宽度也不宜过小，其许可值见图 2-11（a）。

（4）在弯曲件或拉深件上冲孔时的要求

在弯曲件或拉伸件上冲孔时，孔边与直壁之间应保持一定距离，以免冲孔时凸模受水平推力而折断，见图 2-11（b）。

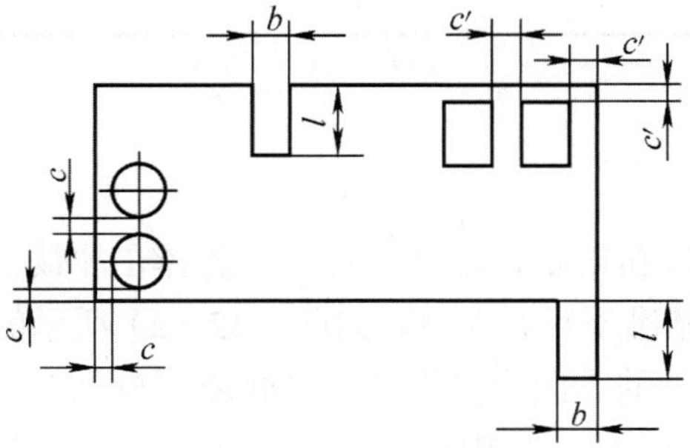

$b_{min}=1.5t$　　$c\geqslant(1\sim1.5)t$

$l_{max}=5b$　　$c'\geqslant(1.5\sim2)t$

（a）

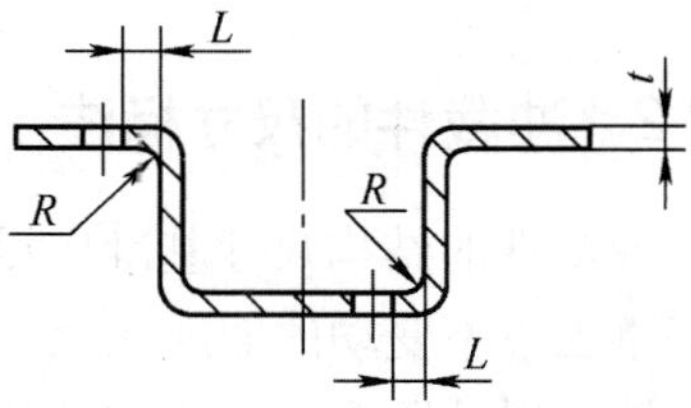

$L\geqslant R+0.5t$

（b）

图 2-11　冲裁件的结构工艺性

（5）冲裁件的孔径

冲裁件的孔径太小时，凸模易折断或压弯。用无导向凸模和有导向凸模所能冲制的最小尺寸，分别见表 2-3 和表 2-4。

表 2-3　无导向凸模冲孔的最小尺寸

材　料	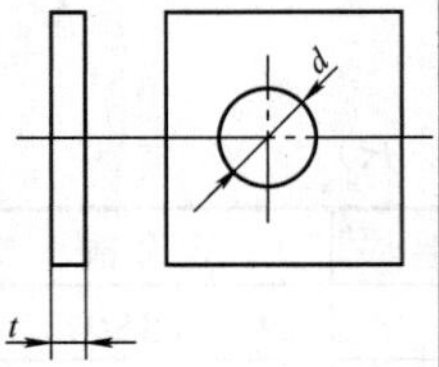	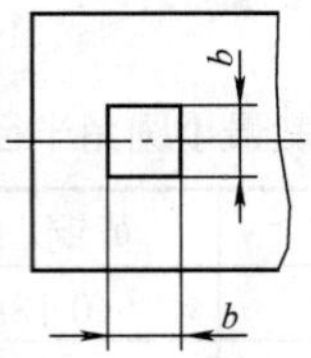	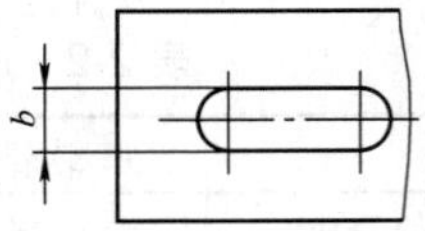	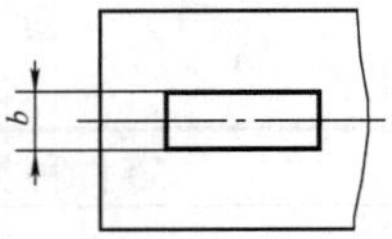
钢 τ >685 MPa	$d \geqslant 1.5t$	$b \geqslant 1.35t$	$b \geqslant 1.1t$	$b \geqslant 1.2t$
钢 τ 为 390～685 MPa	$d \geqslant 1.3t$	$b \geqslant 1.2t$	$b \geqslant 0.9t$	$b \geqslant 1.0t$
钢 $\tau \approx 390$ MPa	$d \geqslant 1.0t$	$b \geqslant 0.9t$	$b \geqslant 0.7t$	$b \geqslant 0.8t$
黄铜	$d \geqslant 0.9t$	$b \geqslant 0.8t$	$b \geqslant 0.6t$	$b \geqslant 0.7t$
铝、锌	$d \geqslant 0.8t$	$b \geqslant 0.7t$	$b \geqslant 0.5t$	$b \geqslant 0.6t$

表 2-4　有导向凸模冲孔的最小尺寸

材　料	矩形［孔宽（b）］	圆形［直径（d）］
软钢及黄铜	$0.3t$	$0.35t$
硬钢	$0.4t$	$0.5t$
铝、锌	$0.28t$	$0.3t$

2.2.2　冲裁件的尺寸标注

冲裁件的结构尺寸基准应尽可能与其冲压时定位基准重合，并选择在冲裁过程中基本上下不变动的面或线上，以免造成基准不重合误差。如图 2-12（a）所示的尺寸标注，对孔距要求较高的冲裁件是不合理的。因为受模具（同时冲孔与落料）磨损的影响，使尺寸 B 和 C 的精度难以达到要求。改用图 2-12（b）的标注方法就比较合理，这时孔中心距尺寸不再受模具磨损的影响。

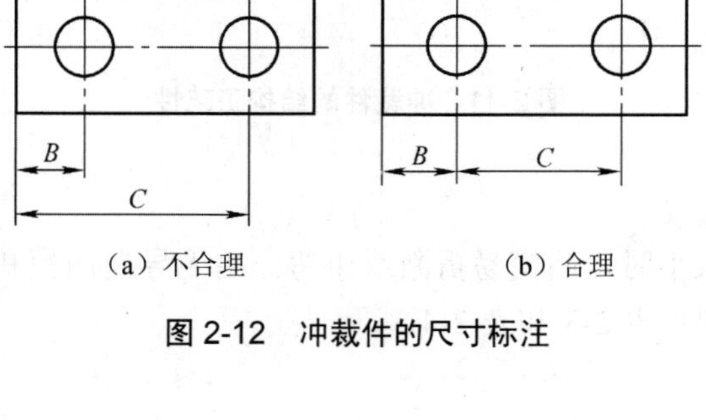

（a）不合理　　（b）合理

图 2-12　冲裁件的尺寸标注

2.2.3　冲裁件的尺寸精度和表面粗糙度

冲裁件的精度一般可分为精密级与经济级两类。在不影响冲裁件使用要求的前提下，应尽可能采用经济精度。

2.2.3.1　冲裁件的尺寸精度

冲裁件的经济公差等级不高于 IT11 级，一般要求落料件公差等级最好低于 IT10 级，冲孔件最好低于 IT9 级。凡产品图纸上未注公差的尺寸，其极限偏差数值通常按 IT14 级处理。

冲裁得到的工件公差列于表 2-5～表 2-7。如果工件要求的公差值小于表值，冲裁后需经整修或采用精密冲裁。

表 2-5　冲裁件内外形所能达到的经济精度　　单位：mm

材料厚度（t）	基本尺寸				
	≤3	＞3～6	＞6～10	＞10～18	＞18～500
≤1	IT12～IT13			IT11	
＞1～2	IT14	IT12～IT13			IT11
＞2～3	IT14			IT12～IT13	
＞3～5	—	IT14			IT12～IT13

表 2-6　冲裁件两孔中心距公差　　单位：mm

材料厚度（t）	一般精度（模具）			较高精度（模具）		
	孔距基本尺寸					
	≤50	＞50～150	＞150～300	≤50	＞50～150	＞150～300
≤1	±0.1	±0.15	±0.2	±0.03	±0.05	±0.08
＞1～2	±0.12	±0.2	±0.3	±0.04	±0.06	±0.1
＞2～4	±0.15	±0.25	±0.35	±0.06	±0.08	±0.12
＞4～6	±0.2	±0.3	±0.4	±008	±0.10	±0.15

注：1. 表中所列孔距公差，适用于两孔同时冲出的情况。
2. 一般精度指模具工作部分达 IT8，凹模后角为 15′～30′的情况；较高精度指模具工作部分达 IT7 以上，凹模后角不超过 15′。

表 2-7　孔对外缘轮廓的尺寸公差　　单位：mm

模具形式和定位方法	模具精度	工件尺寸			模具形式和定位方法	模具精度	工件尺寸		
		≤30	＞30～100	＞100～200			≤30	＞30～100	＞100～200
复合模	高级的	±0.015	±0.02	±0.025	无导正销的连续模	高级的	±0.10	±0.15	±0.25
	普通的	±0.02	±0.03	±0.04		普通的	±0.20	±0.30	±0.40
有导正销的连续模	高级的	±0.05	±0.10	±0.12	外形定位的冲孔模	高级的	±0.08	±0.12	±0.18
	普通的	±0.10	±0.15	±0.20		普通的	±0.15	±0.20	±0.30

2.2.3.2 冲裁件的表面粗糙度

冲裁件的表面粗糙度与材料塑性、材料厚度、冲裁模间隙、刃口锐钝以及冲模结构等有关。冲裁件的断面粗糙度一般为 *Ra* 12.5～50 μm，最高可达 *Ra* 3.2 μm，具体数值见表 2-8。

表 2-8 冲裁件的表面粗糙度

材料厚度/mm	≤1	>1～2	>2～3	>3～4	>4～5
粗糙度/μm	3.2	6.3	12.5	25	50

【任务实施】

2.2.4 节能烤炉垫片的工艺性分析

该零件形状简单、对称，是由圆弧和直线组成的。冲裁件内外形所能达到的经济精度为 IT1～IT14，孔中心与边缘距离尺寸公差为±0.5 mm。将以上精度与零件的精度要求相比较，可认为该零件的精度要求能够在冲裁加工中得到保证。其他尺寸标注、生产批量等情况，也均符合冲裁的工艺要求，故决定采用冲压方式进行加工制得。

由于该工件未标出冲裁件的拐角处圆角，可得到工件最小圆角半径（R）$\geqslant 0.25\,t = 0.25\times 2\ \text{mm} = 0.5\ \text{mm}$，因为工件没有明确要求，为使模具整体设计简单，本工件取 R=3 mm。

任务 2.3 确定冲裁工艺方案

【任务描述】

基于冲裁件的结构特点，提出冲裁工艺方案，并从批量、精度、成本、操作等方面选出最优的工艺方案。

【相关知识】

所谓工艺方案，是指用哪几种基本冲压工序，按照何种冲压顺序，以怎样的工序组合方式完成冲裁件的冲裁加工。

冲裁工艺方案不但影响产品的质量和效率，而且影响生产成本、劳动强度、设备投资等。制订工艺路线时，需要提出几个方案进行分析对比，寻求最经济合理的方案。

在冲裁工艺性分析的基础上，根据冲裁件的特点确定冲裁工艺方案。确定工艺方案要考虑的问题包括确定冲裁的工序数、冲裁工序的组合以及冲裁工序顺序的安排。

2.3.1　冲裁工序的组合

冲裁工序的组合方式可分为单工序冲裁、复合冲裁和连续冲裁。所使用的模具对应为单工序模、复合模和连续模。冲裁工序的组合方式可根据下列因素确定。

2.3.1.1　生产批量

一般来说，小批量和试制生产采用单工序模，中、大批量生产采用复合模或级进模。生产批量与模具类型的关系见表 2-9。

表 2-9　生产批量与模具类型的关系　　单位：千件

项　目	单件	小批	中批	大批	大量
大型件 中型件 小型件	≤1	＞1～2 ＞1～5 ＞1～10	＞2～20 ＞5～50 ＞10～100	＞20～300 ＞50～100 ＞100～500	＞300 ＞1 000 ＞5 000
模具类型	单工序模、组合模、简易模	单工序模、组合模、简易模	单工序模、级进模、复合模、半自动模	单工序模、级进模、复合模、自动模	硬质合金级进模、复合模、自动模

注：表内数字为每年班产量数值。

2.3.1.2　对冲裁件尺寸形状的适应性

冲裁件的尺寸较小时，考虑到单工序送料不方便和生产效率低，常采用复合冲裁或级进冲裁。对于尺寸中等的冲裁件，由于制造多副单工序模具的费用比复合模高，常采用复合冲裁。如果采用复合冲裁，还要考虑复合模的最小壁厚问题。由于内外缘之间的壁厚取决于冲裁件的孔边距，所以当冲裁件孔边距较小时必须考虑凸凹模强度，其壁厚不应小于允许的最小值。如果小于允许的最小值，就不宜采用复合模进行冲裁。

对于正装复合模，凸凹模装于上模，内孔不会积聚废料，胀力小，最小壁厚可以小些；对于倒装复合模，若采用直壁式刃口形式，下出件方式时，孔内会积聚工件，最小壁厚要大些。目前复合模的凸凹模最小壁厚按经验数据确定，倒装复合模的最小壁厚如表 2-10 所示。

表 2-10 倒装复合模的凸凹模最小壁厚 单位：mm

材料厚度（t）	0.4	0.6	0.8	1.0	1.2	1.4	1.6	1.8	2.0	2.2	2.5
最小壁厚（δ）	1.4	1.8	2.3	2.7	3.2	3.6	4.0	4.4	4.9	5.2	5.8
材料厚度（t）	2.8	3.0	3.2	3.5	3.8	4.0	4.2	4.4	4.6	4.8	5.0
最小壁厚（δ）	6.4	6.7	7.1	7.6	8.1	8.5	8.8	9.1	9.4	9.7	10

2.3.1.3 冲裁件尺寸和精度等级

复合冲裁避免了多次单工序冲裁的定位误差，并且在冲裁过程中可以进行压料，冲裁件较平整，所得到的冲裁件尺寸精度等级高。连续冲裁比复合冲裁精度等级低。

2.3.1.4 模具制造安装调整的难易和成本的高低

对复杂形状的冲裁件来说，采用复合冲裁比采用级进冲裁较为适宜，因为模具制造安装调整比较容易，且成本较低。

2.3.1.5 操作是否方便与安全

复合冲裁出件或清除废料较困难，工作安全性较差，级进冲裁较安全。

根据上述分析，对于一个冲裁件，可以得出多种工艺方案。必须对这些方案进行比较，满足冲裁件质量与生产率的要求、模具制造成本较低、模具寿命较高、操作较方便及安全的工艺方案为最优方案。

2.3.2 冲裁顺序的安排

2.3.2.1 多工序冲裁件用单工序冲裁时的顺序安排

①先落料再冲孔或冲缺口。后继工序的定位基准要一致，以避免定位误差和尺寸链换算。

②冲裁大小不同、相距较近的孔时，为减少孔的变形，应先冲大孔后冲小孔。

2.3.2.2 连续冲裁顺序的安排

①先冲孔或冲缺口，最后落料或切断。先冲出的孔可做后续工序的定位孔。当定位也要求较高时，则可冲裁专供定位用的工艺孔（一般为两个）。

②采用定距侧刃时，定距侧刃切边工序安排与首次冲孔同时进行，以便控制送料进距。采用两个定距侧刃时，可以安排成一前一后，也可并列排布。

【例 2.1】　图 2-13 所示零件材料为 10 钢，厚度为 2.5 mm，大批量生产，试制定冲压工艺方案。

解：（1）分析零件的冲压工艺性

①材料：10 钢是优质碳素结构钢，具有良好的冲压性能。

②工件结构：该零件形状简单、结构对称。孔边距大于凸凹模允许的最小壁厚（见表 2-10），故可以考虑采用复合冲压工序。

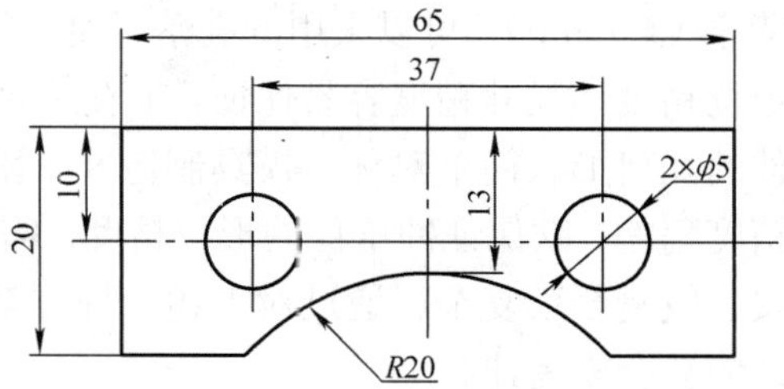

图 2-13　零件简图

③尺寸精度：由表 2-5 可知，零件图内外形所能达到的经济精度为 IT12～IT13 级，由表 2-7 查出孔中心与边缘距离尺寸公差为±0.02 mm。将以上精度与零件简图所标注的尺寸公差相比较，一般冲压均能满足其尺寸精度要求。

④结论：可以冲裁。

（2）确定冲压工艺方案

该零件包括落料、冲孔两个基本工序，可有以下三种工艺方案：

方案一：先落料，后冲孔。采用单工序模生产。

方案二：落料冲孔复合冲压，采用复合模生产。

方案三：冲孔落料连续冲压，采用级进模生产。

方案一模具结构简单，但需两道工序、两副模具，生产率较低，难以满足该零件的产量要求。方案二只需一副模具，冲压件的精度容易保证，且生产率也高。尽管模具结构比方案一复杂，但由于零件的几何形状简单对称，模具制造并不困难。方案三也只需要一副模具，生产率也很高，但零件的冲压精度稍差。欲保证冲压件的形位精度，需要在模具上设置导正销导正，故模具制造、安装较复合模复杂。通过对上述三种方案的分析比较，该件的冲压生产采用方案二为佳。

【任务实施】

2.3.3　节能烤炉垫片冲裁工艺方案的确定

该节能烤炉垫片所需的冲压工序为落料和冲孔，可拟订出以下三种工艺方案。

方案一：用简单模分三次加工，即落料—冲孔。

方案二：冲孔落料复合模。

方案三：冲孔落料级进模。

采用方案一，生产效率低，工件的累计误差大，操作不方便，由于该工件为大批量生产，方案二和方案三更具有优越性。

该零件ϕ26 mm 的孔与外缘之间的最小距离为 13 mm，大于此零件要求的最小壁厚（4.9 mm），可以采用冲孔落料复合模或冲孔落料连续模。其中，复合模模具的形位精度和尺寸精度容易保证，且生产率也高。尽管模具结构比较复杂，但由于零件的几何形状简单对称，模具制造并不困难。级进模虽生产率也高，但零件的冲裁精度稍差。欲保证冲压件的形位精度，需要在模具上设置导正销导正，故模具制造、安装较复合模复杂。通过对上述三种方案的分析比较，该零件的冲压生产采用方案二的复合模为佳。

任务 2.4　冲裁模具结构设计

【任务描述】

根据不同冲裁模具的结构特点，确定合适的冲裁模具结构。

【相关知识】

下面分别叙述各类冲裁模具的结构、工作原理、特点及应用场合。

2.4.1　单工序冲裁模具

2.4.1.1　落料模

（1）无导向简单落料模

图 2-14 是无导向简单落料模。模具的上模部分由上模座 1、凸模 2 组成，通过模柄安装在压力机滑块上做往复运动。下模部分由凹模 5、卸料板 3、导料板 4、下模座 6 和定位板 7 组成，通过螺栓、压板固定在压力机工作台上。导料板 4 对条料送进起导向作用，定位板 7 限制条料的送进距离；上、下模之间没有直接导向关系。

该模具的冲裁过程如下：条料沿导料板送至定位板后进行冲裁，分离后的工件靠凸模直接从凹模洞口依次推出。箍在凸模上的废料由固定卸料板刮下。如此循环，完成连续的冲裁工作。

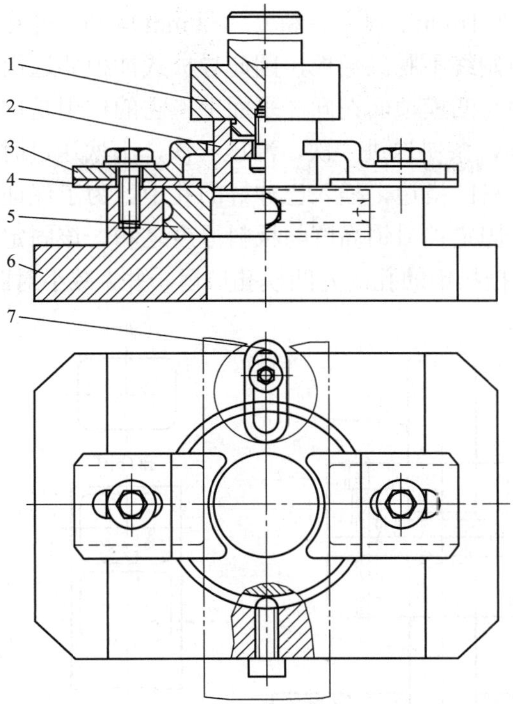

1—上模座；2—凸模；3—卸料板；4—导料板；5—凹模；6—下模座；7—定位板。

图 2-14　无导向简单落料模

该模具具有一定的通用性，通过更换凸模和凹模，调整导料板、定位板、卸料板位置，可以冲裁不同冲件。另外，通过改变定位零件和卸料零件的结构，还可用于冲孔，即成为冲孔模。

无导向简单落料模的特点是结构简单，制造容易，成本低。但安装和调整凸、凹模之间间隙较麻烦，冲裁件质量差，模具寿命低，操作不够安全。因而，无导向简单落料模适用于冲裁精度要求不高、形状简单、批量小的冲裁件。

（2）导板式单工序落料模

根据其挡料销的不同又可分为以下 3 种类型：

①带固定挡料销的导板式落料模（图 2-15）。模具上模部分由模柄 1、上模座 2、垫板 3、凸模固定板 4 和凸模 5 组成，模具的下模部分由导板 6、一对导料板 7、固定挡料销 8、凹模 9、下模座 10 和承料板 11 组成。上、下模部分分别用螺钉、销钉紧固在一起。上模部分由模柄连接到压力机滑块上，下模部分由螺栓、压板固定在压力机工作台上。

导板对上模的运动起导向作用，保证冲裁过程中凸、凹模间隙均匀。导板和凸模之间是间隙配合，其配合间隙必须小于凸、凹模间隙。对于薄料（t <0.8 mm），

凸、凹模的配合间隙为 H6/h5；对于厚料（$t>3$ mm），凸、凹模的配合间隙为 H8/h7。冲裁时，要保证凸模始终不脱离导板，因此导板式冲模要选用行程能调节的偏心压力机。承料板的顶面与凹模顶面在同一平面上，它的作用是增大承压面积。固定挡料销 8 控制送料步距，条料送进一次，冲压一次，下次送进时，条料要抬起一下，使固定挡料销滑过条料的搭边，插入已冲好的孔中。为了保证条料的顺利送进，导料板的高度必须大于固定挡料销高度与板料厚度之和。该固定挡料销采用图示的钩形结构，可以使安装挡料销的孔离开凹模孔口远一些，减小对凹模孔口强度的影响。

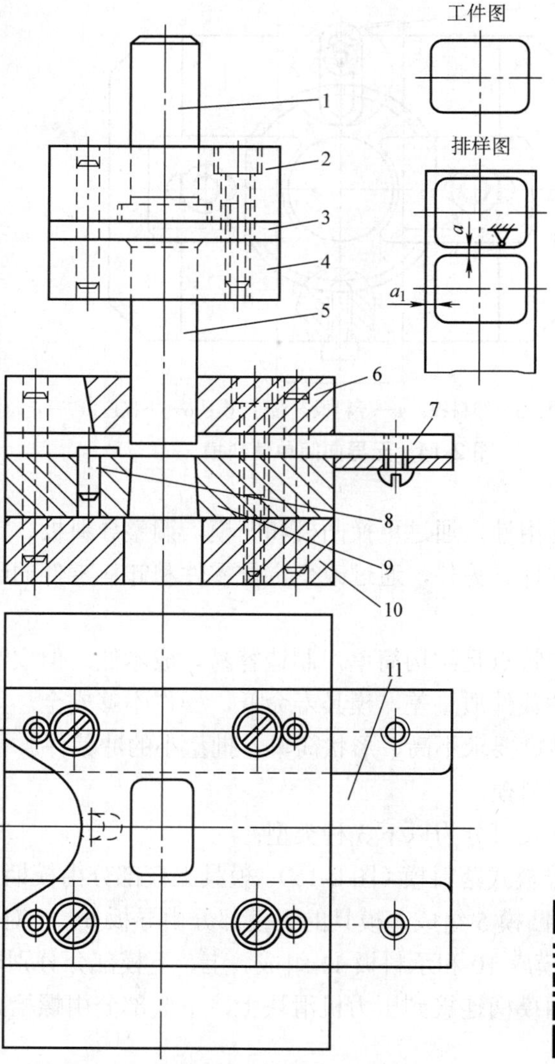

1—模柄；2—上模座；3—垫板；4—凸模固定板；5—凸模；6—导板；
7—导料板；8—固定挡料销；9—凹模；10—下模座；11—承料板。

图 2-15　带固定挡料销的导板式落料模

②带活动挡料销的导板式落料模（图 2-16）。该模具的其他零件作用及动作同图 2-15。活动挡料销的工作原理如下：带有斜面的活动挡料销 1 安装在导板 2 中，其上端由板簧 4 夹紧。板簧 4 的一端用螺钉 3 固定在导板上，另一端嵌在挡料销两侧的两条直槽内，所以板簧的作用使活动挡料销紧贴在凹模 5 的顶面上并且不会转动。送料时，条料的搭边通过挡料销的斜面将其向上顶起，当搭边通过后，挡料销又被板簧压在凹模面上，此时将挡料销拉回，利用搭边另一侧的圆柱部分控制送料步距。活动挡料销送料时不必抬起，比固定挡料销使用方便，但它在送料时要把条料先向前推再向后拉，还是不太方便。

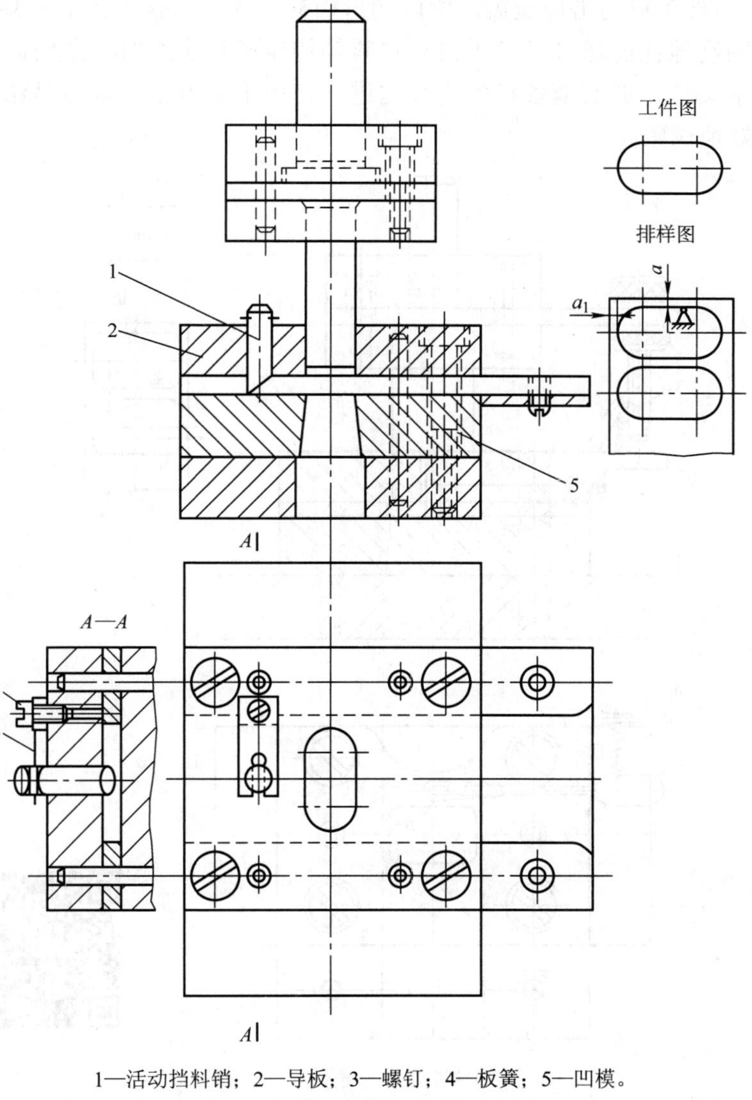

1—活动挡料销；2—导板；3—螺钉；4—板簧；5—凹模。

图 2-16　带活动挡料销的导板式落料模

③ 带自动挡料销的导板式落料模（图 2-17）。该模具的其他零件作用及动作同图 2-16。自动挡料销的工作原理如下：钩形挡料销 1 由弹簧斜向后上方拉着，不工作时，由于弹簧斜向后方拉，钩形挡料销贴在导板孔 2 的 B 面上（钩形挡料销在导板孔内有一点前后活动的余地）；由于弹簧斜向上方拉，钩形挡料销的下端压在凹模面上。送料时，条料推着钩形挡料销向后贴在导板孔 2 的 A 面上，这时料就送到位了。上模下行，螺钉 3（其上下位置可以调整）跟着下降，压着钩形挡料销的左端，使其右端抬起一个稍大于板厚的距离，此时无板料对其的推力，由于弹簧斜拉的作用，钩形挡料销的右段在抬起的同时还逆着送料方向向前移动，而这时导板孔 2 的 B 面被条料的搭边覆盖，所以钩形挡料销的右端就落在了条料的搭边上，条料可以顺利地往前送进了。用自动挡料销控制送料步距时，条料既不用抬起，也不用又推又拉，能实现条料的连续送进，使用十分方便，缺点是结构复杂，使用时要较好地调整。

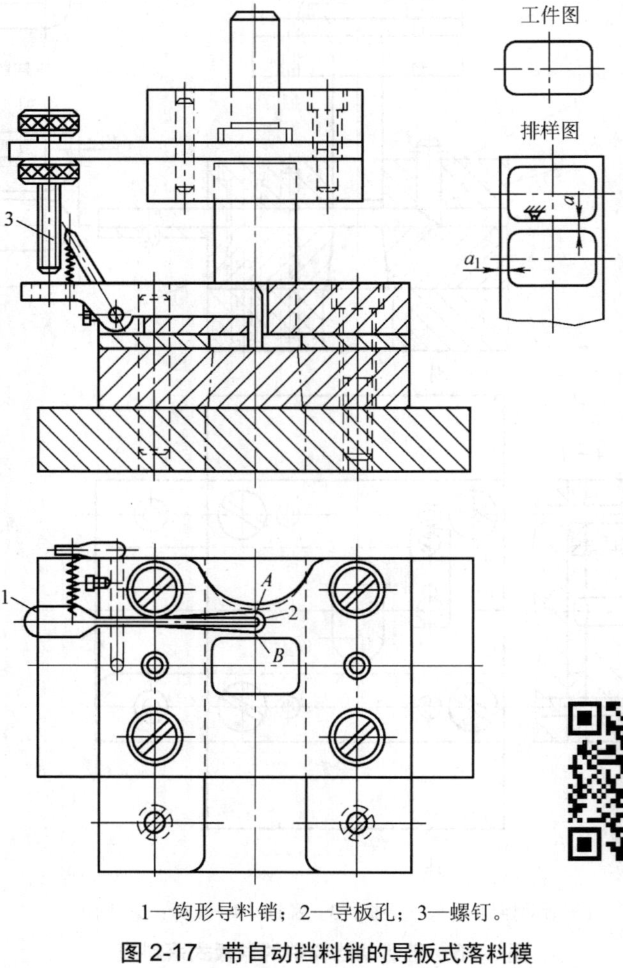

1—钩形导料销；2—导板孔；3—螺钉。

图 2-17 带自动挡料销的导板式落料模

（3）导柱式落料模

图 2-18 是导柱式落料模，该模具的上、下模位置和凸、凹模间隙靠导柱 14 和导套 13 来保证。故冲裁时导柱先进入导套接触，凸模后进入凹模。

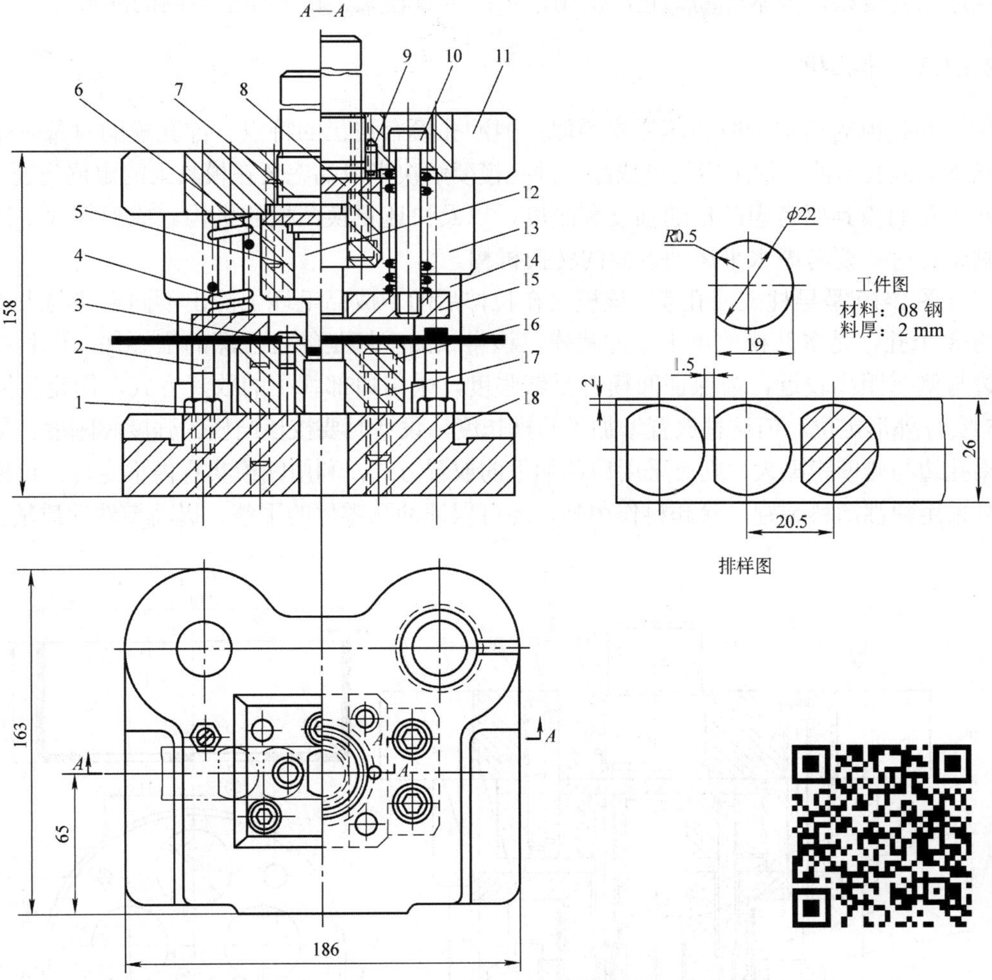

1—螺帽；2—导料螺钉；3—挡料销；4—弹簧；5—凸模固定板；6—销钉；7—模柄；8—垫板；9—止动销；10—卸料螺钉；11—上模座；12—凸模；13—导套；14—导柱；15—卸料板；16—凹模；17—内六角螺钉；18—下模座。

图 2-18　导柱式落料模

上模座 11、下模座 18、导柱 14、导套 13 组成模架。模柄 7 压入上模座 11 并以止动销 9 防止转动。垫板 8 要淬火，其作用是防止冲裁过程中凸模压坏上模座。

条料沿着两个导料螺钉 2 送进，挡料销 3 控制其送料步距。卸料板 15、卸料螺钉 10 和弹簧 4 组成弹性卸料装置。上模下行，卸料板先压住板料，上模继续下行，凸、凹模对板料进行冲裁，在上模下行过程中弹簧被压缩，冲裁完毕，弹簧恢复，弹性卸料板卸掉箍在凸模外边的料。冲裁下的工件由下模座上的漏料孔排出。

导柱式落料模的导向精度高、寿命长，使用安装方便，但模具较重、尺寸较大、制造工艺复杂，成本较高。它广泛用于生产批量较大、精度要求较高的冲裁件。

2.4.1.2 冲孔模

冲孔模的结构一般和落料模类似，但冲孔模有自己的特点。冲孔模的对象多是已落料或其他冲压加工后的半成品，冲孔模要解决半成品毛坯在模具上的定位问题。冲小孔的模具要考虑凸模的强度和刚度，以及快速更换凸模的机构。成形零件上冲侧壁孔时，要考虑水平运动方向的转换机构。

图 2-19 是导柱式冲孔模，该模具在拉伸后的半成品毛坯上冲出不同形状与大小的 8 个孔，是多凸模的单工序冲裁模。该半成品毛坯是经过拉深的空心件，而且孔边与侧壁距离较近，为保证凹模有足够强度，采用口部朝上的放置方式，用定位圈 5 实行外形定位。但这种放置增加了凸模长度，设计时要校核凸模的强度和刚度。如果孔边与侧壁距离大，则可采用口部朝下的放置方式，利用凹模实行内形定位。该模具采用弹性卸料装置，除卸料作用外，还可保证冲孔零件的平整，提高零件的质量。

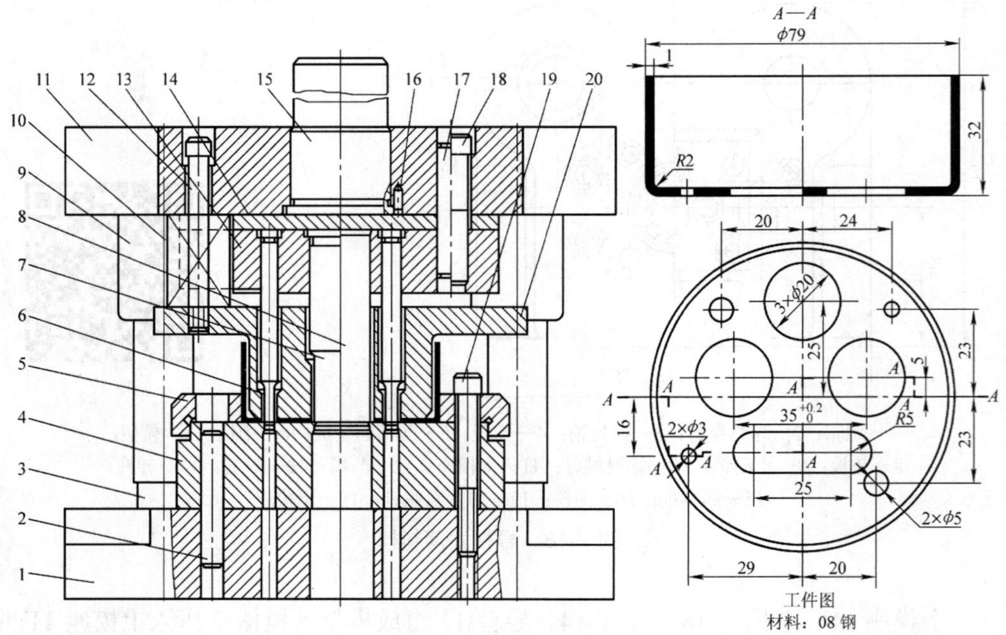

1—下模座；2、17—圆柱销；3—导柱；4—凹模；5—定位圈；6、7、8—凸模；
9—导套；10—弹簧；11—上模座；12—卸料螺钉；13—凸模固定板；14—垫板；
15—模柄；16—止动销；18、19—内六角螺钉；20—卸料板。

图 2-19 导柱式冲孔模

图 2-20 是斜楔式侧面冲孔模。该模具依靠固定在上模的斜楔 1 把压力机滑块的垂直运动转变为滑块 4 的水平运动，从而带动凸模 5 在水平方向上冲孔，凸模和凹模的对准依靠滑块在导滑槽内滑动来保证。斜楔的回程可以靠橡胶完成，也可以靠斜楔的另一工作角完成。斜楔合适的工作角度（α）为 40°～50°，需要较大工作行程时角度可以加大到 60°；需要加大水平推力时，角度可减小到 30°。毛坯采用内形定位，上模下行，弹簧板 3 先将毛坯压紧后再进行冲裁。

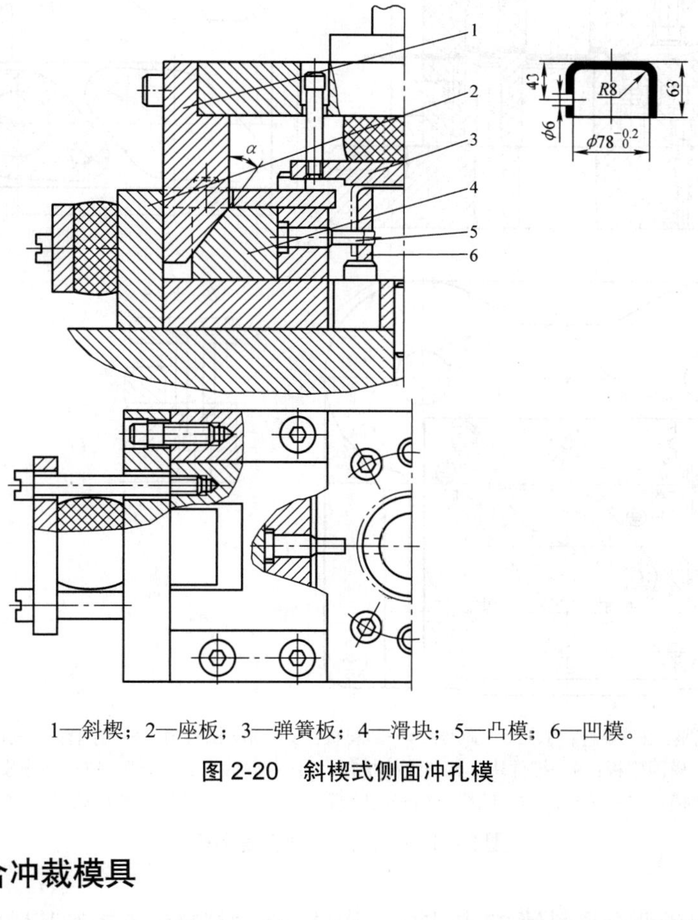

1—斜楔；2—座板；3—弹簧板；4—滑块；5—凸模；6—凹模。

图 2-20　斜楔式侧面冲孔模

2.4.2　复合冲裁模具

复合冲裁模具在结构上的主要特征是有一个既是落料凸模又是冲孔凹模的凸凹模件。按照落料凹模安装位置的不同，复合冲裁模具分为正装（顺装）复合模和倒装（反装）复合模两种。

2.4.2.1　倒装复合模

图 2-21 所示为冲孔落料倒装复合模，落料凹模 17、冲孔凸模 14、16 装在上模，凸凹模 18 装在下模。

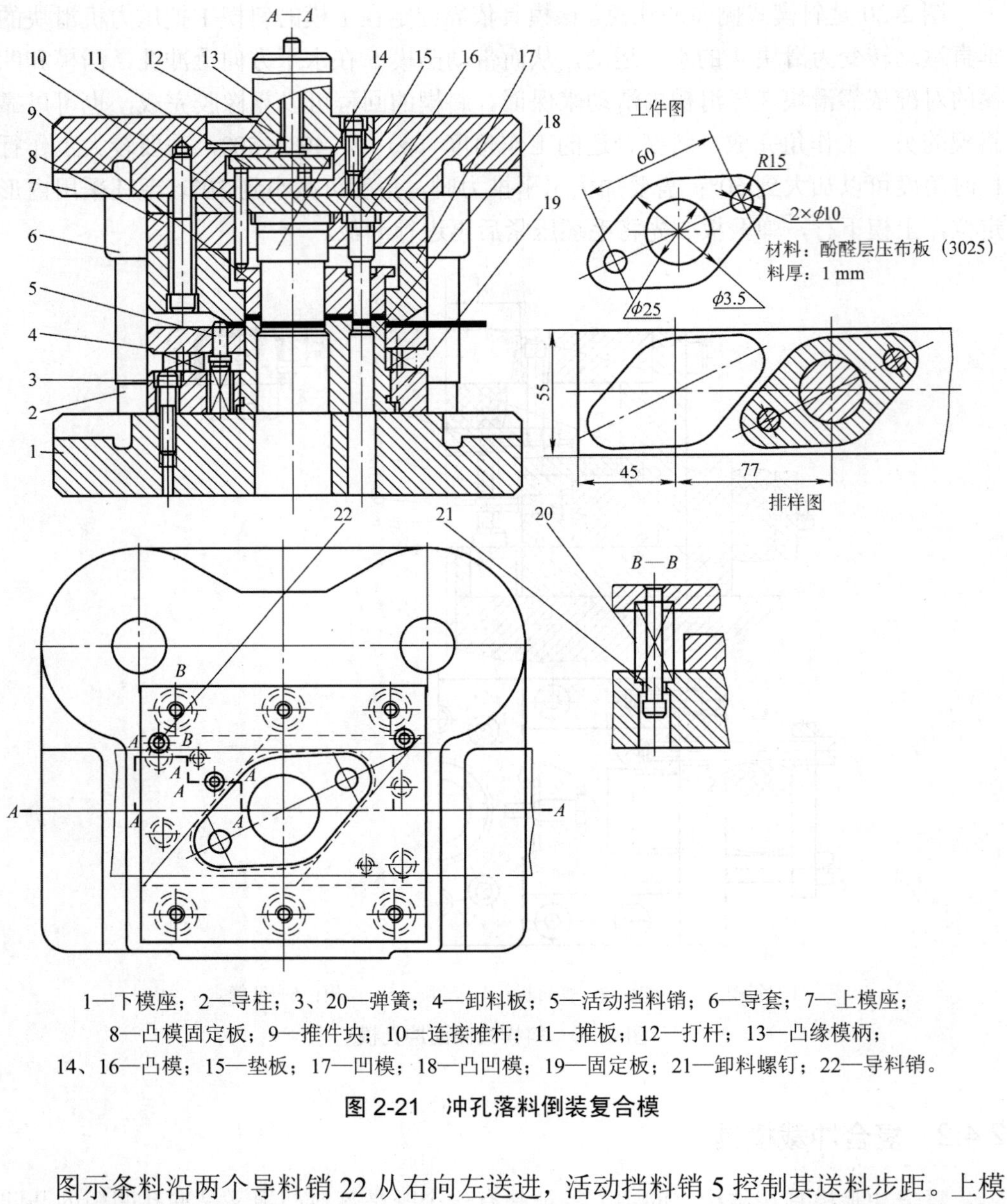

1—下模座；2—导柱；3、20—弹簧；4—卸料板；5—活动挡料销；6—导套；7—上模座；8—凸模固定板；9—推件块；10—连接推杆；11—推板；12—打杆；13—凸缘模柄；14、16—凸模；15—垫板；17—凹模；18—凸凹模；19—固定板；21—卸料螺钉；22—导料销。

图 2-21 冲孔落料倒装复合模

图示条料沿两个导料销 22 从右向左送进，活动挡料销 5 控制其送料步距。上模下行，进行冲裁，导柱、导套对上、下模的运动起到可靠的导向作用。凹模 17 接触活动挡料销时，挡料销被压下，上端面与板料平齐，所以凹模上不必设置相应的让位孔。冲裁完毕，卡在凸凹模外的条料搭边废料由下模部分的弹性卸料装置卸下，冲孔废料由下模部分的漏料孔落下（下模积聚废料，易将凹模胀裂），冲裁下的工件卡在上模内，随上模一起回程，上行到一定位置，打杆 12 碰到了曲柄压力机上的打料横杆，打杆 12、推板 11、连接推杆 10 和推件块 9 把工件推出模外。刚性推件装置对工件没有压平作用，因此工件的平直度不高。这种结构适用于冲裁较硬或厚度大于 0.3 mm 的板料。

2.4.2.2　正装复合模具

图 2-22 所示为冲孔落料正装复合模，落料凹模 8、冲孔凸模 11 装在下模，凸凹模 6 装在上模。

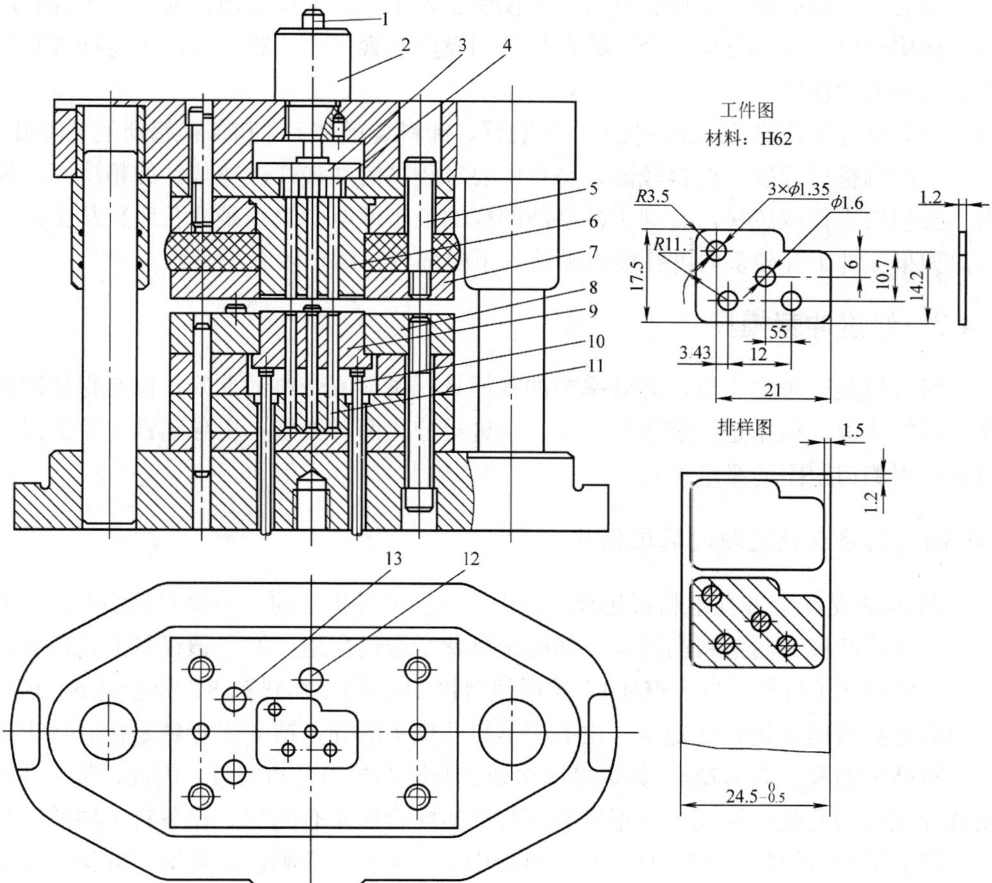

1—打杆；2—旋入式模柄；3—推板；4—推杆；5—卸料螺钉；6—凸凹模；7—弹性卸料板；8—凹模；9—顶件块；10—带肩顶杆；11—凸模；12—固定挡料销；13—导料销。

图 2-22　冲孔落料正装复合模

导料销 13 和固定挡料销 12 控制条料的送进方向和步距。上模下行，进行冲裁，导柱、导套对上、下模的运动起到可靠的导向作用。冲裁过程中，弹性卸料板 7 对板料起着压平作用，冲裁出的工件精度高。冲裁完毕，上模回程，上模部分的弹性卸料装置将卡在凸凹模外的条料废料卸下，冲孔废料由上模部分的刚性推件装置卸出模外，工件由下模部分的弹性顶件装置顶出，每冲裁一次，顶出一次，模内不积聚工件，不易将凸凹模胀裂。但冲孔废料落在下模面上，会造成清除废料麻烦，故弹性卸料板上需开设挡料销、导料销的让位孔。

2.4.2.3 倒、正装复合冲裁模的比较

倒装复合模的优点是冲孔废料从下模引出，工件从上模推出，易引出工件和废料，结构简单，操作方便安全；缺点是凸凹模内积聚工件，胀力大，不易冲裁孔边距离较小的冲裁件。

正装复合模具的优点是弹性的顶件装置、卸料装置对工件和条料起到压平作用，适用于冲制材质较软、板料较薄、平直度要求较高的冲裁件，冲裁件的精度高，模内不会积聚工件或废料，有利于减小凸凹模的最小壁厚；缺点是冲孔废料从上模引出，如果工件上孔较多时冲孔废料易落入下模部分，清理较麻烦。

2.4.3 级进冲裁模具

级进模是一种多工位、高效率的冲裁模具。条料或带料的准确定位是保证冲裁件质量的关键，根据定位装置的不同，级进模分为两种类型：用导正销定距的级进模具和用侧刃定距的级进模具。

2.4.3.1 用导正销定距的级进模具

图 2-23 是一个冲孔落料级进模具，上、下模用导板导向，导板兼起刚性卸料的作用。冲孔凸模 3 与落料凸模 4 之间的距离就是送料步距（A）。该模具的定位零件包括导料板 5（与导板为一整体）、始用挡料销 10、固定挡料销 8、导正销 6。送料时由固定挡料销 8 进行初定位，由装在落料凸模上的导正销 6 进行精定位。导正销与落料凸模的配合为 H7/r6，其连接应保证在修磨凸模时装拆方便，因此，落料凸模安装导正销的孔是个通孔。导正销头部与孔的配合应略有间隙。在条料上冲制首件时，用手推始用挡料销 10，使它从导料板中伸出来抵住条料的前端即可冲第一件上的孔，始用挡料销在弹簧的作用下复位，以后各次冲裁时就都由固定挡料销 8 控制送料步距作粗定位。

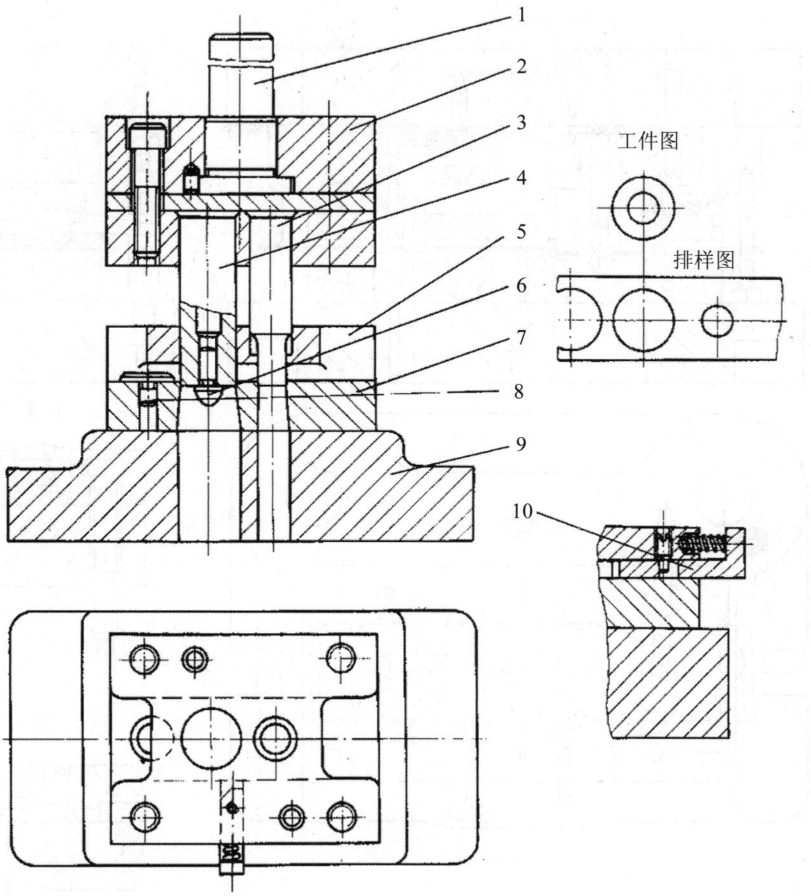

1—模柄；2—上模座；3—冲孔凸模；4—落料凸模；5—导料板；
6—导正销；7—凹模；8—固定挡料销；9—下模座；10—始用挡料销。

图 2-23　用导正销定距的冲孔落料级进模具

图 2-24 也是用导正销定位的冲孔落料级进模具，为增大凹模的强度，在冲孔工位后安排了一个空工位，在控制料头首次冲裁步距时，设置了两个始用挡料销，用导正销 3 进行精定位。下模部分落料凹模 2 与冲孔凹模 13 用整体的凹模固定板 1 固定。

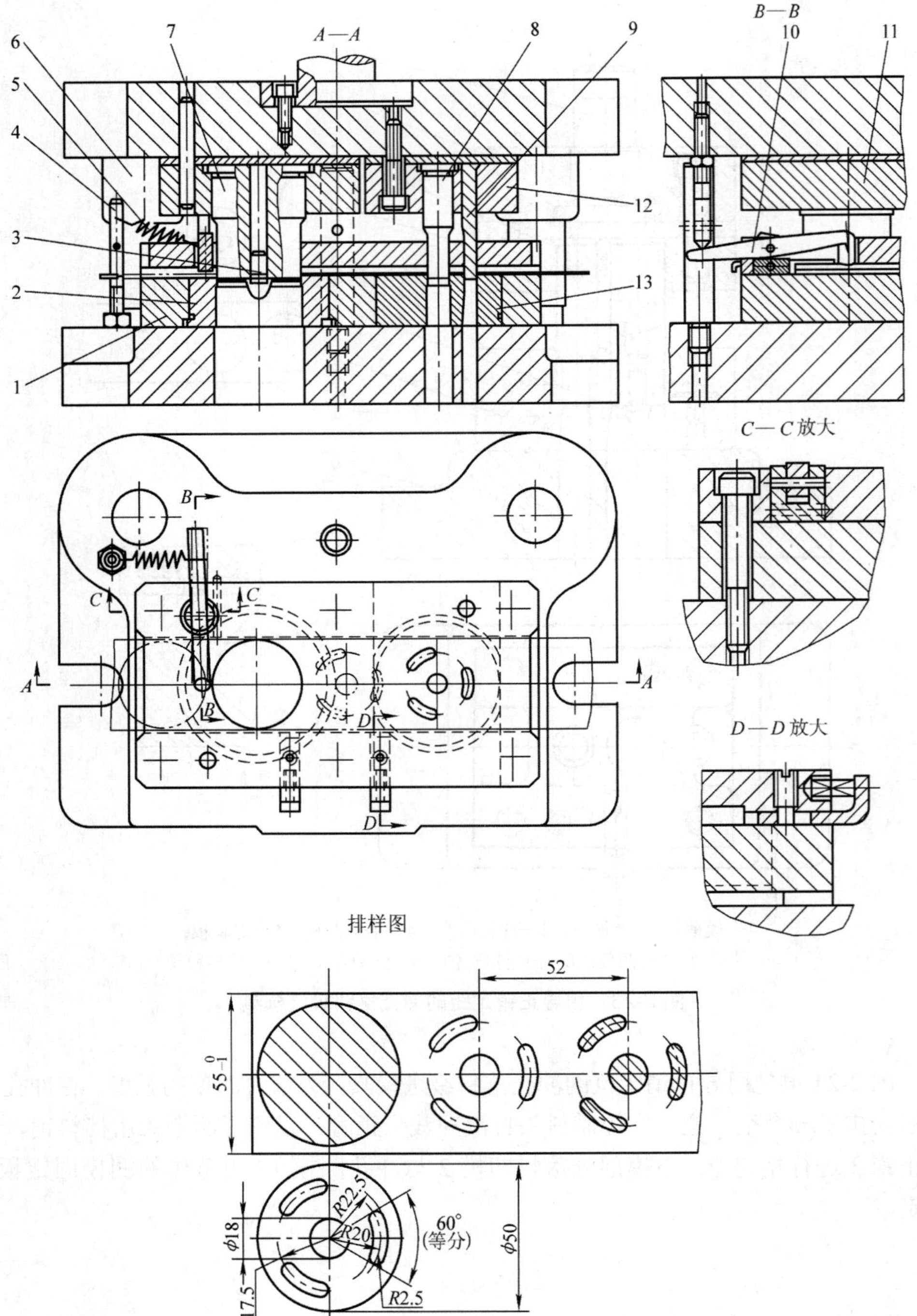

1—凹模固定板；2—落料凹模；3—导正销；4—拉簧座；5—拉簧；6—导套；7—落料凸模；8、9—冲孔凸模；10—自动挡料销；11—落料凸模固定板；12—冲孔凸模固定板；13—冲孔凹模。

图 2-24 有空工位的冲孔落料级进模具

导正销的使用限制：当板料太薄（$t<0.3$ mm）或材料较软时，容易将孔边冲弯，因而不能使用；所冲孔较小时，导正销太细，冲裁过程中容易折断，因而导正销也不能用；孔与外形距离较小时，在落料凸模上开安装导正销孔，会影响凸模的强度；冲裁件上无圆孔又无法设置工艺孔时不能使用。

2.4.3.2　用侧刃定距的级进模具

侧刃也是级进模具常用的定位零件，图 2-25 是侧刃定距的工作原理图，对侧刃定距说明如下：

侧刃是一种特殊的凸模。侧刃断面的长度等于送料步距，条料送进一次，压力机行程一次，侧刃在条料上冲下一个长度等于步距的料边。

由于侧刃前后导料板宽度不同，侧刃切去一个长度等于送料步距的料边时条料才能继续往前送进。导料板的台肩处容易磨损，故此处常安装淬火镶块。

单侧刃定距时，当条料冲到料尾最后一个孔时，条料的狭边被冲完，条料上不再存在台肩，落料时就无法定位，如果在一个级进模具上有 n 个工位，条料上将有（n–1）个工件失去定位。为了不使（n–1）个工件失去定位，可使用错开排布双侧刃。第一个侧刃排在第一个工位或其前，第二个侧刃排在最后一个工位或其后。

有时为了提高送料精度，使送料不至于歪斜，可以使用并排布置的双侧刃。

侧刃定距为粗定位，需配合导正销使用。

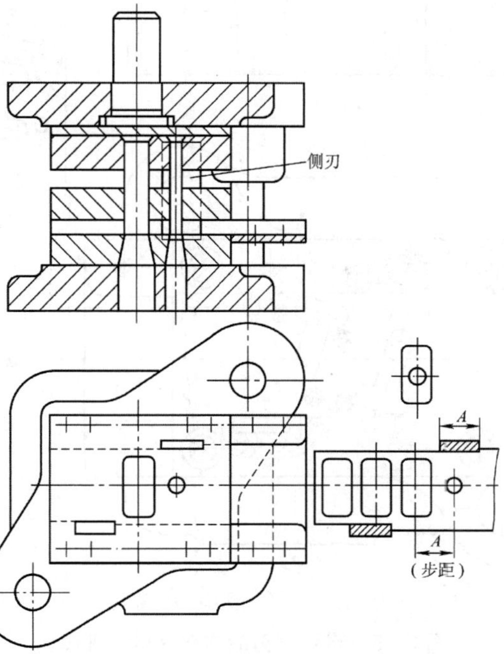

图 2-25　侧刃定距的工作原理

图 2-26 是带双侧刃的冲孔落料级进模具，根据零件的形状和尺寸，采用斜对排的排样方式。其上模的凸模固定板中，共安装了 6 个冲孔凸模 1、2 个落料凸模 2 和 2 个侧刃 3。该模具共有 3 个工位，采用错开排布的双侧刃控制送料步距。料头第一次送进，冲出 3 个孔和 1 个侧刃狭条；第二次送进，落 1 个已冲好孔的料，同时冲出斜对排的 3 个孔；第三次送进，落第 2 个已冲好孔的料，同时又冲出一个侧刃狭条。以后每次送进都可以得到两个冲裁件，同时冲掉两个侧刃狭条。导料板的台肩（*M*）和（*N*）处容易磨损，为提高模具寿命，在此处装有淬火镶块 5。

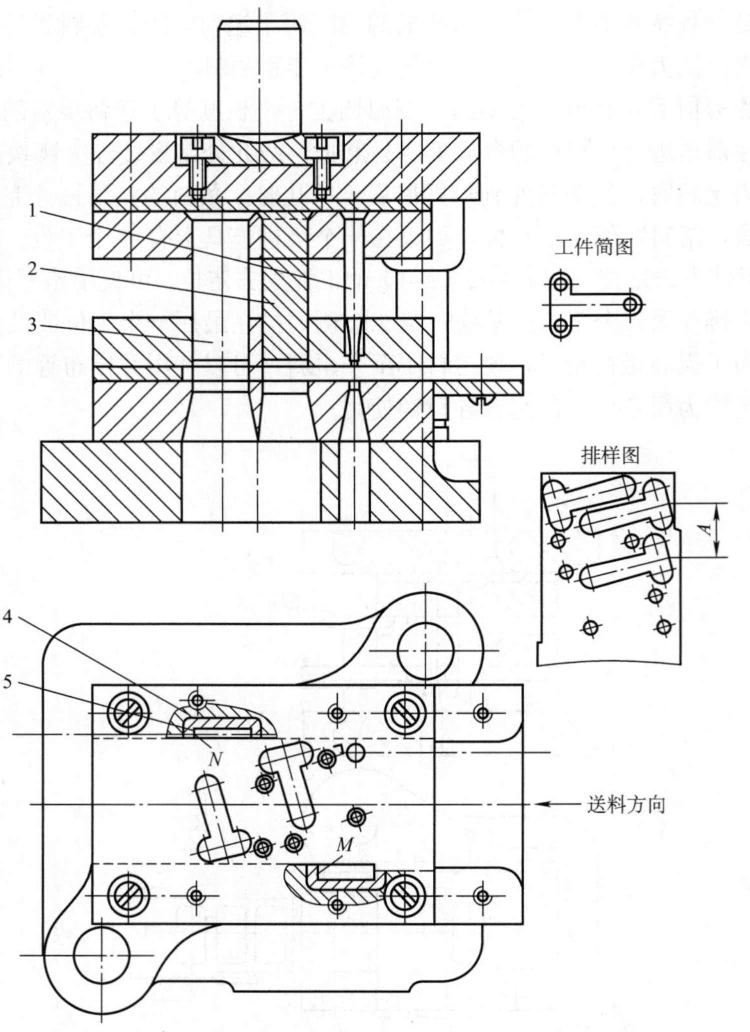

1—冲孔凸模；2—落料凸模；3—侧刃；4—导料板；5—淬火镶块。

图 2-26　带双侧刃的冲孔落料级进模具

【任务实施】

2.4.4　节能烤炉垫片冲裁模具结构设计

节能烤炉垫片零件的冲压包括冲孔和落料两个工序，且孔边距较大，可查表 2-3，采用倒装复合模具满足要求，另外，倒装复合模具结构简单，清理工件比较容易，因此采用倒装复合模结构。

可直接利用压力机的打杆装置进行推件，卸料可靠，便于操作。工件留在落料凹模孔洞中，应在凹模孔设置推件块；卡于凸凹模上的废料可由卸料板推出；而冲孔废料则可以在下模座中开设通槽，使废料从孔洞中落下。由于在该模具中压料是由落料凸模与卸料板一起配合工作来实现的，所以卸料板还要有压料的作用，应选用弹性卸料板来卸下条料废料。

因是大批量生产，采用手动送料方式，从右往左送料。

因该制件采用的是倒装复合模具，所以直接用挡料销和导料销即可。

为确保零件的质量及稳定性，选用导柱、导套导向。由于该零件尺寸较小，且精度要求不是太高，所以宜采用后侧导柱模架。

任务 2.5　冲裁工艺计算

【任务描述】

完成凸凹模刃口尺寸、冲压力、压力中心计算及排样设计与计算。

【相关知识】

2.5.1　凸凹模间隙值的确定

冲裁间隙对冲裁件质量、冲裁力、模具寿命等都有较大的影响。从以上几个方面分别选择合理间隙时，往往会产生相互矛盾的情况，很难找到一个固定的间隙值能同时满足冲裁件质量最佳、冲模寿命最长、冲裁力最小等各方面的要求。

具体设计时，可根据以下原则选取冲裁间隙：冲裁件精度要求不高时一般采用较大间隙值以提高模具寿命；冲裁件精度要求较高时尽量选用较小的间隙值；设计刃口尺寸时，考虑到冲裁过程中的磨损，尽量选用较小的间隙值。

因此，在冲压实际生产中，要综合考虑冲裁件断面质量、尺寸精度和模具寿命这三个因素，给间隙规定一个范围。在这个间隙范围内，能得到质量合格的冲裁件和较长的模具寿命。这个间隙范围就称为合理间隙，这个范围的最小值称为最小合理间隙（Z_{min}），最大值称为最大合理间隙（Z_{max}）。

目前确定合理间隙值的方法有理论确定法、经验确定法。

2.5.1.1 理论确定法

理论确定法又称公式法，此法的主要根据是保证上、下微裂纹重合，以获得良好的冲裁断面。

图 2-27 所示为冲裁过程中开始产生裂纹的瞬时状态，根据图中几何关系可求得合理间隙（Z）：

$$Z = 2(t - h_0)\tan\beta = 2t(1 - h_0 / t)\tan\beta \qquad (2\text{-}2)$$

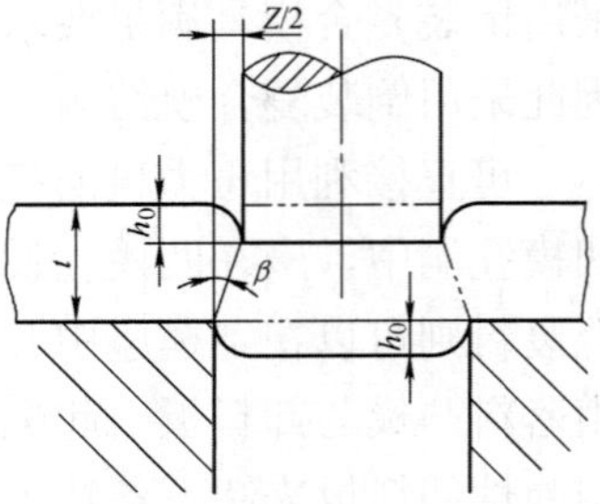

图 2-27 理论间隙计算图

式中，t——材料厚度，mm；

h_0——产生裂纹时凸模挤入材料深度，mm；

h_0 / t——产生裂纹时凸模挤入材料的相对深度；

β——剪切裂纹与垂线间的夹角，°。

由式（2-2）可看出，合理间隙（Z）与材料厚度（t）、凸模挤入材料的相对深度（h_0 / t）、裂纹夹角（β）有关，而 h_0 / t 不仅与材料塑性有关，而且受材料厚度的综合影响。h_0 / t 和 β 值见表 2-11。

表 2-11 部分材料的 h_0 / t 与 β 值

材料	h_0 / t		β/（°）	
	退火	硬化	退火	硬化
软钢、纯铜、软黄铜	0.5	0.35	6	5
硬钢、硬黄铜	0.3	0.2	5	4
硬钢、硬青铜	0.2	0.1	4	4

结论是：材料厚度越大、塑性越低的硬脆材料，所需间隙 Z 值就越大；材料厚度越薄，塑性越好的材料，所需间隙 Z 值就越小。

由于理论计算法在生产中使用不方便，故目前广泛采用的是经验数据。

2.5.1.2 经验确定法

根据研究与实际生产经验，间隙值可按要求分类查表确定。对于尺寸精度、断面质量要求高的冲裁件（如电子电器行业）应选用较小间隙值（表 2-12），这时冲裁力与模具寿命作为次要因素考虑。对于尺寸精度和断面质量要求不高的冲裁件（如汽车、拖拉机行业），在满足冲裁件要求的前提下，应以降低冲裁力、提高模具寿命为主，宜选用较大的双面间隙值（表 2-13）。

表 2-12 较小的冲裁模具初始双面间隙（电器、仪表行业） 单位：mm

材料厚度（t）/mm	软铝		纯铜、黄铜、软钢 $\omega_C = 0.08\% \sim 0.2\%$		杜拉铝、中等硬钢 $\omega_C = 0.3\% \sim 0.4\%$		硬钢 $\omega_C = 0.5\% \sim 0.6\%$	
	Z_{min}	Z_{max}	Z_{min}	Z_{max}	Z_{min}	Z_{max}	Z_{min}	Z_{max}
0.2	0.008	0.012	0.010	0.014	0.012	0.016	0.014	0.018
0.3	0.012	0.018	0.015	0.021	0.018	0.024	0.021	0.027
0.4	0.016	0.024	0.020	0.028	0.024	0.032	0.028	0.036
0.5	0.020	0.030	0.025	0.035	0.030	0.040	0.035	0.045
0.6	0.024	0.036	0.030	0.042	0.036	0.048	0.042	0.054
0.7	0.028	0.042	0.035	0.049	0.042	0.056	0.049	0.063
0.8	0.032	0.048	0.040	0.056	0.048	0.064	0.056	0.072
0.9	0.036	0.054	0.045	0.063	0.054	0.072	0.063	0.081
1.0	0.040	0.060	0.050	0.070	0.060	0.080	0.070	0.090
1.2	0.050	0.084	0.072	0.096	0.084	0.108	0.096	0.120
1.5	0.075	0.105	0.090	0.120	0.105	0.135	0.120	0.150
1.8	0.090	0.126	0.108	0.144	0.126	0.162	0.144	0.180
2.0	0.100	0.140	0.120	0.160	0.140	0.180	0.160	0.200
2.2	0.132	0.176	0.154	0.198	0.176	0.220	0.198	0.242
2.5	0.150	0.200	0.175	0.225	0.200	0.250	0.225	0.275
2.8	0.168	0.224	0.196	0.252	0.224	0.280	0.252	0.308
3.0	0.180	0.240	0.210	0.270	0.240	0.300	0.270	0.330
3.5	0.245	0.315	0.280	0.350	0.315	0.385	0.350	0.420
4.0	0.280	0.360	0.320	0.400	0.360	0.440	0.400	0.480
4.5	0.315	0.405	0.360	0.450	0.405	0.490	0.450	0.540
5.0	0.350	0.450	0.400	0.500	0.450	0.550	0.500	0.600
6.0	0.380	0.600	0.540	0.660	0.600	0.720	0.660	0.780
7.0	0.560	0.700	0.630	0.770	0.700	0.840	0.770	0.910
8.0	0.720	0.880	0.800	0.960	0.880	1.040	0.960	1.120
9.0	0.870	0.990	0.900	1.080	0.990	1.170	1.080	1.260
10.0	0.900	1.100	1.000	1.200	1.100	1.300	1.200	1.400

注：①初始间隙的最小值相当于间隙的公称数值；
②初始间隙的最大值是考虑到凸模和凹模的制造公差所增加的数值；
③在使用过程中，由于模具工作部分的磨损，间隙将有所增加，因而间隙的使用最大数值要超过列表数值；
④ ω_C 为碳的质量分数，用其表示钢中的含碳量。

表 2-13 较大的冲裁模具初始双面间隙（Z）（汽车、拖拉机行业） 单位：mm

材料厚度（t）/mm	08、10、35、09Mn2、Q235		40、50		16Mn		65Mn	
	Z_{min}	Z_{max}	Z_{min}	Z_{max}	Z_{min}	Z_{max}	Z_{min}	Z_{max}
小于 0.5	极 小 间 隙							
0.5	0.040	0.060	0.040	0.060	0.040	0.060	0.040	0.060
0.6	0.048	0.072	0.048	0.072	0.048	0.072	0.048	0.072
0.7	0.064	0.092	0.064	0.092	0.064	0.092	0.064	0.092
0.8	0.072	0.104	0.072	0.104	0.072	0.104	0.064	0.092
0.9	0.090	0.126	0.090	0.126	0.090	0.126	0.090	0.126
1.0	0.100	0.140	0.100	0.140	0.100	0.140	0.090	0.126
1.2	0.126	0.180	0.132	0.180	0.132	0.180		
1.5	0.132	0.240	0.170	0.240	0.170	0.240		
1.75	0.220	0.320	0.220	0.320	0.220	0.320		
2.0	0.246	0.360	0.260	0.380	0.260	0.380		
2.1	0.260	0.380	0.280	0.400	0.280	0.400		
2.5	0.360	0.500	0.380	0.540	0.380	0.540		
2.75	0.400	0.560	0.420	0.600	0.420	0.600		
3.0	0.460	0.640	0.480	0.660	0.480	0.660		
3.5	0.540	0.740	0.580	0.780	0.580	0.780		
4.0	0.640	0.880	0.680	0.920	0.680	0.920		
4.5	0.720	1.000	0.780	1.040	0.680	0.960		
5.5	0.940	1.280	0.980	1.320	0.780	1.100		
6.0	1.080	1.440	1.140	1.500	0.840	1.200		
6.5					0.940	1.300		
8.0					0.200	1.680		

注：冲裁皮革、石棉和纸板时，间隙取 08 钢的 25%。

冲裁间隙值的选用，还可根据不同情况灵活掌握。例如，冲小孔而导板导向又较差时，为防止凸模受力大而折断，间隙可以取大一些，但这时废料易带出凹模表面，所以凸模上应装上弹性顶杆或采取以压缩空气从凸模端部小孔吹出等措施。凹模形式为锥形时，其间隙应该比圆柱小。采用弹性装置向上出件时，其间隙值可比下落出件大 50%左右。高速冲压时，模具温度增高，间隙应增大，如每分钟冲程超过 200 次，间隙值可增大约 10%。硬质合金冲模由于热膨胀系数小，其间隙值可以比钢模大 30%。在同样条件下，非圆形应比圆形的间隙大。冲孔所取间隙可比落料略大。

对于精度低于 IT14 级、断面无特殊要求的冲裁件，还可采用较大的间隙，以提高冲模寿命。

2.5.2 凸、凹模刃口尺寸的确定

模具刃口尺寸及公差是影响冲裁件尺寸精度的主要因素，模具的合理间隙值也是靠凸、凹模刃口尺寸及其公差来保证的。因此，正确确定凸、凹模刃口尺寸和公差，是冲裁模设计中的一项关键工作。

2.5.2.1 凸、凹模刃口尺寸的计算原则

凸、凹模间隙的存在使冲裁件断面都带有锥度，所以冲裁件尺寸的测量和使用，都是以光亮带的尺寸为基准。落料件的光亮带是由于凹模刃口挤切材料产生的，冲孔件的光亮带是由于凸模刃口挤切材料产生的。因此，设计凸、凹模刃口尺寸应区别冲孔和落料，并遵循以下原则：

①先确定基准模刃口尺寸。设计落料模先确定凹模刃口尺寸，间隙取在凸模上，冲裁间隙通过减小凸模尺寸获得。设计冲孔模先确定凸模刃口尺寸，以凸模为基准，间隙取在凹模上，冲裁间隙通过增大凹模尺寸获得。

②遵循冲模在使用过程中的磨损规律。冲裁过程中，凸、凹模与冲裁零件或废料发生摩擦，凸模轮廓越磨越小，凹模轮廓越磨越大，凸、凹模间隙越磨越大。设计落料模时，凹模基本尺寸应取接近或等于工件的最小尺寸；设计冲孔模时，凸模基本尺寸取接近或等于工件孔的最大极限尺寸。不管冲孔还是落料，冲裁间隙一般选取最小合理间隙值（Z_{min}）。

模具磨损预留量与工件制造精度有关。用 $x\Delta$ 表示，其中 Δ 为工件的公差值，x 为磨损系数，其值在 0.5～1 之间，根据工件制造精度选取：工件精度在 IT10 以上，x=1；工件精度在 IT11～IT13，x=0.75；工件精度在 IT14，x=0.5。

③考虑工件精度与模具精度的关系。选择模具刃口制造公差时，要考虑工件精度与模具精度的关系，既要保证工件的精度要求，又要保证有合理的间隙值。一般冲模精度较工件精度高 2～4 级。对于形状简单的圆形、方形刃口，其制造偏差值可按 IT6～IT7 级来选取；对于形状复杂的刃口，制造偏差可按工件相应部位公差值的 1/4 来选取；对于刃口尺寸磨损后无变化的，制造偏差值可取工件相应部位公差值的 1/8 并冠以“±”。

④公差标注遵循“入体”原则。工件尺寸公差与冲模刃口尺寸的制造偏差，原则上都应按“入体”原则标注为单向公差，所谓“入体”原则是指标注工件尺寸公差时应向材料实体方向单向标注。但对于磨损后无变化的尺寸，一般标注双向公差。

⑤凸、凹模刃口尺寸的计算要考虑模具制造的特点。

2.5.2.2 凸、凹模刃口尺寸的计算方法

由于冲模的加工方法不同，刃口尺寸的计算方法也不同，基本上可分为两类。

（1）凸、凹模刃口的分别制造法

1）定义

凸凹模刃口分别按照各自的基本尺寸及公差互不相干地分别制造，制造后装配使用。

2）特点和应用

分别制造法用凸模和凹模的尺寸及制造公差来保证间隙要求。这种加工方法必须把模具的制造公差控制在间隙的变动范围内（凸、凹模都得保证），使模具制造难度增加。用这种方法制造的凸、凹模具有互换性，便于成批制造。

这种方法主要用于冲裁件形状简单或间隙较大、精度较低的模具或用线切割等精密设备加工的模具（容易保证凸、凹模制造公差）。

3）分别制造法刃口计算公式

根据上述尺寸计算原则，冲裁件和凸、凹模的尺寸与公差分布状态如图 2-28 所示。

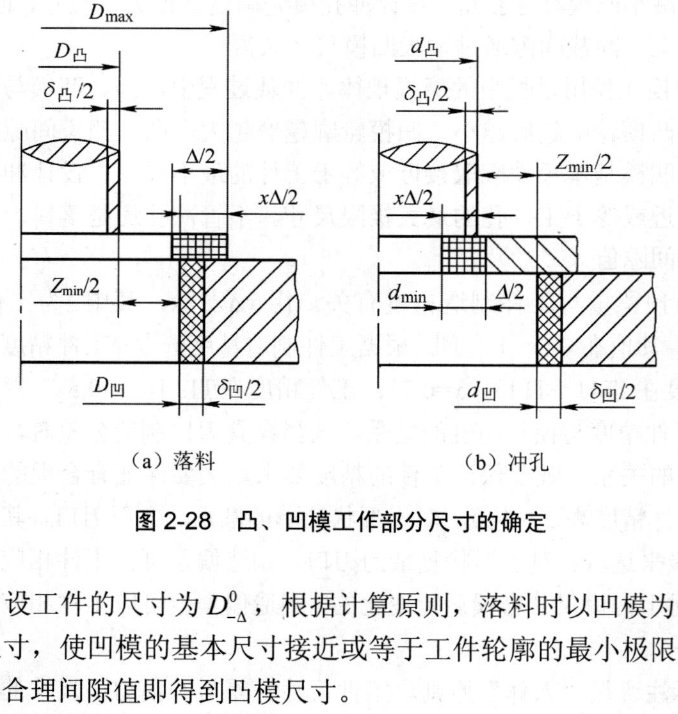

图 2-28　凸、凹模工作部分尺寸的确定

落料时，设工件的尺寸为 $D_{-\Delta}^{0}$，根据计算原则，落料时以凹模为设计基准。首先确定凹模尺寸，使凹模的基本尺寸接近或等于工件轮廓的最小极限尺寸；用凹模尺寸减去最小合理间隙值即得到凸模尺寸。

$$D_{凹}=\left(D_{\max}-x\Delta\right)_{0}^{+\delta_{凹}} \tag{2-3}$$

$$D_{凸}=\left(D_{凹}-Z_{\min}\right)_{-\delta_{凸}}^{0}=\left(D_{\max}-x\Delta-Z_{\min}\right)_{-\delta_{凸}}^{0} \tag{2-4}$$

冲孔时，以凸模为设计基准，首先确定凸模尺寸，使凸模的基本尺寸接近或等于工件孔的最大极限尺寸；将凸模尺寸加上最小合理间隙值即得到凹模尺寸。

$$d_{凸} = \left(d_{\min} + x\Delta\right)_{-\delta_{凸}}^{0} \tag{2-5}$$

$$d_{凹} = \left(d_{凸} + Z_{\max}\right) = \left(d_{\min} + x\Delta + Z_{\min}\right)_{0}^{+\delta_{凹}} \tag{2-6}$$

孔心距属于磨损后基本不变的尺寸。在同一工步中，在工件上冲出孔距其凹模型孔中心距可按下式确定。

$$L_d = L \pm \frac{1}{8}\Delta \tag{2-7}$$

式中，$D_{凸}$、$D_{凹}$——分别为落料凸、凹模的基本尺寸，mm；

$d_{凸}$、$d_{凹}$——分别为冲孔凸、凹模的基本尺寸，mm；

$D_{\max}$——落料件的最大极限尺寸，mm；

$d_{\min}$——冲孔件的最小极限尺寸，mm；

Δ——冲裁件的公差，mm；

$Z_{\max}$——最大冲裁间隙，mm；

$Z_{\min}$——最小冲裁间隙，mm；

$\delta_{凸}$、$\delta_{凹}$——分别为凸模、凹模的制造公差，凸模公差取下偏差，凹模公差取上偏差，一般按零件公差的 1/4～1/3 来选取，对于形状简单的冲裁件（如圆形件、方形件等），由于制造简单、精度容易保证，制造公差可按 IT8～IT6 级选取，也可查表 2-14；

x——磨损系数，其值应该在 0.5～1，与冲裁件精度有关，可直接按冲裁件的公差等级选取或查表 2-15 决定。

表 2-14 简单形状冲裁件（圆形、方形件）冲裁时的 $\delta_{凸}$、$\delta_{凹}$ 值 单位：mm

基本尺寸	凸模公差（$\delta_{凸}$）	凹模公差（$\delta_{凹}$）	基本尺寸	凸模公差（$\delta_{凸}$）	凹模公差（$\delta_{凹}$）
≤18	0.020	0.020	＞180～260	0.030	0.045
＞18～30	0.020	0.025	＞260～360	0.035	0.050
＞30～80	0.020	0.030	＞360～500	0.040	0.060
＞80～120	0.025	0.035	＞500	0.050	0.070
＞120～180	0.030	0.040			

表 2-15 磨损系数

板料厚度（t）/mm	非圆形			圆形	
	1	0.75	0.5	0.75	0.5
	工件公差 Δ/mm				
≤1	＜0.16	0.17～0.35	≥0.36	＜0.16	≥0.16
＞1～2	＜0.20	0.21～0.41	≥0.42	＜0.20	≥0.20
＞2～4	＜0.24	0.25～0.49	≥0.50	＜0.24	≥0.24
＞4	＜0.30	0.31～0.59	≥0.60	＜0.30	≥0.30

（2）配作法

1）定义

首先按图纸制造基准模刃口，制成合格后，按照基准模的尺寸减小或增加最小合理间隙制造另一刃口。

2）特点和应用

配作加工利用凸模和凹模相互单配的方法来保证合理间隙。加工后，凸模与凹模必须对号入座，不能互换。一般情况下，落料件以凹模为基准模，冲孔件以凸模为基准模。作为基准的模具零件图样上标注尺寸及公差，在相配的非基准的模具零件的图样上标注相同的基本尺寸，但不标注公差，在技术要求中要说明非基准的模具零件要按作为基准的模具零件的实际尺寸配作，保证间隙值在 $Z_{min} \sim Z_{max}$。

这种方法多用于冲裁件的形状复杂、间隙较小的模具。

3）配作法刃口尺寸计算公式

采用配作法计算复杂形状的凸、凹模工作部分的尺寸时，首先根据凸模或凹模磨损后轮廓变化情况，判断出模具刃口各个尺寸在磨损过程中是变大、变小还是不变这三种情况，然后分别按不同的公式计算。具体计算方法如下：

①落料。

图 2-29（a）为落料件图，图 2-29（b）为冲制该零件的凹模图。

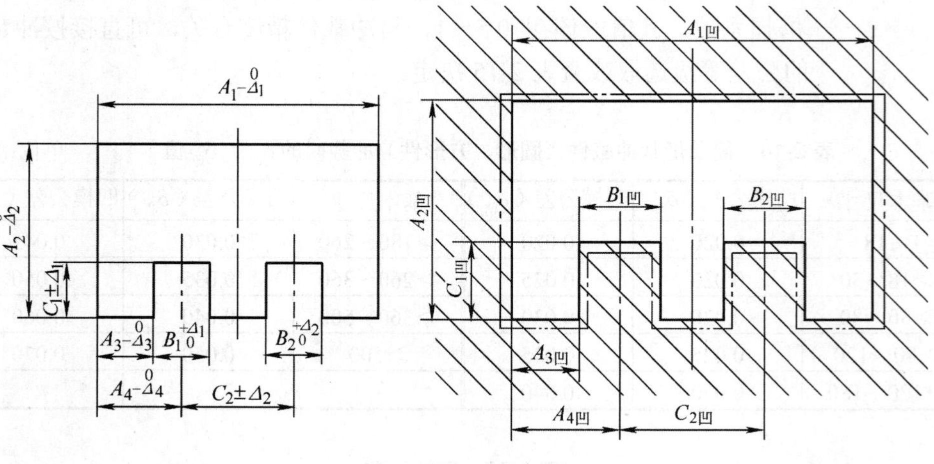

(a) 落料件　　(b) 凹模尺寸

图 2-29　落料件刃口尺寸计算

落料时应以凹模为基准来配作凸模，并按凹模磨损后尺寸变大、变小、不变的规律分三种情形分别进行计算。

情形一：凹模磨损后，冲裁件尺寸变大。如图 2-29（b）中 $A_{1凹}$、$A_{2凹}$、$A_{3凹}$、$A_{4凹}$，其凸、凹模刃口尺寸计算公式如下：

$$A_{凹}=(A-x\Delta)_{0}^{+\delta_{凹}} \tag{2-8}$$

$$A_{凸}=\left(A_{max}-x\Delta-Z_{min}\right)_{-\delta_{凸}}^{0} \tag{2-9}$$

情形二：凹模磨损后，冲裁件尺寸变小，如图 2-29（b）中 $B_{1凹}$、$B_{2凹}$，其凸、凹模刃口尺寸计算公式如下：

$$B_{凹}=(B_{min}+x\Delta)_{-\delta_{凹}}^{0} \tag{2-10}$$

$$B_{凸}=\left(B_{min}+x\Delta-Z_{min}\right)_{0}^{+\delta_{凸}} \tag{2-11}$$

情形三：凹模磨损后尺寸没有变化，如图 2-29（b）中 $C_{凹}$，其凸、凹模刃口尺寸计算公式如下：

$$C_{凹}=C_{凸}=C\pm\delta_{凹} \tag{2-12}$$

②冲孔。

图 2-30（a）为冲裁件孔的尺寸，图 2-30（b）为冲孔凸模。

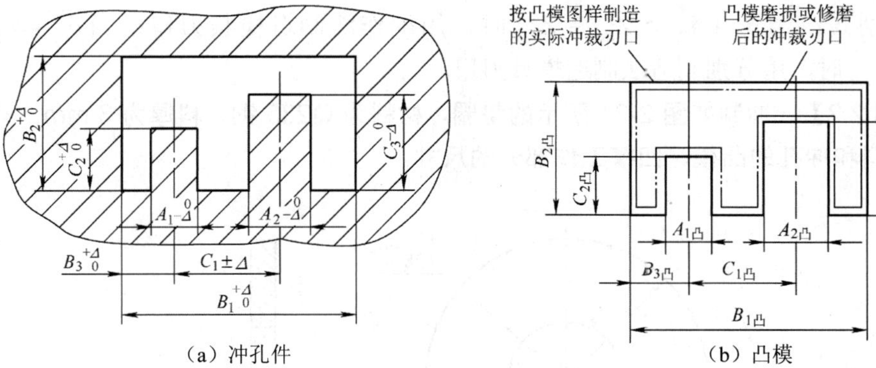

图 2-30　冲孔件刃口尺寸的计算

冲孔时应以凸模为基准来配作凹模，也分三种情形分别进行计算。

情形一：凸模磨损后，冲裁件尺寸变大。如图 2-30（b）中 $A_{1凸}$、$A_{2凸}$，其凸、凹模刃口尺寸计算公式如下：

$$A_{凸}=(A-x\Delta)_{0}^{+\delta_{凸}} \tag{2-13}$$

$$A_{凹}=\left(A-x\Delta+Z_{min}\right)_{-\delta_{凹}}^{0} \tag{2-14}$$

情形二：凸模磨损后，冲裁件尺寸变小，如图 2-30（b）中 $B_{1凸}$、$B_{2凸}$、$B_{3凸}$，其凸、凹模刃口尺寸计算公式如下：

$$B_{凸} = (B + x\Delta)^{0}_{-\delta_{凸}} \tag{2-15}$$

$$B_{凹} = \left(B + x\Delta + Z_{min}\right)^{+\delta_{凹}}_{0} \tag{2-16}$$

情形三：凸模磨损后没有变化的尺寸，其凸、凹模刃口尺寸计算公式同落料的计算公式（2-12）。

$$C_{凸} = C_{凹} = C \pm \delta_{凸} \tag{2-17}$$

式中，$A_{凹}$、$B_{凹}$、$C_{凹}$——凹模尺寸，mm；

A、B、C——相对应的冲裁件基本尺寸，mm；

Δ——冲裁件的公差，mm；

$\delta_{凸}$、$\delta_{凹}$——凸、凹模制造偏差，mm。根据经验一般取$\delta_{凸}$与$\delta_{凹}$为$\Delta/4$。

2.5.2.3 制造法选用原则

①当冲裁件为复杂形状（尺寸数多）时，用配作法制造模具刃口。

②当冲裁件为简单形状时（尺寸数少）时，根据下列判别式选择刃口制造方法。

判别式：当$\delta_{凸}+\delta_{凹} > Z_{max}-Z_{min}$时，用配作法制造模具刃口；当$\delta_{凸}+\delta_{凹} \leqslant Z_{max}-Z_{min}$时，用分别制造法制造模具刃口。

【例 2.2】 冲制如图 2-31 所示的垫圈，材料为 Q235 钢，料厚为 3 mm。分别计算落料和冲孔的凸模、凹模工作部分的尺寸。

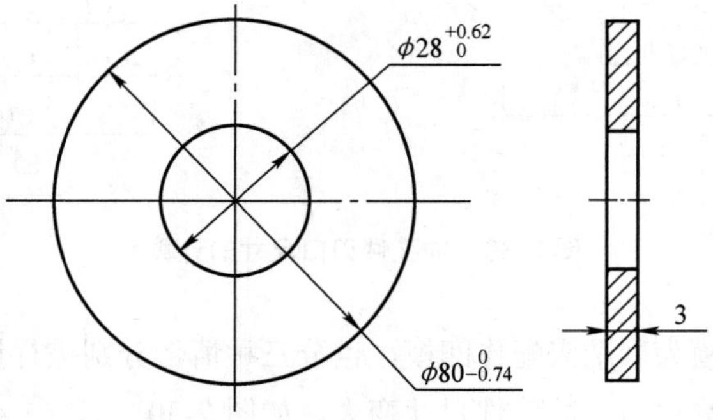

图 2-31 垫圈

解：由表 2-13 查得 Z_{min}=0.46 mm，Z_{max}=0.64 mm。

$Z_{max}-Z_{min}$=0.64 − 0.46 = 0.18（mm）

由表 2-14 查得凸、凹模的制造偏差：

落料部分：$\delta_{凹}=+0.03\,\text{mm}$，$\delta_{凸}=-0.02\,\text{mm}$。

$|\delta_{凸}|+|\delta_{凹}|=0.05<0.18$

冲孔部分：$\delta_{凹}=+0.025\,\text{mm}$，$\delta_{凸}=-0.02\,\text{mm}$。

$|\delta_{凸}|+|\delta_{凹}|=0.045<0.18$

所以加工时都能满足分别加工时$|\delta_{凸}|+|\delta_{凹}|\leqslant Z_{max}-Z_{min}$的要求。

由表 2-15 查得：$x=0.5$。

落料：$D_{凹}=\left(D_{max}-x\Delta\right)_0^{+\delta_{凹}}=\left(80-0.5\times0.74\right)_0^{+0.03}=79.63_0^{+0.03}$（mm）

$D_{凸}=\left(D_{凹}-Z_{min}\right)_{-\delta_{凸}}^0=\left(79.63-0.46\right)_{-0.02}^0=79.17_{-0.02}^0$（mm）

冲孔：$d_{凸}=\left(d_{min}+x\Delta\right)_{-\delta_{凸}}^0=\left(28+0.5\times0.62\right)_{-0.02}^0=28.31_{-0.02}^0$（mm）

$d_{凹}=\left(d_{凸}+Z_{min}\right)_0^{+\delta_{凹}}=\left(28.31+0.46\right)_0^{+0.025}=28.77_0^{+0.025}$（mm）

【例 2.3】　如图 2-32 所示零件，材料为 Q235 钢，料厚为 2 mm，试计算落料凹、凸模刃口尺寸。

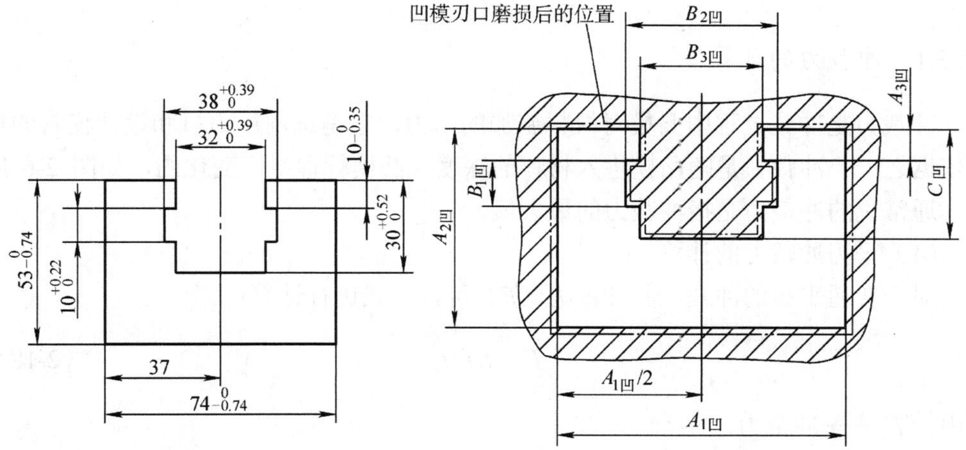

（a）冲孔件　　　　（b）凹模刃口轮廓

图 2-32　冲孔件与凹模刃口轮廓

解：凹模磨损后变大的尺寸：A_1、A_2、A_3。

刃口尺寸计算公式：$A_{凹}=\left(A_{max}-x\Delta\right)_0^{+\delta_{凹}}$

查表 2-15 得：x_1、$x_2=0.5$，$x_3=0.75$。

$A_{1凹}=\left(74-0.5\times0.74\right)_0^{+\frac{1}{4}\times0.74}=73.63_0^{+0.19}$（mm）

$A_{2凹}=\left(53-0.5\times0.74\right)_0^{+\frac{1}{4}\times0.74}=52.63_0^{+0.19}$（mm）

$A_{3凹}=\left(10-0.75\times0.36\right)_{0}^{+\frac{1}{4}\times0.36}=9.37_{0}^{+0.09}$ （mm）

凹模磨损后变小的尺寸：B_1、B_2、B_3。

刃口尺寸计算公式：$B_{凹}=(B_{\min}+x\Delta)_{-\delta_{凹}}^{0}$

$B_{1凹}=(10+0.75\times0.22)_{-\frac{1}{4}\times0.22}^{0}=10.17_{-0.06}^{0}$ （mm）

$B_{2凹}=(38+0.75\times0.39)_{-\frac{1}{4}\times0.39}^{0}=38.29_{-0.1}^{0}$ （mm）

$B_{3凹}=(32+0.75\times0.39)_{-\frac{1}{4}\times0.39}^{0}=32.29_{-0.1}^{0}$ （mm）

凹模磨损后无变化的尺寸是 C，制件尺寸是 $30_{0}^{+0.52}$ mm。

$C_{凹}=\left(C+0.5\Delta\right)\pm0.5\delta_{凹}=\left(30+0.5\times0.52\right)\pm0.5\times\frac{1}{4}\times0.52=30.26\pm0.07$ （mm）

查表 2-13 得：$Z_{\min}=0.246$ mm，$Z_{\max}=0.360$ mm。

凸模刃口尺寸按凹模刃口尺寸配作，保证双面间隙在 0.246～0.360 mm。

2.5.3 冲裁工艺力计算

2.5.3.1 冲裁力的计算

冲裁力是冲裁过程中凸模对板料施加的压力，它是选用压力机和设计模具的重要依据之一。冲裁力是随凸模进入材料的深度（凸模行程）而变化的，如图 2-6 所示。通常说的冲裁力是指冲裁力的最大值。

（1）平刃冲裁力的计算

对于普通平刃的冲裁，其冲裁力（F）可按下式进行计算：

$$F=KLt\tau_b \tag{2-18}$$

式中，F ——冲裁力，N；

L——冲裁周边长度，mm；

t——材料厚度，mm；

τ_b ——材料抗剪强度，MPa；

K——系数。

系数（K）是考虑到实际生产中，模具间隙值的波动和不均匀、刃口的磨损、板料力学性能和厚度波动等因素的影响而给出的修正系数。一般取 K=1.3。

在一般情况下，材料的抗拉强度 $\sigma_b=1.3\tau_b$，为计算方便，也可按下式估算冲裁力：

$$F=Lt\sigma_b \tag{2-19}$$

（2）卸料力、推件力和顶件力的计算

冲裁时，材料分离前存在着弹性变形，在冲裁结束时，由于材料的弹性回复及摩擦的存在，将落料件或冲孔废料梗塞在凹模内，而冲裁剩下的材料则紧箍在凸模上。为使冲裁工作继续进行，必须将箍在凸模上的料卸下，将梗塞在凹模内的料推出。从凸模上卸下箍着的料所需要的力称卸料力（$F_{卸}$）；从凹模内将工件或废料顺着冲裁方向推出的力称为推件力（$F_{推}$），从凹模内将工件或废料逆着冲裁方向顶出所需要的力称为顶件力（$F_{顶}$）。如图 2-33 所示。

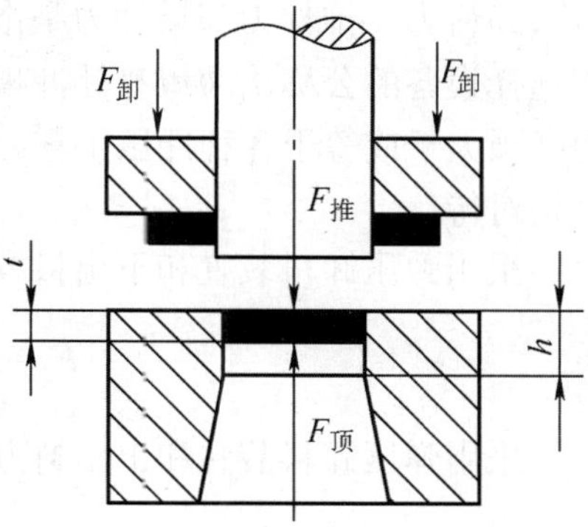

图 2-33　卸料力、推件力和顶件力

影响这些力的因素较多，主要有冲裁件的轮廓形状、冲裁间隙、材料种类和厚度、润滑情况、凹模洞口形状等。所以要准确地计算这些力是困难的，生产中常用下列经验公式计算：

$$F_{卸} = K_{卸}F \tag{2-20}$$

$$F_{推} = nK_{推}F \tag{2-21}$$

$$F_{顶} = K_{顶}F \tag{2-22}$$

式中，F——冲裁力，N；

$K_{卸}$、$K_{推}$、$K_{顶}$——卸料力、推件力、顶件力系数，见表 2-16；

n——同时卡在凹模内的冲裁件（或废料）数。

$$n = \frac{h}{t} \tag{2-23}$$

式中，h——凹模洞口的直刃壁高度，mm；

t——板料厚度，mm。

表 2-16　卸料力、推件力、顶件力系数

料厚/mm		$K_{卸}$	$K_{推}$	$K_{顶}$
钢	≤0.1	0.06～0.09	0.1	0.14
	>0.1～0.5	0.04～0.07	0.065	0.08
	>0.5～2.5	0.025～0.06	0.05	0.06
	>2.5～6.5	0.02～0.05	0.045	0.05
	>6.5	0.015～0.04	0.025	0.03
紫铜、黄铜		0.02～0.06	0.03～0.09	
铝、铝合金		0.03～0.08	0.03～0.07	

注：卸料力系数（$K_{卸}$）在冲孔、大搭边和轮廓复杂时取上限值。

（3）冲裁工序总力的计算

卸料力、推件力和顶件力是由压力机和模具卸料装置或顶件装置传递的。所以在选择设备的公称压力或设计冲模时，应分别予以考虑。冲裁时，压力机的公称压力必须大于或等于各种冲压工艺力的总和（$F_{总}$）。$F_{总}$的计算应根据不同的模具结构分别对待。

采用弹压卸料装置和下出料方式的模具时：

$$F_{总}=F + F_{卸} + F_{推} \tag{2-24}$$

采用弹压卸料装置和上出料方式的模具时：

$$F_{总}=F + F_{卸} + F_{顶} \tag{2-25}$$

采用刚性卸料装置和下出料方式的模具时：

$$F_{总}=F + F_{推} \tag{2-26}$$

2.5.3.2 降低冲裁力的方法

冲裁高强度材料或厚料和外形尺寸较大的工件时，需要的冲裁力较大，超过了所选设备的公称压力，常用下列方法降低冲裁力。

（1）阶梯凸模冲裁

在多凸模的模具中，可根据凸模的尺寸大小，做成不同的高度，使工作端面呈阶梯形布置。如图 2-34 所示。阶梯凸模冲裁的降力原理是，它使几个冲头不同时发生冲裁，避免了多个凸模冲裁力的最大值同时发生，因此降低了总的冲裁力。

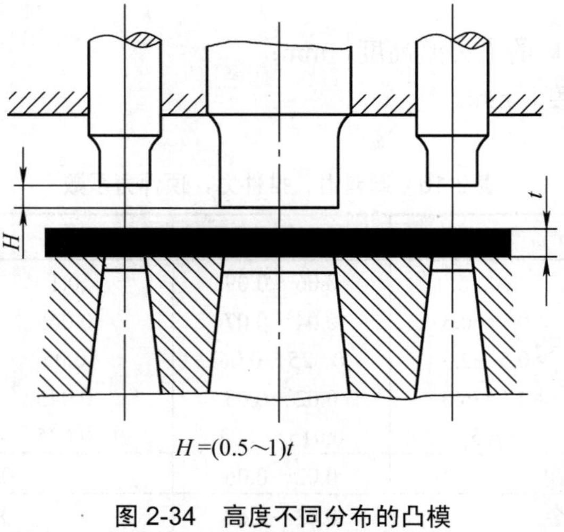

图 2-34 高度不同分布的凸模

注：凸模间的高度差（H）取决于材料厚度：料厚（t）<3 mm 时，$H=t$；料厚（t）>3 mm 时，$H=0.5\,t$。

采用阶梯凸模冲裁时，细冲头尽量做短些，对其强度有利；另外，冲头尽可能对称布置，以防止模具的偏斜。

阶梯凸模冲裁能降低冲裁力，减小振动，工件精度不受影响，并可避免与大凸模相距甚近的小凸模的倾斜和折断。因为当所有凸模等高时，与大凸模接近的小凸模在冲孔时，受大凸模所引起的材料流动影响，小凸模很容易倾斜或折断。阶梯凸模冲裁的缺点是长凸模插入凹模较深，易磨损，修磨刃口较麻烦，主要用于有多个凸模而其位置又较对称的模具。

阶梯凸模冲裁的冲裁力，一般只按产生最大冲裁力的那一个阶梯进行计算。

（2）斜刃冲裁

平刃冲裁是沿刃口整个周边同时冲切材料，故冲裁力较大。若将凸模（或凹模）刃口平面做成不垂直于运动方向的斜面，则冲裁时刃口不是与冲裁件周边同时接触，而是逐步地将材料切离，因而能显著降低冲裁力。

采用斜刃口冲裁，为了获得平整的零件，落料时凸模应为平刃，将凹模做成斜刃，冲孔时则凹模应为平刃，凸模为斜刃。斜刃还应当对称布置，以免冲裁时模具承受单向侧压力而发生偏移，啃伤刃口。各种斜刃的刃口形式如图 2-35 所示。

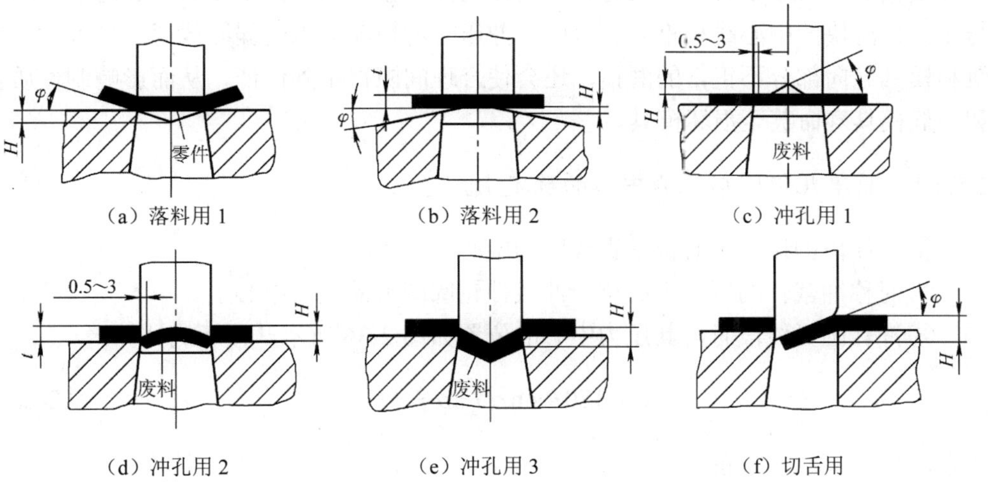

图 2-35　各种斜刃的形式

注：图中斜刃高度（H）的取值：料厚（t）<3 mm 时，$H=2t$；料厚（t）为 3～10 mm 时，$H=t$。

斜刃冲裁力的计算：

$$F_{斜}=K_{斜}Lt\tau \tag{2-27}$$

式中，$F_{斜}$ ——斜刃冲裁力，N；

$K_{斜}$ ——降力参数，其值和斜刃高度（H）有关。$H=t$ 时，$K_{斜}$ 为 0.4～0.6；$H=2t$ 时，$K_{斜}$ 为 0.2～0.4。

斜刃冲裁的优点是压力机可以在柔和条件下工作，冲裁件很大时，降力显著；缺点是模具制造复杂，刃口易磨损，修磨困难，冲裁件不够平整，且不适于冲裁外形复杂的冲件。因此在一般情况下尽量不用，只用于大型冲件或厚板的冲裁。

采用斜刃冲裁或阶梯凸模冲裁时，虽然降低了冲裁力，但凸模进入凹模较深，冲裁行程增加，因此这些模具省力而不省功。

（3）加热冲裁

加热冲裁又称为红冲。金属在常温时其抗剪强度是一定的，但是，当金属材料加热到一定的温度之后，其抗剪强度会显著降低，所以加热冲裁能降低冲裁力（将金属材料加热到 700～900℃，冲裁力只及常温 1/3 的甚至更小）。加热冲裁的优点是降力显著；缺点是加热易产生氧化皮，破坏工件表面质量，且因加热，使得劳动条件差。加热冲裁一般用于厚料冲裁及公差等级要求不高的工件的冲裁。

2.5.4　冲模压力中心的确定

模具的压力中心就是冲压力合力的作用点。模具的压力中心必须通过模柄轴线与压力机滑块的中心线相重合。否则，冲压时滑块就会承受偏心载荷，导致滑块导轨和模具导向部分不正常的磨损，还会使合理间隙得不到保证，从而影响制件质量和降低模具寿命甚至损坏模具。

2.5.4.1　简单几何图形压力中心的确定

①直线段的压力中心位于直线段的中心。

②对称冲裁件的压力中心位于冲裁件轮廓图形的几何中心上。

③冲裁圆弧线段时，其压力中心的位置如图 2-36 所示，按下式计算：

$$x_0 = 180R\sin\alpha / \pi\alpha = Rb / l \qquad (2\text{-}28)$$

式中，l ——弧长，mm。

其他符号意义见图 2-36。

2.5.4.2　多凸模模具压力中心的确定

确定多凸模模具的压力中心，是将各凸模的压力中心确定后，再计算模具的压力中心，图 2-37 所示为冲裁多个型孔的凸模位置分布情况。

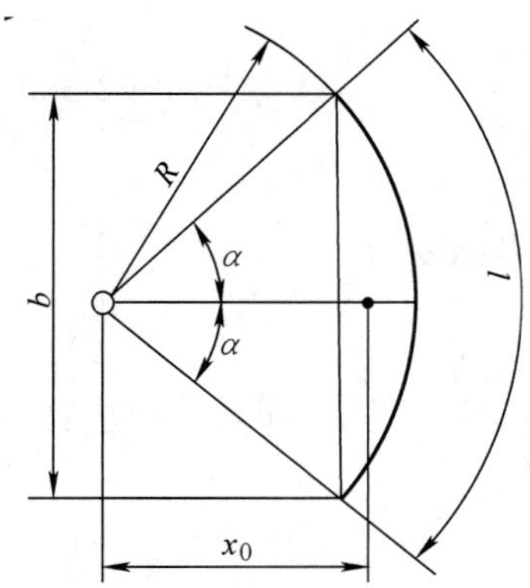

图 2-36　圆弧线段的压力中心

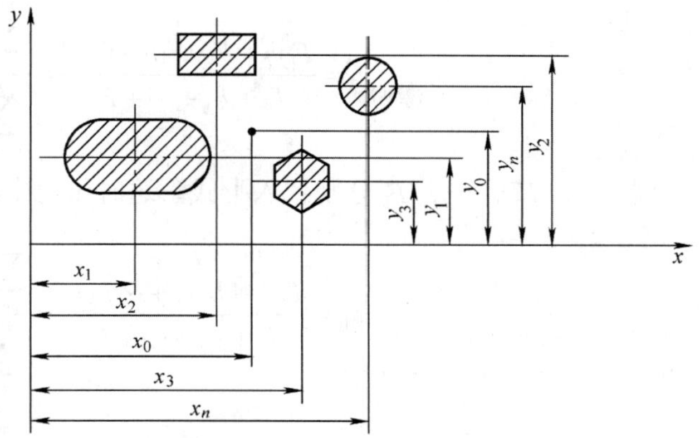

图 2-37　多凸模冲裁时的压力中心

计算其压力中心的步骤如下：

①按比例画出每一个凸模刃口轮廓的位置。

②在任意位置画出坐标轴线 x、y。在选择坐标轴位置时，应尽量把坐标原点取在某一刃口轮廓的压力中心，或使坐标轴线尽量多地通过凸模刃口轮廓的压力中心，坐标原点最好是几个凸模刃口轮廓压力中心的对称中心，这样可使问题简化。

③分别计算凸模刃口轮廓的压力中心及坐标位置 x_1、x_2、…、x_n 和 y_1、y_2、…、y_n。

④分别计算凸模刃口轮廓的冲裁力（F_1、F_2、…、F_n）和每一个凸模刃口轮廓的周长（L_1、L_2、…、L_n）。

$$\begin{aligned} F_1 &= KL_1t_b \\ F_2 &= KL_2t_b \\ &\vdots \\ F_n &= KL_nt_b \end{aligned}$$

⑤对于平行力系，冲裁力的合力等于各力的代数和。即 $F = F_1 + F_2 + \cdots + F_n$

⑥根据力学定理，合力对某轴之力矩等于各分力对同轴力矩之代数和，则可得压力中心坐标计算公式。

$$x_0 = \frac{F_1x_1 + F_2x_2 + \cdots F_nx_n}{F_1 + F_2 + \cdots + F_n} = \frac{\sum_{i=1}^{n} F_ix_i}{\sum_{i=1}^{n} F_i} \tag{2-29}$$

$$y_0 = \frac{F_1 y_1 + F_2 y_2 + \cdots F_n y_n}{F_1 + F_2 + \cdots + F_n} = \frac{\sum_{i=1}^{n} F_i y_i}{\sum_{i=1}^{n} F_i} \tag{2-30}$$

将 F_1、F_2、…、F_n 分别代入上式，这时压力中心坐标变为

$$x_0 = \frac{L_1 x_1 + L_2 x_2 + \cdots L_n x_n}{L_1 + L_2 + \cdots + L_n} = \frac{\sum_{i=1}^{n} L_i x_i}{\sum_{i=1}^{n} L_i} \tag{2-31}$$

$$y_0 = \frac{L_1 y_1 + L_2 y_2 + \cdots L_n y_n}{L_1 + L_2 + \cdots + L_n} = \frac{\sum_{i=1}^{n} L_i y_i}{\sum_{i=1}^{n} L_i} \tag{2-32}$$

2.5.4.3 复杂形状零件模具压力中心的确定

冲裁复杂形状零件时，其模具压力中心的计算原理与多凸模冲裁压力中心的计算原理相同（图 2-38）。具体步骤如下：

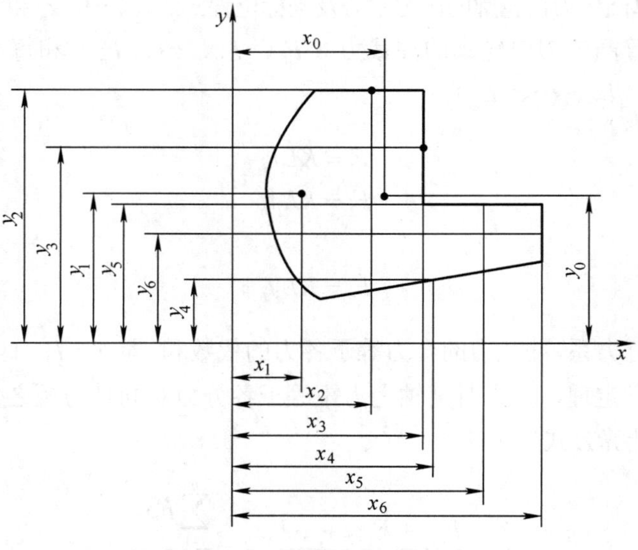

图 2-38 复杂冲裁件的压力中心

①在刃口轮廓内任意处，选定 x 坐标轴和 y 坐标轴。

②将刃口轮廓线按基本要素分成若干简单线段，求出各线段长度（L_1、L_2、…、L_n）。

③确定各线段的重心位置 x_1、x_2、…、x_n 和 y_1、y_2、…、y_n。

④按上面公式计算出刃口轮廓的压力中心坐标（x_0, y_0）。

冲裁模压力中心的确定，除上述的解析法外，还可以用作图法和悬挂法。

作图法与解析法一样，既可求出多凸模冲裁的压力中心，又可求出复杂形状零件冲裁的压力中心，但因作图法精确度不高，方法也不简单，因此在应用中受到一定限制。

在生产中，常用悬挂法来确定复杂冲裁件的压力中心。悬挂法的具体做法：用匀质细金属丝沿冲裁轮廓弯制成模拟件，然后用缝纫线将模拟件悬吊起来。并从吊点作铅垂线；再取模拟件的另一点，以同样的方法作另一铅垂线，两垂线的交点即为压力中心。悬挂法的理论依据是用匀质金属丝代替均布于冲裁件轮廓的冲裁力，该模拟件的重心就是冲裁的压力中心。

2.5.5　排样设计

排样设计的工作内容包括选择排样方法、确定搭边的数值、计算条料宽度及送料步距、画出排样图等，有必要时还应计算出材料的利用率。

2.5.5.1　排样

冲裁件在条料、带料或板料上的布置方式，称为冲裁件的排样，简称排样。合理的排样应是在保证制件质量、有利于简化模具结构的前提下，以最少的材料消耗，冲出最多数量的合格工件。

（1）排样原则

①提高材料利用率。冲裁件材料费用占总成本的60%以上，利用排样提高材料利用率是非常有经济意义的。为了提高材料利用率，在不影响冲裁件使用性能的前提下，还可适当改变冲裁件的形状。

②便于工人操作，减轻工人劳动强度。条料在冲裁过程中翻动要少，在材料利用率相同或相近时，应尽可能选条料宽、进距小的排样方法。尽量使翻动少，有规则，便于自动送料。

③使模具结构简单，模具寿命提高。

④排样应保证冲裁件质量。不能只考虑利用材料，不顾冲裁件性能。对于弯曲件的落料，在排样时还应考虑板料的纤维方向。

（2）排样方法

①根据材料的经济利用情况分类。根据材料的经济利用情况，条料排样方法可分为 3 种，如图 2-39 所示。

有废料排样，如图 2-39（a）所示。沿工件全部外形轮廓线冲裁，工件与工件之间、工件与条料之间都存在工艺余料（称搭边）。因是沿着冲裁件的封闭轮廓冲切，冲裁件质量和模具寿命都较高，但材料利用率较低。

少废料排样，如图 2-39（b）所示。沿工件部分外形轮廓线切断或冲裁，只在工件与工件之间或工件与条料侧边之间留有搭边。这种排样方法的冲裁只沿工件的部分轮廓冲裁，受剪裁条料质量和定位误差的影响，其冲裁件质量稍差，但材料利用率可达到 70%～90%。

无废料排样，如图 2-39（c）所示。工件与工件之间或工件与条料侧边之间均无搭边，沿直线或曲线切断条料而获得工件。这种冲裁工件的质量和模具寿命更差一些，但材料利用率最高，可达到 85%～95%。

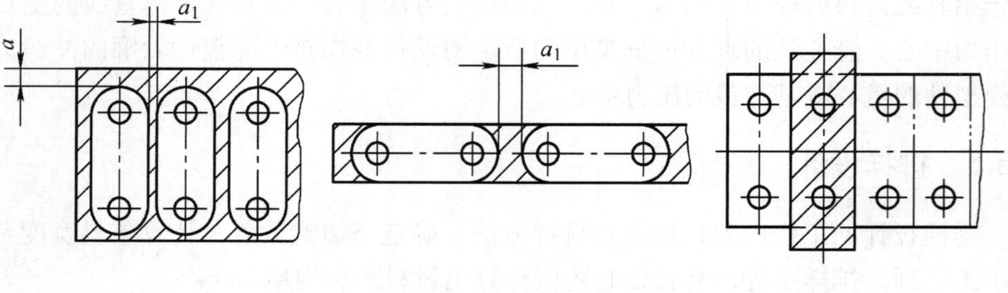

（a）　　　（b）　　　（c）

图 2-39　排样方法分类

采用少、无废料的排样可以减小冲裁力，简化冲裁模结构，提高材料利用率。但是，因条料本身的公差以及条料导向与定位所产生的误差会直接影响冲裁件尺寸而使冲裁件公差等级低。同时，模具单边受力（单边切断时），不但会加剧模具磨损，降低模具寿命，而且也直接影响冲裁件的断面质量。为此，排样时必须权衡利弊，全面考虑。

②根据冲裁件在条料上的不同布置方法分类。无论是采用有废料排样、少废料排样还是无废料排样，根据冲裁件在条料上的不同布置方法，排样方法又分为直排、斜排、对排、混合排、多排和冲裁搭边等多种形式，如表 2-17 所示。

表 2-17　排样方式分类

排样样式	有废料排样		少、无废料排样	
	简　图	应用	简　图	应用
直排	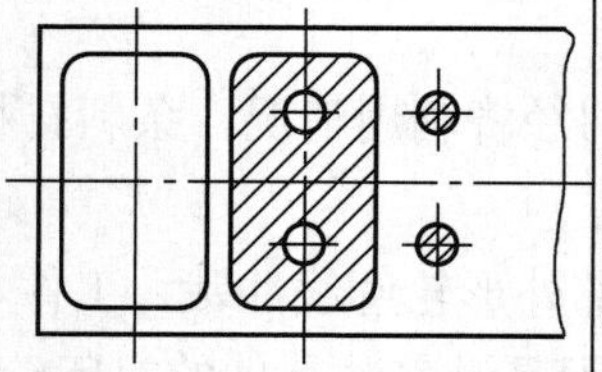	用于简单几何形状（方形、圆形、矩形）的冲孔	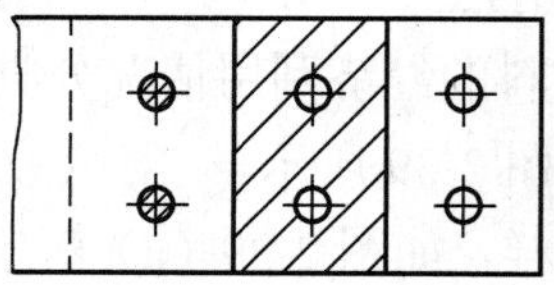	用于矩形或方形冲件

排样样式	有废料排样		少、无废料排样	
	简　图	应用	简　图	应用
斜排	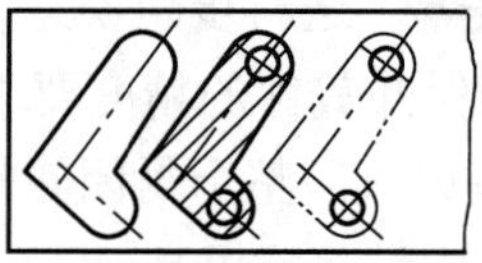	用于 T 形、L 形、S 形、十字形、椭圆形	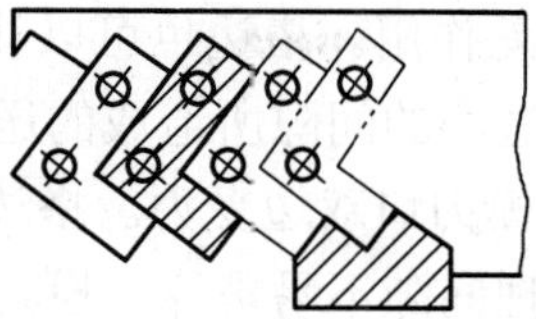	用于 L 形或其他形状的冲件，在外形上允许有不大的缺陷
直对排	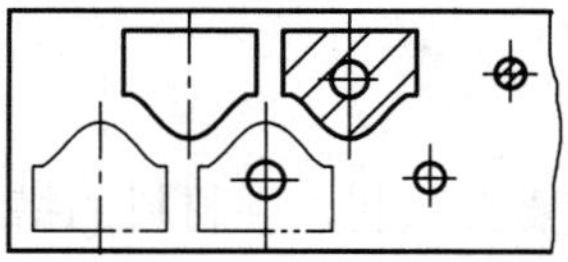	用于 T 形、π 形、山行、梯形、三角形、半圆形的冲件	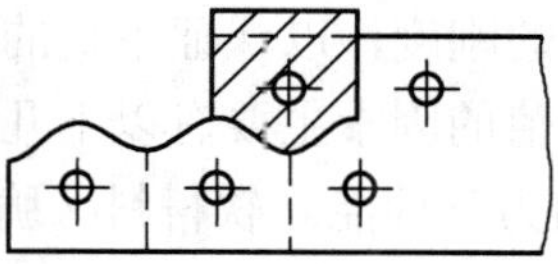	用于 T 形、π 形、山行、梯形、三角形冲件，在外形上允许有少量的缺陷
斜对排	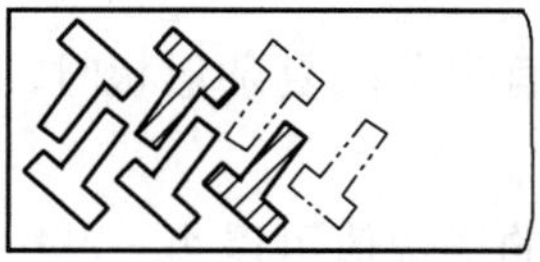	用于材料利用率比直对排高的情况	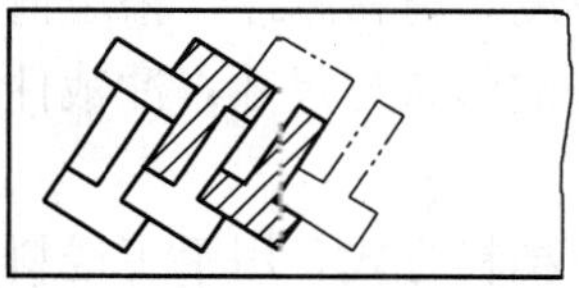	用于 T 形冲件
多排	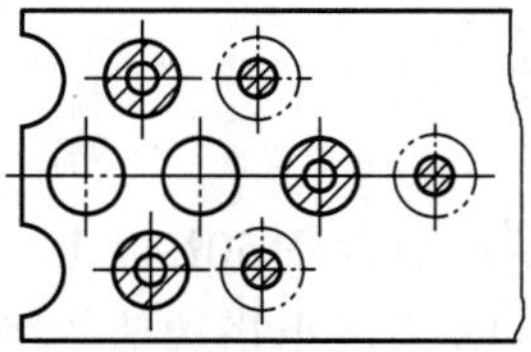	用于大批生产中尺寸不大的圆形、六角形、方形、矩形冲件	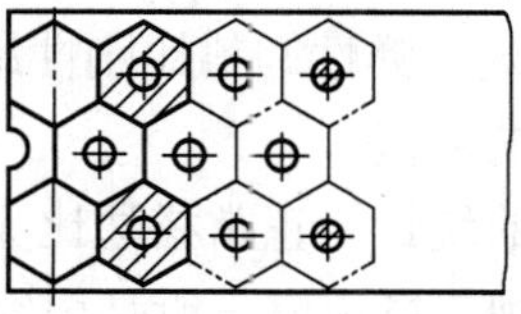	用于大批量生产中尺寸不大的方形、矩形及六角形冲件
混合排	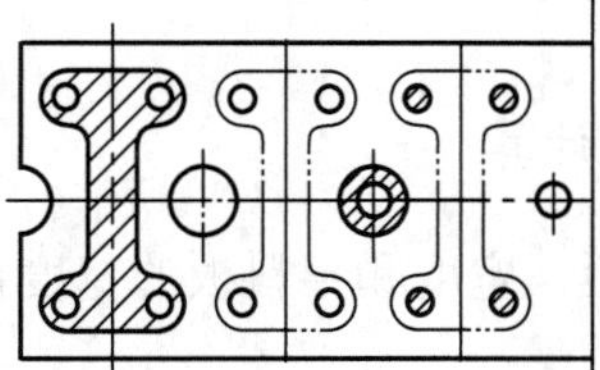	用于材料和厚度都相同的两种以上的冲件	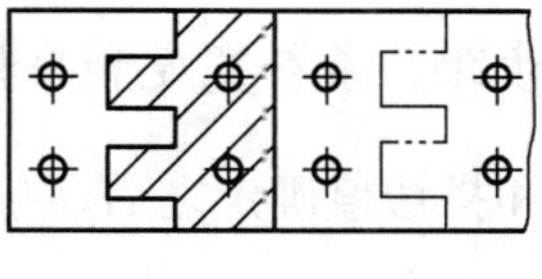	用于两个外形互相嵌入的不同冲件（铰链件）
冲裁搭边	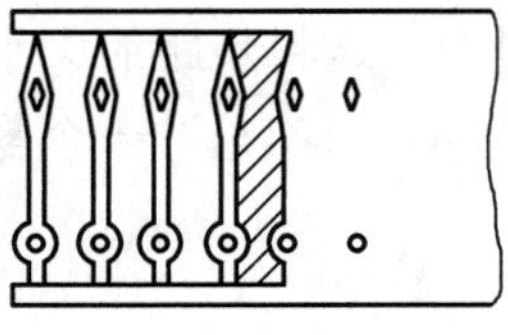	大批量生产中用于小的窄冲件（表针及类似的冲件）或带料的连续拉深	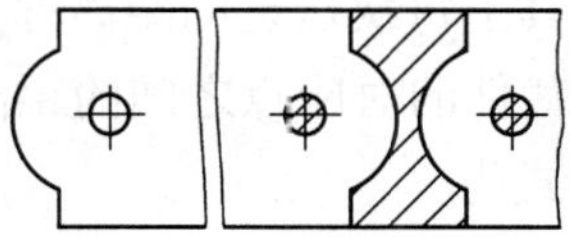	用于以宽度均匀的条料或带料冲裁

2.5.5.2　搭边

（1）搭边的作用和影响因素

为了确保冲裁件质量，排样中各工件与料边之间、工件与工件之间留下的余量称为搭边或搭间。

搭边的作用有以下几方面：

①补偿误差作用。搭边也可以补偿条料的剪裁误差、送料步距误差以及补偿由于条料与导板之间的间隙所造成的送料歪斜误差，确保冲裁件的精度要求。

②使凸凹模刃口双边受力。搭边的存在使凸凹模刃口沿整个封闭轮廓线冲裁，受力平衡，合理间隙不易破坏，模具寿命与工件断面质量都能提高。

③增进条料刚度，方便条料送进。对于利用搭边拉条料自动送料的模具，搭边使条料有一定的刚度，以保证条料的连续送进。

影响搭边值的因素主要有以下几方面：

①材料的力学性能。软材料、脆材料的搭边值要大一些，硬材料的搭边值可小一些。

②材料厚度。材料越厚，搭边值也越大。

③冲裁件的形状与尺寸。冲裁件的尺寸大或是有尖角的复杂形状时，搭边值取大些。

④送料及挡料方式。用手工送料，有侧压装置的搭边值可以小一些；用侧刃定距比用挡料销定距的搭边小一些。

⑤卸料方式。弹性卸料比刚性卸料的搭边值要小一些。

（2）搭边的数值

根据生产的统计，正常搭边比无搭边冲裁时的模具寿命高 50%以上，所以搭边取值一定要合理。搭边值一般是由经验确定的。表 2-18 为最小搭边值的经验数表之一，供设计时参考。

2.5.5.3 送料步距、条料宽度和导料板间距离的计算

排样方式和搭边值确定之后，条料的送料步距、宽度和导料板的宽度也就可以设计出来。

（1）送料步距（A）

条料在模具上每次送进的距离称为送料步距或进距。送料步距的大小应为条料上两个对应冲裁件的对应点之间的距离，如图 2-39 所示。每次只冲一个零件的步距（A）的计算公式为

$$A=D+a \tag{2-33}$$

式中，D——平行于送料方向的冲裁件宽度，mm；

a——冲裁件之间的搭边值，mm。

表 2-18　最小搭边值　　　　单位：mm

材料厚度 t	圆形或圆角（r）＞$2t$ 的工件		矩形件边长（L）≤50 mm		矩形件边长（L）＞50 mm 或圆角（r）≤$2t$	
	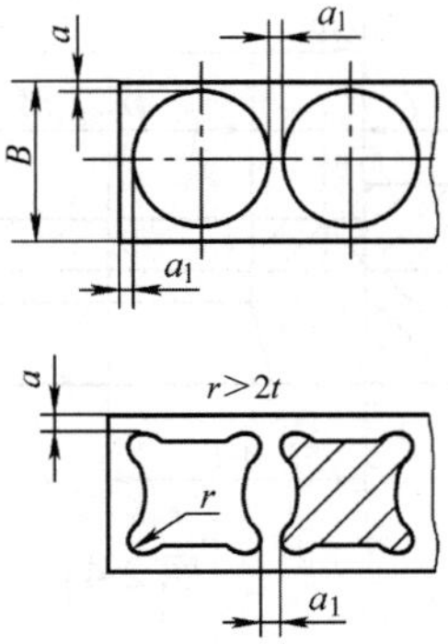		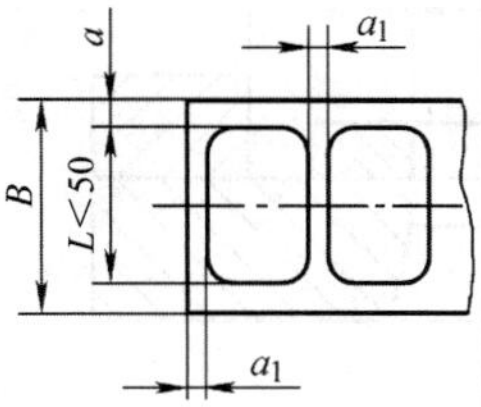		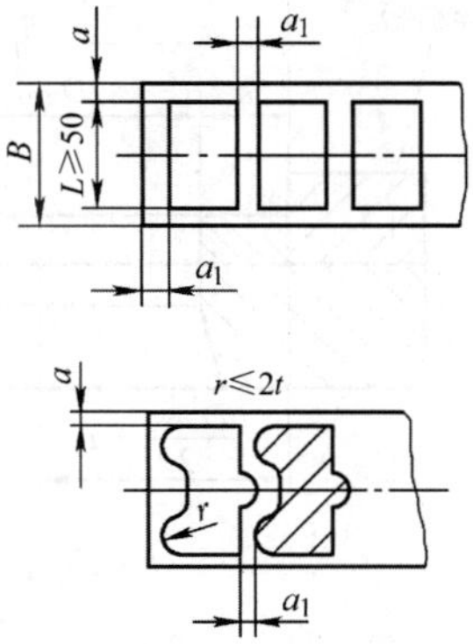	
	工件间 a	侧面 a	工件间 a	侧面 a	工件间 a	侧面 a
≤0.25	1.8	2.0	2.2	2.5	2.8	3.0
＞0.25～0.5	1.2	1.5	1.8	2.0	2.2	2.5
＞0.5～0.8	1.0	1.2	1.5	1.8	1.8	2.0
＞0.8～1.2	0.8	1.0	1.2	1.5	1.5	1.8
＞1.2～1.6	1.0	1.2	1.5	1.8	1.8	2.0
＞1.6～2.0	1.2	1.5	1.8	2.5	2.0	2.2
＞2.0～2.5	1.5	1.8	2.0	2.2	2.2	2.5
＞2.5～3.0	1.8	2.2	2.2	2.5	2.5	2.8
＞3.0～3.5	2.2	2.5	2.5	2.8	2.8	3.2
＞3.5～4.0	2.5	2.8	2.5	3.2	3.2	3.5
＞4.5～5.0	3.0	3.5	3.5	4.0	4.0	4.5
＞5.0～12	$0.6t$	$0.7t$	$0.7t$	$0.8t$	$0.8t$	$0.9t$

（2）条料宽度和导料板间距离的计算

条料是由板料裁剪下料而得，为保证送料顺利，裁剪时的公差带分布规定为上偏差是 0，下偏差为负值（$-\Delta$）。

①有侧压装置时条料宽度和导料板间距离的计算。如图 2-40 所示，有侧压装置的模具，能使条料始终沿着导料板送进，因此条料宽度和导料板间距离按下式计算：

$$条料宽度：B_{-\Delta}^{0}=\left(D_{\max}+2a\right)_{-\Delta}^{0} \tag{2-34}$$

$$导料板间距离：A=B+C=D_{\max}+2a+C \tag{2-35}$$

当用手将条料紧贴导料板或两个导料销送进时，条料宽度和导料板间距离计算公式同上。

②无侧压装置时条料宽度和导料板间距离的计算。条料在无侧压装置的导料板之间送料时（图 2-41），条料宽度和导料板间距离按下式计算：

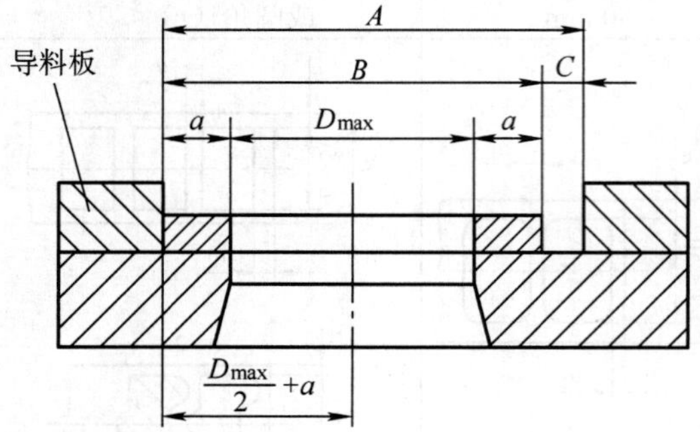

图 2-40 有侧压冲裁

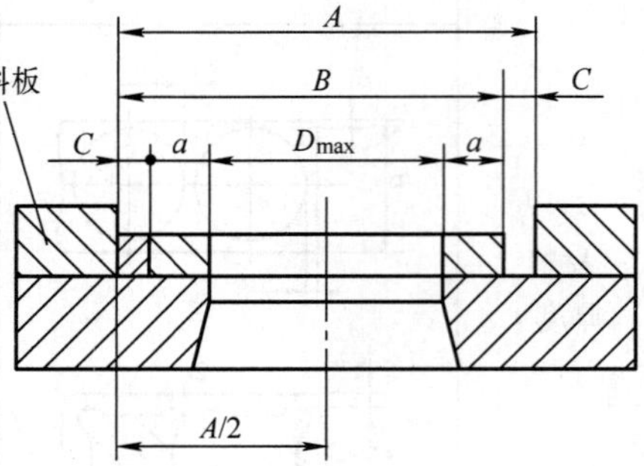

图 2-41 无侧压冲裁

$$条料宽度：B_{-\Delta}^{0}=\left[D_{\max}+2a+C\right]_{-\Delta}^{0} \tag{2-36}$$

$$导料板间距离：A=B+C=D_{\max}+2a+2C \tag{2-37}$$

式中，B——条料的宽度，mm；

$D_{\max}$——冲裁件垂直于送料方向的最大尺寸，mm；

a——侧搭边的最小值，mm，可参考表 2-18；

Δ——条料宽度的单向（负向）偏差，见表 2-19、表 2-20；

C——导料板与最宽条料之间的单面小间隙，其最小值见表 2-21。

表 2-19 条料宽度偏差一　　单位：mm

条料宽度（B）	材料厚度（t）		
	≤0.5	＞0.5～1	＞1～2
≤20	0.05	0.08	0.10
＞20～30	0.08	0.10	0.15
＞30～50	0.10	0.15	0.20

表 2-20 条料宽度偏差二　　单位：mm

条料宽度（B）	材料厚度（t）			
	≤1	＞1～2	＞2～3	＞3～5
≤50	0.4	0.5	0.7	0.9
＞50～100	0.5	0.6	0.8	1.0
＞100～150	0.6	0.7	0.9	1.1
＞150～220	0.7	0.8	1.0	1.2
＞220～300	0.8	0.9	1.1	1.3

表 2-21　送料最小间隙（C_{min}）　　单位：mm

材料厚度（t）	无侧压装置条料宽度（B）			有侧压装置条料宽度（B）	
	≤100	>100～200	>200～300	≤100	>100
≤0.5	0.5	0.5	1	5	8
>0.5～1	0.5	0.5	1	5	8
>1～2	0.5	1	1	5	8
>2～3	0.5	1	1	5	8
>3～4	0.5	1	1	5	8
>4～5	0.5	1	1	5	8

（3）用侧刃定距时条料宽度和导料板间距离的计算

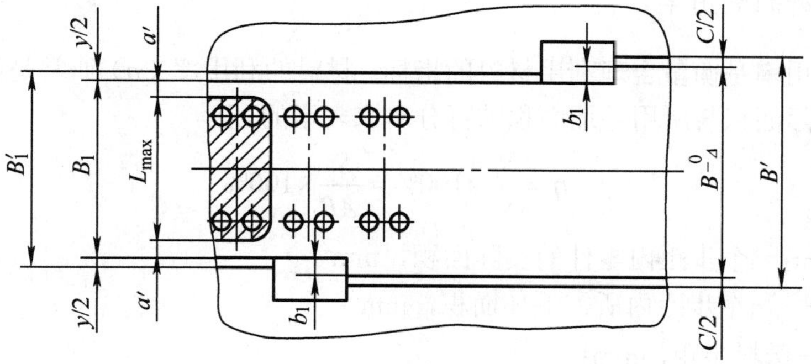

图 2-42　有侧刃的冲裁

如图 2-42 所示，当条料的送进步距用侧刃定位时，条料宽度必须增加侧刃切去的部分，故按下式计算：

条料宽度：

$$B_{-\Delta}^{0}=\left(L_{max}+2a'+nb_1\right)_{-\Delta}^{0}=\left(L_{max}+1.5a+nb_1\right)_{-\Delta}^{0}\ (a'=0.75a) \tag{2-38}$$

导料板间距离：

$$B'=B+C=L_{max}+1.5a+nb_1+C \tag{2-39}$$

$$B_1'=L_{max}+1.5a+y \tag{2-40}$$

式中，L_{max}——工件垂直于送料方向的最大尺寸，mm；

n——侧刃数；

a——侧搭边值，mm，见表 2-18；

b_1——侧刃冲切的料边宽度，mm，见表 2-22；

C——冲裁前的条料宽度与导料板间的间隙，mm，见表 2-21；

y——冲裁后的条料宽度与导料板间的间隙，mm，见表 2-22。

表 2-22 b_1、y 的值 单位：mm

条料厚度（t）	b_1		y
	非金属材料	金属材料	
≤1.5	2	1.5	0.10
＞1.5～2.5	3	2.0	0.15
＞2.5～3	4	2.5	0.20

2.5.5.4 材料的利用率

材料利用率是衡量合理利用材料的指标。材料的利用率（η）通常是以一个步距内零件的实际面积与所用毛坯面积的百分率来表示的。

$$\eta = \frac{S_1}{S_0} \times 100\% = \frac{S_1}{AB} \times 100\% \quad (2\text{-}41)$$

式中，S_1——一个步距内零件的实际面积，mm^2；

S_0——一个步距内所需毛坯面积，mm^2；

A——送料步距，mm；

B——条料宽度，mm。

若考虑到料头、料尾和边余料的材料消耗，则一张板料（或带料、条料）上总的材料利用率（$\eta_{总}$）为

$$\eta_{总} = \frac{nS_2}{LB} \times 100\% \quad (2\text{-}42)$$

式中，n——条料上实际冲裁的零件数；

S_2——一个零件的实际面积，mm^2；

L——条料长度，mm；

B——条料宽度，mm。

2.5.5.5 排样图

排样图是排样设计的最终表达形式，是编制冲压工艺与设计模具的重要工艺文件（图 2-43）。它应绘在冲压工艺规程卡片上和冲裁模总装图的右上角。一张完整的排样图应标注条料宽度尺寸、条料长度（L）、板料厚度（t）、端距（l）、步距（S）、工件间搭边（a_1）和侧搭边（a），并习惯以剖面线表示冲压位置。

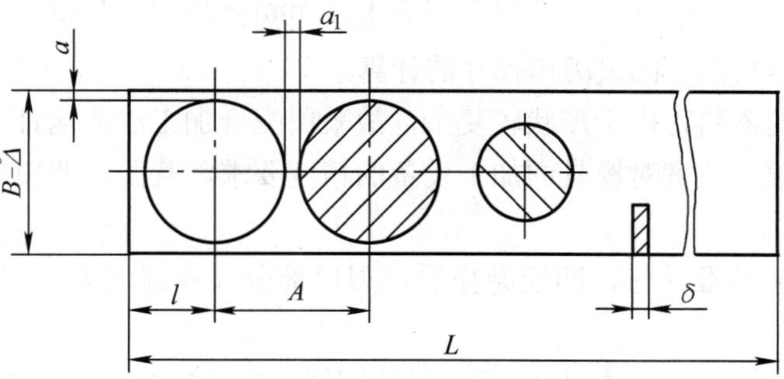

图 2-43　排样图

画排样图时应注意的事项：

①按选定的排样方案画出排样图，按照模具类型和冲裁顺序打上剖面线，要能从排样图的剖面线上看出是单工序模，还是连续模或复合模。

②采用斜排方法排样时，应注明倾斜角度的大小。对有纤维方向的排样图，应用箭头表示出纤维方向。

③连续模的排样要反映出冲压顺序、空工位、定距方式等。侧刃定距时要画出侧刃冲切条料的位置。

【任务实施】

2.5.6　节能烤炉垫片冲裁工艺计算

2.5.6.1　节能烤炉垫片凸、凹模刃口尺寸计算

因为本冲压件的精度要求不高，所以可以采用较大间隙。通过查表 2-13 得到其间隙值 Z_{min}=0.246，Z_{max}=0.36。

（1）冲孔ϕ26 mm 凸、凹模刃口尺寸的计算

由于制件结构简单，精度要求不高，所以采用凸模和凹模分开加工的方法制作凸、凹模。其凸、凹模刃口尺寸计算如下：

凸、凹模制造公差：$\delta_{凸}$=0.02 mm　　　$\delta_{凹}$=0.025 mm

校核：$Z_{max}-Z_{min}$=0.05 mm，而 $\delta_{凸}+\delta_{凹}$=0.045 mm

满足 $Z_{max}-Z_{min}\geqslant\delta_{凸}+\delta_{凹}$条件

查得：IT14 级时磨损系数（x）=0.5。

按式 $d_{凸}=(d+x\Delta)^{0}_{-\delta_{凸}}=(26+0.5\times0.24)^{0}_{-0.02}\text{ mm}=26.12^{0}_{-0.02}\text{ mm}$

$$d_凹=\left(d_凸+Z_{\min}\right)_0^{+\delta_凹}=\left(26.12+0.36\right)_0^{+0.025}\text{ mm}=26.48_0^{+0.025}\text{ mm}$$

（2）外形落料凸、凹模刃口尺寸的计算

对外轮廓的落料，由于形状较复杂，故采用配合加工法，这种方法有利于获得最小的合理间隙，放宽对模具的加工设备的精度要求，其凸、凹模刃口部分尺寸计算如下：

当以凹模为基准件时，凹模磨损后，刃口部分尺寸都增大，因此均属于 A 类尺寸。

工件图中未标注公差的尺寸，查出其极限偏差：$140_{-0.87}^{0}$ mm，$R12_{-0.43}^{0}$ mm。

查得因数磨损系数（x）为：当 $\Delta \geqslant 0.50$ 时，$x=0.5$

当 $\Delta < 0.50$ 时，$x=0.75$

按式：$A_j=\left(A_{\max}-x\Delta\right)_0^{+\frac{\Delta}{4}}$

$52_凹=(52-0.5\times0.6)_0^{+0.25\times0.6}\text{ mm}=51.72_0^{+0.15}\text{ mm}$

$55_凹=(55-0.5\times0.56)_0^{+0.25\times0.56}\text{ 6 mm}=54.72_0^{+0.14}\text{ mm}$

$140_凹=(140-0.5\times0.87)_0^{+0.25\times0.87}\text{ mm}=139.57_0^{+0.22}\text{ mm}$

$R12_凹=(12-0.75\times0.43)_0^{+0.25\times0.43}\text{ mm}=11.68_0^{+0.11}\text{ mm}$

落料凸模的基本尺寸与凹模相同，分别是 51.72 mm、54.72 mm、139.5 7 mm、11.68 mm，不必标注公差，但要在技术条件中注明：凸模实际刃口尺寸与落料凹模配制，保证最小双面合理间隙值（$Z_{\min}$）= 0.246。落料凹模刃口部分尺寸见图 2-44。

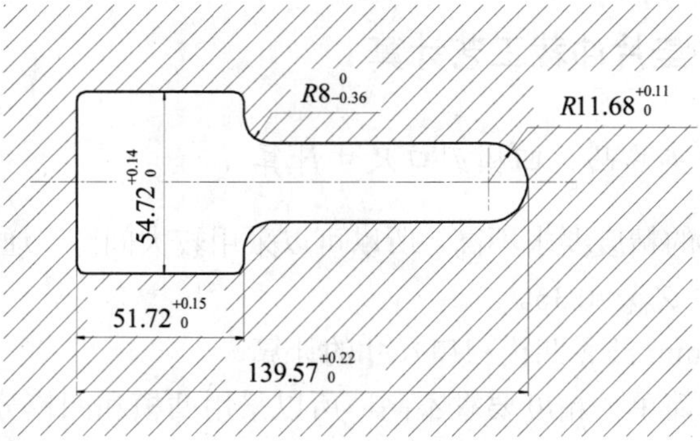

图 2-44　落料凹模刃口部分尺寸

2.5.6.2　节能烤炉垫片排样设计

设计复合模时，首先要设计条料排样图。节能烤炉垫片具有 T 形的特点，直排列时材料的利用率低，采用直对排（图 2-45）的排样方案可以提高材料的利用率，减少废料。

查表取得搭边值为 2.5 mm 和 2 mm。

计算条料宽度：$B = 140 + 2\times2.5 + 2 + 52 = 199$（mm）

步距：$S = 55 + 2 = 57$（mm）

材料利用率的计算：根据一般的市场供应情况，原材料选用 1 000 mm ×2 000 mm×2 mm 的冷轧薄钢板。每块可剪 200 mm×1 000 mm 规格条料 10 条，材料剪切利用率可达 99.5%。

计算冲压件毛坯的面积：A=52×55 + 76×12 + 1/2π ×122= 3 998.08（mm^2）

一个步距的材料利用率：

$$\eta = \frac{nA}{BS}\times100\% = (2\times3\ 998.08)/(199\times57)\times100\% = 70.5\%$$

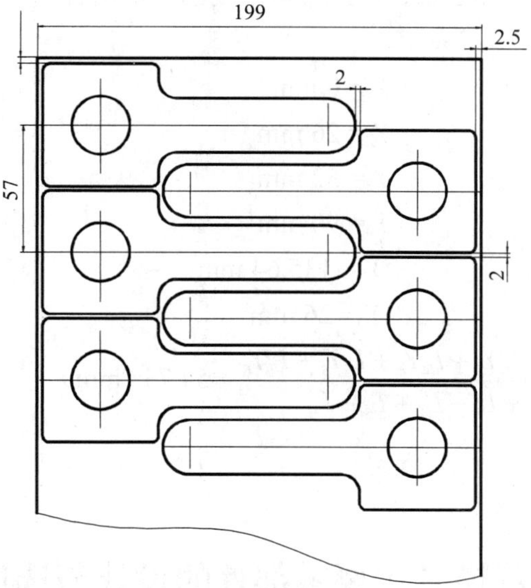

图 2-45　排样图

2.5.6.3　节能烤炉垫片冲压力的计算

落料力：$F_{落} = Lt\sigma_b = 391.68\times2\times470 = 368\,179$（N）$= 368.179$（kN）

冲孔力：$F_{孔} = Lt\sigma_b = 26\pi\times2\times470 = 76\,741$（N）$= 76.741$（kN）

冲孔时的推件力：$F_{推} = nK_{推}F_{孔}$

取直筒形刃口的凹模刃口形式，$h = 6$ mm，则 $n = h/t = 6/2 = 3$（个），查得 $K_{推} = 0.05$。则

$$F_{推} = nK_{推}F_{孔} = 3\times0.05\times76.741 = 11.51\text{（kN）}$$

落料时的卸料力：$F_{卸} = K_{卸}F_{落}$

取 $K_{卸} = 0.03$ 则

$$F_{卸} = K_{卸}F_{落} = 0.03 \times 368.179 = 11.05 \text{（kN）}$$

选择冲床时的总冲压力为

$$F_{总} = F_{落} + F_{孔} + F_{推} + F_{卸} = 368.179 + 76.741 + 11.51 + 11.05 = 467.48 \text{（kN）}$$

2.5.6.4 节能烤炉垫片冲裁压力中心的计算

用解析法求模具的压力中心的坐标。按比例画出工件尺寸，选用坐标系 *XOY*。如图 2-46 所示。

因工件左右对称，即 $X_c = 0$。故只需计算 Y_c。将工件冲裁周边分成 L_1、L_2、L_3、L_4、L_5、L_6 基本线段，求出各段长度的重心位置：

L_1= 55 mm　　Y_1= 0 mm

L_2= 104 mm　　Y_2= 26 mm

L_3= 25 mm　　Y_3= 52 mm

L_4= 152 mm　　Y_4= 90 mm

L_5= 37.68 mm　　Y_5= 135.64 mm

L_6= 81.64 mm　　Y_6= 26 mm

$$Y_c = \frac{L_1Y_1 + L_2Y_2 + L_3Y_3 + L_4Y_4 + L_5Y_5 + L_6Y_6}{L_1 + L_2 + L_3 + L_4 + L_5 + L_6} = 54.73 \text{（mm）}$$

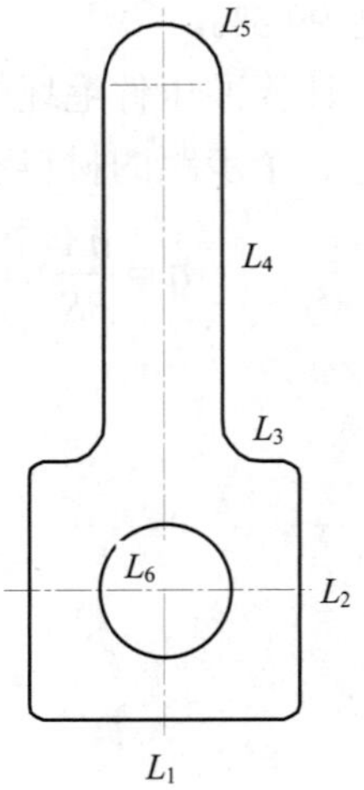

图 2-46 压力中心

任务 2.6 冲裁模具主要零部件的设计与选用

【任务描述】

完成工作零件（凸模、凹模、凸凹模），卸料、推件、顶件零件，标准模架，连接与固定零件等的设计。

【相关知识】

在冲压模的六大类零部件中，很多已经完成标准化工作。冲模设计的标准化、典型化是缩短模具制造周期、简化模具设计的有效方法，是应用模具CAD/CAM的前提，是模具工业化和现代化的基础。国家标准化管理委员会对冲压模具先后制定了冲模基础标准、冲模产品（零件）标准和冲模工艺质量标准等标准，在设计中应优先选用。

2.6.1 工作零件的设计和标准选用

2.6.1.1 凸模与凸模组件的设计和标准化

（1）凸模的形式及固定

凸模的结构形式主要取决于冲裁件的形状和尺寸，冲模的加工以及装配工艺等实际条件。实际生产中使用的凸模结构形式很多，常见的整体凸模有圆形凸模，非圆形凸模，大、中型凸模和冲小孔凸模等结构形式。

①圆形标准凸模。图2-47是标准的凸模结构及固定形式。台阶式的凸模2-47（a）强度、刚性较好，装配修磨方便，其工作部分的尺寸由计算求得；与凸模固定板配合部分按过渡配合（H7/m6或H7/n6）制造；图2-47（e）、（f）是快换式小凸模，其维修、更换方便。台阶式凸模固定部分多做成圆形或矩形，这时凸模固定板的型孔为标准尺寸，有通用的加工工具及方法，容易加工，工作部分可采用车削、磨削或仿形加工，最后钳工精修，加工较难。

②非圆形凸模。大多数情况下，凸模截面是非圆形的，又称为异型凸模。异型凸模的结构和固定方式如图2-47（b）所示。为使凸模加工方便，异型凸模做成等断面，称为直通式凸模，其固定方式采用N7/h6、P7/h6铆接固定［图2-47（b）］，或采用低熔点合金、化学黏合剂固定［图2-47（c）、（d）］。截面尺寸较大的异型凸模可以采取螺钉、销钉直接固定的方法［图2-47（h）］。采用成型磨削、线切割等方法进行加工，加工容易，但固定板型孔的加工较复杂（不规则或非圆形）。铆接的异型凸模工作端应进行淬火，淬火长度约为全长的1/3，另一端处于软状态，便于与固定板铆接，其总长度应增加1 mm。

③大、中型凸模。大、中型的冲裁凸模，有整体式和镶拼式两种。图2-47（h）是大、中型整体式凸模，直接用螺钉、销钉固定。大、中型的冲裁凸模还有镶拼式的，它不但节约贵重的模具钢，而且减少锻造、热处理和机械加工的困难，因而大型凸模宜采用这种结构。关于镶拼式结构的设计方法，将在后面详细叙述。

④冲小孔凸模。当冲制孔径与料厚相近的小孔时，应考虑采用加强凸模的强度与刚度的措施保护凸模。保护措施一般有加凸模护套［图2-47（g）］和对凸模进行导向的方式。

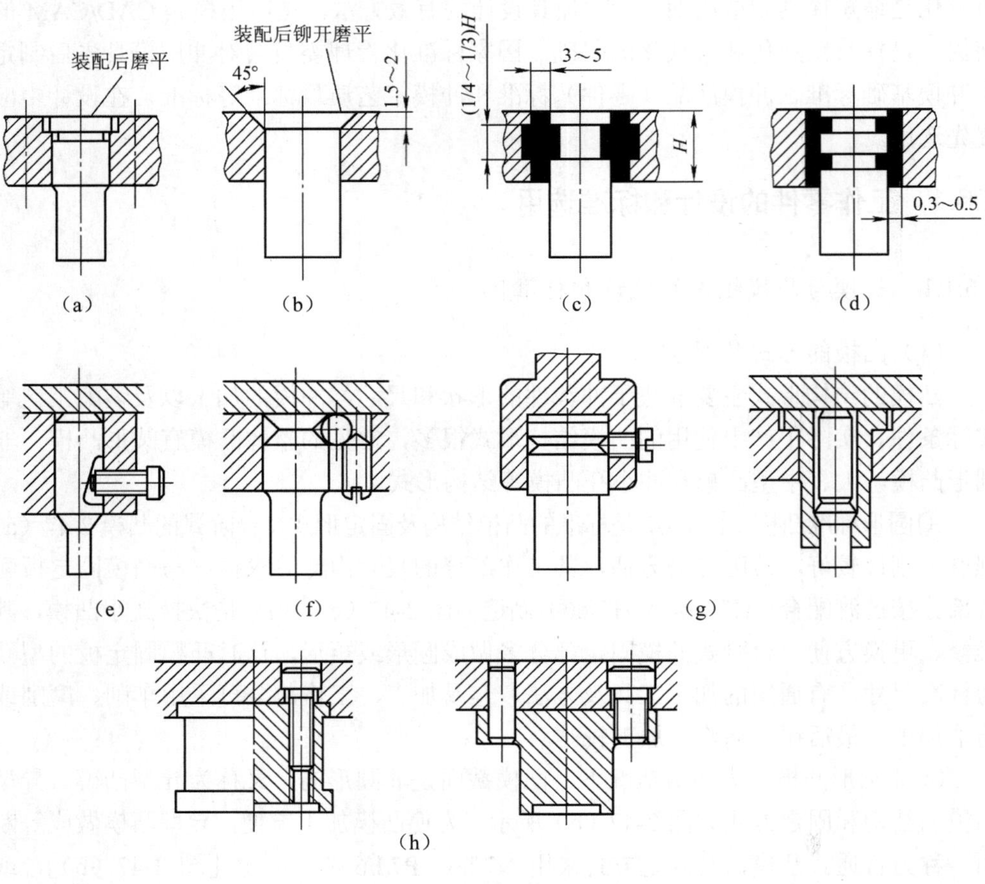

图 2-47　凸模及其固定方式

（2）凸模长度的计算

凸模长度的确定主要根据模具结构、修磨、操作安全、装配等因素的需要。采用固定卸料板和导料板（图 2-48）时，凸模长度按下式计算：

$$L = h_1 + h_2 + h_3 + h \tag{2-43}$$

式中，h_1 ——凸模固定板厚度，mm；

h_2 ——卸料板厚度，mm；

h_3 ——导料板厚度，mm；

h ——附加长度，主要考虑凸模进入凹模的深度（0.5～1 mm）及模具闭合状态下卸料板到凸模固定板间的安全距离（15～20 mm）等因素。

当采用弹性卸料板时（图 2-49），凸模长度按下式计算：

$$L = h_1 + h_2 + t + h \tag{2-44}$$

式中，h_1——凸模固定板厚度，mm；

h_2——卸料板厚度，mm；

t——导料板厚度，mm；

h——附加长度，mm。

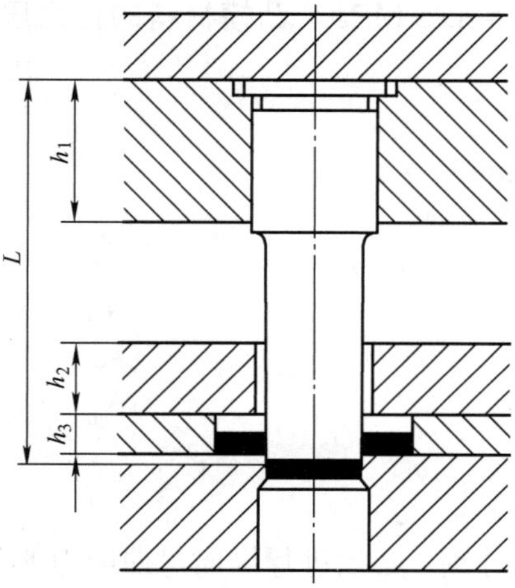

图 2-48 固定卸料板结构凸模长度的计算

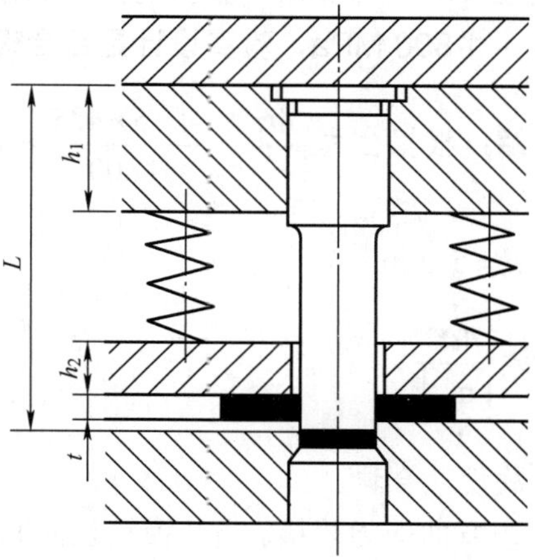

图 2-49 弹性卸料板结构凸模长度的计算

（3）凸模材料及热处理

模具刃口要有高耐磨性、高硬度与适当的韧性。形状简单的凸模常选用 T8A、T10A 等材料制造；形状复杂、淬火变形大，特别是用线切割方法加工时，常选用合金工具钢 Cr12、9Mn2V、CrWMn、Cr6WV 等材料制造。凸模热处理硬度为 58～62 HRC。

（4）凸模强度、刚度的校核

在一般情况下，凸模不用进行强度校核。只有当板料很厚、强度很大、凸模很小、细长比大时才进行校核。其目的是检查凸模的危险断面尺寸和自由长度是否满足要求，以防止凸模纵向失稳和折断。

①压应力校核。当凸模断面小而冲裁力较大时，凸模抗压强度校核公式如下：

$$圆形凸模 \quad d_{min} \geqslant \frac{4t\tau}{[\sigma_y]} \tag{2-45}$$

$$非圆形凸模 \quad A_{min} \geqslant \frac{F}{[\sigma_y]} \tag{2-46}$$

式中，d_{min}——凸模最小直径，mm；

t——料厚，mm；

τ——抗剪强度，MPa；

F——冲裁力，N；

A_{min}——凸模最狭窄处的截面积，mm^2；

$[\sigma_y]$——凸模材料的许用压应力，MPa，碳素工具钢淬火后许用压应力一般为淬火前的1.5～3倍。

【例2.4】 在厚度（t）= 5 mm的钢板上冲孔，凸模为优质碳素工具钢（淬火），其直径（d）= 5 mm。板料的抗剪强度（τ）= 425 MPa，凸模材料的许用压应力（σ_y）= 1 800 MPa，验算设计是否合理。

解：根据公式 $\dfrac{4t\tau}{[\sigma_y]}=\dfrac{4\times5\times425}{1800}\approx4.72$（mm）

$d=5$ mm

即 $d\geqslant\dfrac{4t\tau}{[\sigma_y]}$

故设计合理。

②弯曲应力校核。当凸模较长而断面又较小时，必须进行纵向弯曲应力的验算。

对于无导向装置的凸模如图2-50（b）所示，其校核如下：

圆形凸模 $$L_{max}\leqslant90\frac{d^2}{\sqrt{F}}\tag{2-47}$$

非圆形凸模 $$L_{max}\leqslant425\sqrt{\frac{J}{F}}\tag{2-48}$$

对于有导向装置的凸模如图2-50（a）所示，其校核如下：

圆形凸模 $$L_{max}\leqslant270\frac{d^2}{\sqrt{F}}\tag{2-49}$$

非圆形凸模 $$L_{max}\leqslant1200\sqrt{\frac{J}{F}}\tag{2-50}$$

式中，L_{max}——许可的凸模最大自由长度，mm；

d——凸模的最小直径，mm；

F——冲裁力，N；

J——凸模最小断面的惯性距，mm^4，其数值的计算公式见机械设计手册。

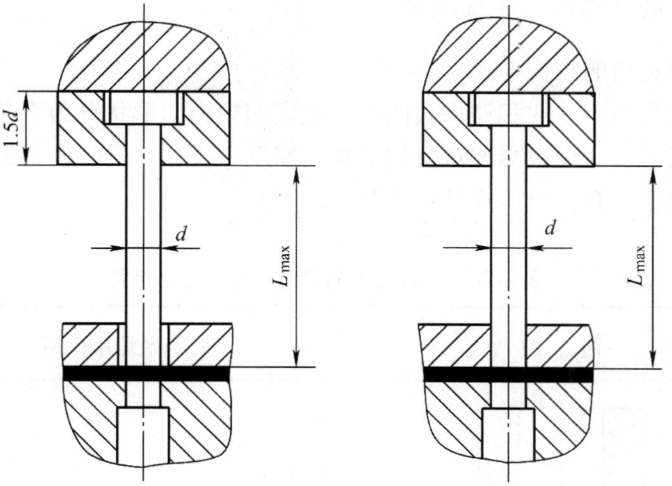

（a）有导向　　（b）无导向

图 2-50　细长凸模的校核

（5）凸模组件及结构

一般的凸模组件结构如图 2-51 所示，包括凸模 3、凸模 4、凸模固定板 2、垫板 1 和防转销 5 等，并用螺钉、销钉固定在上模座 6 上。

凸模固定板 2 的外形尺寸一般与凹模大小保持一致，可以由标准中查取。固定凸模用的型孔与凸模固定部分相适应，型孔位置与凹模型孔位置协调一致。

垫板装在凸模固定板与上模座之间，它的作用是防止冲裁过程中凸模在上模座上压出凹坑，而使模具在轴线方向上产生松动。

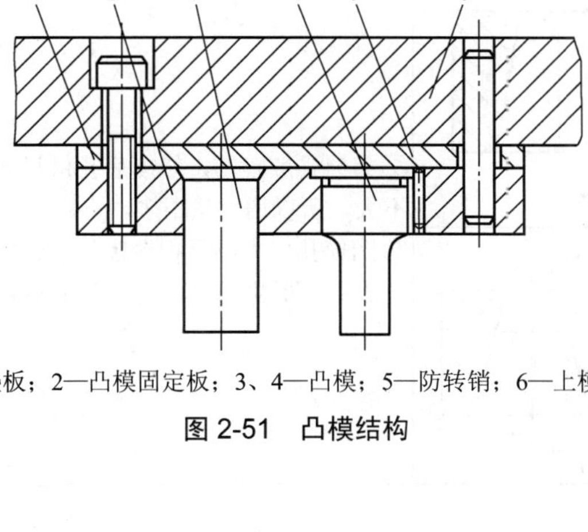

1—垫板；2—凸模固定板；3、4—凸模；5—防转销；6—上模座。

图 2-51　凸模结构

2.6.1.2 凹模的结构设计和标准化

(1）凹模刃口的结构形式

凹模结构分为整体式和镶拼式两种。整体凹模刃口形状分为直壁式和斜壁式。选用刃口形式时，主要根据冲裁件的形状、厚度、尺寸精度、模具的具体结构等多方面因素来决定，其刃口形式见表 2-23。

表 2-23 冲裁凹模的刃口形式及主要参数

刃口形式	序号	简　图	特点及适用范围
直壁式凹模	1	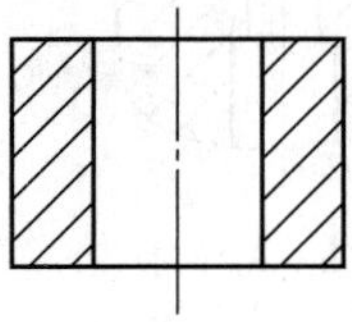	①刃口强度高，修磨后刃口强度不变，制造方便。 ②在废料或冲裁件向下推的模具结构中，废料或冲裁件会积聚在凹模孔口内，凹模胀力大，增加冲裁力和刃壁的磨损，磨损后每次修磨量较大。 主要用于形状复杂或精度要求较高的冲裁件的冲压
	2	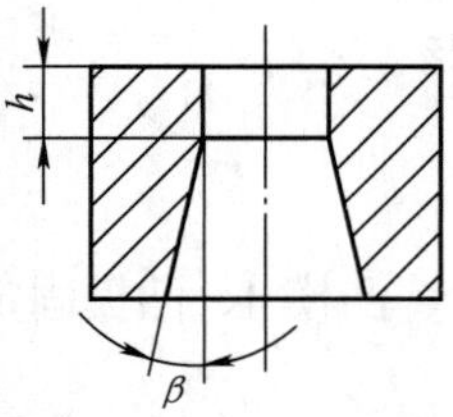	
	3	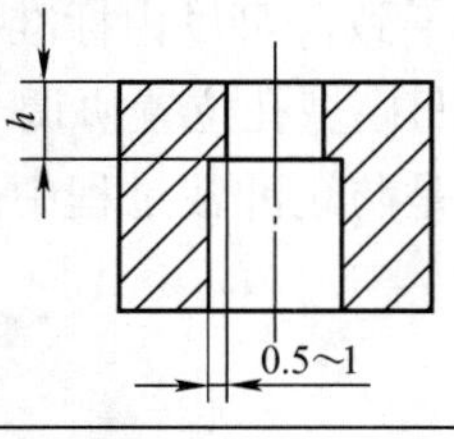	
斜壁式凹模	4	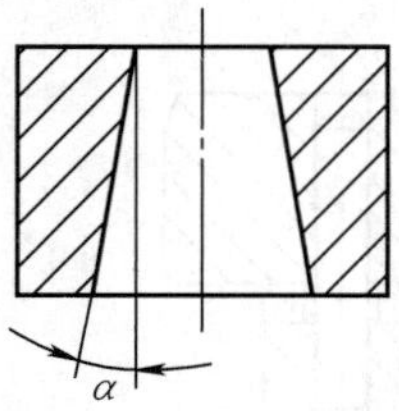	①刃口强度较低，修模后孔口尺寸会增大，但由于角度 α 不大，所以增大量不多。 ②凹模孔口内不易积聚废料，磨损后修磨量较小。 一般用于形状简单、精度要求不高的冲裁件的冲压
	5	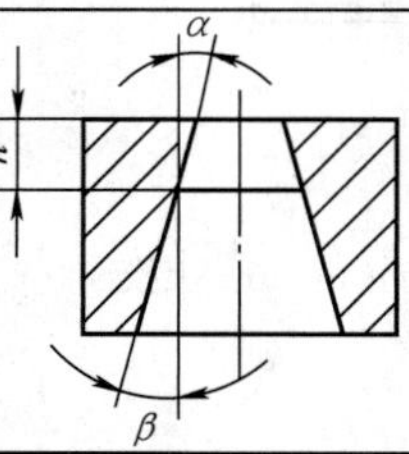	

<table>
<tr><th>刃口形式</th><th>序号</th><th>简　图</th><th colspan="3">特点及适用范围</th></tr>
<tr><td>凸台式凹模</td><td>6</td><td>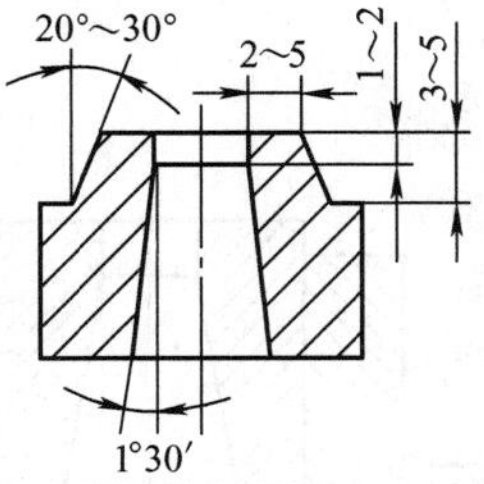
</td><td colspan="3">凹模硬度较低，一般为 40 HRC，可用手锤敲击刃口外侧斜面以调整冲裁间隙。
多用于薄而软的金属或非金属零件的冲裁</td></tr>
</table>

<table>
<tr><td rowspan="6">主要参数</td><td>材料厚度（t）/mm</td><td>α / （′）</td><td>β / （°）</td><td>刃口高度（h）/mm</td><td>备注</td></tr>
<tr><td>≤0.5</td><td rowspan="3">15</td><td rowspan="3">2</td><td>≥4</td><td rowspan="5">α 值可通过钳工加工保证。采用线切割加工时，α 可取 5′~20′</td></tr>
<tr><td>>0.5~1</td><td>≥5</td></tr>
<tr><td>>1~2.5</td><td>≥6</td></tr>
<tr><td>>2.5~6</td><td rowspan="2">30</td><td rowspan="2">3</td><td>≥8</td></tr>
<tr><td>>6</td><td>≥10</td></tr>
</table>

（2）凹模外形结构及固定方式

在国家标准中，图 2-52（a）、图 2-52（b）是凹模形式及其固定的两种方式。这两种圆形凹模主要用于冲孔，采用 H7/m6 配合，直接装在凹模固定板中。

冲裁件的形状和尺寸多种多样，生产中常常在外形为圆形或矩形的凹模板上，加工出所需凹模刃口，凹模板直接用螺钉和销钉固定在模座上，如图 2-52（c）所示。图 2-52（d）为快换式冲孔凹模固定方法。

凹模采用螺钉和销钉定位固定时，要保证螺钉（或沉孔）间、螺孔与销孔间及螺孔、销孔与凹模刃壁间的距离不能太近，否则会降低模具使用寿命。

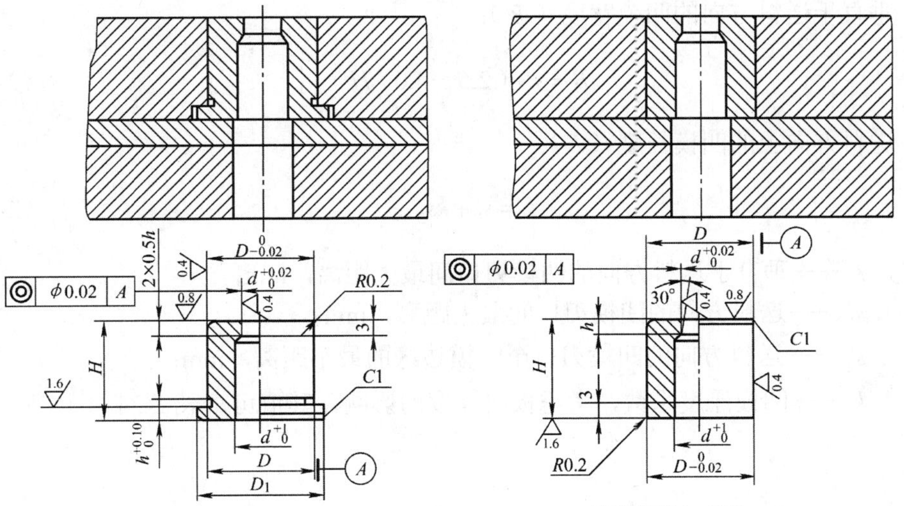

JB/T 8057.5—1995
（a）

JB/T 8057.4—1995
（b）

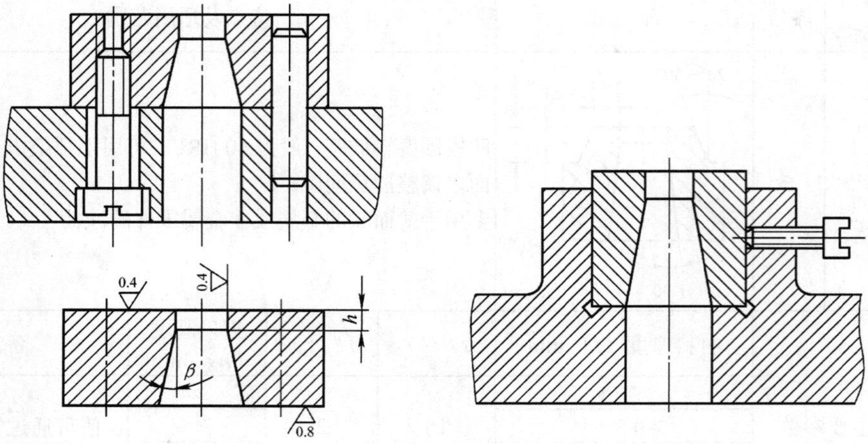

图 2-52　凹模形式及固定

（3）整体式凹模外形尺寸的确定

凹模的外形有圆形与矩形两种。冲裁时凹模承受冲裁力和侧向挤压力的作用，其外形尺寸应保证有足够的强度和刚度。由于受力情况比较复杂，目前凹模外形尺寸还不能仅用理论的方法来确定。设计模具时，凹模外形尺寸是按照以下经验公式来确定的：

凹模厚度（H）（不小于 8 mm）：

$$H = ks \tag{2-51}$$

垂直于送料方向的凹模宽度（B）：

$$B = s + (2.5\sim4.0)H \tag{2-52}$$

送料方向上的凹模长度（L）：

$$L = s_1 + ks_2 \tag{2-53}$$

式中，s ——垂直于送料方向的凹模刃口间最大距离，mm；

s_1 ——送料方向的凹模刃口间最大距离，mm；

s_2 ——送料方向的凹模刃口至凹模边缘的最小距离，mm；

k ——凹模厚度系数，考虑板料厚度的影响，其值可查表 2-24。

表 2-24　凹模厚度系数（k）　　单位：mm

s	材料厚度（t）		
	≤1	>1～3	>3～6
≤50	0.30～0.40	0.35～0.50	0.45～0.60
>50～100	0.20～0.30	0.22～0.35	0.30～0.45
>100～200	0.15～0.20	0.18～0.22	0.22～0.30
>200	0.10～0.15	0.12～0.18	0.15～0.22

（4）凹模的主要技术要求及材料

凹模的上下表面应保持平行，凹模孔轴线应与凹模顶面保持平行，型孔表面粗糙度要求 Ra 为 0.4～0.8 μm 。凹模的材料选择同凸模一样，其热处理硬度应略高于凸模，达到 60～64 HRC。

2.6.1.3　凸凹模的结构设计和标准化

凸凹模是复合冲裁中的一个特殊零件。其内形刃口起冲孔凹模作用，按凹模设计；其外形刃口起落料凸模作用，按凸模设计。内外缘之间的壁厚由冲裁件形状和尺寸决定。从强度考虑，壁厚受最小壁厚限制。对于正装复合模，凸凹模装于上模，内孔不会积聚废料，胀力小，最小壁厚可以小些；对于倒装复合模，若采用直壁式刃口形式，下出件方式时，孔内会积聚工件，最小壁厚要大些。

凸凹模的最小壁厚值，目前一般按经验数据确定，倒装复合模的凸凹模最小壁厚见表 2-25。

表 2-25　倒装复合模的凸凹模最小壁厚　　单位：mm

简　图

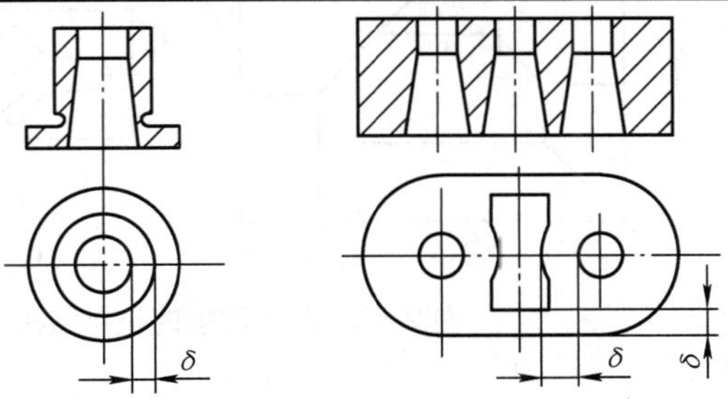

材料厚度（t）	0.4	0.6	0.8	1.0	1.2	1.4	1.6	1.8	2.0	2.2	2.5
最小壁厚（δ）	1.4	1.8	2.3	2.7	3.2	3.6	4.0	4.4	4.9	5.2	5.8
材料厚度（t）	2.8	3.0	3.2	3.5	3.8	4.0	4.2	4.4	4.6	4.8	5.0
最小壁厚（δ）	6.4	6.7	7.1	7.6	8.1	8.5	8.8	9.1	9.4	9.7	10

2.6.1.4 凸、凹模的镶拼结构

（1） 镶拼结构设计的原则

①改善加工工艺性，减少钳工工作量，提高模具加工精度。具体讲包括下面几项：尽可能对称分块，形状、尺寸相同的分块可以一同磨削加工，如图 2-53（d）、（f）、（g）所示。内凹清角处分为两块，将形状复杂的内形加工变成外形加工，便于机械加工和成型磨削，减少钳工工作量，见图 2-53（a）、（b）、（d）、（g）等。沿转角、尖角分割，拼块角度应大于90°，见图 2-53（j）。为加工方便，圆弧单独成块，分块线在弧外 4～7 mm 处。

②便于装配、调整和维修，从以下几方面考虑：拼块之间应能通过磨削或增减垫片的方法，调整其间隙或保证中心距公差，如图 2-53（h）、图 2-53（i）。薄弱或易损的局部凸出或凹进部分，应单独分为一块，如图 2-53（a）。为了方便拼块定位，防止在冲压过程发生相对移动，拼块之间应尽量以凸、凹槽形相嵌，如图 2-53（k）。

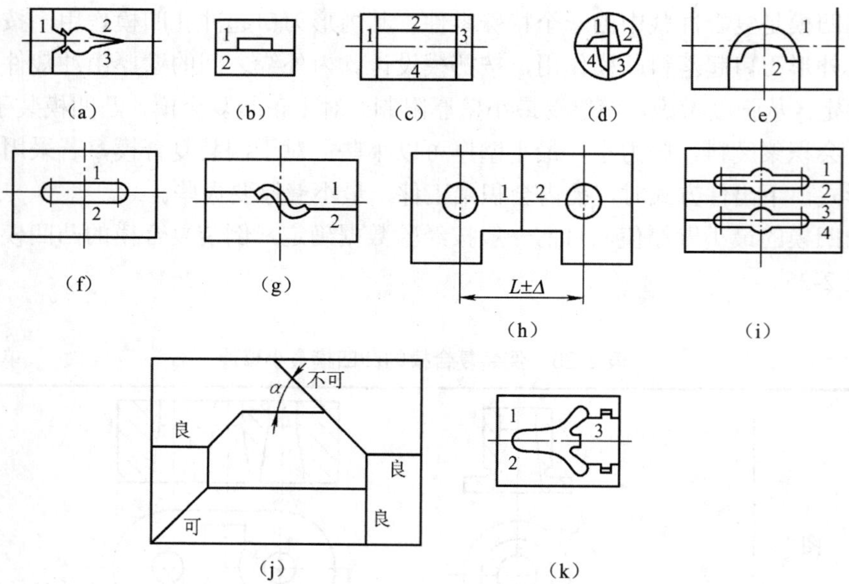

图 2-53 凸、凹模的镶拼结构

③满足冲压工艺要求，提高冲压件质量。凸模与凹模的拼接线应至少错开 4～7 mm，以免冲裁件产生毛刺；拉深模拼接线应避开材料有增厚部位，以免零件表面出现拉痕。

（2）镶拼结构的固定形式

①平面式固定，用螺钉和销钉把各拼块固定到固定板或底座的平面上。这种固定方式一般用于大型模具或多孔冲模。如图 2-54（a）所示。

②嵌入式固定，把各拼块拼合后嵌入固定板凹槽内，如图 2-54（b）所示。

③压入式固定，把各拼块拼合后，以过盈配合压入固定板孔内，如图 2-54（c）所示。

④ 斜楔式固定，如图 2-54（d）所示。

此外，还有用黏结剂浇注等固定方法。

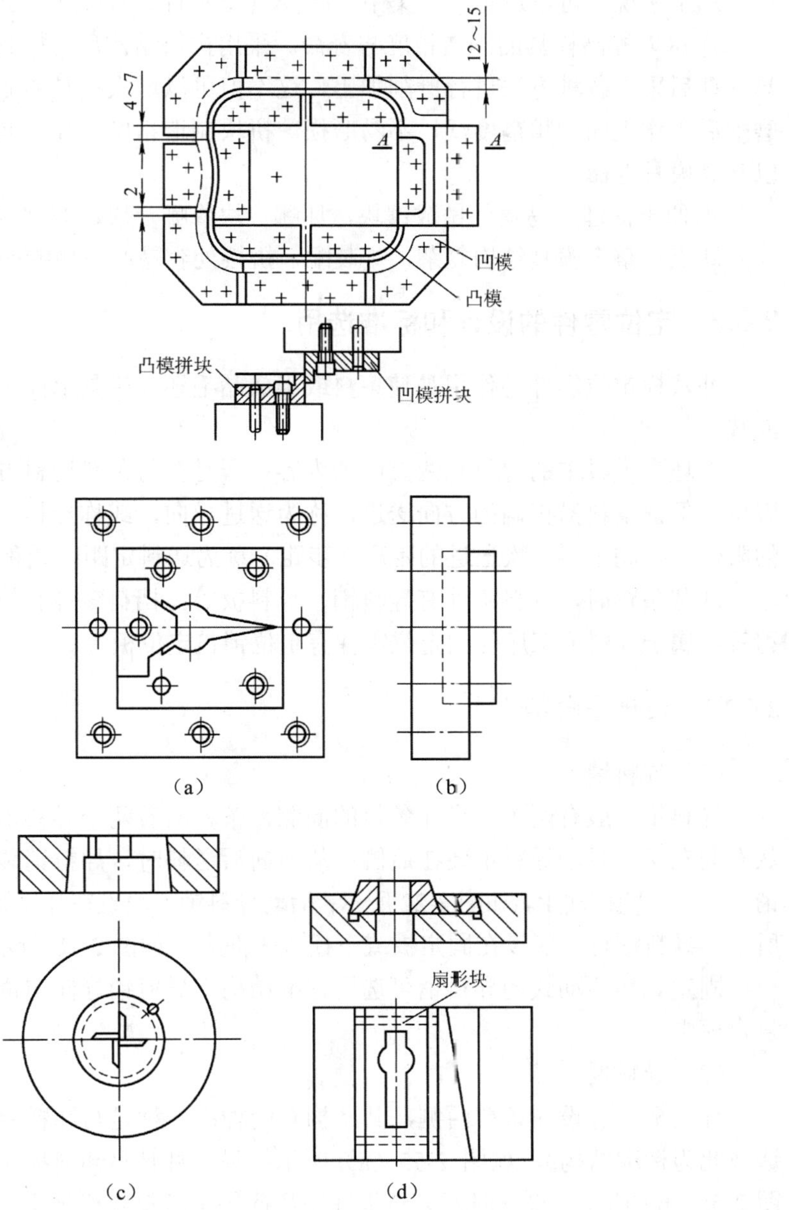

图 2-54　镶拼结构固定方法

（3）镶拼结构的特点

优点：

①节约钢材。拼块结构可以用小料代替大料，不仅节约钢材，同时也解决了大件锻造与热处理困难的问题。

②便于加工。对机加工来说，采用拼块结构使内表面加工转化为外表面加工。对热加工来说，可以避免应力集中，减少热处理的变形与淬裂现象。

③可以提高模具的制造精度与寿命。采用拼块结构后，模具的工作部分可以在热处理后采用各种方法进行磨削加工。这不但可以增大模具的制造精度，而且由于磨削后工作表面的粗糙度低，不易磨损。拼块制造精度提高后间隙均匀了，所以可以升高模具寿命。

④便于修理。易损件做成镶块，坏哪一块修哪一块，非常方便。

缺点：整个模具结构复杂，难装配，拼接处容易产生接缝的毛刺。

2.6.2 定位零件的设计和标准选用

冲裁模定位零件的作用是使条料或半成品毛坯在模具上能迅速放正，便于实施冲裁。

毛坯在模具中的定位有两方面的内容：一是在与条料送料方向垂直的方向上的限位，保证条料沿正确的方向送进，称为送进导向，或称导料；二是在送料方向上的限位，控制条料一次送进的距离（步距）称为送料定距，或称挡料。

冲裁条料时，导料零件有导料销、导料板等；挡料零件有挡料销、导正销、侧刃等；属于块料或工序件的定位零件有定位销、定位板等。

2.6.2.1 送进导向零件

（1）导料销

导料销一般有两个，设在条料的同侧，条料沿着两个导料销确定的直线送进。从右向左送料时，导料销装在后侧；从前向后送料时，导料销装在左侧。固定导料销一般设在凹模面上，如图 2-22 所示；活动导料销一般设在弹压卸料板上，如图 2-21 所示；导料螺钉一般设在固定板或下模座平面上，如图 2-18 所示。

固定式和活动式的导料销可选用标准结构。导料销导向定位多用于单工序模和复合模中。

（2）导料板

导料板一般设在条料两侧，其结构有两种：一种是与卸料板（或导板）分开制造（此为标准结构），如图 2-55（a）所示；另一种是与卸料板制成整体的结构，如图 2-55（b）所示。设计时两导料板间距离应等于条料宽度加上一个间隙值（见排样及条料宽度计算），目的是使条料顺利送进，导料板的厚度（H）取决于导料方式和板料厚度。采用固定挡料销时，导料板厚度见表 2-26。具有导板（或卸料板）的单工序模或级进模，常采用这种送料导向结构。

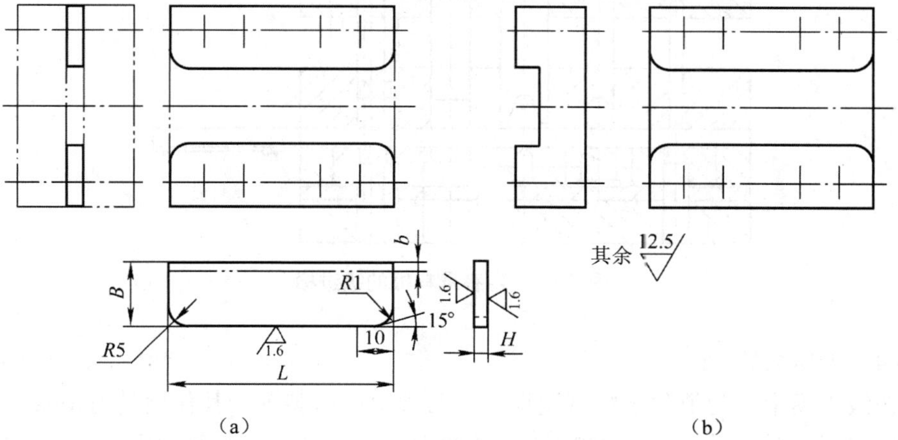

图 2-55　导料板结构

表 2-26　导料板厚度　单位：mm

冲件材料厚度（t）	送进时材料不抬起		送进时材料抬起	
	$l^*<200$	$l\geqslant 200$	$l<200$	$l\geqslant 200$
≤1	3	4	4	6
>1～2	4	6	6	8
>2～3	6	6	8	10
>3～4	8	8	10	12
>4～6	10	10	12	14

注：*为导料板长度。

（3）承料板

承料板的作用是扩大冲压板料受承托部分的长度，以便于送进。图 2-56 所示为带有承料板的级进模。一般手工送料的承料板长度要大于自动送料的承料板长度，冲压材料宽度不超过 50 mm 又采用自动送料机构的模具一般不需要承料板。

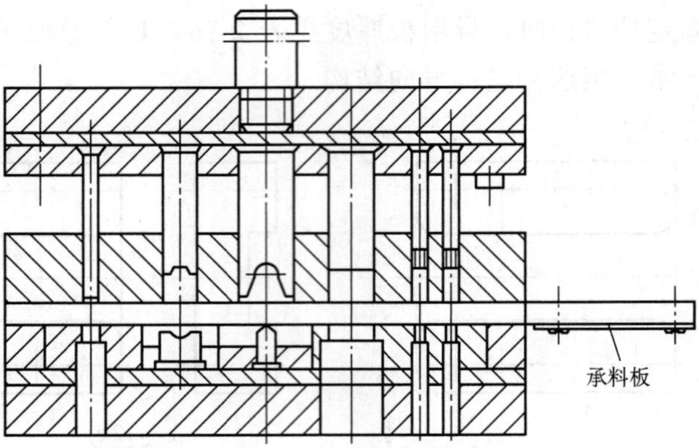

图 2-56 带有承料板的级进模

(4) 侧压装置

在级进模中，为消除条料宽度误差，常采用侧压装置，其作用是迫使条料始终紧靠另一侧导料板送进。标准侧压装置有两种，图 2-57 (a) 为簧片压块式侧压装置，这种侧压结构简单，侧压力较小，适用于冲裁工件尺寸小、料厚小于 1 mm 的薄料。图 2-57 (b) 为螺旋弹簧侧压装置。侧压块 4 在导料板 3 中滑动，起到侧压作用。这种结构侧压力较大并且可以调整，适用于冲裁厚料。

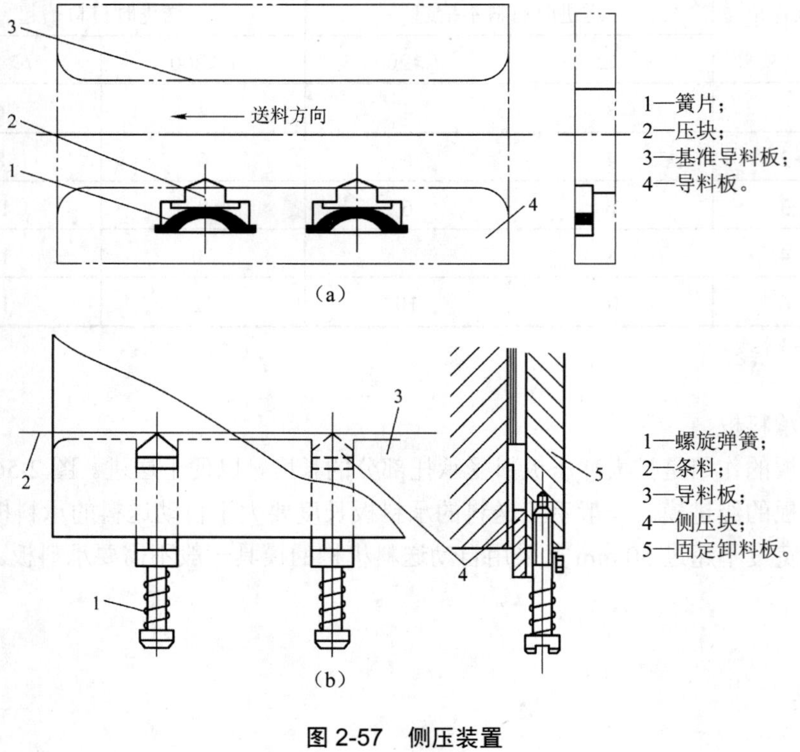

图 2-57 侧压装置

2.6.2.2　送料定距零件

（1）挡料销

挡料销的作用是保证条料或带料有准确的送料进距，可分为固定挡料销、活动挡料销、自动挡料销和始用挡料销。

①固定挡料销。标准结构的固定挡料销如图 2-58 所示，其结构简单，制造容易，广泛用于冲制中、小型冲裁件的挡料定距。固定挡料销一般装在凹模上，也有的是装在下模的弹性卸料板上。图 2-58（a）所示的圆柱头形式，适用于带有刚性和弹性卸料板的冲模。当挡料销离凹模刃口太近时可采用如图 2-58（b）所示的钩形挡料销，但因其形状不对称，需考虑防转，适用于冲制较大、较厚材料的工件。

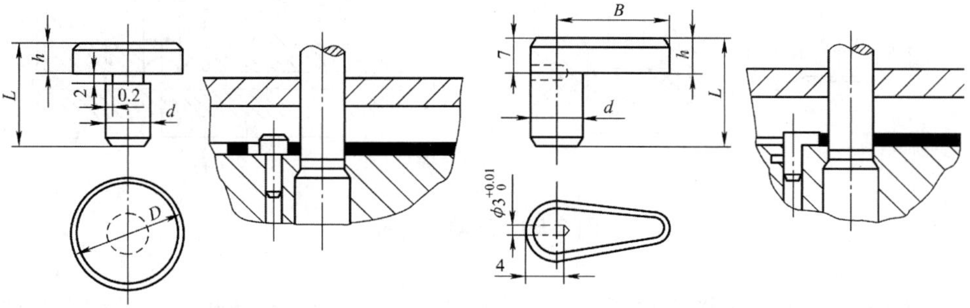

（a）圆柱头式挡料销　　（b）钩式挡料销

图 2-58　固定挡料销

②活动挡料销。活动挡料销如图 2-59 所示，图中（a）为弹簧弹顶挡料装置，（b）为扭簧弹顶挡料装置，（c）为橡胶弹顶挡料装置，（d）为回带式挡料装置。（a）、（b）、（c）经常用于倒装复合模中，装在卸料板上可以伸缩，冲裁时后端带有弹性元件的挡料销随凹模下行而压入孔内。回带式挡料销对着送料方向带有斜面，送料时迫使挡料销上升，然后挡料销借助簧片的压力插入废料孔内，条料必须回带使废料孔靠住挡料销定位，即每次送料都要先推后拉，做方向相反的两个动作，操作比较麻烦。回带式挡料装置常用于具有固定卸料板的模具上；其他形式的常用于具有弹压卸料板的模具上。

③自动挡料销。自动挡料销无须将料抬起或后拉，只要冲裁后将条料往前推，便可实现自动挡料，从而实现连续送料冲裁。自动挡料销使用非常方便，但结构复杂。

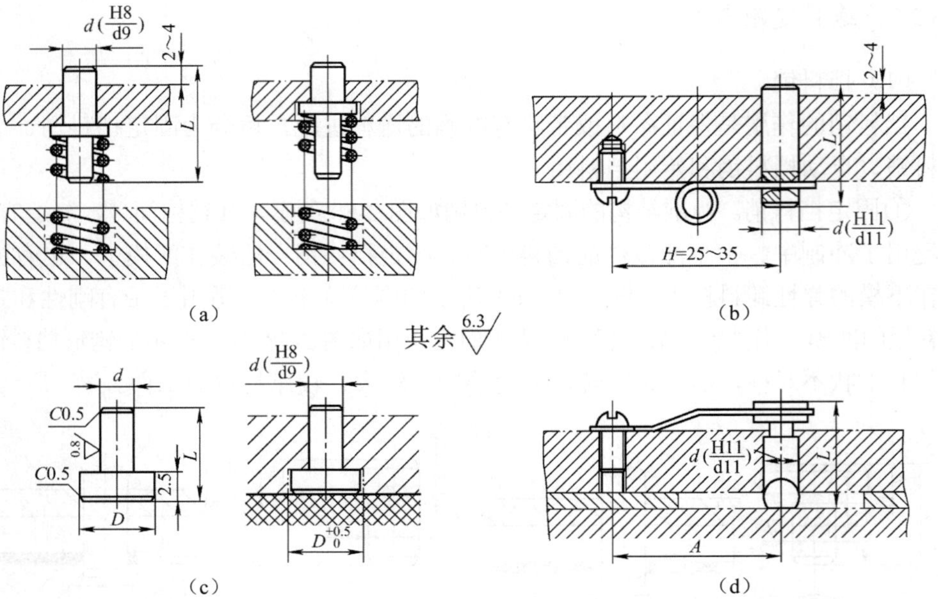

图 2-59 活动挡料销

④始用挡料销。如图 2-60 所示，始用挡料销一般用在级进模上，又称临时挡料销。条料首次送进定位时使用。开始冲裁时，将挡料销向里压紧，完成条料第一次定位后，在弹簧的作用下挡料销自动退出。图 2-59 所示为始用挡料销的 3 种结构形式。一副模具用几个始用挡料销，取决于冲裁排样方法及工位数。

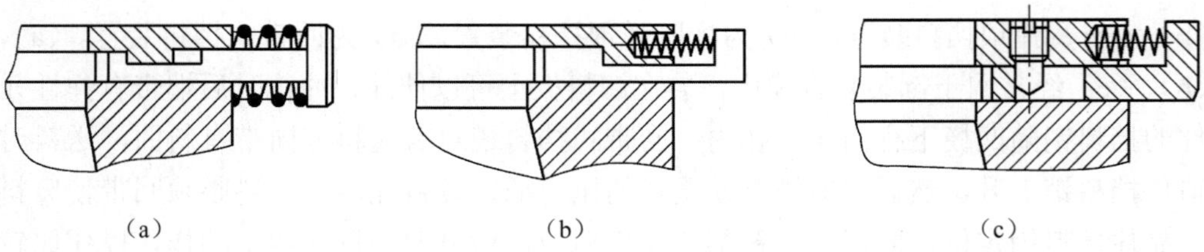

图 2-60 始用挡料销

（2）导正销

级进模中为保证冲裁件内孔与外缘的相对位置精度，多采用导正销完成。落料时，导正销先进入已冲孔中，导正条料位置，保证孔与外形相对位置公差的要求。导正销主要用于级进模，导正销通常与挡料销配合使用，也可以与侧刃配合使用。图 2-61 为导正销的形式及适应情况。

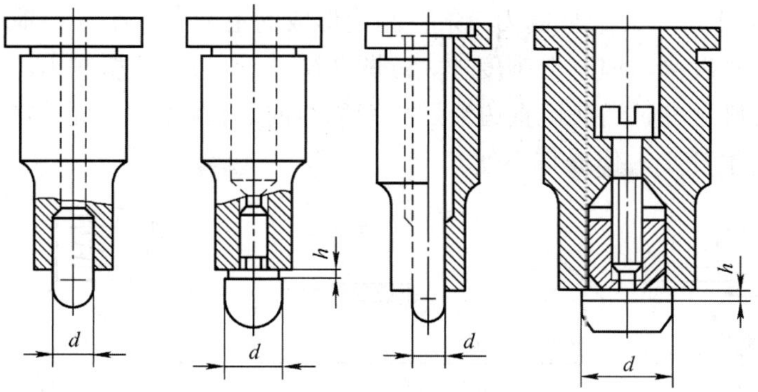

图 2-61 导正销的形式

导正销使用时有如下限制：薄、软料不能用；孔很小时不能用，为避免折断，导正销的直径一般应大于 2 mm；孔与外形距离很小时不能用；冲裁件上无圆孔又无法设置工艺孔时不能用。

导正销的头部由圆锥形的导入部分和圆柱形的导正部分组成。导正部分的直径和高度尺寸及公差很重要。导正销的基本尺寸可按下式计算：

$$d = d_{凸} - a \tag{2-54}$$

式中，d ——导正销直径，mm；

$d_{凸}$ ——冲孔凸模直径，mm；

a ——导正销直径与冲孔凸模直径的差值，见表 2-27。

表 2-27 导正销直径与冲孔凸模直径的差值（a） 单位：mm

料厚度（t）	冲孔凸模直径（$d_{凸}$）						
	1.5～6	>6～10	>10～16	>16～24	>24～32	>32～42	>42～60
≤1.5	0.04	0.06	0.06	0.08	0.09	0.10	0.12
>1.5～3	0.05	0.07	0.08	0.10	0.12	0.14	0.16
>3～5	0.06	0.08	0.10	0.12	0.16	0.18	0.20

（3）定距侧刃

定距侧刃常用于级进模中控制送料步距，以切去条料旁侧少量材料，得到一定位缺口，用此达到挡料目的。在冲模工作的同时，定距侧刃切去长度等于步距的料边，条料就可以向前送进一个步距。采用定距侧刃浪费材料，一般用于某些少、无废料排样以及冲制进料距小于 8 mm 的窄长制件。级进模冲裁较薄试样时，经常使用定距侧刃。

常用侧刃的形式如图 2-62 所示。按侧刃的断面形状分为矩形侧刃和成型侧刃。图 2-62（a）为矩形侧刃，制造简单，但刃尖磨损后在条料侧边易形成毛刺，影响送料精度；图 2-62（b）为成型侧刃，条料侧边形成的毛刺离开了导料板和侧刃挡板的定位面，送料精度高，但制造难度加大；图 2-62（c）为尖角型侧刃，侧刃先在料边冲一缺口，条料送进时当缺口直边滑过挡销后再向后拉，使挡销直边挡住缺口定位，这种侧刃材料消耗少，但操作不便。

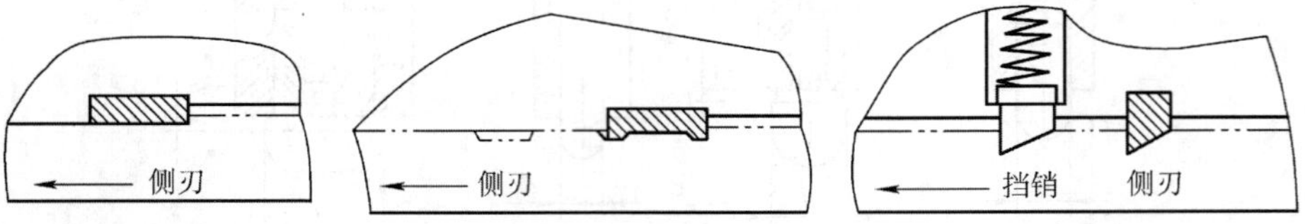

（a）矩形侧刃　（b）成型侧刃　（c）尖角侧刃

图 2-62　定距侧刃

2.6.2.3　定位板、定位销

定位板和定位销用于单个坯料或工序件的定位，以保证前后工序相对位置精度或对工件内孔与外缘的位置精度的要求。其定位方式有两种：外缘定位和内孔定位。外形比较简单的冲件一般可采用外缘定位，如图 2-63（a）所示；外轮廓较复杂的一般可采用内孔定位，如图 2-63（b）所示。

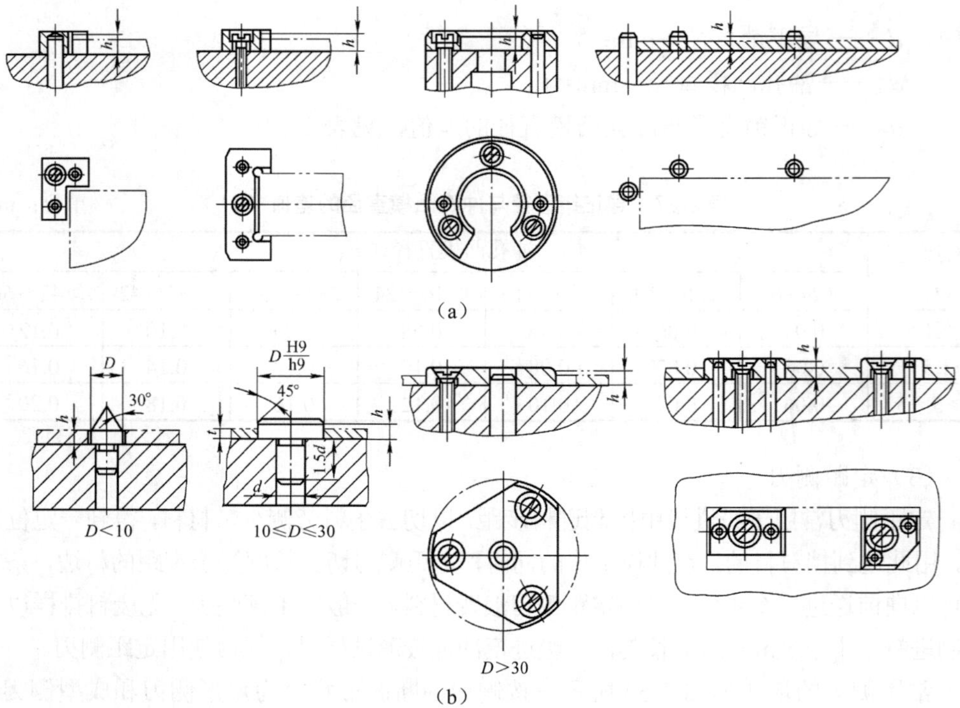

图 2-63　定位板和定位销的结构形式

2.6.3 卸料零件和推件零件的设计和标准选用

2.6.3.1 卸料装置

设计卸料装置的目的，是冲裁后将卡在凸模外、凹模内的工件或废料卸掉，以保证下次冲裁顺利进行。一般有弹性卸料装置、刚性卸料装置和废料切刀 3 种。各种卸料装置的结构形式、特点及适用范围见表 2-28。

表 2-28 卸料装置的结构形式、特点及适用范围

形式	简图	特点及适用范围
弹性卸料装置	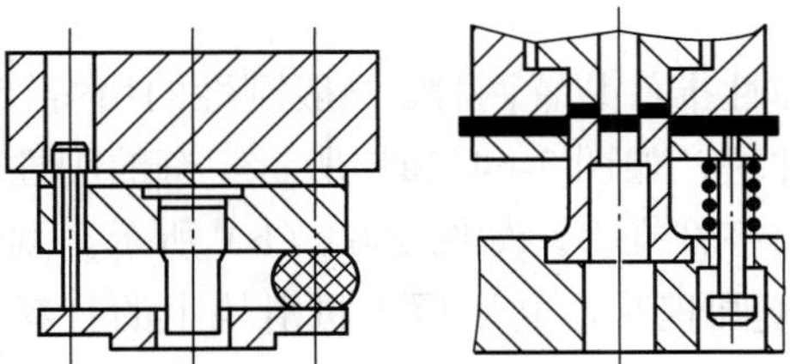 (a) (b)	①弹性卸料装置由卸料板、弹性元件、卸料螺钉等组成，装于上模或下模，卸料力较小。 ②冲压时兼起压料作用，冲裁件质量较好，多用于冲裁薄料及表面平面度要求较高的零件。 ③弹性卸料板孔与凸模的单边间隙取（0.1～0.2）t，在自由状态下弹性卸料板应高出凹模刃口面 0.5～1 mm，其外形尺寸一般等于或大于凹模尺寸。 ④图中（a）卸料板装在上模，常用于正装式的单工序落料模、冲孔模；图中（b）卸料板装在下模，常用于倒装式的复合模
刚性卸料装置	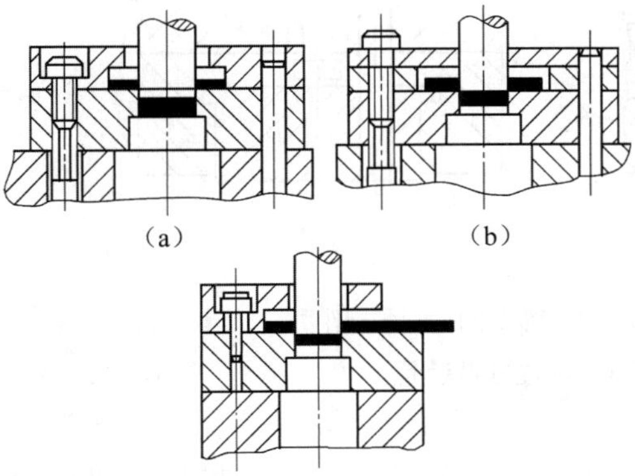 (a) (b) (c)	①卸料板用螺钉、销钉固定在下模的凹模工作面上，卸料板能承受较大的卸料力。 ②冲压时不起压料作用，故多用于冲裁材料较厚、表面平面度要求不高的零件。 ③刚性卸料板孔与凸模的单边间隙一般取（0.1～0 5）t，若卸料板孔兼做凸模向导时，则与凸模的配合应为 H7/h6，卸料板厚度一般取凹模厚度的 0.8～1.0 倍，其外形尺寸一般与凹模相同。 ④图中（a）是卸料板与导料板做成一体，便于装配，常用于小型模具；图中（b）是卸料板为一平板，与导料板组合在一起，广泛用于大、中型模具；图中（c）是悬臂式固定卸料板，常用于窄而长零件的冲孔

形式	简图	特点及适用范围
废料切刀	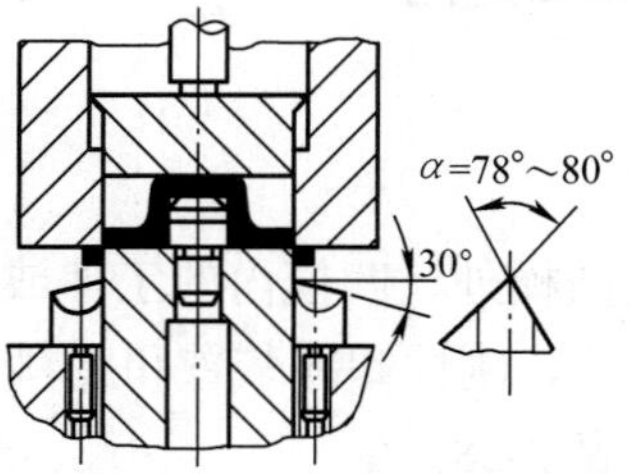	①废料切刀装于下模，冲裁时凹模向下压废料于切刀刃上，把废料切断成几段，逐次排出模外。 ②主要用于带凸模拉深件的切边模，有时也用于大型件的倒装式落料模

2.6.3.2　推件与顶件装置

推件和顶件的目的都是从凹模中卸下冲件或废料。向下推出的机构称为推件，一般装在上模内；向上顶出的机构称为顶件，一般装在下模内。

（1）推件装置

推件装置主要有刚性推件装置和弹性推件装置两种。一般刚性的用得较多，基本零件有打杆、推板、连接推杆和推件块，如图 2-64（a）所示。有的刚性推件装置由打杆直接推动推件块，甚至直接由打杆推件，如图 2-64（b）所示。刚性推件装置装于上模部分，在冲压结束后上模回程时，利用压力机滑块上的打料横杆，撞击上模内的打杆、推杆传给推件板（块），将凹模内的工件推出，其推件力大且可靠。

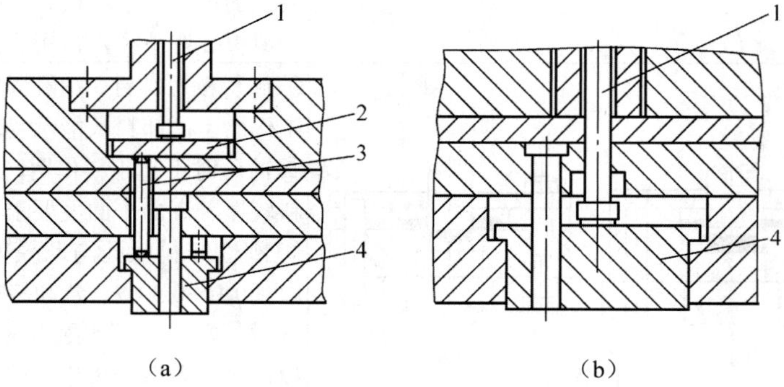

1—推杆；2—推板；3—连接推杆；4—推件块。

图 2-64　刚性推件装置

推杆长短要一致，分布要均匀。推板要有足够的刚度，一般装在上模座的孔内。推板的常用形式见图 2-65。

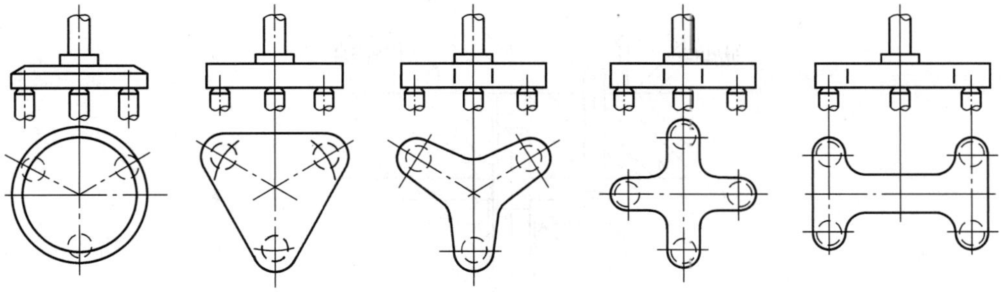

图 2-65 推板的常见形式

弹性推件装置同时兼起压料和卸料作用，其弹力来源于弹性元件，弹性元件可以装在推件板上，也可以装在推件块上，如图 2-66 所示。这种装置出件平稳无撞击，冲件质量较高，但出件力不大。为保证足够的弹力，必要时应选择弹力较大的聚氨酯橡胶、碟形弹簧等，多用于冲压大型薄板以及工件精度要求较高的模具。

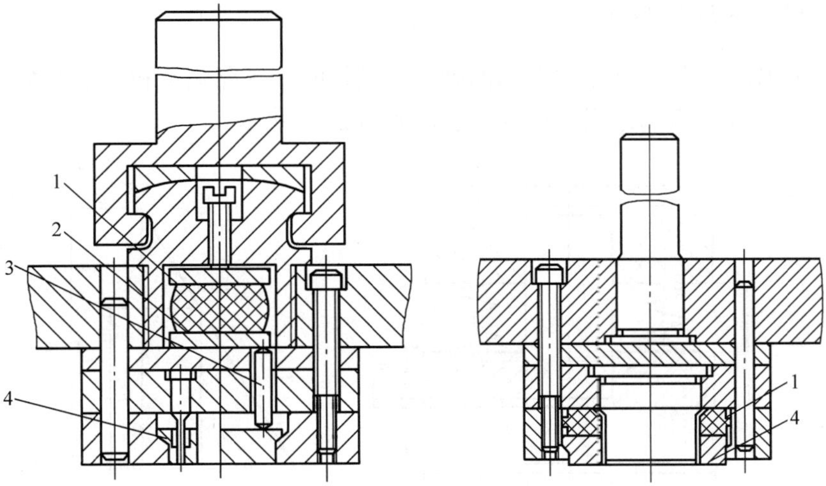

1—橡胶；2—推板；3—连接推杆；4—推件块。

图 2-66 弹性推件装置

（2）顶件装置

顶件装置一般是弹性的，由顶杆、顶件块和装在下模底下的弹顶器组成，典型结构如图 2-67 所示。弹顶器可以做成通用的，其弹性元件是弹簧或橡胶，大型压力机本身有气垫作为弹顶器。模具采用这种结构能使冲裁件具有较高的平直度。

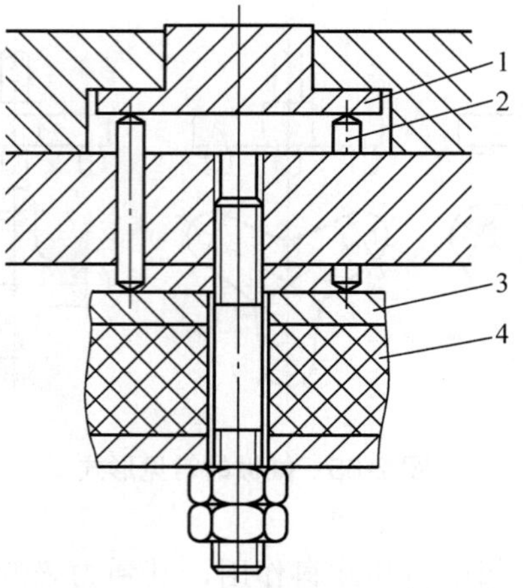

1—顶件块；2—顶杆；3—托板；4—橡胶。

图 2-67 弹性顶件装置

2.6.3.3 弹簧的选用和计算

在冲压模具的卸料装置中常用的弹簧是圆柱螺旋压缩弹簧和碟形弹簧，下面讲述圆柱螺旋压缩弹簧的选用与计算方法，如图 2-68 所示。

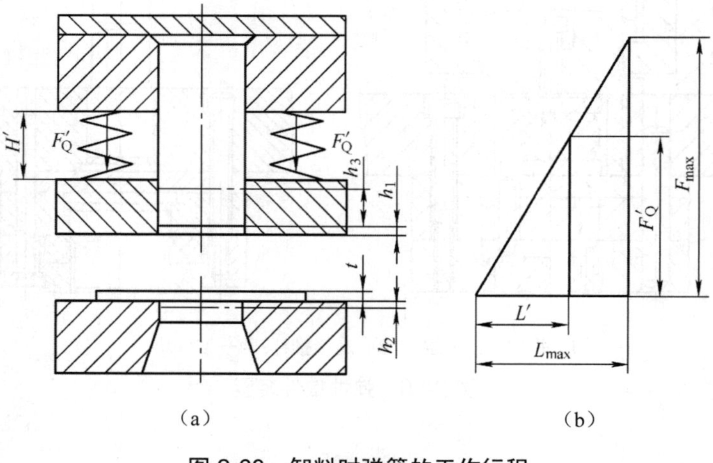

图 2-68 卸料时弹簧的工作行程

（1）选用原则

在满足模具结构要求的前提下，应保证所选用的弹簧能够给出所要求的作用力和行程。

（2）选用步骤

①根据卸料力（F_Q），按冲模结构初定弹簧个数，并求出分配在每根弹簧上的力。

$$F'_Q = F_Q / n \qquad (2\text{-}55)$$

式中，F_Q——卸料或顶料装置中每个弹簧所受的预压力，N。

②计算卸料或顶件时需要的最大压缩行程（L_0）

以卸料状态为例（图 2-68），

$$L_0 = h_1 + h_2 + h_3 + t \qquad (2\text{-}56)$$

式中，h_1——卸料板高出凸模端面的高度，mm，一般为 1 mm；

h_2——凸模进入凹模的深度，mm，一般为 0.5～1 mm；

h_3——凸模的总修模量，mm，一般为 4～10 mm。

③计算弹簧工作的总行程（$L_{总}$）

$$L_{总} = L' + L_0 \qquad (2\text{-}57)$$

式中，L'——产生 F_Q 所需的弹簧预压缩量（安装时预压），mm；

L_0——为卸料或弹簧顶件时最大压缩行程，mm。

$L_{总}$ 必须不大于弹簧许可的最大压缩量（L_{max}），图 2-68 中 H' 即为弹簧产生预压缩量 L' 时弹簧的长度。

若弹簧的自由长度为 H，则

$$H' = H - L' \qquad (2\text{-}58)$$

式中，H'——弹簧预压后的长度，mm；

L'——预压量，mm。

④计算所需弹簧的最大压力（F_{max}）与最大压缩行程（L_{max}）

如图 2-68（b）所示，由虎克定律

$$\frac{F'_Q}{L'} = \frac{F_{max}}{L_{max}} \qquad (2\text{-}59)$$

$$L' + L_0 \leqslant L_{max} \qquad (2\text{-}60)$$

式中，L_{max}——卸料顶件的最大行程，mm。

令 $L' = KL_{max}$，一般取 K 为 60%左右，对冲裁模，K 可取大些，对于拉深模或弯曲模 K 要取小些。

则 $\dfrac{F'_Q}{KL_{max}}=\dfrac{F_{max}}{L_{max}}$

于是：$F_{max}=\dfrac{F'_Q}{K}$ （2-61）

由 $L_{max}=L'+L_0=KL_{max}+L_0$ 取极限值时成立，

于是：$L_{max}=\dfrac{L_0}{1-K}$ （2-62）

由上述两式即可由所需的 F_Q 和 L_0 求出 F_{max} 和 L_{max}。

⑤根据求出的 F_{max} 和 L_{max} 从标准中选择弹簧型号。然后根据模具结构校核 N 个这样的弹簧是否可以安置，如果不合适，再按上述步骤重选。

2.6.3.4 橡皮的选用和计算

橡皮允许承受的负荷较弹簧大，且安装调试方便，在冲裁模中应用较广泛。

（1）橡皮的平面尺寸

平面尺寸按其所产生的压力（F）计算：

$$F=Sq \tag{2-63}$$

式中，S——橡皮的横截面积，mm^2；

q——与橡皮的压缩量有关的单位压力，MPa，按橡皮的压缩特性曲线选用。

所以 $S=\dfrac{F}{q}$，由圆形面积公式可求出橡皮直径 D（F 是我们所需要的卸料力或顶件力）。

（2）橡皮的高度

橡皮的高度必须满足工艺要求与模具结构空间要求，并考虑橡皮的寿命。橡皮最大压缩量不宜超过自由高度（H）的 35%～45%。橡皮装在模具上，一般应预先压缩（10%～15%）H，使预压的压力达到所需要的卸料力。压缩工作行程（$H_{工作}$）=（25%～30%）H。

橡皮自由度为

$$H=\frac{H_{工作}}{0.25-0.30} \tag{2-64}$$

式中，$H_{工作}$——橡皮压缩工作行程，mm，根据模具结构可知；

H——橡皮的自由高度，mm。

上式算出的高度按下式校核：高度校核：$0.5\leqslant\dfrac{H}{D}\leqslant1.5$（$D$ 为橡皮的直径）。若 $H<0.5D$，可适当放大预压量，再重新计算；若 $H>1.5D$，则将高度分成若干块，每段间垫以钢垫圈，以免失稳。

2.6.4　导向零件的设计和标准选用

2.6.4.1　导板

在导板模中，通过导板对凸模导向，导板还可兼起卸料板的作用。导板的厚度一般取凹模厚度的 0.8～1 倍，长宽尺寸与凹模相同。

2.6.4.2　导柱和导套

对于生产批量大、模具寿命要求长、工件精度较高的冲压模具，一般采用导柱、导套来保证上、下模的运动方向。

（1）结构形式

滑动导柱和导套是标准件，其结构和尺寸都有标准规定。常用结构形式如图 2-69 所示。其中，图 2-69（a）为导套，内孔开有储油槽，以便储油润滑，内孔 d 与导柱滑动配合。图 2-69（b）、（c）为导柱，图 2-69（b）两端基本尺寸相同，公差不同；图 2-69（c）为直通式，只有一个尺寸公差，加工方便。

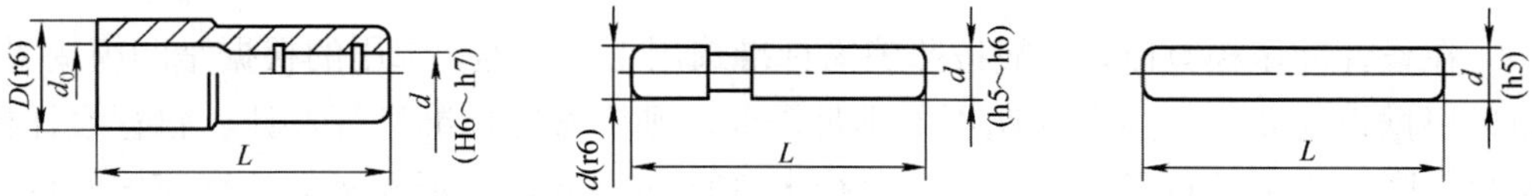

图 2-69　常用导柱和导套的结构形式

（2）安装尺寸要求

导柱直径一般为 16～160 mm，长度为 90～320 mm。按照标准选用时，L 应保证导柱的上端面与上模座的上平面之间的距离不小于 10 mm，以保证凸、凹模经多次刃磨而使模具闭合高度变小后，导柱也不会影响模具正常工作；而下模座的下平面与导柱压入端的端面之间的距离不应小于 2 mm，以保证下模座在压力机工作台上的安装固定；导套的上端面与上模座上平面之间的距离应大于 2 mm，以便排气和出油，如图 2-70 所示。

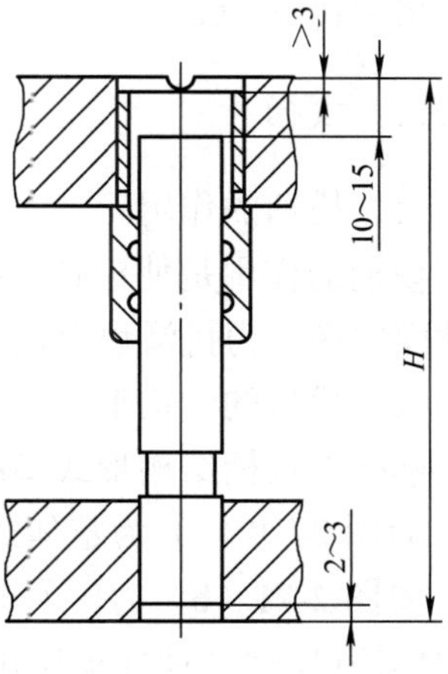

图 2-70　导柱、导套的安装尺寸要求

（3）尺寸配合要求

导套的外径和上模座采用过盈配合（H7/r6），

导柱的下部与下模座导柱孔采用过盈配合（H7/r6)。导柱、导套之间采用间隙配合，其配合间隙必须小于冲裁间隙，冲裁间隙小的一般按照 H6/h5 配合，冲裁间隙大的一般按照 H7/h6 配合。

（4）制造材料及热处理要求

导柱、导套一般选用 20 钢制造。为了增加表面硬度和耐磨性，应进行表面渗碳处理，渗碳后的淬火硬度为 58～62 HRC。

2.6.5 支承零件的设计和标准模架的选用

2.6.5.1 模座

（1）模座作用

上模座用来固定上模部分零件，并通过模柄（中、小型模具）或螺栓、压板（大型模具）把上模固定到压机滑块上，同时又起到传递并承受冲裁力的作用。

下模座用来固定下模部分零件，压板通过螺栓将下模座固定在压机工作台面上，并起着承受并分散冲裁力的作用。

（2）模座尺寸

在设计冲压模具时，一般按照国家标准选用上下模座，选用的根据是凹模周界。如果根据设计要求，标准模座不能满足需要，则应参照标准进行设计。自行设计模座时，圆形模座的直径应比凹模板直径大 30～70 mm，矩形模座的长度应比凹模板长度长 40～70 mm，宽度可以略大于或等于凹模板的宽度，模座的厚度可以参照标准模座，一般为凹模板厚度的 1.0～1.5 倍。

（3）模座材料

模座材料一般选用 HT200、HT250，也可选用 Q235、Q255 结构钢，冲裁力大时可采用铸钢 ZG35、ZG45。

2.6.5.2 模柄

（1）模柄的作用

模柄的作用是使模具的中心线与压力机的中心线重合，并把冲压模具上模部分零件固定在压力机滑块上，常用于 1 000 KN 以下的压力机上的中、小型模具的安装。

（2）模柄的结构形式

标准的模柄结构形式如图 2-71 所示。

①图 2-71（a）为整体式模柄，模柄与上模座做成一个整体，用于小型模具上。

②图 2-71（b）为压入式模柄，它与模座孔采用过渡配合，并加销钉以防转动。这种模柄可较好地保证较高的垂直度和同轴度，适用于各种中、小型冲压模具。

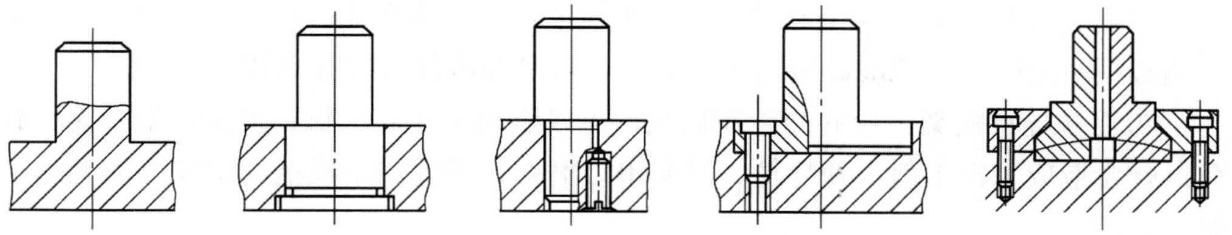

图 2-71　模柄的结构形式

③图 2-71（c）为旋入式模柄，通过螺纹与上模座连接，并加螺丝防止松动。这种模具垂直精度较差，主要用于小型冲压模具。

④图 2-71（d）为凸缘模柄，用螺钉、销钉紧固于上模座，模柄的凸缘与上模座的窝孔采用过渡配合，多用于较大型的模具。

⑤图 2-71（e）为浮动模柄，主要特点是压力机的压力通过凹球面模柄和凸球面垫块传递到上模，以消除压力机导向误差对模具导向精度的影响，主要用于硬质合金模等精密导柱模。

（3）模柄材料及注意事项

模柄材料通常采用 Q235 或 Q275 钢，其支撑面应垂直于模柄的轴线（垂直度不应超过 0.02∶100）。模柄压入上模座后应将底面磨平。

2.6.5.3　标准模架

模架由上、下模座，模柄及导向装置（最常用的是导柱、导套）组成。

标准模架中，应用最广泛的是导柱、导套作为导向装置的模架，根据导柱、导套配置的不同，模架有下面 4 种基本形式（图 2-72）：

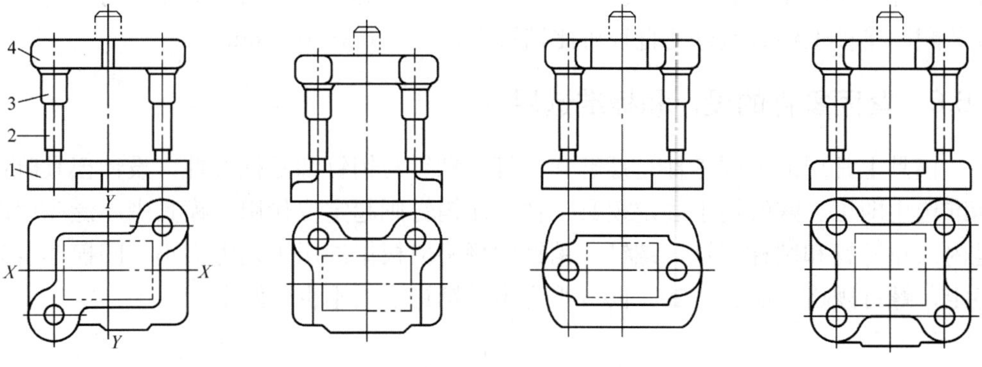

（a）对角导柱模架　（b）后侧导柱模架　（c）中间导柱模架　（d）四导柱模架

1—下模座；2—导柱；3—导套；4—上模座。

图 2-72　模架的基本形式

①对角导柱模架：两个导柱装在对角线上，纵、横都能送料，冲压时可防止由于偏心距引起的模具歪斜，适用于冲制一般精度冲压件的冲裁模和级进模。

②后侧导柱模架：导向装置在后侧，可以纵向、横向送料。但是如果有偏心载荷，就会造成上模歪斜，使导柱、导套单边磨损，不能用于横柄与上模座浮动连接的模具。

③中间导柱模架：两个导柱左、右对称分布，受力均衡，所以导柱、导套磨损均匀，但只能一个方向送料，适用于纵向送料和单个毛坯冲制的较精密的模具。

④四导柱模架：导向的精度与刚度都较好，用于大型冲模。

2.6.5.4 固定板

固定板主要用于小型凸模、凹模或凸凹模等工作零件的固定，最常见的是凸模固定板。标准的凸模固定板分为圆形固定板和矩形固定板两种。

凸模固定板的厚度一般取凹模厚度的 0.6～0.8 倍，其平面尺寸可与凹模、卸料板外形尺寸相同，固定板的凸模安装孔与凸模采用过渡配合 H7/m6、H7/n6，压装后将凸模端面与固定板一起磨平。

固定板材料一般采用 Q235 或 45 钢，无须热处理淬硬。

2.6.5.5 垫板

垫板的作用是直接承受和扩散凸模传递的压力，以降低模座所受的单位压力，防止模座被压出凹坑，影响凸模的正常工作。模具中最为常见的是凸模垫板，模具是否加装垫板，要根据模座所受压力的大小进行判断，若模座所受单位压力大于模座材料的许用压应力，则需加垫板。

垫板外形尺寸可与固定板相同，其厚度一般取 3～10 mm。垫板材料为 45 钢，淬火硬度为 43～48 HRC。垫板上、下表面应磨平，以保证平行度要求。为了便于模具装配，垫板上销钉通过孔直径可比销钉直径增大 0.3～0.5 mm。

2.6.6 紧固零件的设计和标准选用

模具上常用的紧固零件是螺钉和销钉。螺钉与销钉都是标准件，设计模具时按标准选用即可。螺钉用于固定模具零件，而销钉则起定位作用。模具中广泛应用的是内六角螺钉和圆柱销钉，螺钉、销钉的规格应根据冲压工艺力大小、凹模厚度等确定，螺钉规格参照表 2-29。同一组合中的销钉一般不少于两个。

表 2-29 螺钉规格选用

凹模厚度/mm	≤13	＞13～19	＞19～25	＞25～32	＞35
螺钉规格	M4、M5	M5、M6	M6、M8	M8、M10	M10、M12

【任务实施】

2.6.7 节能烤炉垫片冲裁模具主要零部件设计与选用

凸模、凹模、凸凹模的结构设计，包括以下几方面：

（1）冲孔ϕ26 mm 凸模设计

为了增加凸模的强度与刚度，凸模非工作部分直径应做成逐渐增大的多级形式，且它的外形尺寸较大，所以选用 B 形圆凸模。凸模长度根据结构上的需要而确定。

$$L= 28 + 36 = 64\text{（mm）}$$

由于此凸模直径较大且长度较短，刚度和强度足够，所以无须对其进行强度校核。冲裁时凸模进入凹模刃口 1 mm。

（2）落料凸、凹模的结构设计

在落料凹模内部由于要设置推件块，所以凹模刃口应用直筒形刃口，并查表得刃口高度（h）= 10 mm。该凹模的结构简单，宜采用整体式。

即　凹模高度（H）=Kb = 0.24×140 = 33.6（mm）

　　凹模壁厚（C）= 1.5H= 1.5×33.6 = 50.4（mm）

凹模的外形尺寸的确定：L= 140 + 2×50.4 = 240.8（mm）

$$B= 55 + 2\times 50.4 = 155.8\text{（mm）}$$

（3）凸凹模的结构设计

本模具为复合冲裁模，除了冲孔凸模和落料凹模外，还有一个凸凹模。由于整体模具的结构设计需要，凸凹模的结构简图应如图 2-73 所示。凸凹模安排凹模在模架上的位置时，要依据计算的压力中心的数据，使压力中心与模柄中心重合。

校核凸凹的强度：查得凸凹模的最小壁厚为 4.9 mm，而实际最小壁厚为 12.49 mm，故符合强度要求。凸凹模的刃口尺寸按落料凹模尺寸配制，并保证双面间隙在 0.246～0.36。凸凹模上孔中心于边缘距离尺寸 26 mm 的公差，应比零件所标注精度高 3～4 级，即定为（26±0.15）mm。

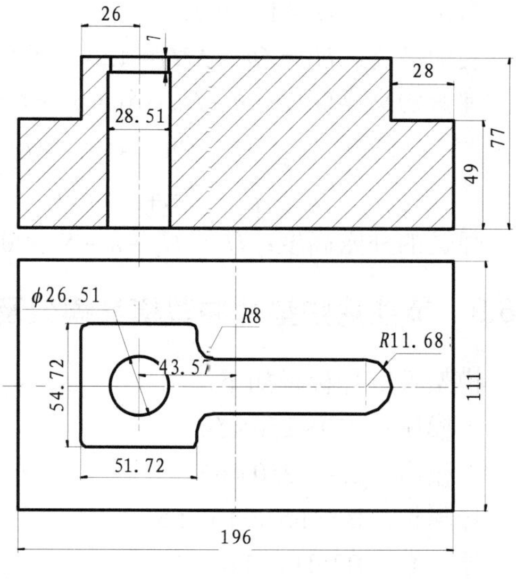

图 2-73 凸凹模的结构

2.6.8 节能烤炉垫片冲裁模具卸料、推件部件设计

本部分主要内容是卸料弹簧的设计。

根据模具结构初选 6 根弹簧，每根弹簧的卸料力为

$$F_{卸}/n = 11.05\times103/6 = 1\ 841.7\text{（N）}$$

根据预压力和模具结构尺寸，初选序号为 73～77 号的弹簧，其最大工作负荷（F_1）= 2 100 N＞1 841.7 N。虽然弹簧的最大工作负荷符合，但其弹簧太长，会使模具的高度增加。所以选用最大工作负荷为 2 750 N 内的弹簧。

试选 78～83 号中的 79 号弹簧，校验是否满足$\Delta H_2 > \Delta H$。查得具体参数：弹簧外径（D）= 55 mm，材料直径（d）= 9 mm，自由高度（H_0）= 120 mm，节距（t）= 14.5 mm，F_1= 2 750 N，H_1= 88.4 mm，并计算如下：

$$\Delta H_0 = \frac{F_0}{F_1}\Delta H_2 = \frac{1841.7}{2\ 750}\times(120-88.4) = 20.86\text{（mm）}$$

校核：ΔH_1=2 + 1 = 3（mm），ΔH_2 = 31.6（mm）

ΔH = 20.86 + 3 + 5 = 29.86（mm）

由以上数据可得：$\Delta H_2 > \Delta H$

故所选弹簧是合适的。

79 号弹簧的规格：

外　　径：D= 55 mm

钢丝直径：d = 9.0 mm

自由高度：H_0= 120 mm

装配高度：$H_2 = H_0 - \Delta H_0$ = 120 − 29.86 = 90.14（mm）

弹簧的窝座深度：$h = H_0 - S_1 + h_{卸} + t + 1 - h_{凸凹模} - h_{修模}$

= 120 −31.6 + 16 + 2 + 1 −77 − 5

= 25.4（mm）

弹簧的外露高度：$H_3 = H_2 - h - S$ = 90.14 − 25.4 − 7 = 57.74（mm）

2.6.9 节能烤炉垫片冲裁模具模架及其他零部件设计

模架各零件标记如下：

上模座：250×250×50

下模座：250×250×65

导　柱：B35 h5×210×55

导　套：B35H6×110×43

模　柄：ϕ60×115

垫　板：250×160×12

卸料板：250×160×16

凸模固定板：250×160×28

模具的闭合高度：$H_{闭}=H_{上}+H_{垫}+H_{固}+H_{凹}+t+H_{卸}+H_{3}+H_{下}$

$= 50 + 12 + 28 + 36 + 2 + 16 + 57.74 + 65$

$= 266.74 \approx 267$（mm）

2.6.10　节能烤炉垫片冲裁模具总装图绘制

模具总装图如图 2-74 所示。

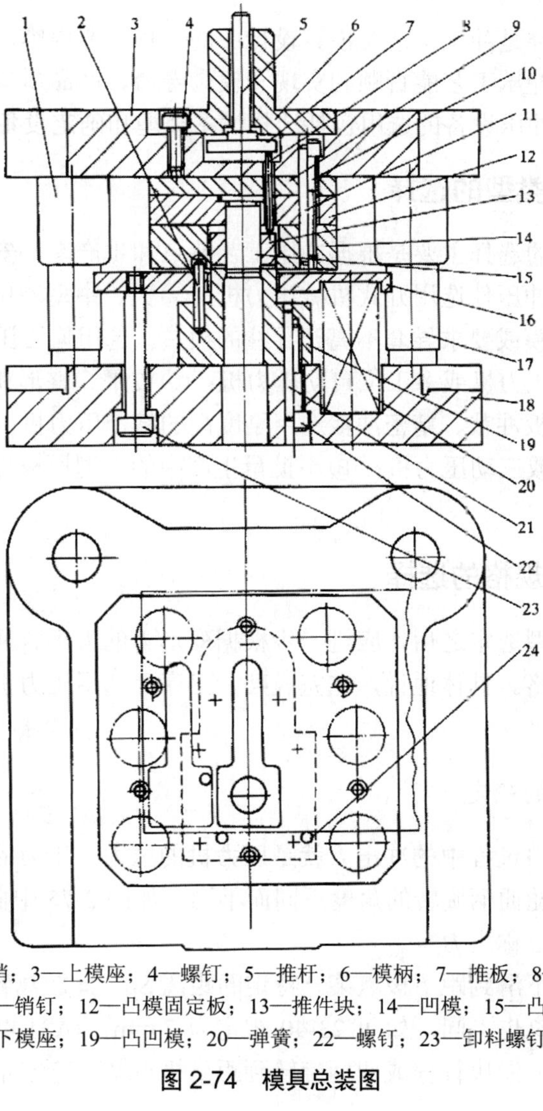

1—导套；2—挡料销；3—上模座；4—螺钉；5—推杆；6—模柄；7—推板；8—推销；9—垫板；10—螺栓；11、21—销钉；12—凸模固定板；13—推件块；14—凹模；15—凸模；16—卸料板；17—导柱；18—下模座；19—凸凹模；20—弹簧；22—螺钉；23—卸料螺钉；24—导料销。

图 2-74　模具总装图

任务 2.7 冲压设备的选择与校核

【任务描述】

选择合适的冲压设备，并进行必要的校核。

【相关知识】

冲压设备的选择是冲压工艺及模具设计中的一项重要内容，它直接关系到冲压设备的安全使用、冲压工艺能否顺利实现和模具寿命、产品质量、生产效率、成本高低等重要问题。冲压设备的选用包括选择设备类型和确定设备规格两项内容。

2.7.1 冲压设备类型的选择

冲压设备类型的选择主要是根据冲压工艺特点和生产率、安全操作等因素来确定的：①中、小型冲压件选用开式机械压力机；②大、中型冲压件选用双柱闭式机械压力机；③导板模或要求导套不离开导柱的模具，选用偏心压力机；④大量生产的冲压件选用高速压力机或多工位自动压力机；⑤校平、整形和温热挤压工序选用摩擦压力机；⑥薄板冲裁、精密冲裁选用刚度高的精密压力机；⑦大型、形状复杂的拉深件选用双动或三动压力机；⑧小批量生产中的大型厚板件的成形工序，多采用液压压力机。

2.7.2 冲压设备规格的选择

在压力机的类型选定之后，应进一步根据变形力的大小、冲压件尺寸和模具尺寸来确定设备的规格。具体地说，在完成某一工序而选用压力机时，必须考虑下列主要技术参数。

2.7.2.1 公称压力的确定

压力机滑块下滑过程中的冲击力就是压力机的压力。压力的大小随滑块下滑的位置不同，也就是随曲柄旋转的角度不同而不同，如图 2-75 中曲线 1 所示。

（1）压力机的公称压力

我国规定滑块下滑到距下极点某一特定的距离 S_p（此距离称为公称压力行程，随压力机不同此距离也不同，如 JC23-40 规定为 7 mm，JA31-400 规定为 13 mm，一般为 0.05～0.07）滑块行程或曲柄旋转到距下极点某一特定角度 α（此角度称为公称压力角，随压力机不同公称压力角也不相同）时，所产生的冲击力称为压力机的公称压力。公称压力的大小，表示压力机本身能够承受冲击的大小。压力机的强度和刚性就是按公称压力进行设计的。

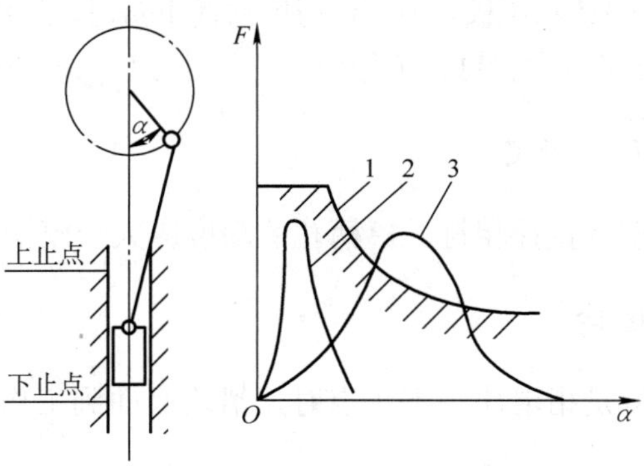

1—压力机许用压力曲线；2—冲裁工艺冲裁力实际变化曲线；3—拉深工艺拉深力实际变化曲线。

图 2-75　压力机许用压力曲线

（2）压力机的公称压力与实际所需冲压力的关系

冲压工序中冲压力的大小也是随凸模（或压力机滑块）的行程而变化的。图 2-75 中的曲线 2 和曲线 3 分别表示冲裁、拉深的实际冲压力曲线。从图中可以看出两种实际冲压力曲线不同步，与压力机许用压力曲线也不同步。在冲压过程中，凸模在任何位置所需的冲压力应小于压力机在该位置所发出的冲压力。图中，最大拉深力虽然小于压力机的最大公称压力，但大于曲柄旋转到最大拉深力位置时压力机所发出的冲压力，也就是拉深冲压力曲线不在压力机许用压力曲线范围内，故应选用比图 2-75 中曲线 1 所示压力更大吨位的压力机。因此，为保证冲压力足够，一般冲裁、弯曲时压力机的吨位应比计算的冲压力大 30%左右，拉深时压力机吨位应比计算出的拉深力大 60%～100%。

2.7.2.2　滑块行程长度选择

滑块行程长度是指曲柄旋转一周滑块所移动的距离，其值为曲柄半径的两倍。选择压力机时，滑块行程长度应保证毛坯能顺利地放入模具和冲压件能顺利地从模具中取出。特别是成形拉深件和弯曲件应使滑块行程长度大于制件高度的 2.5～3.0 倍。

2.7.2.3　行程次数选择

行程次数即滑块每分钟冲击次数，应根据材料的变形要求和生产率来选择。

2.7.2.4 工作台面尺寸的选择

工作台面长、宽尺寸应大于模具下模座尺寸，并每边留出60～100 mm，以便于安装固定模具用的螺栓、垫铁和压板。当制件或废料需下落时，工作台面孔尺寸必须大于下落件的尺寸。对有弹顶装置的模具，工作台面孔尺寸还应大于下弹顶装置的外形尺寸。

2.7.2.5 滑块模柄孔尺寸确定

模柄孔直径要与模柄直径相符，模柄孔的深度应大于模柄的长度。

2.7.2.6 闭合高度的选择

压力机的闭合高度是指滑块在下止点时，滑块底面到工作台上平面（即垫板下平面）之间的距离。

压力机的闭合高度可通过调节连杆长度在一定范围内变化。当连杆调至最短（对偏心压力机的行程应调到最小）时，滑块底面到工作台上平面之间的距离，为压力机的最大闭合高度；当连杆调至最长（对偏心压力机的行程应调到最大），滑块处于下止点时，滑块底面到工作台上平面之间的距离，为压力机的最小闭合高度。

压力机的装模高度指压力机的闭合高度减去垫板厚度的差值。没有垫板的压力机，其装模高度等于压力机的闭合高度。

模具的闭合高度是指冲模在最低工作位置时，上模座上平面至下模座下平面之间的距离。

模具闭合高度与压力机装模高度的关系，见图 2-76。

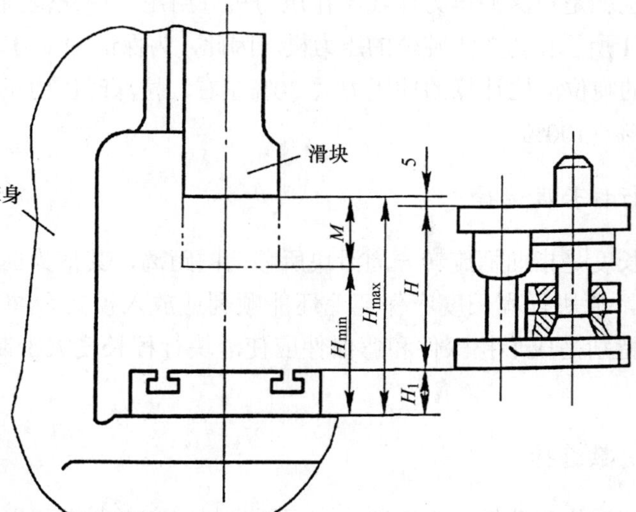

图 2-76 模具安装尺寸与压力机的关系

$$H_{max} - 5 \geqslant H + T \geqslant H_{min} + 10 \quad (2\text{-}65)$$

式中，H ——模具的闭合高度，mm；

H_{max} ——压力机的最大闭合高度，mm；

H_{min} ——压力机的最小闭合高度，mm；

T ——垫板厚度，mm。

工作台尺寸一般应大于模具下模座 50～70 mm（单边），以便于安装，垫板孔径应大于制件或废料投影尺寸，以便于漏料。

2.7.2.7　电动机功率的选择

必须保证压力机的电动机功率大于冲压时所需要的功率。表 2-30 和表 2-31 分别列举了几种国产开式、闭式压力机的主要技术参数。

表 2-30　几种开式压力机的主要技术参数

<table>
<tr><td colspan="2">压力机型号</td><td>J23-3.15</td><td>J23-6.3</td><td>J23-10</td><td>J23-16F</td><td>JH2-25</td><td>JH23-40</td><td>JC23-63</td><td>J11-50</td><td>J11-100</td><td>JA1-250</td><td>JH2-80</td><td>JA2-160</td><td>J21-400A</td></tr>
<tr><td colspan="2">标称压力/kN</td><td>31.5</td><td>63</td><td>100</td><td>160</td><td>250</td><td>400</td><td>630</td><td>500</td><td>1 000</td><td>2 500</td><td>800</td><td>1 600</td><td>4 000</td></tr>
<tr><td colspan="2">滑块行程/mm</td><td>25</td><td>35</td><td>45</td><td>70</td><td>75</td><td>80</td><td>120</td><td>10～90</td><td>20～100</td><td>120</td><td>160</td><td>160</td><td>200</td></tr>
<tr><td colspan="2">滑块行程次数/（次/min）</td><td>200</td><td>170</td><td>145</td><td>120</td><td>80</td><td>55</td><td>50</td><td>90</td><td>65</td><td>37</td><td>40～75</td><td>40</td><td>25</td></tr>
<tr><td colspan="2">最大封闭高度/mm</td><td>120</td><td>150</td><td>180</td><td>205</td><td>260</td><td>330</td><td>360</td><td>270</td><td>420</td><td>450</td><td>320</td><td>450</td><td>550</td></tr>
<tr><td colspan="2">封闭高度调节量/mm</td><td>25</td><td>35</td><td>35</td><td>45</td><td>55</td><td>65</td><td>80</td><td>75</td><td>85</td><td>80</td><td>80</td><td>130</td><td>150</td></tr>
<tr><td colspan="2">立柱间距/mm</td><td>120</td><td>150</td><td>180</td><td>220</td><td>270</td><td>340</td><td>350</td><td></td><td></td><td></td><td></td><td>530</td><td>896</td></tr>
<tr><td colspan="2">喉深/mm</td><td>90</td><td>110</td><td>130</td><td>160</td><td>200</td><td>250</td><td>260</td><td>235</td><td>340</td><td>325</td><td>310</td><td>380</td><td>480</td></tr>
<tr><td rowspan="2">工作台尺寸/mm</td><td>前后</td><td>160</td><td>200</td><td>240</td><td>300</td><td>370</td><td>460</td><td>480</td><td>450</td><td>600</td><td>630</td><td>600</td><td>710</td><td>900</td></tr>
<tr><td>左右</td><td>250</td><td>310</td><td>370</td><td>450</td><td>560</td><td>700</td><td>710</td><td>650</td><td>800</td><td>1 100</td><td>950</td><td>1 120</td><td>1 400</td></tr>
<tr><td rowspan="2">垫板尺寸/mm</td><td>厚度</td><td>30</td><td>30</td><td>35</td><td>40</td><td>50</td><td>65</td><td>90</td><td>80</td><td>100</td><td>150</td><td></td><td>130</td><td>170</td></tr>
<tr><td>孔径</td><td>ϕ110</td><td>ϕ140</td><td>ϕ170</td><td>ϕ210</td><td>ϕ260</td><td>ϕ320</td><td>ϕ250</td><td>ϕ130</td><td>ϕ160</td><td></td><td></td><td></td><td>ϕ300</td></tr>
<tr><td rowspan="2">模柄孔尺寸/mm</td><td>直径</td><td>ϕ25</td><td colspan="2">ϕ30</td><td colspan="2">ϕ40</td><td colspan="3">ϕ50</td><td>ϕ60</td><td>ϕ70</td><td>ϕ50</td><td>ϕ70</td><td>ϕ100</td></tr>
<tr><td>深度</td><td>40</td><td colspan="2">55</td><td colspan="2">60</td><td>70</td><td colspan="3">80</td><td>90</td><td>60</td><td>80</td><td>120</td></tr>
<tr><td>最大倾斜角</td><td colspan="2">45°</td><td colspan="3">35°</td><td colspan="3">30°</td><td></td><td></td><td></td><td></td><td></td><td></td></tr>
<tr><td>电动机功率/kW</td><td>0.55</td><td>0.75</td><td>1.1</td><td>1.5</td><td colspan="2">2.2</td><td colspan="3">5.5</td><td>7</td><td>18.1</td><td>7.5</td><td>11.1</td><td>32.2</td></tr>
<tr><td>备注</td><td></td><td></td><td></td><td></td><td colspan="3">需压缩空气</td><td></td><td></td><td></td><td></td><td colspan="2">需压缩空气</td><td></td></tr>
</table>

表 2-31　几种闭式压力机的主要技术参数

压力机型号		J31-100	JA31-160B	J31-250	J31-315	J31-400	JA31-630	J31-800	J31-1250	J36-160	J36-250	J36-400	J36-630
标称压力/kN		1 000	1 600	2 500	3 150	4 000	6 300	8 000	12 500	1 600	2 500	4 000	6 300
标称压力行程/mm			8.16	10.4	10.5	13.2	13	13	13	10.8	11	13.7	26
滑块行程/mm		165	160	315	315	400	400	500	500	315	400	400	500
滑块行程次数/（次/min）		35	32	20	20	16	12	10	10	20	17	16	9
最大装模高度/mm		445	375	490	490	710	700	700	830	670	590	730	810
装模高度调节量/mm		100	120	200	200	250	250	315	250	250	250	315	340
导轨间距离/mm		405	590	900	930	850	1 480	1 680	1 520	1 840	2 640	2 640	3 270
退料杆行程/mm				150	160	150	250						
工作台尺寸/mm	前后	620	790	950	1 100	1 200	1 500	1 600	1 900	1 250	1 250	1 600	1 500
	左右	620	710	1 000	1 100	1 250	1 700	1 900	1 800	2 000	2 780	2 780	3 450
滑块底面尺寸/mm	前后	300	560	850	960	1 000	1 400	1 500	1 560	1 050	1 000	1 250	1 270
	左右	360		980	910	1 230				1 980	2 540	2 550	3 200
工作台孔尺寸/mm		$\phi 250$	430×430			620×620							
垫板厚度/mm		125	105	140	140	160	200			130	160	185	190
模柄尺寸/mm	直径	$\phi 65$	$\phi 75$										
	深度	120											
备注			需压缩空气				备　气　垫						

【任务实施】

2.7.3　节能烤炉垫片冲裁模具压力机选择

本模具选择开式双柱可倾压力机 J23-100 能满足使用要求。其主要技术参数如下：

公称压力：1 000 kN　　最大装模高度：380 mm

滑块行程：130 mm　　连杆调节长度：100 mm

最大闭合高度：480 mm　　工作台尺寸（前后×左右）：710 mm×1 080 mm

垫板尺寸（厚度×孔径）：100 mm×250 mm

模柄孔尺寸：$\phi 60\times 75$ mm

最大倾斜角度：30°

实训与练习

1．实训

设计如图 2-77 所示零件的冲裁模具。

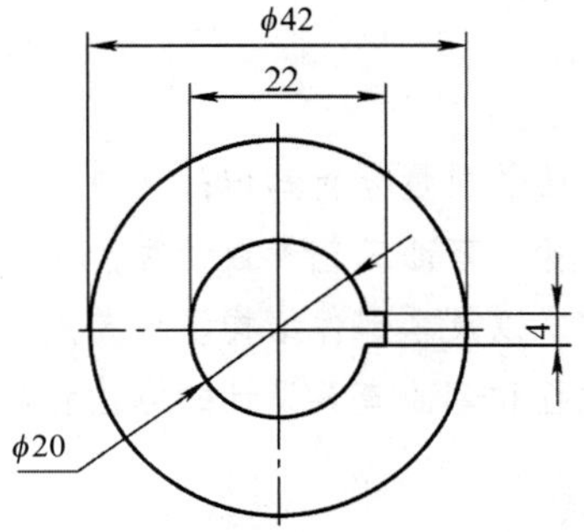

图 2-77 压圈

（1）时间：10 d。

（2）要求：绘制模具装配图一张，工作零件、上模座零件、下模座零件图，并简述设备的选用依据。

2．练习

（1）冲裁件的质量指标包含哪几项？其影响因素是什么？

（2）什么是冲裁合理间隙？对于 $t = 2$ mm，08 钢板的落料，试查其合理间隙值。

（3）冲模刃口的制造方法有哪几种？它们的含义是什么？

（4）降低冲裁力的措施有哪些？其降力原理是什么？

（5）什么是排样？排样的方法有哪些？什么叫搭边，搭边的作用有哪些？

项目 3　弯曲模具设计

【知识目标】

了解弯曲变形过程及弯曲件质量分析知识；

掌握弯曲模具的设计步骤，弯曲工艺参数计算；

掌握弯曲模具典型结构，以及零部件结构设计要点、方法；

熟悉弯曲件工艺分析过程和弯曲模具设计的方法和步骤。

【能力目标】

能进行弯曲件的工艺设计；

能独立设计中等复杂程度的弯曲模具。

【素质目标】

培养学生良好的职业道德和职业习惯；

培养学生良好的沟通协调能力和团队协作精神；

培养学生安全生产意识、节能意识、环保意识及创新精神；

培养学生发现问题、独立思考、查阅资料解决问题的能力。

【项目描述】

图 3-1 所示的节能烤炉引线支架，材料为 Q235，厚度为 2 mm，中等量生产，要求完成该零件的弯曲工艺性分析和弯曲模具设计。

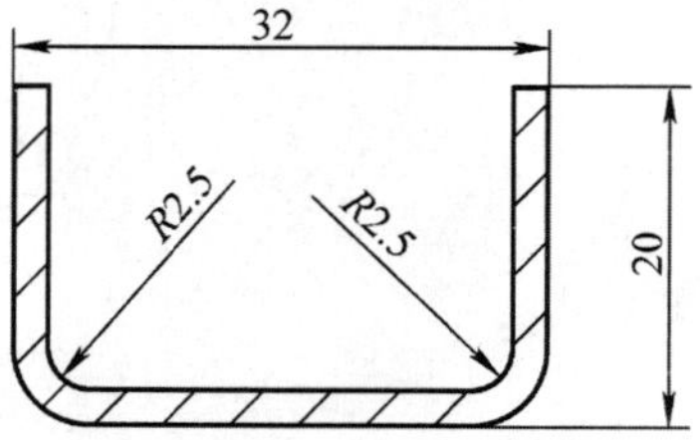

图 3-1　节能烤炉引线支架

任务 3.1　弯曲变形过程及变形分析

【任务描述】

通过相关知识学习，分析节能烤炉引线支架弯曲变形过程和变形特点，为后续的弯曲件质量分析、弯曲力计算、模具结构设计提供依据。

【相关知识】

3.1.1　弯曲工艺概述

弯曲是利用金属的塑性变形，将板料、棒料、型材或管材等按设计要求弯成一定曲率和一定角度的零件的一种冲压工序。它属于成形工序，是冲压加工的基本工序之一。在冲压零件的生产中，采用弯曲成形的零件种类繁多。图 3-2 是用弯曲方法加工的一些典型零件。

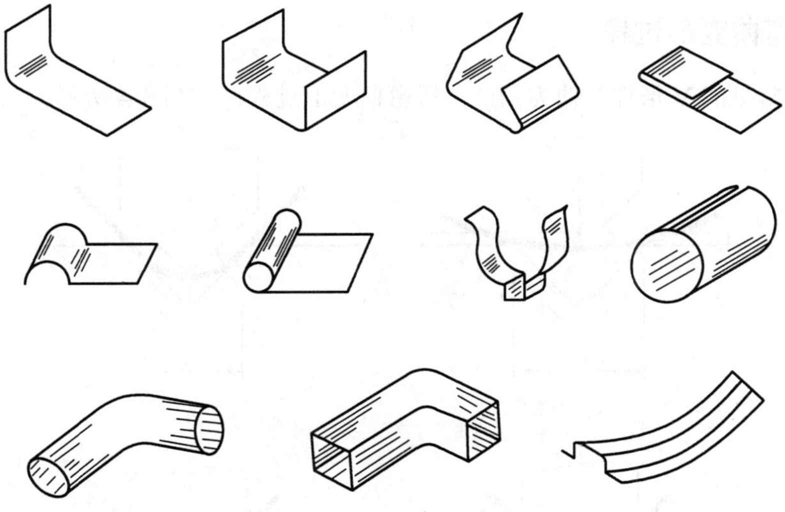

图 3-2　各种弯曲件

根据所使用的工具与设备的不同，弯曲方法可分为在通用压力机上利用模具进行的压弯和在专用弯曲设备上进行的折弯、拉弯、滚弯等，如图 3-3 所示。尽管各种弯曲方法所用的设备与工具不同，但其变形过程及特点有共同的规律。本项目主要介绍在生产中应用最多的压弯工艺及其模具设计。弯曲所使用的模具叫弯曲模，它是弯曲过程必不可少的工艺装备。与冲裁模相比较，弯曲模准确工艺计算难，模具动作复杂、结构设计规律性不强。

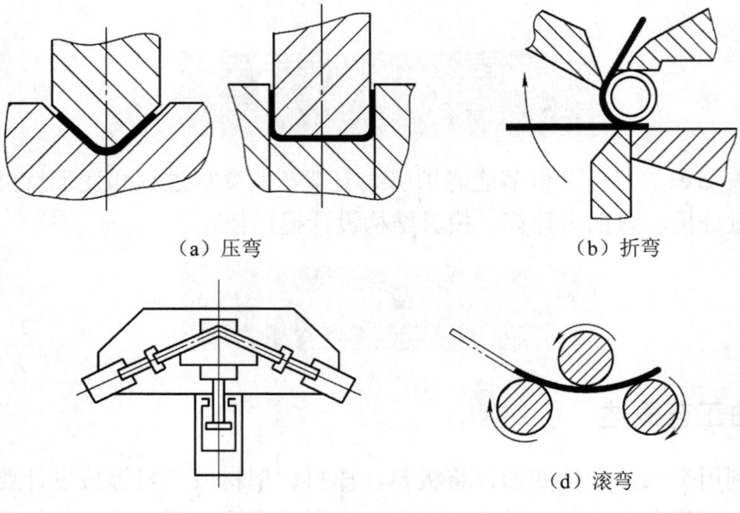

（a）压弯　（b）折弯　（c）拉弯　（d）滚弯

图 3-3　各种弯曲方法

3.1.2　弯曲变形过程

现以常见的 V 形件弯曲为例，分析弯曲变形过程，如图 3-4 所示。

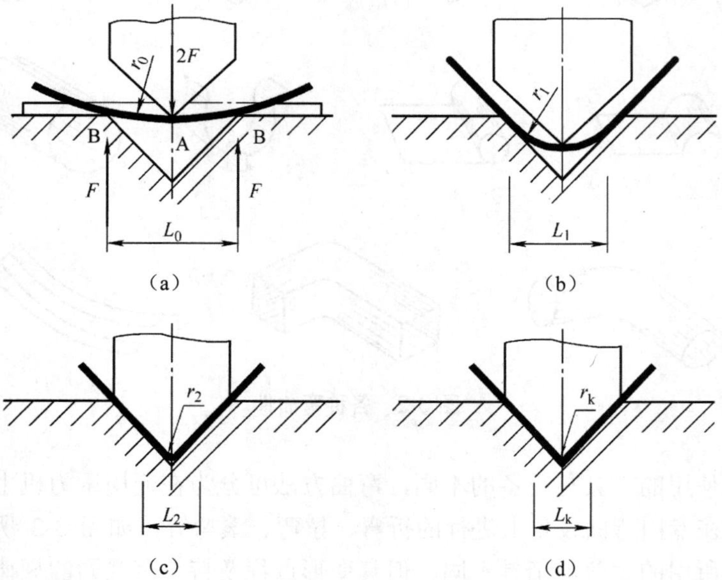

（a）　（b）　（c）　（d）

图 3-4　弯曲过程

弯曲开始时，模具的凸、凹模分别与板料在A、B处相接触。若凸模在A处施加的弯曲力为$2F$［图3-4（a)］，这时在凹模与板料的接触支点B处产生反作用力，并与外力构成弯曲力矩$(M)=F\cdot\frac{L_0}{2}$，使板料产生弯曲。在弯曲的开始阶段，弯曲圆角半径（r）较大，弯曲力矩较小，仅引起材料的弹性弯曲变形。

随着凸模进入凹模深度的增大，坯料变形区内料厚的内、外表面首先开始出现塑性变形，随后塑性变形向毛坯内部扩展，同时凹模与板料的接触处位置发生变化，支点B沿凹模斜面不断下移，弯曲力臂逐渐减小，即$L_k<\cdots<L_2<L_1<L_0$；同时弯曲圆角半径（r）亦逐渐减小，即$r_k<\cdots<r_2<r_1<r_0$，板料的弯曲变形程度进一步加大。凸模继续下行，弯曲圆角变形区内弹性变形部分所占比例较小，可以忽略不计，视板料截面都已进入塑性变形状态。最终，B点以上部分在与凸模的V形斜面接触后被反向弯曲，再与凹模斜面逐渐靠紧，直至板料与凸、凹模完全贴紧。

当弯曲终了时，凸模与板料、凹模三者贴合后凸模不再下压，称为自由弯曲。若凸模继续下压，对板料再增加一定的压力，则称为校正弯曲，这时弯曲力将急剧上升。校正弯曲与自由弯曲的凸模下止点位置是不同的，校正弯曲使弯曲件在下止点受到刚性镦压，减小了工件的回弹。

由此可见，板料从平面弯曲成一定角度和形状，其变形过程是围绕着弯曲圆角区域展开的，弯曲圆角区域为主要变形区。

3.1.3　弯曲变形特点

为观察板料弯曲时的金属流动情况，便于分析材料的变形特点，可以采用在弯曲前的板料侧表面设置正方形网格的方法。通常用机械刻线或照相腐蚀制作网格，然后用工具显微镜观察测量弯曲前后网格的尺寸和形状变化情况，如图3-5所示。

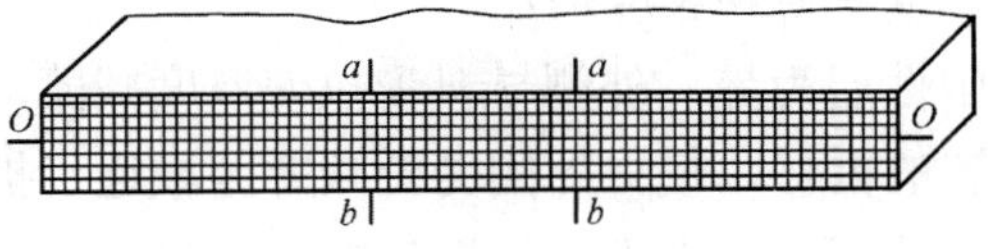

（a）

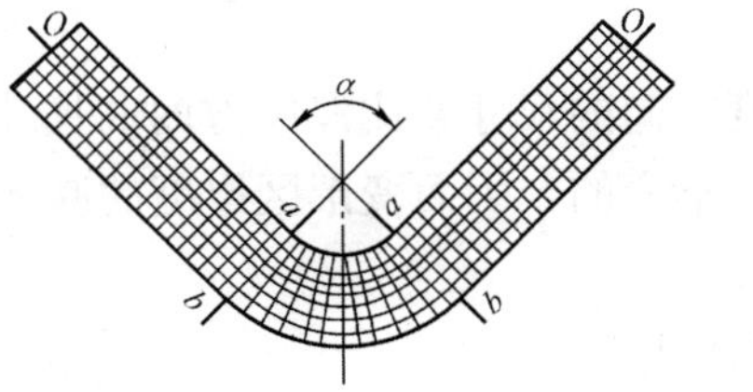

（b）

图3-5　弯曲前后坐标网格的变化

弯曲前，材料侧面线条均为直线，组成大小一致的正方形小格，纵向网格线长度$\overline{aa}=\overline{bb}$。弯曲后，通过观察网格形状的变化，可以看出弯曲变形具有以下特点：

（1）弯曲圆角部分是弯曲变形的主要区域

通过观察可以看到位于弯曲圆角部分的网格发生了显著的变化，原来的正方形网格变成了扇形。靠近圆角部分的直边有少量变形，而其余直边部分的网格仍保持原状，没有变形。这说明弯曲变形的区域主要发生在弯曲圆角部分。

（2）弯曲变形区内的中性层内移

在弯曲圆角变形区内，板料外侧的纵向网格线长度伸长，即$\overset{\frown}{bb} > \overline{bb}$，且越靠近外侧越长，而板料内侧的纵向网格线长度缩短，即$\overset{\frown}{aa} < \overline{aa}$，且越靠近内侧越短。这说明弯曲时外侧材料切向受拉而伸长，内侧材料切向受压而缩短。

板料弯曲时，外层纤维受拉，内层纤维受压，在拉伸与压缩之间存在着一个既不伸长又不压缩的纤维层，称为应变中性层。而毛坯截面上的应力，在外层的拉应力过渡到内层的压应力时，发生突然变化的或应力不连续的纤维层，称为应力中性层。应变中性层长度的确定是弯曲件毛坯展开尺寸计算的重要依据，而应力中性层用以计算弯曲应力和应力分析。

r/t称为相对弯曲半径。r/t越小，板料表面的切向变形程度（ε_θ）越大。因此，生产中常用r/t来表示板料弯曲变形程度的大小。当弯曲变形程度较小（r/t较大）时，应变中性层的位置基本上处于材料厚度的中心，即$\rho = r + \dfrac{t}{2}$。当弯曲变形程度较大（r/t较小）时，由于径向压应力的作用，可以发现应变中性层不再通过板料的中心，而是向材料内侧移动，变形量越大，内移量越大；另外弯曲时板厚的变薄，也使得应变中性层的曲率半径（ρ）小于$\left(r+\dfrac{t}{2}\right)$。

（3）变形区材料厚度变薄和长度增加

板料弯曲时，以中性层为界，外侧材料受拉使厚度减薄，内侧材料受压使板料增厚。应变中性层位置的内移，使得外侧受拉减薄区域逐步扩大，内侧受压增厚区域逐渐缩小，外侧板料的减薄量大于内侧板料的增厚量，因此使得弯曲变形区的材料厚度变薄。变形程度越大，变薄现象越严重。变薄后的厚度$(t')=\eta t$（η是变薄系数，其值总是小于1）。

一般弯曲件，其宽度方向的尺寸要比厚度方向的尺寸大得多，所以弯曲前后的板料宽度可近似地认为是不变的。因而变形区厚度的减薄必然导致长度的增加。变形程度越大，增长量越大。

（4）变形区横断面的变形

板料的相对宽度用b/t表示。b是板料的宽度，t是板料的厚度。一般将相对宽度（b/t）>3的板料称为宽板，相对宽度（b/t）≤3的板料称为窄板。

窄板弯曲时，宽度方向的变形不受约束。由于弯曲变形区外侧材料受拉引起板料宽度方向收缩，内侧材料受压引起板料宽度方向增厚，其横断面形状变成了外窄内宽的扇形（变形区横断面形状尺寸发生改变称为畸变），同时内外层发生微小的翘曲［图3-6（a)］。

宽板弯曲时，宽度方向变形由于受到相邻部分材料的制约，材料不易流动，因此其横断面形状变化不大，仍为矩形，仅在两端会出现少量变形翘曲和不平［图3-6（b)］。

塑性弯曲时，外侧表层的切向拉应力最大。当外层的合成应力超过材料的抗拉强度σ_b时，就会沿板料折弯线方向拉裂［图3-6（c)］。变形程度越大，最外层纤维切向拉裂的可能性也越大。

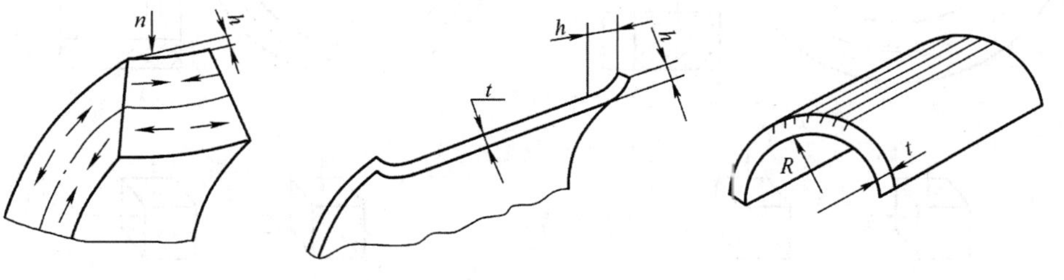

（a）翘曲　　（b）翘曲和不平　　（c）拉裂

图3-6　板料弯曲后的畸变、翘曲和拉裂

3.1.4　弯曲变形区的应力应变状态

取材料的微小立方单元体表述弯曲变形区的应力和应变状态。用σ_θ、ε_θ表示切向（纵向、长度方向）应力、应变，σ_r、ε_r表示径向（厚度方向）的应力、应变，σ_b、ε_b表示宽度方向的应力、应变，如图3-7所示。板料弯曲时，变形区内的应力和应变状态取决于弯曲变形程度以及弯曲毛坯的相对宽度（b/t）。随着变形程度的增加，内、外层的切向应力和应变都随之发生明显的变化，宽度方向和厚度方向的应力和应变也发生较大的变化。板料的相对宽度（b/t）不同，弯曲时的应力、应变状态也不一样。从图中可以看出，宽板和窄板弯曲时，变形区的应力和应变状态在切向和径向是完全相同的，仅在宽度方向有所不同。

（1）应变状态

①切向：内侧材料受压缩，切向应变为压应变，即ε_θ为负值；外侧材料受拉，切向应变拉应变，即ε_θ为正值。切向应变为绝对值最大的主应变。

②径向：根据塑性变形体积不变条件：$\varepsilon_\theta+\varepsilon_r+\varepsilon_b=0$，$\varepsilon_r$、$\varepsilon_b$必定和最大的切向应变$\varepsilon_\theta$符号相反。由于弯曲变形区内侧的切向主应变（$\varepsilon_\theta$）为压应变，所以内侧的径向应变（$\varepsilon_r$）则为拉应变；而在变形区外侧的切向主应变（$\varepsilon_\theta$）为拉应变，所以外侧的径向应变（$\varepsilon_r$）为压应变。

③宽度方向：窄板弯曲时，由于材料在宽度方向上可自由变形，同样由于弯曲变形区内侧的切向主应变（ε_θ）为压应变，所以变形区内侧应变（ε_b）为拉应变；而变形区外侧应变（ε_b）为压应变。宽板弯曲时，因材料流动受阻，弯曲后板宽基本不变，所以内、外侧沿宽度方向的应变几乎为零，即 $\varepsilon_b \approx 0$，而仅在两端有少量的应变。

从应变状态来看，窄板弯曲时的应变状态是立体的，而宽板弯曲时的应变状态是平面的。

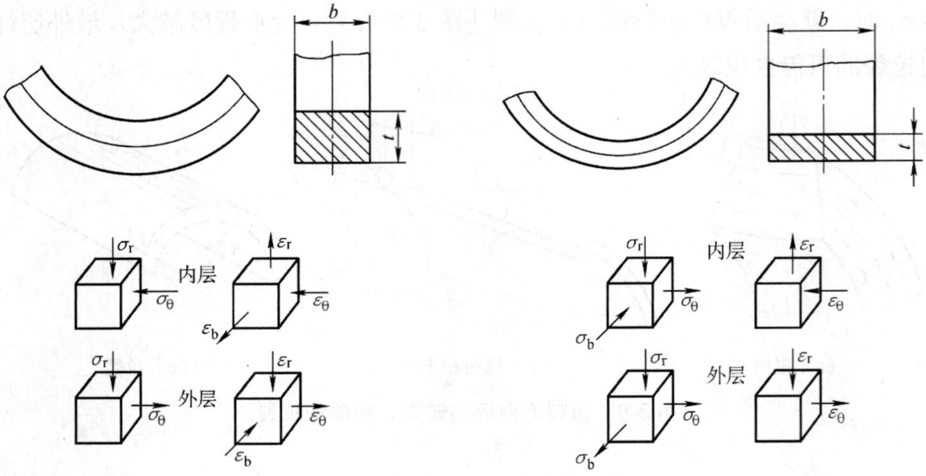

（a）窄板　　（b）宽板

图 3-7　弯曲变形的应力与应变状态

（2）应力状态

①切向：内侧材料受压，切向应力为压应力，即 ε_θ 为负值；外侧材料受拉，切向应力为拉应力，即 ε_θ 为正值。切向应力为绝对值最大的主应力。

②径向：由于变形区各层金属间的相互挤压作用，内侧、外侧同时受压，径向应力（σ_r）均为负值。

③宽度方向：窄板弯曲时，由于材料在宽度方向的变形不受约束，因此内、外侧的应力均接近于零。宽板弯曲时，在宽度方向材料流动受阻、变形困难，结果在弯曲变形区内侧产生阻止材料沿宽度方向增宽的压应力，ε_b 为负值，而在变形区外侧产生阻止材料沿宽度方向收缩的拉应力，ε_b 为正值。

从应力状态来看，窄板弯曲时的应力状态是平面的，而宽板弯曲时的应力状态是立体的。

任务 3.2 弯曲件质量分析

【任务描述】

根据所学相关知识，分析节能烤炉引线支架弯曲成形过程中潜在的质量问题及产生的原因，有针对性地提出改善措施。

【相关知识】

3.2.1 弯裂

3.2.1.1 最小弯曲半径

由上一节弯曲变形区的应力应变分析可知，相对弯曲半径（r/t）越小，弯曲的变形程度越大，外表面材料所受的拉应力和拉应变越大。当 r/t 减小到一定程度时，弯曲件外表面纤维的拉应变超过材料所允许的极限而产生裂纹或拉裂。在保证坯料外表面纤维不发生破坏的前提下，工件内表面所能弯成的最小圆角半径，称为最小弯曲半径，用 r_{min} 表示。生产中常用它来表示材料弯曲时的成形极限。最小弯曲半径（r_{min}）与板料厚度（t）的比值 r_{min}/t，则称为最小相对弯曲半径。

3.2.1.2 影响最小弯曲半径的因素

（1）材料的力学性能

影响材料最小弯曲半径的力学性能主要是塑性，材料的塑性越好，弯曲时允许的塑性变形程度越大，许可的最小弯曲半径越小。相反，塑性差的材料，其最小弯曲半径应相应地大一些。

（2）弯曲中心角（α）

弯曲中心角（α）是弯曲件圆角变形区圆弧所对应的圆心角。理论上弯曲变形区仅限于圆角部分，直边部分不参与变形，变形程度似乎只与相对弯曲半径（r/t）有关，而与弯曲中心角无关。但实际上由于材料纤维之间的相互牵制，接近圆角的直边也参与了变形，即扩大了弯曲变形区的范围，从而使变形区的变形得到一定程度的缓解，所以最小弯曲半径可取小些。

弯曲中心角越小，变形分散效果越明显，最小弯曲半径相应地也越小。当$\alpha<70°$时，弯曲中心角的影响比较显著；当$\alpha>70°$时，其影响变弱；当$\alpha>90°$时，对最小弯曲半径几乎已无影响。

（3）弯曲线方向

弯曲所用的钢板，经多次轧制具有各向异性，顺着纤维方向的塑性指标高于垂直于纤维方向的塑性指标。当弯曲件的弯曲线与纤维方向垂直时，材料具有较大的拉伸强度，不易拉裂，最小弯曲半径数值最小［图 3-8（a）］；而弯曲件的弯曲线与纤维方向平行时，最小弯曲半径数值最大［图 3-8（b）］。因此，在弯制 *r/t* 较小或者塑性较差的工件时，弯曲线应尽可能垂直于板料的纤维方向；若工件有两个以上弯曲线相互垂直，在排样时应安排弯曲线与板料纤维方向成 45°夹角［图 3-8（c）］。而在 *r/t* 较大时，可不考虑纤维方向。

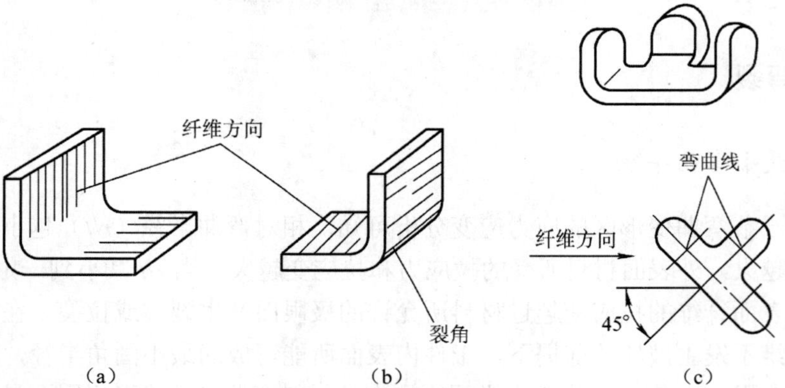

图 3-8　板料纤维方向对最小弯曲半径的影响

（4）板料表面质量和断面质量

弯曲件毛坯一般由冲裁或剪裁获得。材料剪切断面上的毛刺、裂纹以及板料表面的划伤、裂纹等缺陷，都会造成弯曲时的应力集中，从而使弯曲件容易从侧边开始破裂，同时材料切断面上的冷作硬化层，会使材料塑性降低。因此，在弯曲表面质量和断面质量差的板料时，其最小弯曲半径的数值应选用较大些的。

（5）板料的厚度

弯曲变形区切向应变在板料厚度方向上按线性规律变化，内、外表面最大，在应变中性层为零。当板料的厚度较小时，按此规律变化的切向应变梯度较大，能较快地由外表面的最大值衰减为零。而与最大切向应变的外表面相邻近的纤维层，可以起到阻止外表面材料局部不稳定塑性变形的作用，从而可以得到较大的变形程度，即可取较小的最小弯曲半径，图 3-9 所示为板料厚度对最小弯曲半径的影响。

（6）板料的宽度

由上一节弯曲变形区的应力应变分析可知，弯曲件的相对宽度（b/t）越大，材料沿宽度方向流动所受阻碍越大；而相对宽度（b/t）越小，材料沿宽度方向的变形不受约束，流动越容易，可改善圆角变形区外侧的应力应变状态。因此，相对宽度（b/t）较小的窄板，其最小弯曲半径的数值可以较小。图 3-10 所示为板料相对宽度对最小弯曲半径的影响。

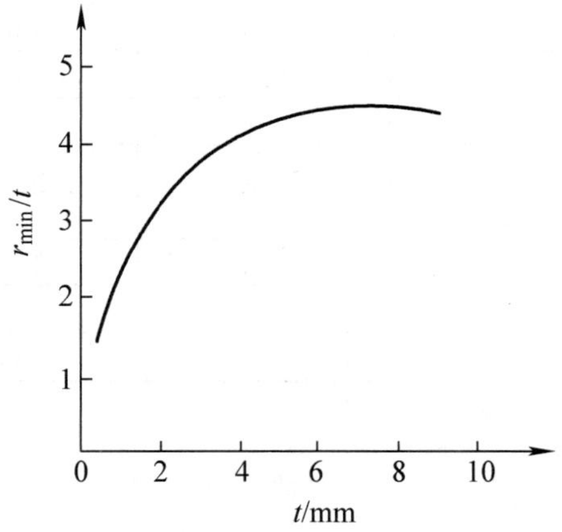

图 3-9　板料厚度对最小弯曲半径的影响

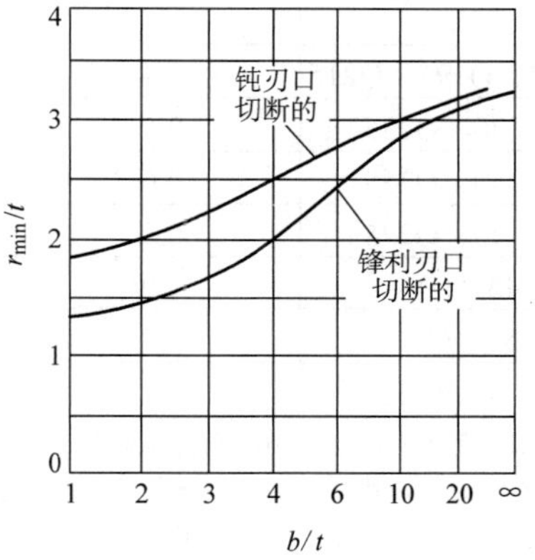

图 3-10　板料相对宽度对最小弯曲半径的影响

3.2.1.3　控制弯裂的措施

①要选用表面质量好、无缺陷的材料做毛坯。若毛坯有缺陷，应在弯曲前清除掉，否则弯曲时会在缺陷处开裂。

②对于比较脆的材料、厚料及冷作硬化的材料，可采用加热弯曲的方法，或者采用先退火增加材料塑性再进行弯曲的方法。

③弯曲半径小的工件时，应预先去掉毛刺，并采用退火方法消除毛坯的硬化层。如果毛刺较小，也可把有毛刺的一边朝向弯曲凸模面，以避免应力集中而使工件开裂。

④一般情况下，在设计时不宜采用最小弯曲半径。如果工件的弯曲半径小于表 3-1 所示数值，则应分两次或多次弯曲，即先弯成较大的圆角半径（大于 r_{min}），经中间退火后再以校正工序弯成所要求的弯曲半径。这栏可以使变形区域扩大，减小外层材料的伸长率。

⑤对于较厚材料的弯曲，若结构允许，可先在弯曲圆角内侧开槽，再进行弯曲（图 3-11）。

表 3-1 最小弯曲半径（r_{min}） 单位：mm

材料	正火或退火		冷作硬化	
	弯曲线方向			
	平行纤维方向	垂直纤维方向	平行纤维方向	垂直纤维方向
软黄铜	0.35t	0.1t	0.8t	0.35t
铝			1.0t	0.5t
半硬黄铜			1.2t	0.5t
纯铜			2.0t	1.0t
08、10、Q195、Q215	0.4t	0.1t	0.8t	0.4t
15、20、Q235	0.5t	0.1t	1.0t	0.5t
25、30、Q255	0.6t	0.2t	1.2t	0.6t
35、40、Q275	0.8t	0.3t	1.5t	0.8t
45、50	1.0t	0.5t	1.7t	1.0t
55、60	1.3t	0.7t	2.0t	1.3t
磷铜			3.0t	1.0t

注：①本表用于板厚小于 10 mm，弯曲角大于 90°，剪切断面良好的情况；
②在弯曲经冲裁或剪切后却没有退火的毛坯时，应作为硬化的金属选用；
③当弯曲线与纤维方向成一定角度时，可采用垂直和平行纤维方向二者的中间值；
④t 为板料厚度。

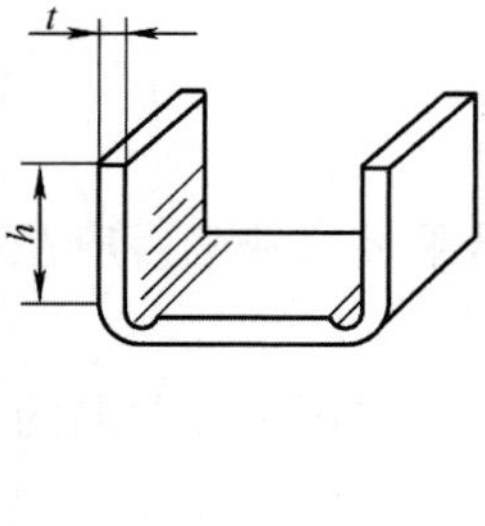

（a）U 形件

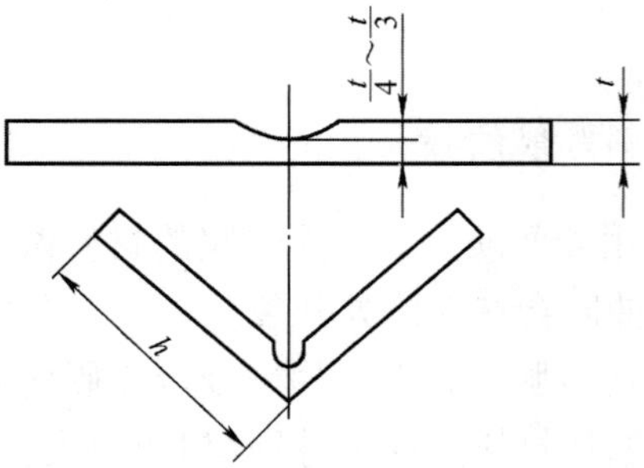

（b）V 形件

图 3-11 开槽后弯曲

3.2.2 弯曲回弹

3.2.2.1 回弹现象

常温下的塑性弯曲与其他塑性变形一样，总是伴随有弹性变形。当弯曲结束，外力去除后，塑性变形保留了下来，而弹性变形则完全消失，使得弯曲件的形状和尺寸发生变化而与模具尺寸不一致，这种现象称为弯曲回弹（简称回弹）。

由于弯曲变形区内、外侧的切向应力应变性质相反，因而卸载时外侧因弹性恢复而缩短，内侧因弹性恢复而伸长，并且回弹的方向都是反向于弯曲变形方向的；另外，对于整个坯料来说，不变形区占的比例比变形区大得多，大面积不变形区的惯性作用也会加大变形区的回弹，这是弯曲回弹比其他成形工艺回弹严重的另一个原因。

弯曲件的回弹现象通常表现为两种形式（图 3-12）：

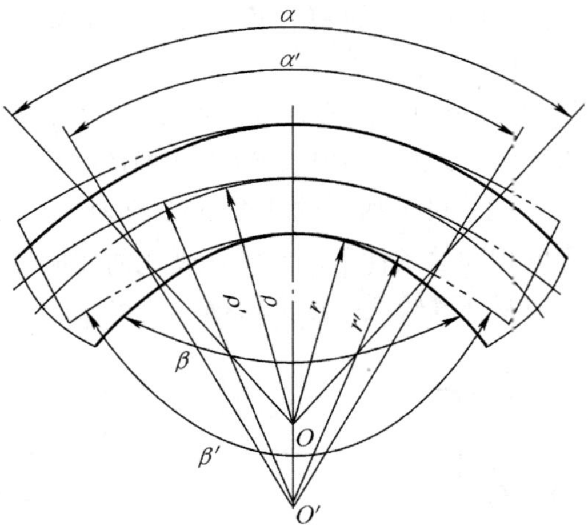

图 3-12 弯曲变形的回弹

（1）曲率减小

卸载前，弯曲中性层的半径为ρ；卸载后弯曲中性层的半径增至ρ'。曲率则由卸载前的 $1/\rho$ 减小至卸载后的 $1/\rho'$。若以ΔK表示曲率的减小量，则

$$\Delta K=\frac{1}{\rho}-\frac{1}{\rho'} \tag{3-1}$$

（2）弯曲中心角减小

卸载前，弯曲变形区的中心角为α；卸载后，弯曲变形区的中心角减小至α'。若以$\Delta\alpha$表示弯曲中心角的减小量，则

$$\Delta\alpha=\alpha-\alpha' \tag{3-2}$$

弯曲角β（弯曲件两直边间的夹角，它与弯曲中心角度α间的关系为：$\beta=180°-\alpha$）的增大量为

$$\Delta\beta=\beta'-\beta \tag{3-3}$$

计算出的ΔK、$\Delta\alpha(\Delta\beta)$即为弯曲件的回弹量，但是与实际冲压生产中的回弹量相比，有一定的差别，其原因是影响弯曲回弹的有多种因素。

3.2.2.2 影响回弹的因素

（1）材料的力学性能

由金属变形特点可知，卸载时弹性恢复的应变量与材料的屈服强度（σ_s）成正比，与弹性模量（E）成反比，即σ_s/E 越大，回弹越大。也就是说材料的屈服强度（σ_s）越大，弹性模量（E）越小，弯曲变形的回弹也越大。因为材料的屈服点（σ_s）越高，材料在一定的变形程度下，其变形区断面内的应力也越大，因而可以引起更大的弹性变形，所以回弹值也越大；而弹性模量(S) = $A+M$ 越大，材料抵抗弹性变形的能力越强，所以回弹值越小。

图 3-13（a）所示的两种材料，屈服强度基本相同，但弹性模量不同，$E_1>E_2$，在弯曲变形程度相同的条件下，即 r/t 相同，退火软钢在卸载时的弹性回复变形小于软锰黄铜，即 $\varepsilon_1'<\varepsilon_2'$。图 3-13（b）所示的两种材料，弹性模量基本相同，但屈服强度不同，在弯曲变形程度相同的条件下，经冷作硬化而屈服强度较高的软钢在卸载时的弹性回复变形大于屈服强度较低的退火软钢，即 $\varepsilon_4'<\varepsilon_3'$。

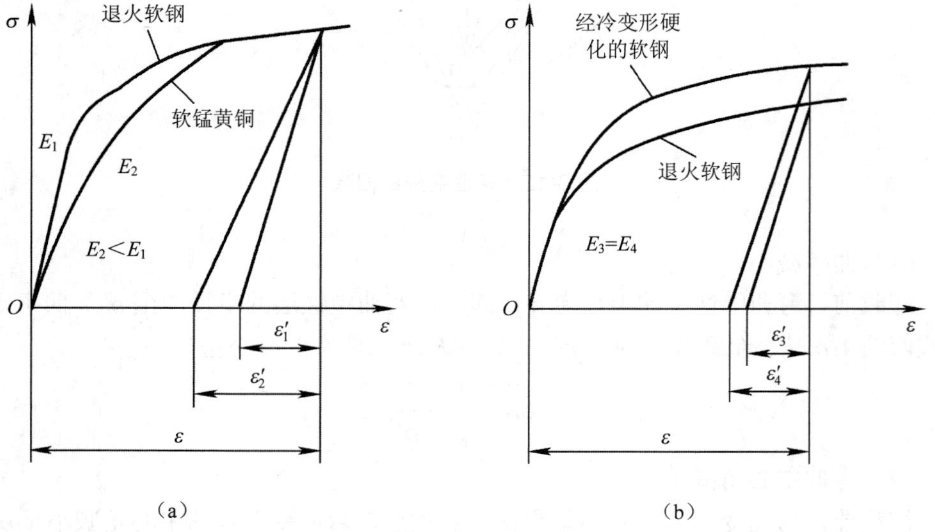

图 3-13 材料的力学性能对回弹值的影响

（2）相对弯曲半径（r/t）

相对弯曲半径（r/t）越小，回弹值越小。因为相对弯曲半径（r/t）越小，弯曲变形程度越大，变形区总的切向变形程度增大，塑性变形在总变形中占的比例增大，而相应弹性变形的比例则减少，从而回弹值减少。反之，相对弯曲半径（r/t）越大，则回弹值越大。这也是 r/t 较大的工件不易弯曲成形的原因。

（3）弯曲中心角（α）

弯曲中心角（α）越大，回弹角也越大。这是因为随着 α 的增大，变形区段长度增大，回弹累积值也增大，回弹角也就越大，但对曲率半径的回弹没有影响。

（4）弯曲方式

自由弯曲时，回弹值大；校正弯曲时，回弹值小。在无底凹模内做自由弯曲时（图 3-14），回弹最大；在有底凹模内做校正弯曲时，回弹最小。这是因为校正弯曲时，校正力比自由弯曲时的弯曲力大得多，使得变形区的应力应变状态与自由弯曲时有所不同。极大的校正弯曲力迫使变形区内侧产生切向拉应变，与外侧切向应变相同，因而内、外侧纤维都被拉长；卸载后，变形区内、外侧都因弹性恢复而缩短，内侧回弹方向与外侧相反，内、外两侧的回弹趋势相互抵消，产生了减小回弹的效果。

（5）弯曲件形状

一般地，弯曲件形状越复杂，一次弯曲成形角的数量越多，则弯曲时各部分相互牵制作用越大，弯曲中拉伸变形的成分越大，回弹量就越小。因此，一次弯曲成形时，┐_┌ 形件的回弹量较 U 形件小，U 形件的回弹量又较 V 形件小。

（6）模具间隙

在弯曲 U 形件时，凸、凹模间隙对回弹角有较大的影响，间隙越大，回弹角也越大，如图 3-15 所示。当采用负间隙时，由于模具对材料的挤压作用，可使回弹角减小至最小值，甚至出现零或负值。

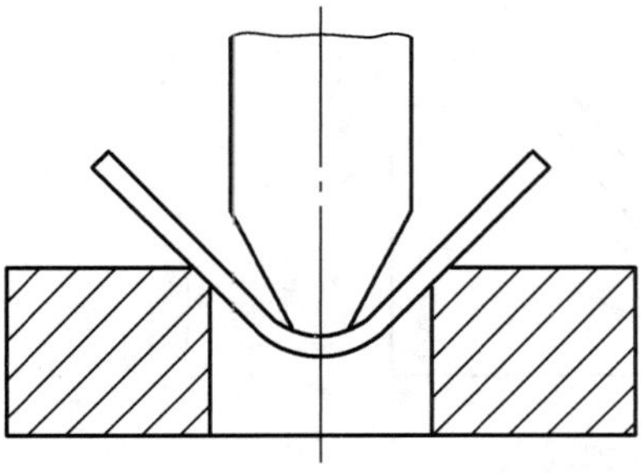

图 3-14　无底凹模内的自由弯曲

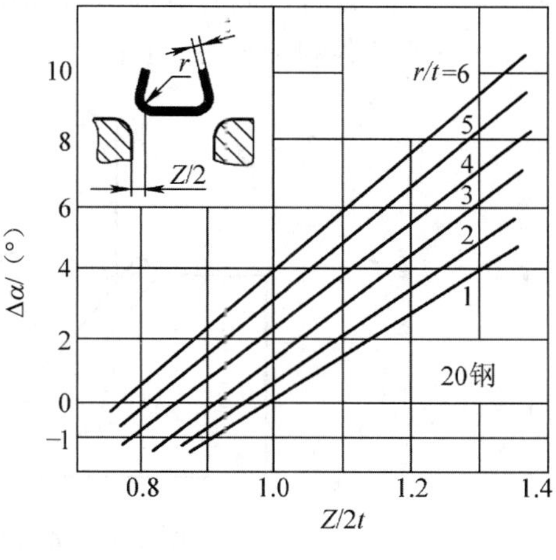

图 3-15　间隙对回弹的影响

3.2.2.3　回弹值的确定

由于回弹直接影响了弯曲件的形状和尺寸，因此在模具设计和制造时，必须预先考虑材料的回弹。通常是先根据经验数值和简单的计算初步确定模具工作部分尺寸，然后再试模修正模具相应部分的形状和尺寸。

回弹值的确定方法有理论公式计算法和经验值查表法。

（1）自由弯曲时的回弹

自由弯曲时的回弹可以分为以下几种情况：

①相对弯曲半径较大时自由弯曲的回弹值。当相对弯曲半径（r/t）≥10 时，回弹比较大（图 3-16），卸载后弯曲件的弯曲圆角半径和角度都发生了较大变化，此时可以不考虑材料厚度的变化以及应力应变中性层的移动，以简化计算。在这种情况下，凸模圆角半径（$\gamma_{凸}$）和凸模圆角部分中心角（$\alpha_{凸}$）可按下式进行计算：

$$\gamma_{凸}=\frac{\gamma}{1+3\frac{\sigma_s\gamma}{Et}} \tag{3-4}$$

$$\alpha_{凸}=\frac{\gamma}{\gamma_{凸}}\alpha \tag{3-5}$$

式中，$\gamma_{凸}$——凸模圆角半径，mm；

$\alpha_{凸}$——凸模圆角部分中心角；

γ——弯曲件圆角半径，mm；

α——弯曲件圆角部分中心角；

σ_s——弯曲件材料的屈服极限，MPa；

E——弯曲件材料的弹性模量，MPa；

t——弯曲件材料厚度，mm。

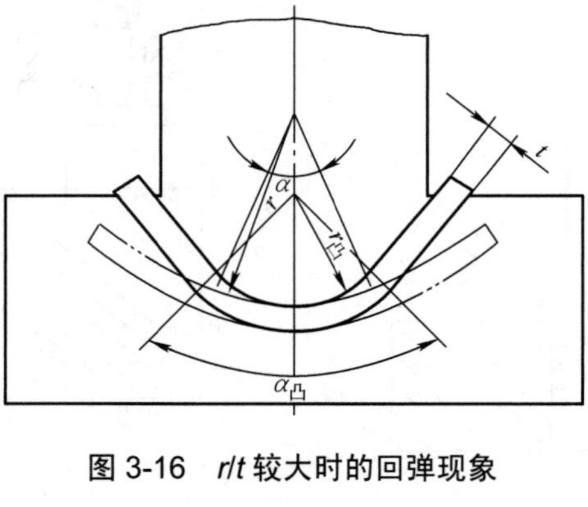

图 3-16　*r/t* 较大时的回弹现象

②相对弯曲半径较小时自由弯曲的回弹值。当弯曲件的相对弯曲半径（r/t）＜5 时，由于变形程度较大，卸载后弯曲圆角半径的变化较小，可以不予考虑，而仅考虑弯曲中心角的变化。

当弯曲件弯曲中心角不为 90°时，其回弹角可按下式计算：

$$\Delta\alpha = \frac{\alpha}{90}\Delta\alpha_{90} \tag{3-6}$$

式中，$\Delta\alpha$——弯曲件的弯曲中心角为 α 时的回弹角；

$\Delta\alpha_{90}$——弯曲中心角为 90°时的回弹角（表 3-2）；

α——弯曲件的弯曲中心角。

表 3-2　90°单角自由弯曲时的回弹角

材　　料	$\frac{r}{t}$	材料厚度（t）/mm		
		＜0.8	0.8～2	＞2
软钢（σ_b=350 MPa）	＜1	4°	2°	0°
黄铜（σ_b =350 MPa）	1～5	5°	3°	1°
铝和锌（σ_b =350 MPa）	＞5	6°	4°	2°
中硬钢（σ_b 为 400～500 MPa）	＜1	5°	2°	0°
硬黄铜（σ_b 为 350～400 MPa）	1～5	6°	3°	1°
硬青铜（σ_b 为 350～400 MPa）	＞5	8°	5°	3°
硬钢（σ_b＞550 MPa）	＜1	7°	4°	2°
	1～5	9°	5°	3°
	＞5	12°	7°	6°
AlT 钢	＜1	1°	1°	1°
电工钢	1～5	4°	4°	4°
XH78T（CrNi78Ti）	＞5	5°	5°	5°
硬铝 LY12	＜2	2°	3°	4°30′
	2～5	4°	6°	8°30′
	＞5	6°30′	10°	14°
超硬铝 LC4	＜2	2°30′	5°	8°
	2～5	4°	8°	11°30′
	＞5	7°	12°	19°

（2）校正弯曲时的回弹

校正弯曲的回弹值，可用试验所得的公式计算，符号如图 3-17 所示，公式见表 3-3 所示。

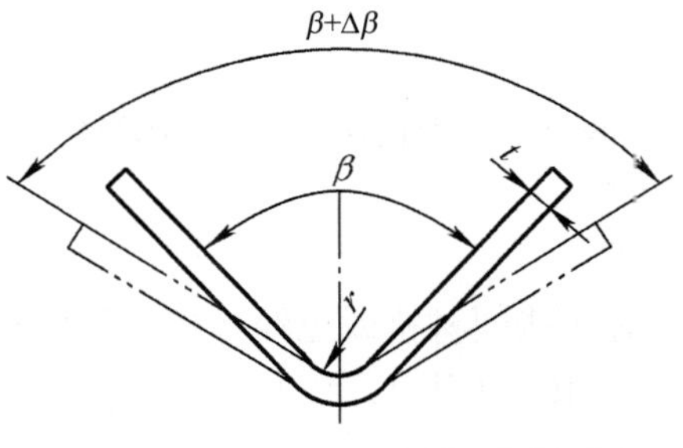

图 3-17　V 形件校正弯曲的回弹

表 3-3　V 形件校正弯曲时的回弹角$\Delta\beta$

材　料	弯曲角（β）			
	30°	60°	90°	120°
08、10、Q195	$\Delta\beta=0.75\frac{r}{t}-0.39$	$\Delta\beta=0.58\frac{r}{t}-0.80$	$\Delta\beta=0.43\frac{r}{t}-0.61$	$\Delta\beta=0.36\frac{r}{t}-1.26$
15、20、Q215、Q235	$\Delta\beta=0.69\frac{r}{t}-0.23$	$\Delta\beta=0.64\frac{r}{t}-0.65$	$\Delta\beta=0.43\frac{r}{t}-0.36$	$\Delta\beta=0.37\frac{r}{t}-0.58$
25、30、Q255	$\Delta\beta=1.59\frac{r}{t}-1.03$	$\Delta\beta=0.95\frac{r}{t}-0.94$	$\Delta\beta=0.78\frac{r}{t}-0.79$	$\Delta\beta=0.46\frac{r}{t}-1.36$
35、Q275	$\Delta\beta=1.51\frac{r}{t}-1.48$	$\Delta\beta=0.84\frac{r}{t}-0.76$	$\Delta\beta=0.79\frac{r}{t}-1.62$	$\Delta\beta=0.51\frac{r}{t}-1.71$

3.2.2.4　控制回弹的措施

（1）从选用材料上采取措施

在满足弯曲件使用要求的前提下，尽可能选用弹性模量（E）大、屈服极限（σ_s）小、力学性能比较稳定的材料，以减少弯曲时的回弹。

（2）改进弯曲件的结构设计

在弯曲件设计上改进某些结构，可增强弯曲件的刚度以减小回弹。如在弯曲变形区压制加强筋［图 3-18（a）、（b）］，可增加弯曲件的刚度。

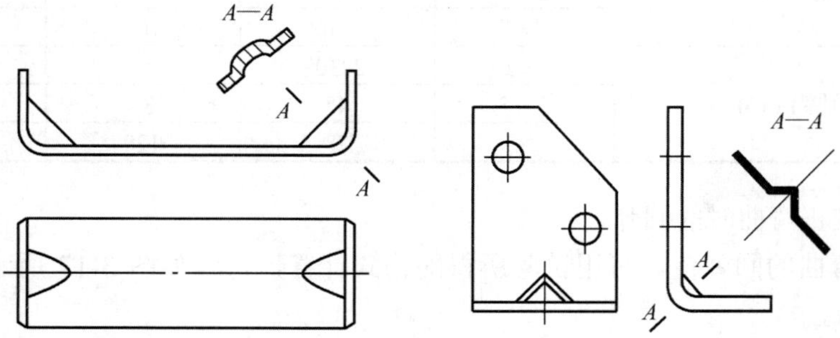

（a）　　　　　　　　（b）

图 3-18　改进弯曲件的结构设计

（3）从工艺上采取措施

①采用热处理工艺。对一些硬材料或已经冷作硬化的材料，弯曲前先进行退火处理，降低其硬度以减少弯曲时的回弹，待弯曲后再淬硬。对回弹较大的材料，在条件允许的情况下，甚至可采用加热弯曲。

②采用拉弯工艺。相对弯曲半径较大的弯曲件，由于变形程度很小，变形区大部分或全部处于弹性变形状态，弯曲回弹量较大，甚至根本无法成形，这时可以采用拉弯工艺，如图 3-19 所示。

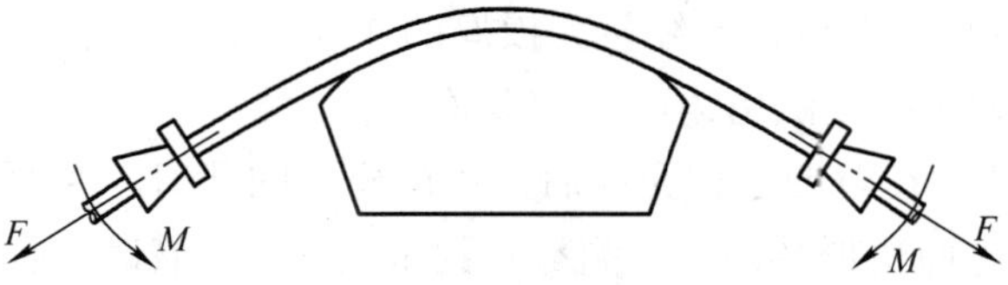

图 3-19　拉弯工艺示意图

在弯曲前先使坯料承受一定的拉应力，其数值使坯料截面内的应力略大于材料屈服强度，随后在拉力作用的同时进行弯曲。工件在变形的过程中受到切向拉应力的作用。施加的拉应力使变形区内的合成应力大于材料的屈服极限，中性层内侧由压应变转化为拉应变，从而变形区内、外侧都处于拉应变范围，即材料的整个横断面都处于塑性拉应变范围。卸载后内、外两侧的回弹趋势相互抵消，可大大减少弯曲件的回弹。拉弯主要用于长度和曲率半径都比较大的工件。

（4）从模具结构上采取措施

①补偿法。根据弯曲件的回弹趋势，预先估算回弹量，然后修正凸模或凹模工作部分的形状和尺寸，使弯曲件的回弹量得到补偿。一般来说，补偿法是消除弯曲件回弹最简单的方法，在实际生产中广泛使用。对于较硬材料，可根据回弹值对模具工作部分的形状和尺寸进行修正。对于软材料［如 Q215、Q235、10、20 和 H62（软）等］，其回弹角小于 5°时，可在模具上做出补偿角并取较小的凸、凹模间隙。单角弯曲时，根据回弹量的大小，将凸模圆角半径和顶角预先做小些，然后调试修模，补偿回弹。对于有压板的单角弯曲，回弹角做在凹模上（图 3-20），并使凸、凹模间隙为最小料厚。双角弯曲时，可在凸模两侧分别做出回弹角［图 3-21（a）］或将模具底部做成圆弧形［图 3-21（b）］，利用底部向下的回弹作用，来补偿弯曲件侧壁的回弹。

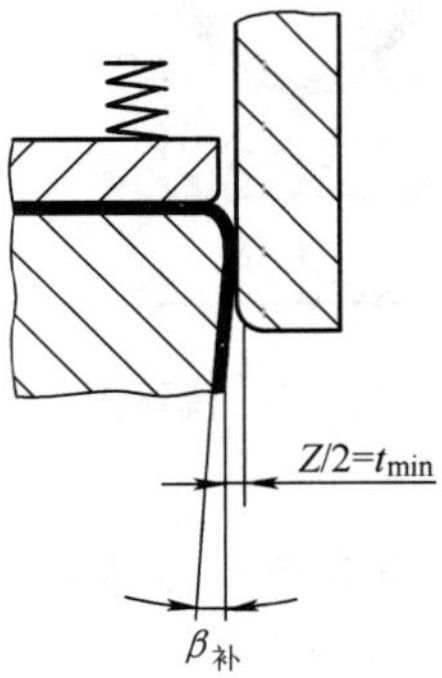

图 3-20　补偿法减小回弹 Ⅰ

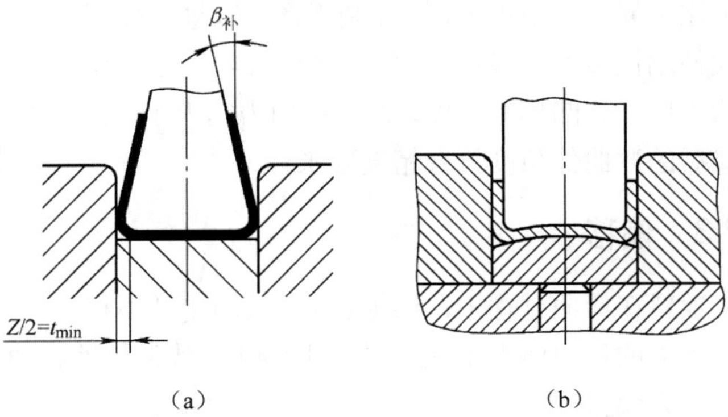

图 3-21　补偿法减小回弹 Ⅱ

②校正法。当材料厚度在 0.8 mm 以上，塑性比较好，且 r/t 又不大时，可以改变凸模结构，使校正力集中在弯曲变形区，改变变形区应力应变状态，迫使材料内、外侧同为切向压应力，从而使内、外侧回弹趋势相互抵消，以达到减小回弹的目的。通常当弯曲变形区材料的校正压缩量为板厚的 2%～5%时，就可以得到良好的效果。图 3-22 所示分别为用校正法单角弯曲和双角弯曲。

③纵向加压法。在弯曲过程完成后，利用模具的凸肩，在弯曲件的端部纵向加压（图 3-23），使弯曲变形区内、外侧都受到压应力，卸载时工件内、外侧的回弹趋势相反，使回弹大为降低。利用这种方法可获得较精确的弯边尺寸，但对毛坯精度要求较高。

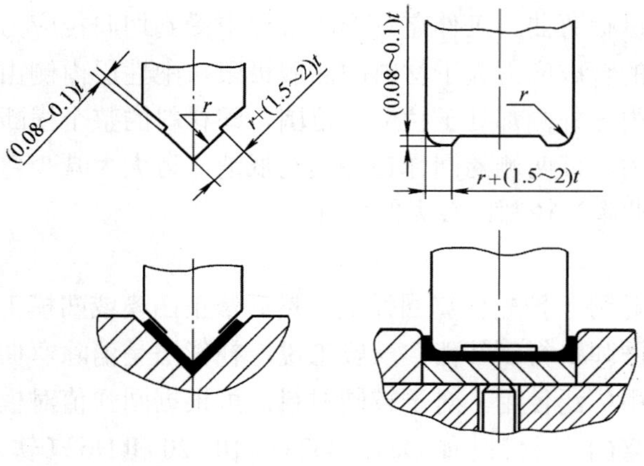

（a）单角弯曲　　（b）双角弯曲

图 3-22　校正法减小回弹

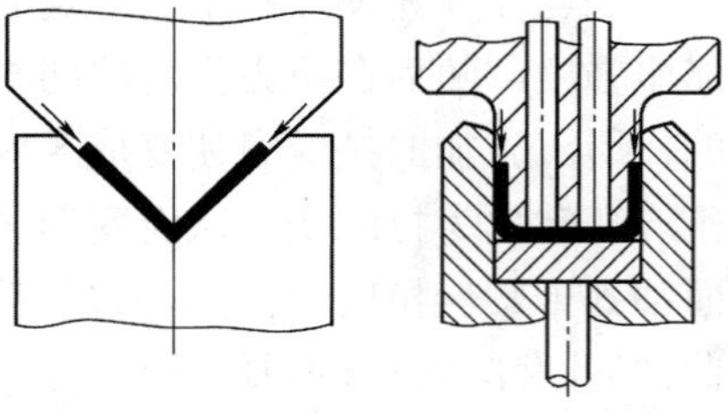

（a）单角弯曲　　（b）双角弯曲

（c）Z 形弯曲

图 3-23　纵向加压弯曲

④采用软凹模。由于软凹模能将压力均匀地传递到材料上，使弯曲件与金属凸模完全贴合，其回弹量比金属凹模小得多，因此利用橡胶或聚氨酯凹模代替刚性金属凹模进行弯曲（图 3-24）。通过调节凸模压入软凹模的深度，控制弯曲力的大小，使卸载后的弯曲件角度符合精度要求。

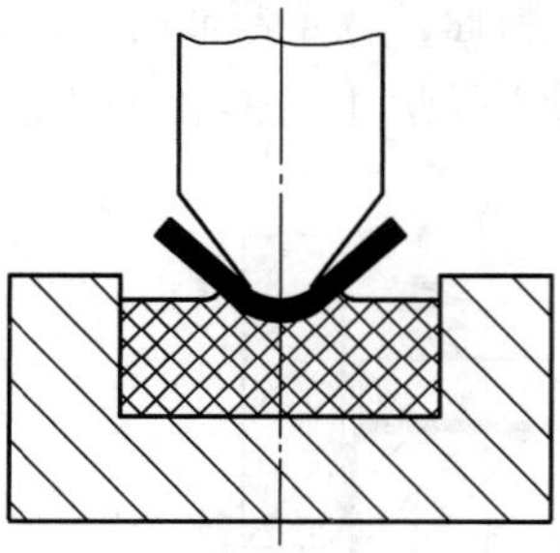

图 3-24　软凹模弯曲

3.2.3 偏移

板料在弯曲过程中，各边受到凹模圆角处不相等的阻力的作用而沿工件长度产生移动，致使工件直边高度不符合图样要求，这种现象称为偏移。

（1）偏移产生的原因

偏移产生的原因有如下4种：①制件毛坯形状不对称［图3-25（a）、（b）］；②工件结构不对称［图3-25（c）］；③凹模两边角度不对称［图3-25（d）］；④凸凹模圆角、间隙不对称。

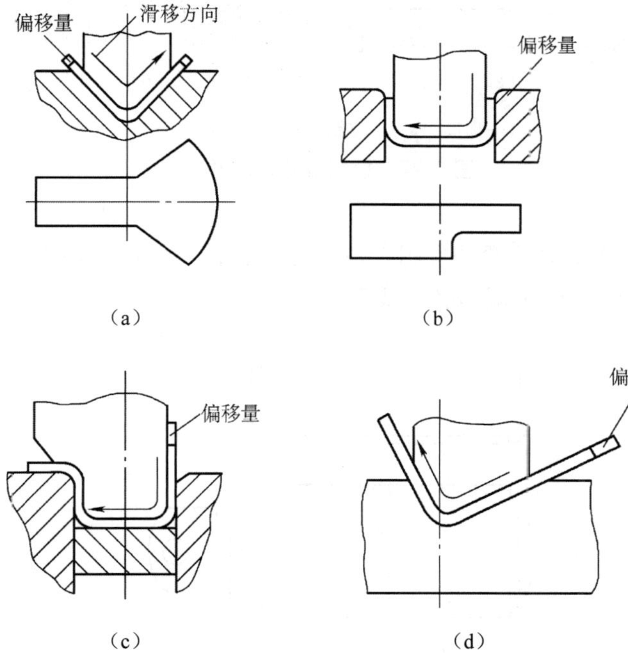

图3-25　弯曲时的偏移现象

（2）控制偏移的措施

①采用压料装置。使毛坯在压紧状态下逐渐弯曲成形，从而防止毛坯的滑动，能得到较平整的工件。图3-26分别为采用定位尖、顶杆、V形顶板进行压料的模具结构，可以有效地防止坯料的滑动，提高工件精度。

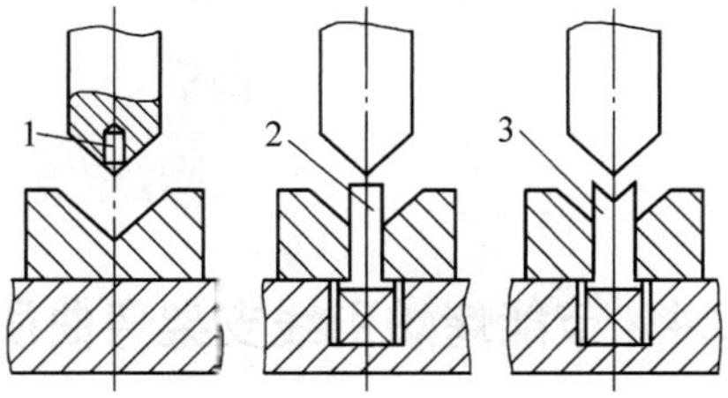

1—定位尖；2—顶杆；3—V形顶板。

图3-26　控制偏移措施Ⅰ

②定位后再弯曲。设计合理的定位板进行外形定位［图3-27（a）］。或者利用毛坯上的孔或设计工艺孔，用定位销插入孔中进行定位。对于某些弯曲件，工艺孔与压料板可兼用。图3-27（b）由于有顶板和定位销定位，可防止弯曲时坯料的偏移。反侧压块的作用是平衡左边弯曲时产生的水平侧向力。

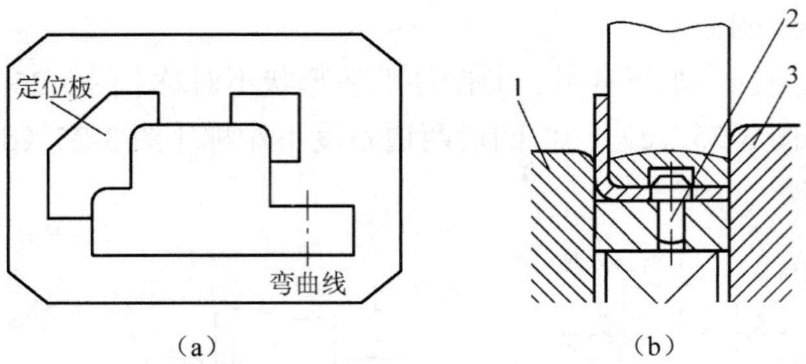

1—顶板；2—定位销；3—反侧压块。

图 3-27 控制偏移措施Ⅱ

③成对弯曲。将不对称弯曲件组合成对称弯曲件弯曲，然后再切开，使板料在弯曲时受力均匀，防止产生偏移（图 3-28）。

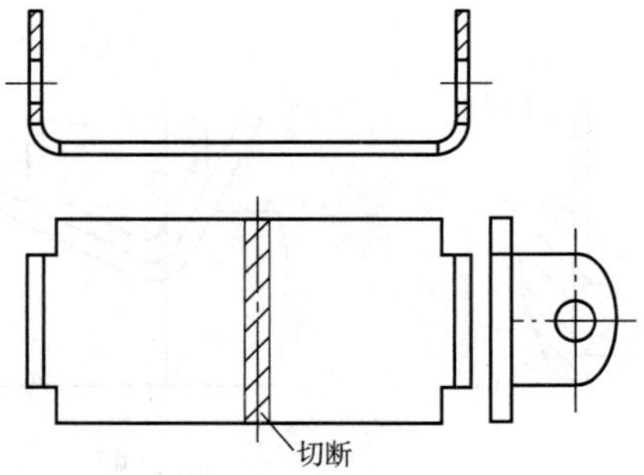

图 3-28 控制偏移措施Ⅲ

④模具制造准确，间隙调整对称，使阻力对称分布，从而防止产生偏移。

【任务实施】

3.2.4 节能烤炉引线支架弯曲质量分析

（1）节能烤炉引线支架的弯曲质量

该零件为 U 形件，材料为 Q235，具有良好的弯曲成形性能，零件图中的尺寸公差为未注公差，按 IT14 级要求。弯曲件的结构、尺寸、精度和材料均符合弯曲工艺要求，相对弯曲半径（r/t）=1.25，大于材料最小弯曲半径，不会造成弯裂，回弹量不大，零件形状对称，不会发生坯料的偏移问题。

（2）弯曲件回弹值的计算

小变形程度（$r/t \geqslant 10$）时的回弹值大，先计算凸模圆角半径，再计算凸模角度；

大变形程度（$r/t<5$）时的回弹值小，圆角半径变化小，仅考虑弯曲中心角的回弹变化。弯曲时，弯曲中心角为90°，因此查表得回弹角为3°。

任务3.3　弯曲工艺设计

【任务描述】

完成节能烤炉引线支架弯曲成形工艺性分析，确定弯曲成型工艺方案。

【相关知识】

3.3.1　弯曲件的工艺性

弯曲件的工艺性，指弯曲件形状、尺寸、精度要求、材料选用及技术要求等是否符合弯曲变形规律的要求，是判定弯曲成形难易、制订冲压工艺方案以及进行模具设计的依据。具有良好工艺性的弯曲件，能简化弯曲工艺过程和提高弯曲件的精度，并有利于模具的设计和制造。弯曲件的工艺性主要表现在以下3个方面。

3.3.1.1　弯曲件的结构工艺性

（1）弯曲件形状

一般要求弯曲件形状对称，弯曲半径左右一致，以保证弯曲时板料的摩擦力平衡，防止产生偏移。弯曲不对称的制件时，为防止板料滑动偏移，在模具结构设计时应考虑增设压料装置，或利用弯曲件上的工艺孔采用定位销定位，也可考虑成对弯曲后再切断（图3-29）。

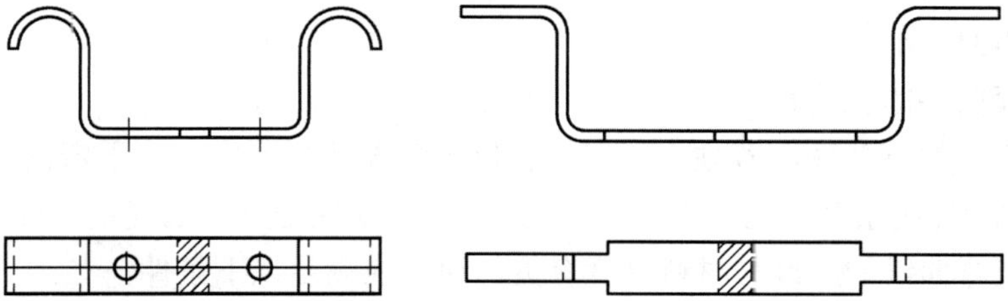

（a）　　（b）

图3-29　成对弯曲

带有缺口的弯曲件，若先冲缺口再弯曲，会出现叉口现象，严重时甚至无法成形。因此，应先留下缺口部分作为连接带，弯曲成形后再切除［图 3-30（a）］。带有切口弯曲的工件，弯曲部分一般应做成梯形以便于出模。也可以先冲出周边槽孔，然后弯曲成形［图 3-30（b）］。

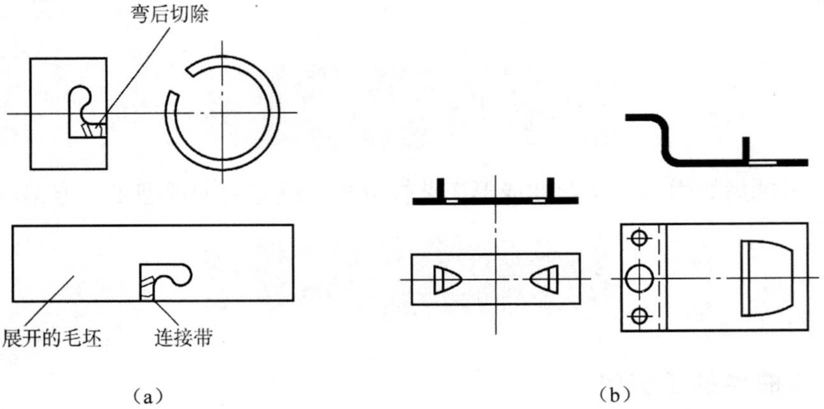

图 3-30　带有缺口、切口的弯曲件

（2）弯曲半径

弯曲件的弯曲半径不能小于材料许可的最小弯曲半径，否则会弯裂；但过大的弯曲半径，回弹值较大，弯曲角度和圆角半径精度均不易保证。

（3）弯曲件直边高度

在进行直角弯曲时，弯曲件的直边高度不宜过小。若弯曲件的直边高度过小，则直边在模具上支持的长度过短，弯曲过程中不能产生足够的弯矩，将无法保证弯曲件的直边平直，所以必须使弯曲件的直边高度（h）$>r+2t$［图 3-31（a）］。若 $h<r+2t$，则需先开槽再弯曲；或者先增加直边高度，弯曲后再切除多余的部分［图 3-31（b）］。当弯曲侧边带有斜角的弯曲件时，则在斜边高度小于 $r+2t$ 的区域里不可能弯曲到要求的角度，并且该处还易开裂［图 3-31（c）］，因此必须改变工件的形状，加高直边高度［图 3-31（d）］。

（4）弯曲件的孔边距

对于带孔的弯曲件，若预先冲好的孔位于弯曲变形区内，由于弯曲过程中材料的塑性流动，会使原有的孔发生变形，为此孔的位置应处于弯曲变形区外（图 3-32）。一般孔边至弯曲线的距离与材料厚度有关，通常应满足以下条件。

①当 $t<2$ mm 时，$\alpha \geqslant t$。

②当 $t\geqslant 2$ mm 时，$\alpha \geqslant 2t$：当 $b<25$ mm 时，$a_1>2.5t$；当 $b>50$ mm 时，$a_1>3t$。

如果孔边至弯曲半径（r）中心的距离过小，为防止弯曲时孔变形，可在弯曲线上冲工艺孔［图 3-33（a）］或缺口、月牙形槽［图 3-33（b）］。由工艺孔或缺口、月牙形槽来吸收弯曲变形应力，转移变形范围，保持所需要的孔不产生变形。当对工件孔的精度要求较高时，则应先弯曲再冲孔。

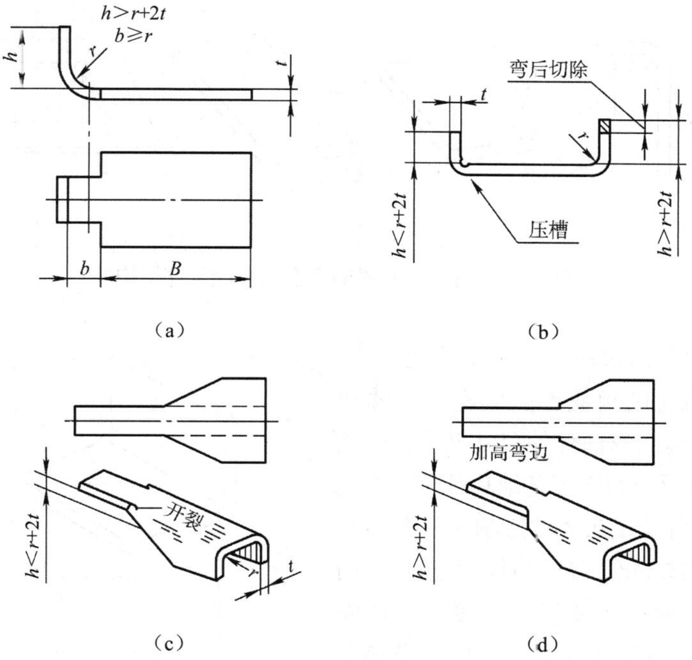

图 3-31　弯曲件直边高度

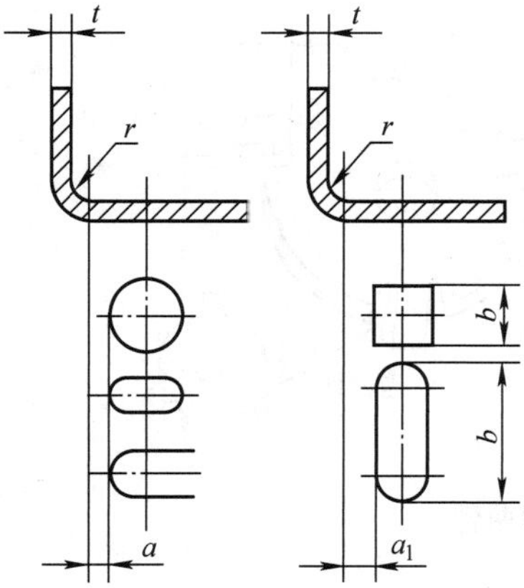

图 3-32　弯曲件的孔边距

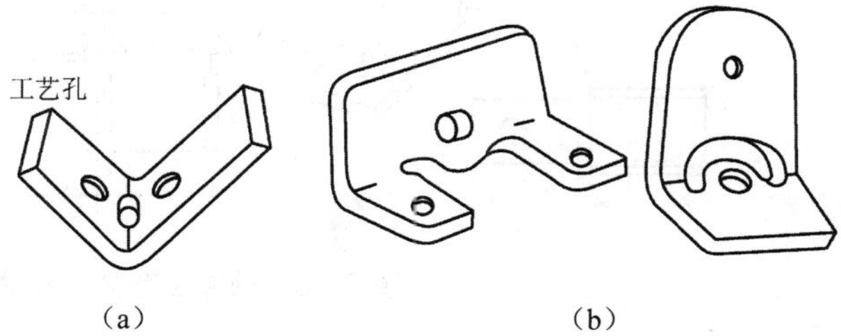

图 3-33　防止弯曲件孔变形

（5）避免弯曲根部产生裂纹的工件结构

在局部弯曲某一段边缘时，为避免弯曲根部撕裂，应减小不弯曲部分的长度，使其退出弯曲线之外，即 $b \geqslant r$［图 3-34（a）］。若工件的长度不能减小，则应在弯曲部分与不弯曲部分之间切槽［图 3-34（b）］，或在弯曲前冲出工艺孔［图 3-34（c）］。

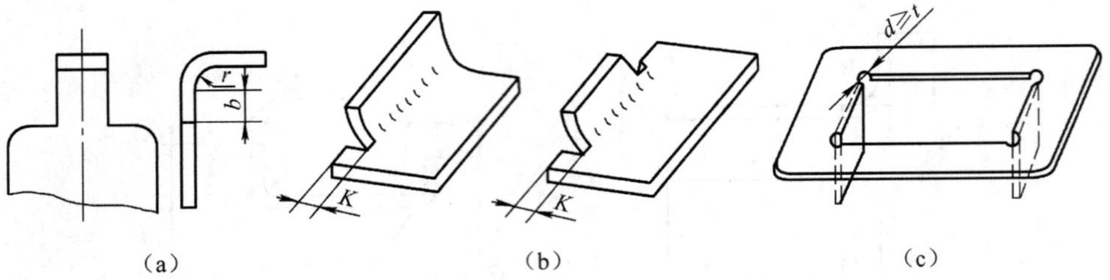

图 3-34 避免弯曲根部产生裂纹的工件结构

（6）增加工艺缺口、槽和工艺孔

对于弯曲时圆角变形区侧面产生畸变的弯曲件，为提高弯曲件的尺寸精度，可预先在折弯线的两端切出工艺缺口或槽，以避免畸变对弯曲件宽度尺寸的影响（图 3-35）。

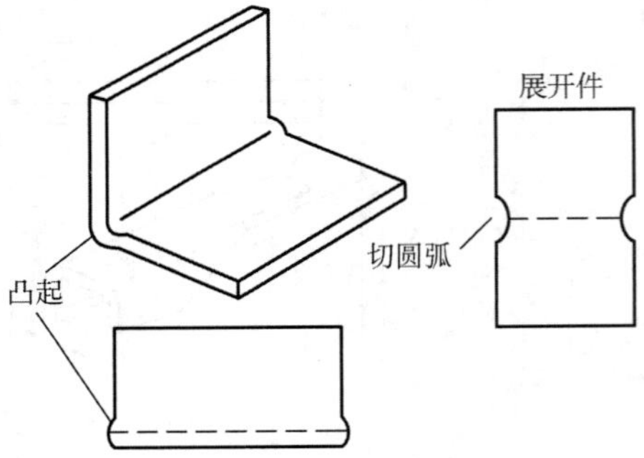

图 3-35 弯曲畸变消除方法

当工件边缘局部需弯曲时，为防止弯曲角部受力不均而产生变形和裂纹，应预先切槽或冲工艺孔（图 3-36）。其中：工艺槽深度（L）$\geqslant r+t+K/2$，工艺槽宽度（K）$\geqslant t$，工艺孔直径（d）$\geqslant t$。

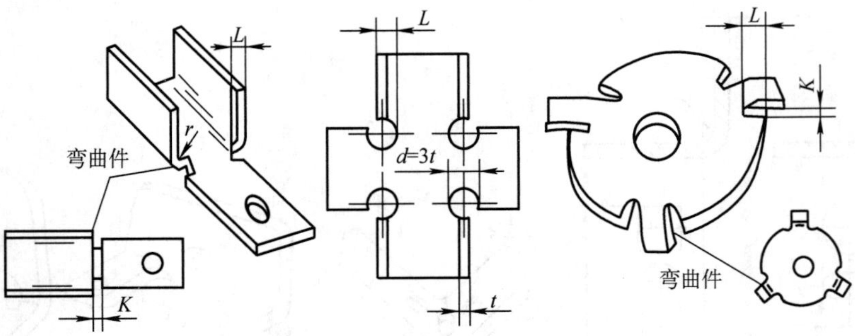

图 3-36 预冲工艺槽、孔的弯曲件

（7）尺寸标注

尺寸标注对弯曲件的工艺性有很大影响。图 3-37 所示为弯曲件孔的位置尺寸的 3 种标注，图 3-37（a）中的标注方法，可采用先落料后冲孔然后弯曲成形的方法，工艺比较简单，并且孔的位置精度不受坯料展开长度和回弹的影响；图 3-37（b）、 （c）中的标注方法，冲孔只能在弯曲成形后进行，增加了工序。因此，在不要求弯曲件有一定装配关系时，应尽量考虑冲压工艺的方便来标注尺寸。

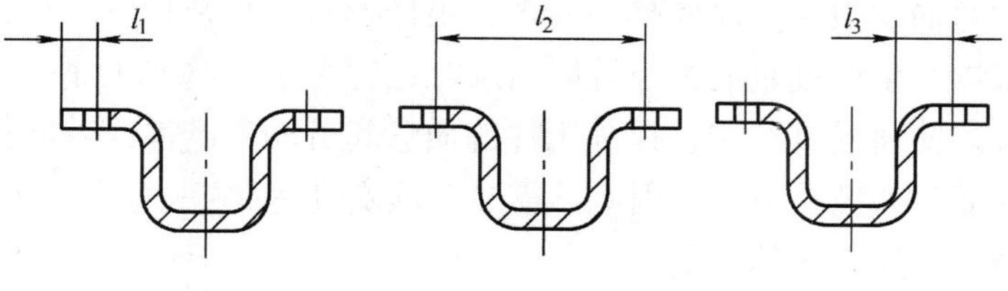

图 3-37　弯曲件尺寸的标注

3.3.1.2　弯曲件的精度

弯曲件的精度主要是指其形状和尺寸的准确性与稳定性。弯曲件的精度受板料的力学性能、厚度、模具结构、模具精度、工序数量、工序顺序以及工件本身的形状尺寸等因素的影响。一般而言，弯曲件的经济公差等级在 IT13 级以下。表 3-4 和表 3-5 所示分别为弯曲件长度的自由公差和角度的自由公差所能达到的精度。

表 3-4　弯曲件长度的自由公差　　单位：mm

长度尺寸		＞3～6	＞6～18	＞18～50	＞50～120	＞120～260	＞260～500
材料厚度	≤2	±0.3	±0.4	±0.6	±0.8	±1.0	±1.5
	＞2～4	±0.4	±0.6	±0.8	±1.2	±1.5	±2.0
	＞4	—	±0.8	±1.0	±1.5	±2.0	±2.5

表 3-5　弯曲件角度的自由公差

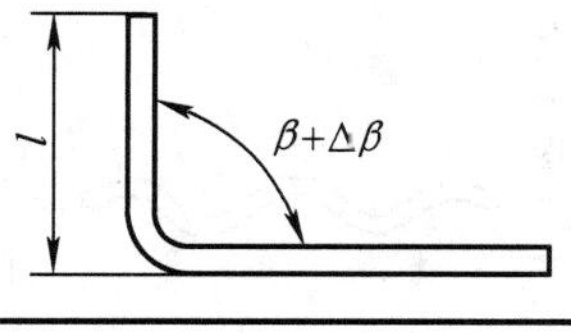

l/mm	≤6	＞6～10	＞10～18	＞18～30	＞30～50	＞50～80
$\Delta\beta$	±3°	±2°30′	±2°	±1°30′	±1°15′	±1°

l/mm	＞80～120	＞120～180	＞180～260	＞260～360
$\Delta\beta$	±50′	±40′	±30′	±25′

3.3.1.3　弯曲件的材料

弯曲件的材料要具有足够的塑性，屈强比（σ_s/σ_b）小，屈服点与弹性模量的比值（σ_s/E）小，有利于弯曲成形和工件质量的提高。例如，软钢、黄铜和铝等材料的弯曲成形性能好；而脆性较大的材料，如磷青铜、铍青铜等，所需最小相对弯曲半径（r_{min}/t）大，回弹大，不利于成形。

3.3.2 弯曲工序的安排

弯曲件的弯曲次数和工序安排必须根据工件形状的复杂程度、材料的性能、精度要求的高低以及生产批量的大小等因素综合进行考虑。弯曲工序安排合理，可以减少弯曲次数，简化模具结构，提高工件的质量和劳动生产率；若安排不当，将会导致工件质量低劣和废品率高。因此，需要合理安排弯曲工序。

（1）弯曲件工序安排的原则

①对于形状简单的弯曲件，如V形、U形、Z形工件等，可以采用一次弯曲成形；对于形状复杂的弯曲件，一般需要采用二次或多次弯曲成形。

②对于批量大而尺寸较小的弯曲件，为使工人操作方便、安全，保证弯曲件的准确性和提高生产率，应尽可能采用级进模或复合模。

③需多次弯曲时，弯曲次序一般是先弯两端，后弯中间部分，前次弯曲应考虑后次弯曲有可靠的定位，后次弯曲不能影响前次已弯成的形状。

④当弯曲件几何形状不对称时，为避免压弯时坯料偏移，应尽量采用成对弯曲，然后再切成两件的工艺（图3-29）。

（2）典型弯曲件的工序安排

图3-38～图3-41分别为一次弯曲、二次弯曲、三次弯曲以及四次弯曲成形工件的例子。图3-38多用于形状简单的弯曲件。图3-39～图3-41用于形状复杂的弯曲件；但对于某些尺寸小且薄、形状较复杂的弹性接触件，应采用一次复合弯曲成形，使之定位准确。

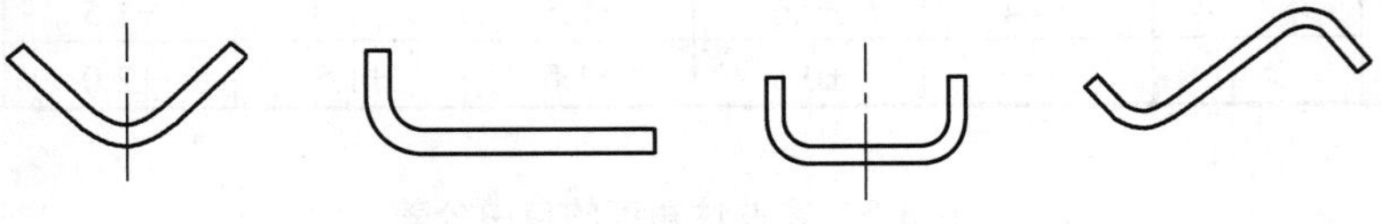

图3-38 一道工序弯曲成形

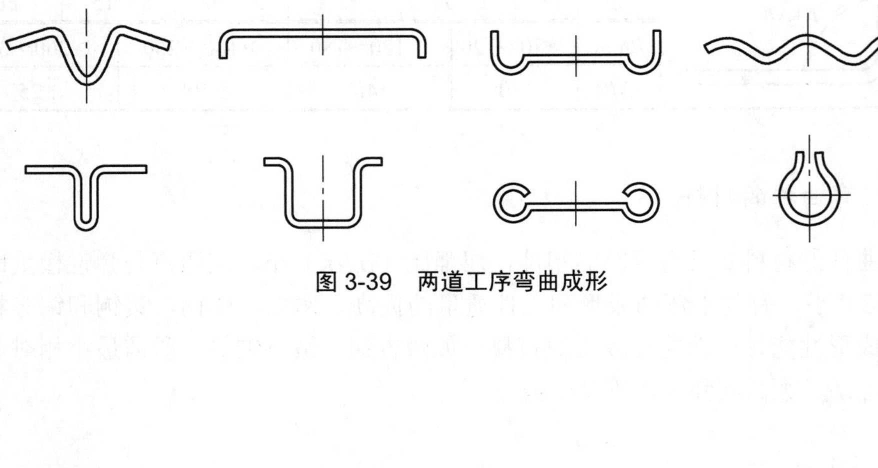

图3-39 两道工序弯曲成形

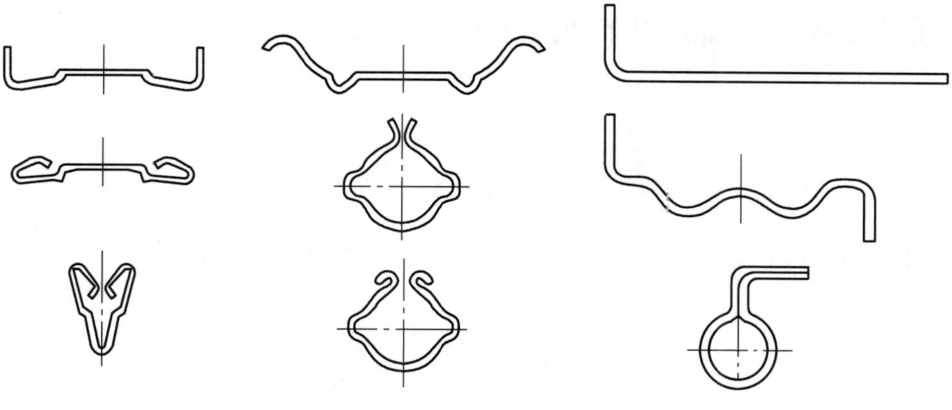

图 3-40　三道工序弯曲成形

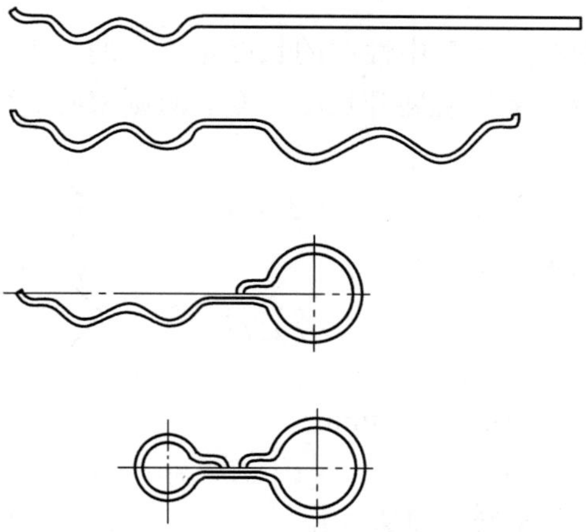

图 3-41　四道工序弯曲成形

【任务实施】

3.3.3　节能烤炉引线支架弯曲工艺设计

此工件是典型的 U 形件，零件图中的尺寸公差为未注公差，在处理这类零件公差等级时均按 IT14 级要求。弯曲圆角半径（R）为 2.5 mm，大于最小弯曲半径（$r_{min}=0.6t=0.6\times2$ mm=1.2 mm），故此件形状、尺寸、精度均满足弯曲工艺的要求，可用弯曲工序加工，采用弯曲单工序模。

任务 3.4 弯曲件坯料尺寸的计算

【任务描述】

能正确确定节能烤炉引线支架弯曲中性层位置，完成该弯曲件坯料展开尺寸的计算。

【相关知识】

3.4.1 弯曲中性层位置的确定

我们已知板料弯曲时，应变中性层的长度是不变的。因此，在进行弯曲件设计时，可根据弯曲前后应变中性层展开长度不变的原则来确定弯曲件毛坯展开长度和尺寸的计算。

中性层位置以曲率半径（ρ）表示（图 3-42），通常用下面的经验公式确定：

$$\rho = r + xt \qquad (3\text{-}7)$$

式中，r——弯曲件的内弯曲半径，mm；

t——板料厚度，mm；

x——中性层位移系数，见表 3-6。

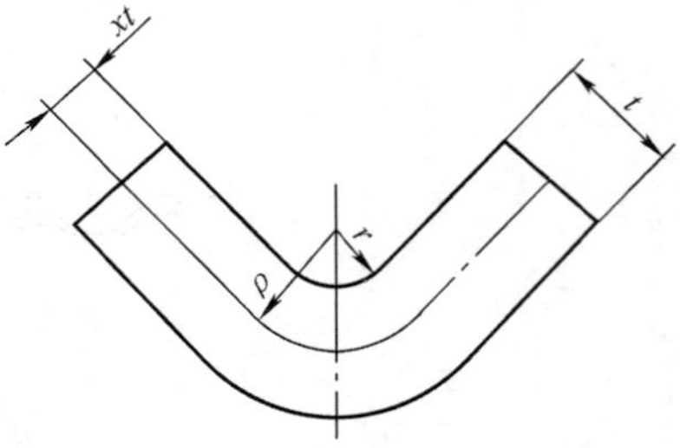

图 3-42 中性层位置

表 3-6 中性层位移系数 x 值

r/t	0.1	0.2	0.25	0.3	0.4	0.5	0.6	0.8	1.0
V 形弯曲 x	0.30	0.33	0.35	0.36	0.37	0.38	0.39	0.41	0.42
U 形弯曲 x	0.23	0.29	0.31	0.32	0.35	0.37	0.38	0.40	0.41
卷圆 x	—	—	—	—	—	0.72	0.70	0.67	0.63
r/t	1.2	1.5	1.8	2	3	4	5	6	8
V 形弯曲 x	0.43	0.45	0.46	0.46	0.47	0.48	0.48	0.49	0.50
U 形弯曲 x	0.42	0.44	0.45	0.45	0.46	0.47	0.48	0.49	0.50
卷圆 x	0.59	0.56	0.52	0.50					

3.4.2　弯曲件坯料尺寸的计算

中性层位置确定以后，对于形状比较简单、尺寸精度要求不高的弯曲件，可直接采用下面介绍的方法计算坯料长度。对于形状比较复杂或精度要求高的弯曲件，在利用下述公式初步计算坯料长度后，再反复试弯、修正，最后确定坯料的形状和尺寸。

（1）圆角半径（r）＞0.5t 的弯曲件

$r>0.5t$ 的弯曲件，由于变薄不严重，可按中性层展开原则，坯料总长度等于弯曲件直线部分长度和弯曲圆角部分应变中性层长度之和（图 3-43），即

$$L_{弯}=\frac{\pi\alpha}{180}\rho=\frac{\pi\alpha}{180}(r+xt) \tag{3-8}$$

$$L_{总}=\sum L_{直}+\sum L_{弯}=l_1+l_2+\frac{\pi\alpha}{180}\rho=l_1+l_2+\frac{\pi\alpha}{180}(r+xt) \tag{3-9}$$

式中，$L_{弯}$——弯曲件弯曲圆角部分长度，mm；

$L_{总}$——坯料展开总长度，mm；

α——弯曲中心角。

具体计算步骤如下：①算出直线段 $l_{值1}$、$l_{值2}\cdots l_{值n}$ 的长度；②根据 $\frac{r}{t}$，由表 3-6 查出应变中性层位移系数（x）值；③根据式（3-7）计算应变中性层的曲率半径（ρ）值；④根据 ρ_1、$\rho_2\cdots\rho_n$ 和弯曲中心角 α_1、$\alpha_2\cdots\alpha_n$，按式（3-8）算出 $l_{弯1}$、$l_{弯2}\cdots l_{弯n}$ 圆角部分的展开长度；⑤按式（3-9）计算毛坯总长度。

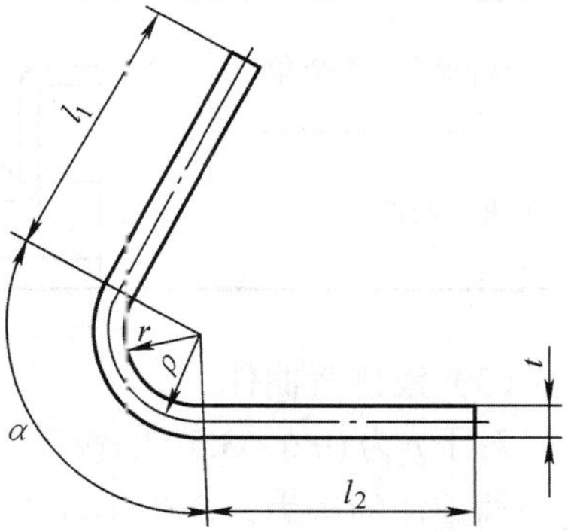

图 3-43　有圆角半径的弯曲件（r>0.5t）

（2）圆角半径（r）＜0.5t 的弯曲件

$r<0.5t$ 的弯曲件，由于弯曲变形时不仅弯曲远郊部分变薄严重，而且与圆角部分相邻的直边部分也产生了一定的变薄，所以应该按变形前后体积不变条件确定长度。通常采用表 3-7 所示的经验公式计算。

表 3-7　r＜0.5t 的弯曲件坯料长度计算公式

弯曲特征	简图	计算公式
弯 1 个角	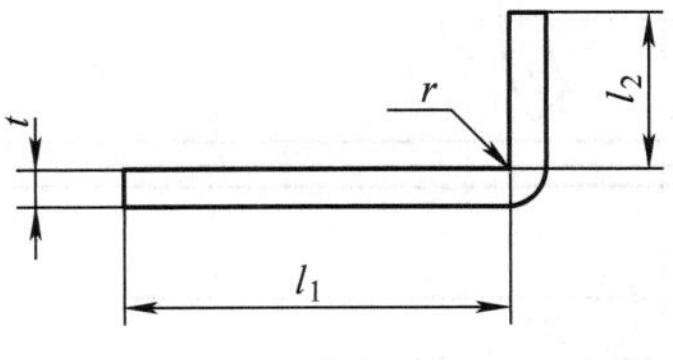	$l_{总}=l_1+l_2+0.4t$

弯曲特征	简图	计算公式
弯 1 个角	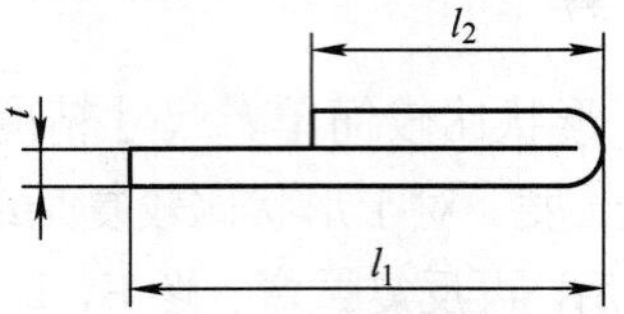	$l_{总}=l_1+l_2+0.43t$
一次同时弯 2 个角	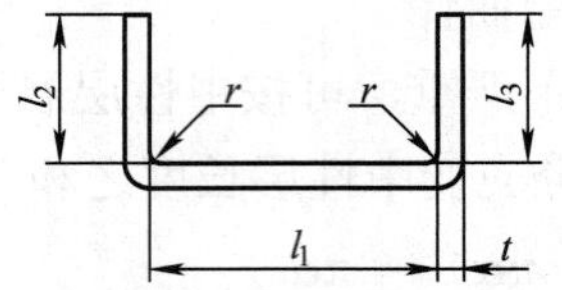	$l_{总}=l_1+l_2+l_3+0.6t$
一次同时弯 3 个角	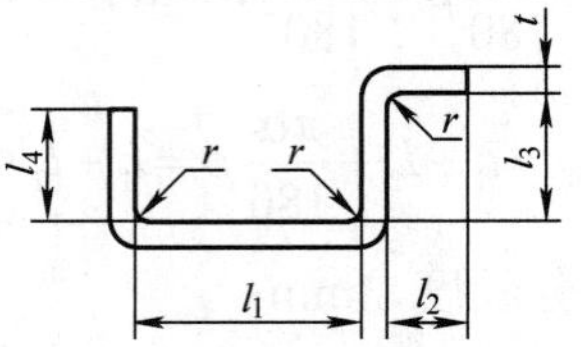	$l_{总}=l_1+l_2+l_3+l_4+0.75t$
一次同时弯 2 个角，第二次弯曲另一个角		$l_{总}=l_1+l_2+l_3+l_4+t$
一次同时弯 4 个角	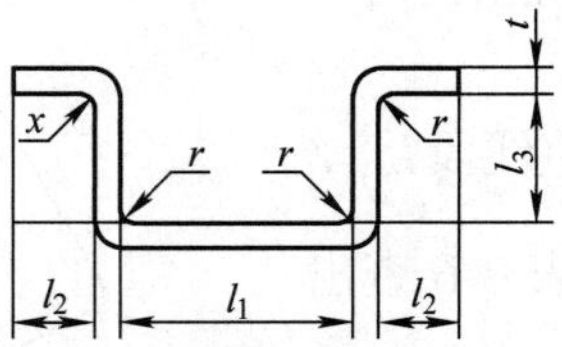	$l_{总}=l_1+2l_2+2l_3+t$
分两次弯曲 4 个角		$l_{总}=l_1+2l_2+2l_3+1.2t$

（3）铰链弯曲件

对于 r 为 $(0.6\sim3.5)t$ 的铰链式弯曲件，如图 3-44 所示。铰链卷圆时，凸模对毛坯一端施加的压力，产生不同于一般压弯的塑性变形，材料不是变薄而是增厚，中性层由板厚中心向外层移动，其坯料长度（$L_{总}$）按下式近似计算：

$$L_{总}=l+1.5\pi(r+x_1t)+r\approx l+5.7r+4.7x_1t \quad (3\text{-}10)$$

式中，l——弯曲件直线段部分长度，mm；

r——铰链内半径，mm；

x_1——中性层位移系数，见表 3-8。

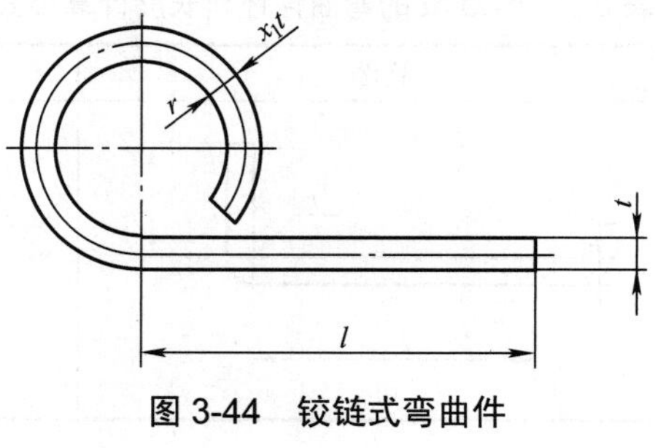

图 3-44 铰链式弯曲件

表 3-8　卷圆时中性层位移系数（x_1）值

r/t	>0.5～0.6	>0.6～0.8	>0.8～1	>1～1.2	>1.2～1.5
x_1	0.76	0.73	0.7	0.67	0.64

r/t	>1.5～1.8	>1.8～2	>2～2.2	>2.2
x_1	0.61	0.58	0.54	0.5

【任务实施】

3.4.3　节能烤炉引线支架坯料尺寸的计算

当弯曲圆角半径较小（$r<0.5t$）时，根据毛坯与制件等体积法计算；当弯曲圆角半径较大（$r>0.5t$）时，根据中性层长度不变原理计算。

因为r=2.5>0.5×2，属于圆角半径较大的弯曲件。所以弯曲件的展开长度按直边区与圆角区分段进行计算。视直边区在弯曲前后长度不变，圆角区展开长度按弯曲前后中性层长度不变条件进行计算。

①变形区中性层曲率半径（ρ）$=r+kt=2.5+0.38\times2=3.26$（mm）

②毛坯尺寸（中性层长度）$(L_{弧})=\dfrac{\pi\alpha}{180°}\rho=\dfrac{3.14\times90°}{180°}\times3.26=5.118\,2$（mm）

该零件的毛坯展开长度$(L_{总})=\sum L_{直}+\sum L_{弧}=15.5\times2+23+5.118\,2\times2$

$=64.24$（mm）

任务 3.5　弯曲力的计算

【任务描述】

完成节能烤炉引线支架弯曲力计算，选择压力机的型号，验算已选的压力机吨位。

【相关知识】

弯曲力指的是压力机完成预定的弯曲工序所需施加的压力，是选择压力机和设计模具的重要依据之一，所以必须进行计算。但要从理论上计算弯曲力是比较复杂的，并且计算值还不准确，因此生产中通常采用经验公式计算。

3.5.1 自由弯曲时的弯曲力

自由弯曲的弯曲力可用下式进行计算：

V 形件弯曲力 $$F_{自}=\frac{0.6Kbt^2\sigma_b}{r+t} \tag{3-11}$$

U 形件弯曲力 $$F_{自}=\frac{0.7Kbt^2\sigma_b}{r+t} \tag{3-12}$$

式中，$F_{自}$——冲压行程结束时自由弯曲的弯曲力，N；

K——安全系数，一般取 K=1.3；

b——弯曲件宽度，mm；

t——弯曲件材料厚度，mm；

σ_b——弯曲件材料的抗拉强度，MPa；

r——弯曲件的内弯曲半径，mm。

3.5.2 校正弯曲时的弯曲力

校正弯曲的弯曲力可用下式进行计算：

$$F_{校}=Ap \tag{3-13}$$

式中，$F_{校}$——校正弯曲力，N；

A——校正部分投影面积，mm^2；

p——单位面积校正力，MPa，其值见表 3-9。

表 3-9 不同材料厚度的单位面积校正力 单位：MPa

材料	材料厚度（t）			
	≤1 mm	＞1～3 mm	＞3～6 mm	＞6～10 mm
铝	15～20	20～30	30～40	40～50
黄铜	20～30	30～40	40～60	60～80
10～20 钢	30～40	40～60	60～80	80～100
25～35 钢	40～50	50～70	70～100	100～120

3.5.3 顶件力和压料力

对于设有顶件装置或压料装置的弯曲模，其顶件力（$F_{顶}$）或压料力（$F_{压}$）的值

可近似取自由弯曲力的 30%～80%。即

$$F_{顶}（或F_{压}）= kF_{自} \tag{3-14}$$

式中，$F_{自}$——自由弯曲力，N；

k——系数，见表 3-10。

表 3-10　系数 k 的取值

弯曲件复杂程度		简单	复杂
用途	顶件	0.1～0.2	0.2～0.4
	压料	0.3～0.5	0.5～0.8

3.5.4　弯曲时压力机公称压力的确定

对于有顶件装置的自由弯曲：

$$F_{压机} \geqslant (1.2～1.3)(F_{自} + F_{顶}) \tag{3-15}$$

对于有压料装置的自由弯曲：

$$F_{压机} \geqslant (1.2～1.3)(F_{自} + F_{压}) \tag{3-16}$$

对于校正弯曲，由于校正力比顶件力（$F_{顶}$）或压料力（$F_{压}$）大得多，所以顶件力（$F_{顶}$）或压料力（$F_{压}$）的值可以忽略不计，因此只按校正力选择压力机就可以。即

$$F_{压机} \geqslant (1.2～1.3)F_{校} \tag{3-17}$$

式中，$F_{压机}$——压力机公称压力，N。

【任务实施】

3.5.5　节能烤炉引线支架弯曲力的计算

校正弯曲力最大是在压力机工作到下死点的位置，且校正力远远大于自由弯曲力（或接触弯曲力），而在弯曲工作过程中，二者又不是同时存在，因此，只计算校正力。即

$$F_{总} = F_{校} = 32 \times 40 \times 400 = 128（kN）$$

任务 3.6 弯曲模具的典型结构

【任务描述】

在分析弯曲模具典型结构的基础上，完成节能烤炉引线支架弯曲模具总体设计。

【相关知识】

3.6.1 单工序弯曲模具

在弯曲件工艺设计之后，就可以进行弯曲模的结构设计了。常见的弯曲模结构有单工序弯曲模、连续弯曲模、复合模和通用弯曲模。下面就这些模具的典型结构逐一进行介绍。

（1）V 形件弯曲模

V 形件即为单角弯曲件，其形状简单，能够一次弯曲成形。这种形状的弯曲件可用两种方法弯曲：一种是沿着工件弯曲角的角平分线方向弯曲，称为 V 形弯曲；另一种是沿着垂直于工件一条边的方向弯曲，称为 L 形弯曲。

图 3-45 为 V 形精弯模。弯曲时，凸模 1 首先压住板料，凸模继续下降，迫使活动凹模 4 向内转动，并沿支承板 6 向下滑动，将坯料压成 V 形，凸模回程时，弹顶器使活动凹模 4 上升，由于两活动凹模板通过转轴 5 和销子铰接在一起，所以上升的同时向外转动张开，恢复到原始位置。支架 2 控制回程高度，使两活动凹模成一平面。在弯曲过程中，板料与活动凹模 4 始终保持大面积接触，使得板料在活动凹模上不会产生相对滑动和偏移，表面不会损伤，工件质量较高。这种结构特别适用于有精确孔位的小零件、坯料不易放平稳的带窄条的零件以及没有足够压料面的零件。

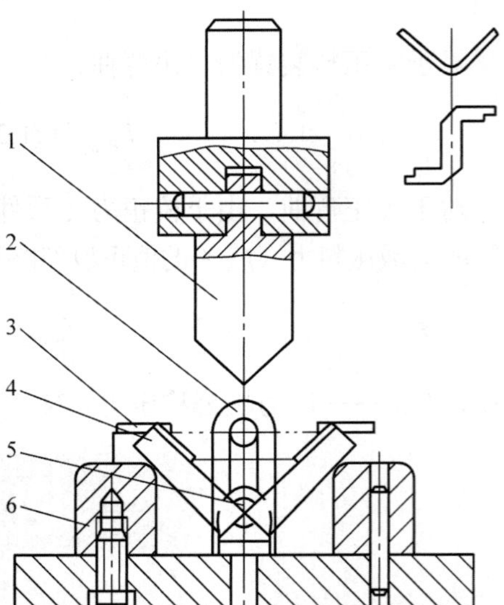

1—凸模；2—支架；3—定位板；4—活动凹模；5—转轴；6—支承板；7—顶杆。

图 3-45 V 形精弯模

L 形弯曲模常用于两直边相差较大的单角弯曲件。图 3-46 所示的 L 形件弯曲模，由于没有压料装置，弯曲时，板料容易发生偏移，并且弯曲件回弹现象严重。

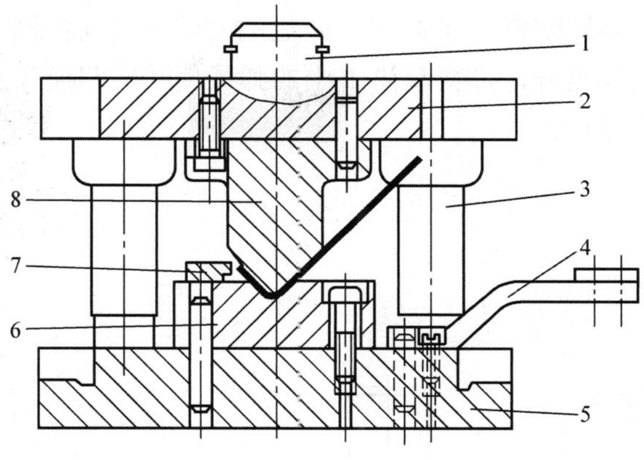

1—模柄；2—上模座；3—导柱、导套；4、7—定位板；5—下模座；6—凹模；8—凸模。

图 3-46　无压料装置的 L 形件弯曲模

图 3-47（a）所示的 L 形件弯曲模，弯曲件的长边被夹紧在压料板和凸模之间，另一边沿凹模圆角向上滑动弯曲到下止点。由于采用了定位销定位和压料装置，压弯过程中工件不易偏移。但由于弯曲件竖边无法得到校正，因此工件存在回弹现象。图 3-47（b）为带有校正作用的 L 形件弯曲模。由于压弯时工件倾斜了一定的角度，下压的校正力可以作用于原先的竖边，从而减少了回弹。图中α为倾斜角，板料较厚时取 10°，较薄时取 5°。

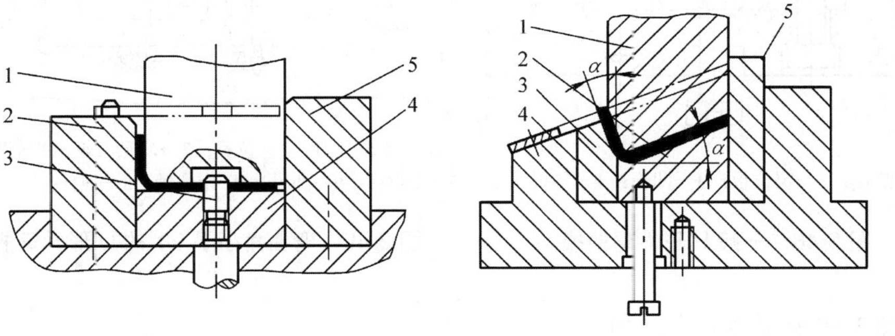

（a）

1—凸模；2—凹模；3—定位销；4—压料板；5—挡块。

（b）

1—凸模；2—压料板；3—凹模；4—定位板；5—挡块。

图 3-47　L 形件弯曲模

（2）U 形件弯曲模

图 3-48 所示模具一次能同时弯曲两个角。若工件左右圆角半径相等，可避免或减少弯曲过程中坯料的偏移。冲压时，板料被压在凸模 1 和顶板 4 之间逐渐下降，两端未被压住的材料沿凹模圆角滑动并弯曲进入凸、凹模的间隙。凸模回程时，顶板将工件顶出。由于材料的回弹，工件一般不会包在凸模上。

图 3-49 所示为弯曲角小于 90°的 U 形件弯曲模，它的下模部分设有一对回转凹模，弯曲前，回转凹模 4 在拉簧 2 的拉力作用下处于初始位置，坯料用定位板 5 和定位销 7 定位。弯曲时，凸模先将坯料弯曲成 U 形，凸模继续下降，迫使坯料底部压

向回转凹模 4 的缺口，两边的回转凹模向内侧旋转，将工件弯曲成形。弯曲结束，凸模上升，弹簧套筒 1 中的弹簧使回转凹模 4 复位。限位钉 9 用来限制回转凹模 4 的行程。

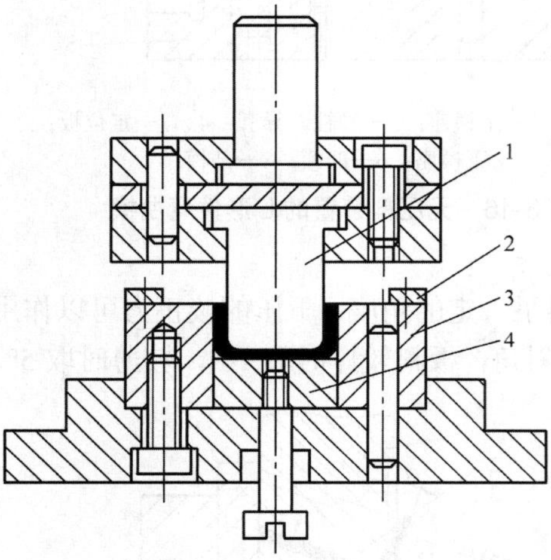

1—凸模；2—定位板；3—凹模；4—顶板。

图 3-48　一般 U 形件弯曲模

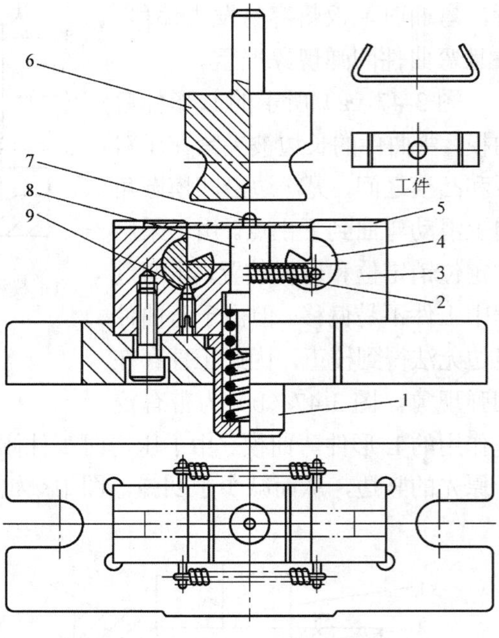

1—弹簧套筒；2—拉簧；3—支架；4—回转凹模；
5—定位板；6—凸模；7—定位销；8—顶杆；9—限位钉。

图 3-49　弯曲角小于 90°的 U 形件弯曲模 I

图3-50所示也是弯曲角小于 90°的 U 形件弯曲模。坯料首先在凸模 8 的作用下被弯成 U 形。随着上模座 4 继续向下移动，弹簧 3 被压缩，装于上模座 4 上的两块斜楔 2 压向滚柱 1，使装有滚柱 1 的活动凹模块 5、6 分别向中间移动，将 U 形件的两侧边相向里弯成小于 90°的角度。当上模回程时，弹簧 7 使凹模块复位。弯曲结束，工件被凸模带着上行，

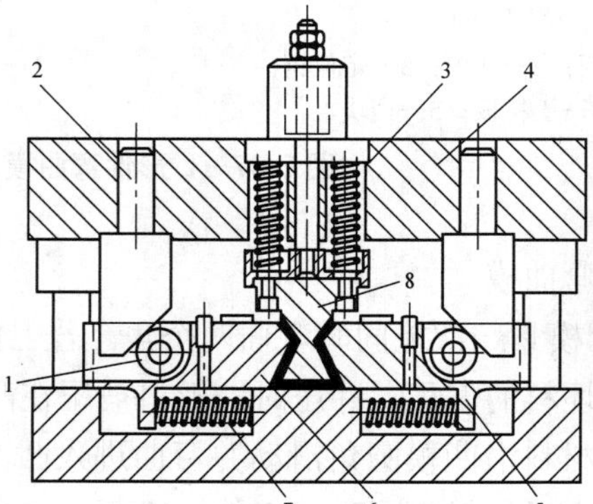

1—滚柱；2—斜楔；3—弹簧；4—上模座；
5、6—活动凹模块；7—弹簧；8—凸模。

图 3-50　弯曲角小于 90°的 U 形件弯曲模 II

沿前后方向取出制件。

（3）Z 形件弯曲模

Z 形件可一次弯曲成形。图 3-51 所示Z形件弯曲模在弯曲Z形件时，先弯曲 Z 形件的左端还是先弯曲 Z 形件的右端，取决于托板 2 上橡皮的弹力与顶板上弹顶装置的弹力的大小。若托板 2 上橡皮的弹力大于顶板上弹顶装置的弹力，则先弯 Z 形件左端再弯右端；若托板 2 上橡皮的弹力小于顶板上弹顶装置的弹力，则先弯 Z 形件右端再弯左端。本图以先弯左端再弯右端为例叙述动作过程。弯曲前，由于橡皮 3 的作用使凸模 6 与活动凸模 7 的端面平齐。弯曲时，活动凸模 7 与顶板 1 将坯料夹紧，由于托板 2 上橡皮的弹力大于作用在顶板上弹顶装置的弹力，迫使坯料向下运动，先完成左端弯曲。当顶板 1 接触下模座 8 后，活动凸模 7 停止下行，而上模的继续下行，迫使橡皮 3 压缩，凸模 6 和顶板 1 完成右端的弯曲。当压块 4 与上模座 5 相碰时，整个工件得到校正。

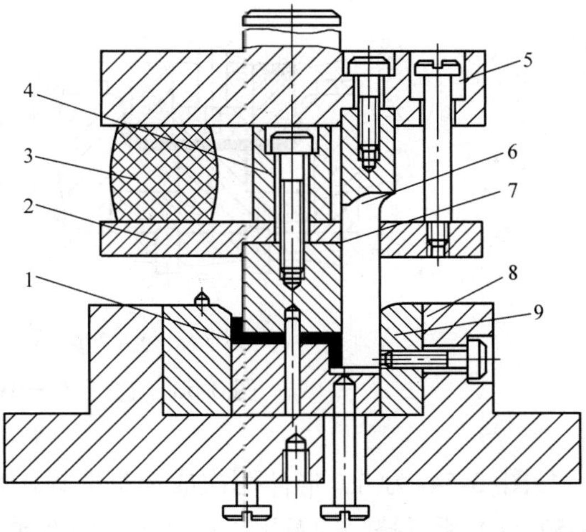

1—顶板；2—托板；3—弹簧；4—压块；5—上模座；6—凸模；7—活动凸模；8—下模座；9—反侧压块。

图 3-51　Z 形件弯曲模

（4）¯|_|¯形件弯曲模

¯|_|¯形件可以一次弯曲成形，也可以两次弯曲成形。

图 3-52 所示为¯|_|¯形件一次成形弯曲模。从图 3-52（a）可以看出，弯曲过程中，由于凸模肩部妨碍了坯料的转动，增加了坯料通过凹模圆角的摩擦力，使弯曲件侧壁容易擦伤和变薄，成形后工件两肩部与底面不易平行［图 3-52（c）］。特别是当材料厚、弯曲件直壁高、圆角半径小时，这一现象更为严重。

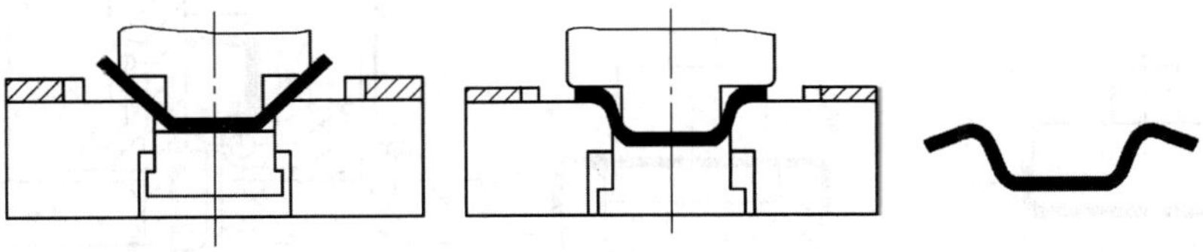

（a）　（b）　（c）

图 3-52　¯|_|¯ 形件一次成形弯曲模

图 3-53 为 ¯|_|¯ 形件一次复合成形弯曲模。弯曲前，坯料靠定位板定位。弯曲时，凸凹模 1 下行，先使坯料在凹模 2 中弯曲成 U 形，凸凹模 1 继续下行与活动凸模 3 作用，最后弯曲成 ¯|_|¯ 形件。弯曲结束，顶杆 4 顶出工件。

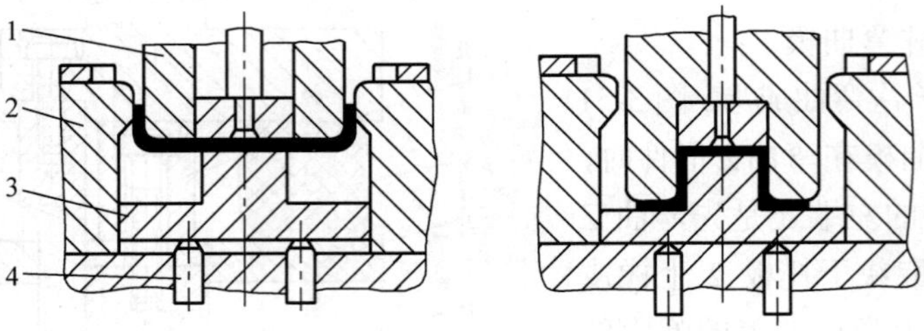

1—凸凹模；2—凹模；3—活动凸模；4—顶杆。

图 3-53　‾|_|‾ 形件一次复合成形弯曲模

图 3-54 为 ‾|_|‾ 形件两次成形弯曲模，由于采用两副模具进行弯曲，避免了图 3-52（c）所示缺陷的发生，提高了弯曲件质量。但从图 3-54（b）可以看出，只有弯曲件高度（H）>（12～15）t 时，才能使凹模保持足够的强度。

图 3-55 所示为带摆块的 ‾|_|‾ 形件弯曲模，它是对工件的两对对称弯角先后进行弯曲。弯曲前，坯料靠活动凸模 3 的上端面和两侧挡板定位。弯曲时，由于下模弹顶力（F_2）远远大于上模弹顶力（F_1），并且 F_2 超过材料的弯曲力，因此活动凸模 3 与下行的凹模 4 首先压紧中间坯料，弯出两个内角。然后凹模 4 进一步下压，带动活动凸模 3 下移，迫使两侧活动摆块 2 向外转动至水平，与下模垫板 1 压紧，完成两个外角的弯曲。由于工件的回弹作用，工件不会包裹在活动凸模 3 上，而是停留在凹模 4 的腔中，由弹压打板 5 将工件推出。

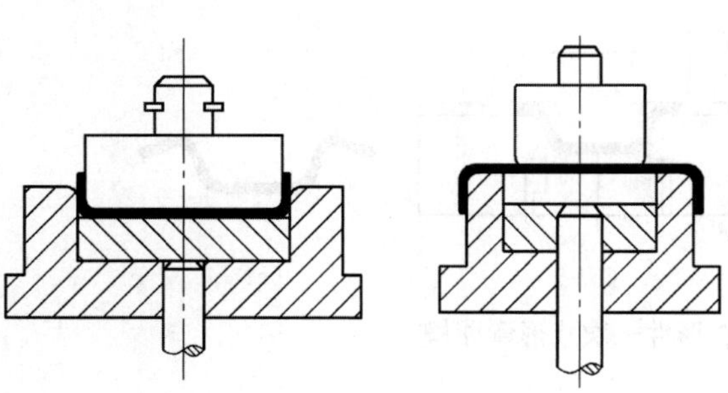

（a）　　（b）

图 3-54　‾|_|‾ 形件两次成形弯曲模

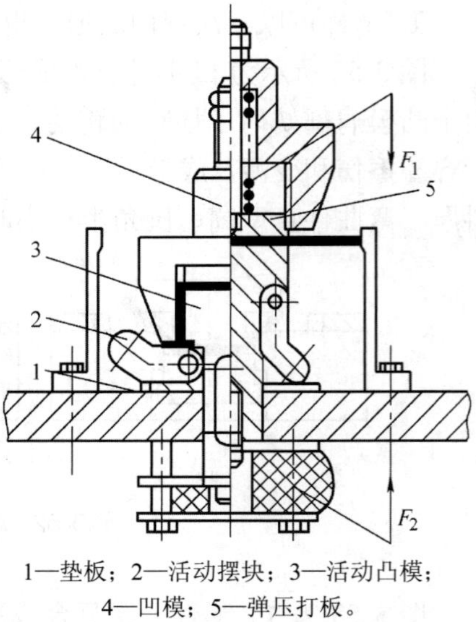

1—垫板；2—活动摆块；3—活动凸模；4—凹模；5—弹压打板。

图 3-55　带摆块的 ‾|_|‾ 形件弯曲模

图 3-56 所示为┐┌形件精弯模。弯曲前坯料放在下摆块 9 上，由定位挡板 8 定位，弯曲时凸模 7 下压坯料使左右下摆块 9 绕轴销 5 同时向中间转动，使坯料紧贴凸模 7 的圆角弯曲，同时坯料压向上摆块 6，左右上摆块 6 绕轴销 5 同时向中间转动，坯料紧贴下摆块 9 的圆角弯曲。凸模继续下压，迫使上、下摆块在转动的同时坯料弯曲成形。凸模回程时，上摆块 6、下摆块 9 和顶板 1 分别在顶芯 4、弹簧 3 和弹顶器的作用下复位，工件从凸模上取下。整个弯曲过程中，坯料与模具始终不产生滑移，所以所得工件精度较高。

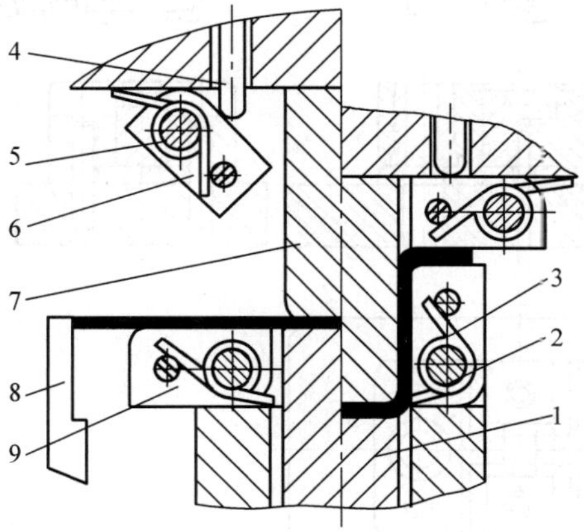

1—顶板；2、5—轴销；3—弹簧；4—顶芯；6—上摆块；7—凸模；8—定位挡板；9—下摆块。

图 3-56　┐┌形件精弯模

（5）圆形件弯曲模

圆形件的尺寸大小不同，其弯曲方法也不同，一般按直径分为小圆形件和大圆形件两种。

①直径（d）≤5 mm 的小圆形件，一般是先弯曲成 U 形，然后再将 U 形弯成圆形。

图 3-57 所示为小圆一次弯曲模。弯曲前，坯料以凹模固定板 1 的定位槽定位。弯曲时，上模下行时，芯轴凸模 5 与下凹模 2 首先将毛坯压成 U 形。上模继续下行，芯轴凸模 5 与压料板 3 不动，上模的行程用于压缩弹簧，同时由上凹模 4 将工件最后弯曲成形。上模回程后，工件留在芯轴凸模上，拔出芯轴凸模，工件自动落下，芯轴上的弹簧使芯轴自动复位。

②直径（d）≥20 mm 的大圆形件，可以一次弯曲成形，也可以多次弯曲成形。图 3-58 所示为带摆动凹模的一次弯曲成形模。坯料先由两侧定位板以及摆动凹模块 3 的上端定位，弯曲时凸模 2 先将坯料压成 U 形，然后凸模 2 继续下行，下压摆动凹模块 3 的底部，使摆动凹模块 3 绕销轴向内摆动，将工件弯成圆形。弯曲结束后向右推开支撑 1，将工件从凸模上取下。这种方法生产效率较高，但由于筒形件上部未受到校正，因而回弹较大，在工件接缝处留有缝隙和少量直边。

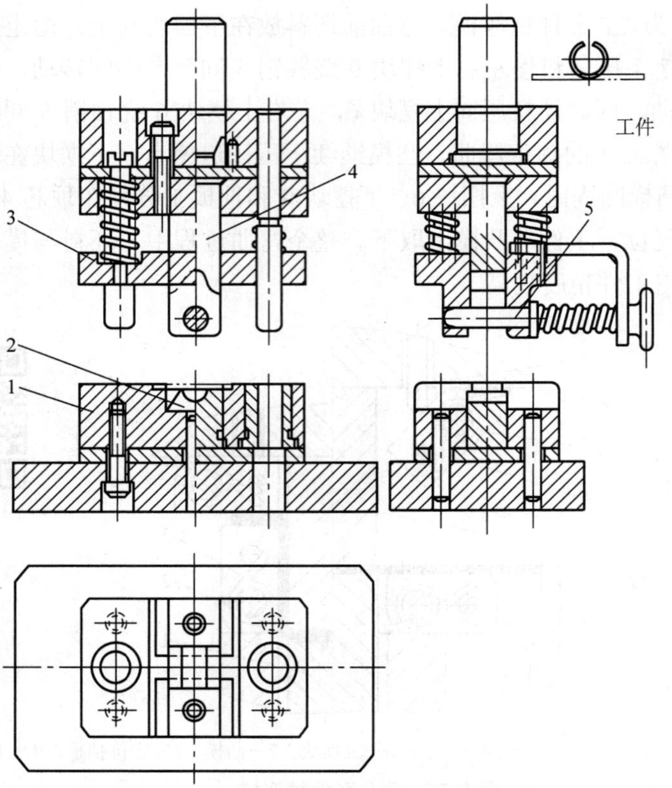

1—凹模固定板；2—下凹模；3—压料板；4—上凹模；5—芯轴凸模。

图 3-57 小圆一次弯曲模

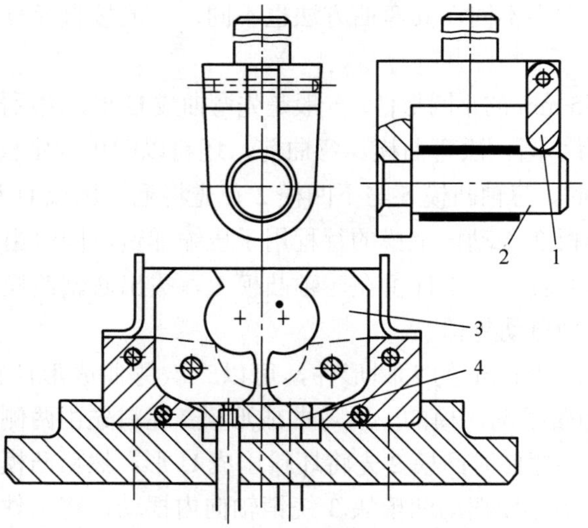

1—支撑；2—凸模；3—摆动凹模；4—顶板。

图 3-58 大圆一次弯曲成形模

图 3-59 是两道工序弯曲大圆的方法。先将坯料预弯成 3 个 120°的波浪形，然后再用第二套模具弯成圆形，工件沿凸模轴线方向取下。波浪形状由中心的三等分圆弧组成，首次弯曲的波浪形状尺寸必须经实验修正。

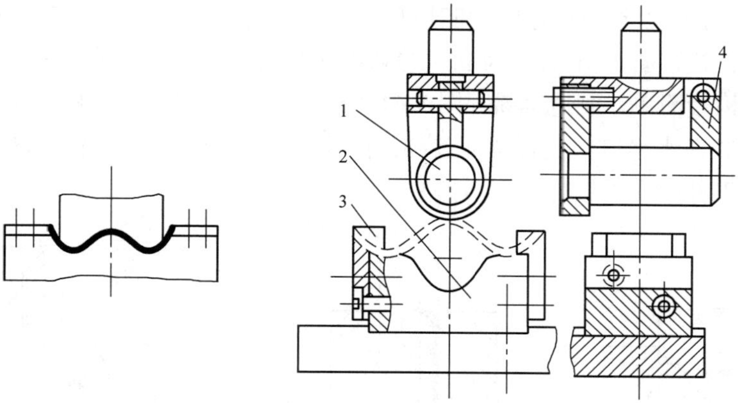

1—凸模；2—凹模；3—定位板；4—支承。

图 3-59　两道工序弯曲大圆

图 3-60 所示为自动推件圆形件一次弯曲模。坯料放在定位摆块 2 上定位。上模下行，上凹模 1 和坯料先接触，使摆块 2 摆动，坯料脱离摆块。同时，芯轴凸模 7 和上凹模 1 开始将坯料弯成倒 U 形。这时，调整螺钉 4 和升降架 5 接触，上模继续下行，迫使芯轴凸模 7 一起下移，在芯轴凸模 7 和下凹模 3 的作用下，倒 U 形件被弯成圆形。上模回程时，装在上模的推块 9 的斜面作用于滑轮 10，推动滑套 6 将留在芯轴凸模 7 上的工件自动推落。推块脱离滑轮后，弹簧 8 使滑套 6 复位。

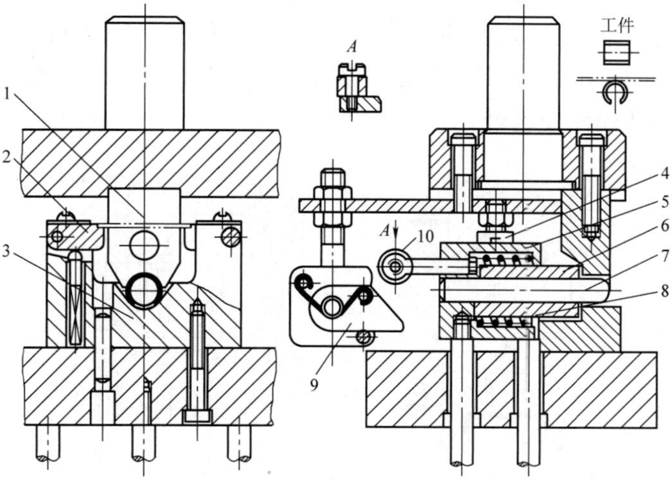

1—上凹模；2—摆块；3—下凹模；4—调整螺钉；5—升降架；
6—滑套；7—芯轴凸模；8—弹簧；9—推块；10—滑轮。

图 3-60　自动推件圆形件一次弯曲模

（6）铰链件弯曲模

铰链弯曲成形一般分两道工序进行，先将平直的坯料端部预弯成圆弧，然后再进行卷圆。铰链的卷圆成形通常采用推圆的方法。由于铰链件的回弹随相对弯曲半径比值而增加，所以卷圆成形时的凹模尺寸应比铰链的外径小 0.2～0.5 mm。图 3-61 为铰链件弯曲模，图 3-61（b）为立式卷圆模的结构，适用于材料较厚而且长度较短的铰链，结构较简单，制造容易；图 3-61（c）为卧式卷圆模的结构，利用斜楔 1 推动卷圆凹模 2 在水平方向进行弯曲卷圆，凸模 3 同时兼做压料部件。这种模具结构较复杂，但工件的质量较好。

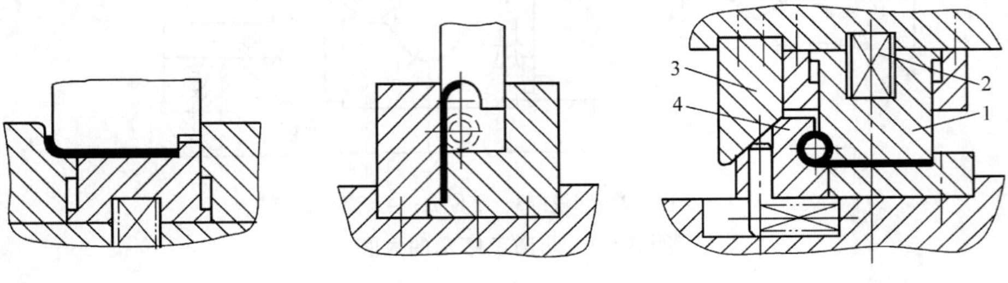

（a）预弯模　（b）立式卷圆模　（c）卧式卷圆模

1—凸模；2—弹簧；3—斜楔；4—凹模。

图 3-61　铰链件弯曲模

3.6.2　复合模具

对于尺寸不大的弯曲件，还可以采用复合模具，即在压力机一次行程内，在模具同一位置上完成落料、弯曲、冲孔等几种不同工序。图 3-62（a）、（b）是切断、弯曲结构简图，图 3-62（c）是落料、弯曲、冲孔复合模简图，该模具结构紧凑，工件精度高，但凸凹模修模困难。

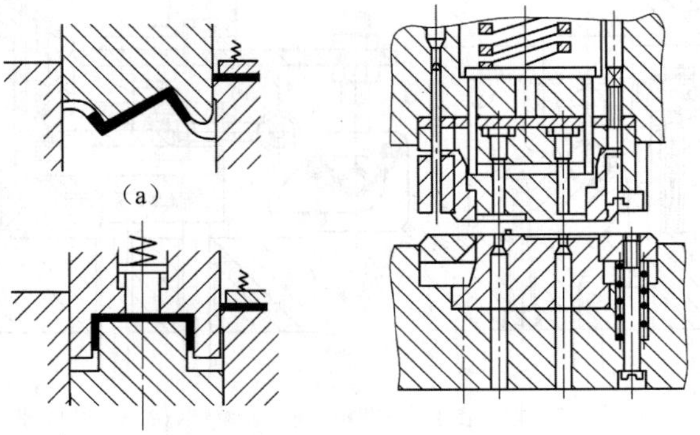

（a）　（b）　（c）

图 3-62　复合弯曲模

3.6.3　级进模具

对于批量大、尺寸较小的弯曲件，为了提高生产率，操作安全，保证产品质量等，可以采用连续弯曲模进行多工位的冲裁、压弯、切断连续二艺成形，如图 3-63 所示。

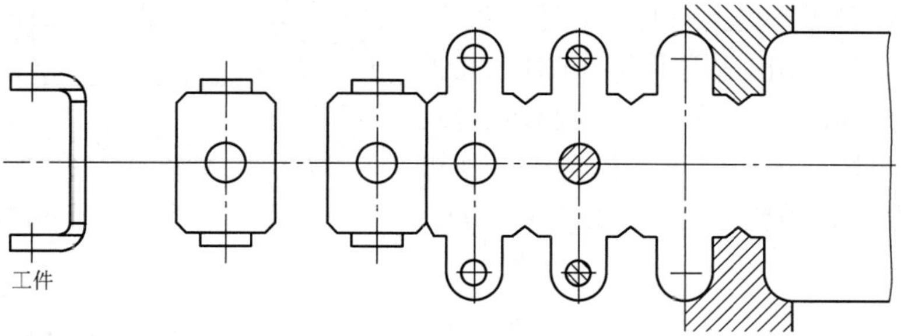

图 3-63　连续成形工艺

图 3-64 所示为同时进行冲孔、切断和弯曲的级进模。板料以导料板导向并从刚性卸料板下面送至挡块 2 右侧定位。上模下行时，板料被凸凹模 6 切断随即将所切断的坯料弯曲成形，与此同时冲孔凸模 4 在板料上冲出孔。上模回程时，卸料板卸下板料，顶件销 1 在弹簧作用下推出工件，获得侧壁带孔的 U 形弯曲件。

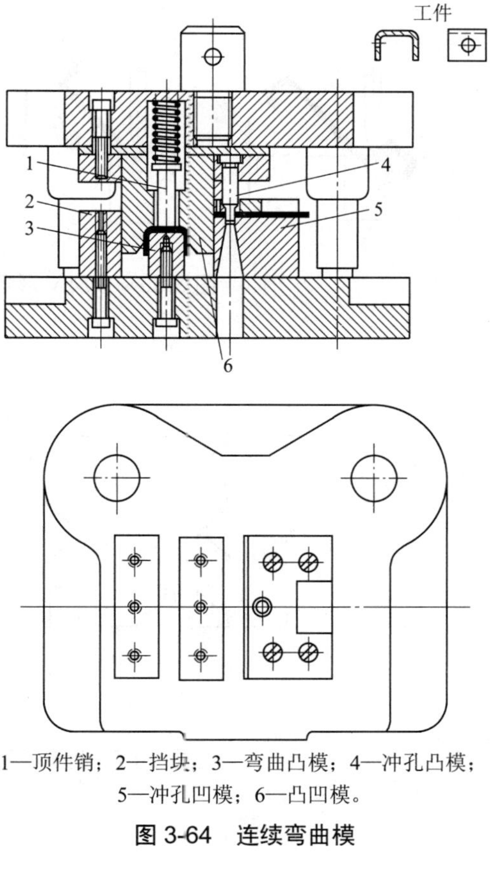

1—顶件销；2—挡块；3—弯曲凸模；4—冲孔凸模；5—冲孔凹模；6—凸凹模。

图 3-64　连续弯曲模

3.6.4　通用弯曲模具

对于小批生产或试制生产的工件，由于生产量少、品种多且形状尺寸经常改变，所以多数情况下不能使用专用弯曲模；但如果采用手工加工，不仅会影响工件的加工精度，还会延长产品生产周期，增加成本。所以一般采用通用弯曲模。

图 3-65 为通用 V 形弯曲模，凹模由两块组成，具有 4 个工作面，以供弯曲多种角度。凸模按工件弯曲角和圆角半径大小更换。

采用通用弯曲模不仅能生产出一般的V形件、U形件等，还可以生产出精度要求不高的复杂工件。图3-66是经多次V形弯曲制造复杂零件的例子。

图3-67是折弯机上用的通用弯曲模，凹模4个面上分别制出适用于弯制工件的几种槽口，如图3-67（a）所示。凸模有直臂式和曲臂式两种，工作圆角半径做成几种尺寸，以便按工件需要更换，如图3-67（b）、（c）所示。

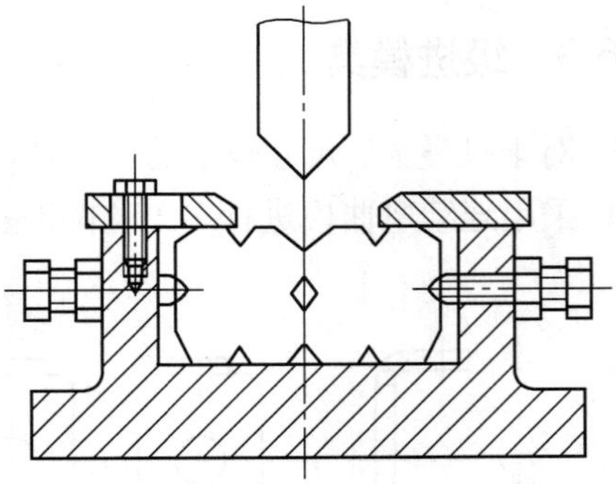

图3-65 通用V形弯曲模

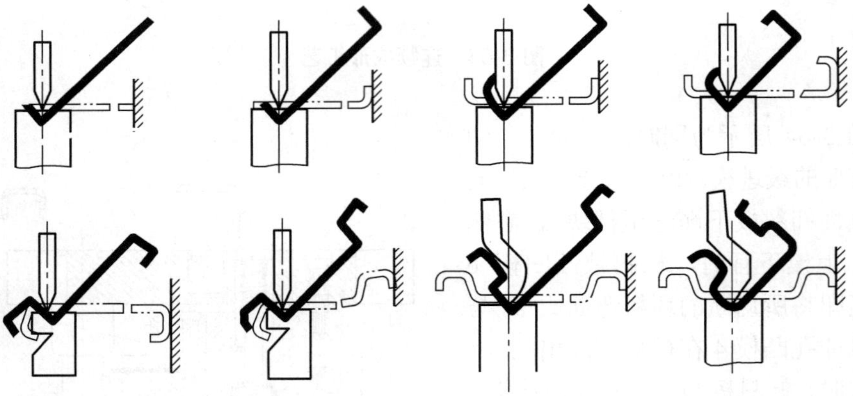

图3-66 多次V形弯曲制造复杂零件示例

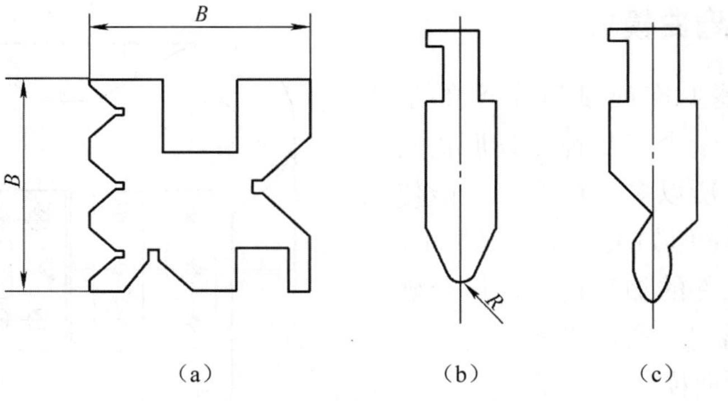

图3-67 折弯机用弯曲模的端面形状

【任务实施】

3.6.5　节能烤炉引线支架弯曲模具总体设计

该模具采用弯曲单工序模，上模主要由上模座、凸模等零件组成；下模主要由凹模、凹模固定板、顶板、凹模垫板、顶杆、螺钉和下模座等零件组成。弯曲工件由下面的弹顶装置顶出。

任务 3.7　弯曲模具的结构设计

【任务描述】

完成节能烤炉引线支架工作部分尺寸设计、零件结构设计、选择标准模架、绘制模具总装图。

【相关知识】

3.7.1　弯曲模具的结构设计要点

进行弯曲模的结构设计时，应注意以下几点：①毛坯放置在模具上必须保证有正确可靠的定位。当工件上有孔并且允许其作为定位孔时，应尽量利用工件上的孔定位。若工件上无孔但允许在毛坯上冲制工艺孔时，可以考虑在毛坯上设计出定位工艺孔。当工件上不允许有工艺孔时，应考虑用定位板对毛坯外形定位，同时应设置压料装置压紧毛坯以防止弯曲过程中毛坯的偏移。②弯曲凸、凹模的定位要准确，结构要牢靠，不允许有相对转动、位移。③当采用多道工序弯曲时，各工序尽可能采用同一定位基准。④设计模具结构应注意放入和取出工件的操作要安全、迅速和方便。⑤确定弹性材料的准确回弹值时，需要通过试模对凸、凹模进行修正，因此模具结构设计要便于拆卸。

3.7.2　弯曲模具工作部分尺寸的设计

弯曲模工作部分的尺寸主要是指凸模、凹模的圆角半径和凹模的深度。对于 U 形件的弯曲模还应有凸、凹模间隙和模具横向尺寸等。

3.7.2.1 凸模圆角半径

当弯曲件的相对弯曲半径（r/t）较小时，取凸模圆角半径（$r_{凸}$）等于或略小于弯曲件内侧的圆角半径（r），但不能小于表 3-1 所列的最小弯曲半径（r_{min}）。若弯曲件的 r/t 小于最小相对弯曲半径（r_{min}/t），则弯曲时应取 $r_{凸}>r_{min}$，然后增加一道整形工序，使整形模的凸模圆角半径（$r_{凸}$）$=r$。

当弯曲件的相对弯曲半径（r/t）较大（$r/t>10$），精度要求较高时，必须考虑回弹的影响，根据回弹值的大小对凸模圆角半径（$r_{凸}$）进行修正。

3.7.2.2 凹模圆角半径

凹模圆角半径（$r_{凹}$）的大小对弯曲力以及弯曲件的质量均有影响。$r_{凹}$ 过小会使弯矩的弯曲力臂减小，毛坯沿凹模圆角滑入时的阻力增大，弯曲力增加，并易使工件表面擦伤甚至出现压痕。凹模两边的圆角半径应一致，否则在弯曲时毛坯会发生偏移。

实际生产中，$r_{凹}$ 通常根据材料的厚度（t）选取：

$$t \leqslant 2\ \text{mm},\quad r_{凹}=(3\sim 6)t$$

$$2<t\leqslant 4\ \text{mm},\quad r_{凹}=(2\sim 3)t$$

$$t>4\ \text{mm},\quad r_{凹}=2t$$

对于 V 形弯曲模的凹模底部圆角半径（$r'_{凹}$），可依据弯曲变形区坯料变薄的特点取 $r'_{凹}$ 为 $(0.6\sim0.8)(r_{凸}+t)$ 或者开退刀槽。

3.7.2.3 凹模深度

凹模深度要适当。若过小，则弯曲件两端自由部分太长，工件回弹大，不平直；若深度过大，则凹模增高，多耗模具材料，并需要较大的压力机工作行程。

对于 V 形件弯曲模：凹模深度（l_0）及底部最小厚度（h）如图 3-68（a）所示，数值查表 3-11。但应保证凹模开口宽度（$L_{凹}$）之值不大于弯曲坯料展开长度的 0.8 倍。

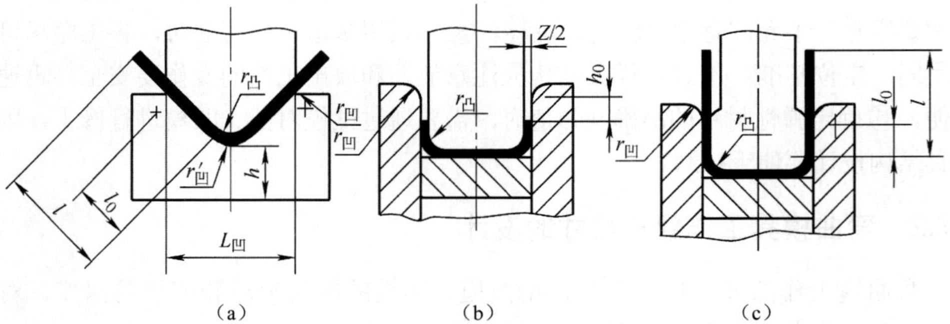

图 3-68 弯曲模工作部分尺寸

表 3-11　不同材料厚度的弯曲 V 形件的凹模深度及底部最小厚度　　单位：mm

弯曲件的边长（l）	t≤2		2＜t≤4		t＞4	
	凹模深度（l_0）	底部最小厚度（h）	凹模深度（l_0）	底部最小厚度（h）	凹模深度（l_0）	底部最小厚度（h）
＞10～25	10～15	20	15	22	—	—
＞25～50	15～20	22	25	27	30	32
＞50～75	20～25	27	30	32	35	37
＞75～100	25～30	32	35	37	40	42
＞100～150	30～35	37	40	42	50	47

注：t 为材料厚度。

对于 U 形件弯曲模：若直边高度不大或要求两边平直，则凹模深度应大于工件的深度，如图 3-68（b）所示，图中 h_0 见表 3-12；若弯曲件直边较长，且平直度要求不高，则凹模深度可以小于工件的高度，如图 3-68（c）所示，凹模深度（l_0）见表 3-13。

表 3-12　弯曲 U 形件凹模的底部最小厚度　　单位：mm

材料厚度（t）	≤1	＞1～2	＞2～3	＞3～4	＞4～5	＞5～6	＞6～7	＞7～8	＞8～10
h_0	3	4	5	6	8	10	15	20	25

表 3-13　弯曲 U 形件的凹模深度　　单位：mm

弯曲件的边长（l）	材料厚度				
	≤1	＞1～2	＞2～4	＞4～6	＞6～10
≤50	15	20	25	30	35
＞50～75	20	25	30	35	40
＞75～100	25	30	35	40	40
＞100～150	30	35	40	50	50
＞150～200	40	45	55	65	65

3.7.2.4　凸、凹模间隙

V 形件弯曲时，凸、凹模的间隙是靠调整压力机的闭合高度来控制的，不需要在设计、制造模具时确定。但在模具设计中，必须考虑到模具闭合时使模具工作部分与工件能紧密贴合，以保证弯曲质量。

对于 U 形件弯曲，必须合理确定凸、凹模之间的间隙。若间隙过大，则回弹大，工件的形状和尺寸不易保证。若间隙过小，则会加大弯曲力，使工件厚度减薄，增加摩擦力，擦伤工件并降低模具寿命。U 形件凸、凹模的单面间隙值一般可按下式计算：

$$弯曲有色金属：\frac{Z}{2}=t_{\min}+Ct \tag{3-18}$$

$$弯曲黑色金属：\frac{Z}{2}=t_{\max}+Ct \tag{3-19}$$

式中，$\frac{Z}{2}$——凸、凹模单面间隙，mm，如图 3-69（a）所示；

$t_{\min}$、$t_{\max}$——板料的最小厚度和最大厚度，mm；

t——板料厚度的基本尺寸，mm；

C——间隙系数，其值按表 3-14 选取。

当工件精度要求较高时，间隙值应适当减小，可以取 $\frac{Z}{2}=(0.95\sim1)t$。

表 3-14 U 形件弯曲模凸、凹模的间隙系数（C） 单位：mm

弯曲件高度（h）	b/h≤2				b/h＞2				
	t＜0.5	0.5≤t＜2	2≤t＜4	4≤t＜5	t＜0.5	0.5≤t＜2	2≤t＜4	4≤t＜7.6	7.6≤t＜12
10	0.05	0.05	0.04	—	0.10	0.10	0.08	—	—
20	0.05	0.05	0.04	0.03	0.10	0.10	0.08	0.06	0.06
35	0.07	0.05	0.04	0.03	0.15	0.10	0.08	0.06	0.06
50	0.10	0.07	0.05	0.04	0.20	0.15	0.10	0.06	0.06
70	0.10	0.07	0.05	0.05	0.20	0.15	0.10	0.10	0.08
100	—	0.07	0.05	0.05	—	0.15	0.10	0.10	0.08
150	—	0.10	0.07	0.05	—	0.20	0.15	0.10	0.10
200	—	0.10	0.07	0.07	—	0.20	0.15	0.15	0.10

注：b 为弯曲件宽度；t 为材料厚度。

3.7.2.5 U 形件弯曲凸、凹模横向尺寸及公差

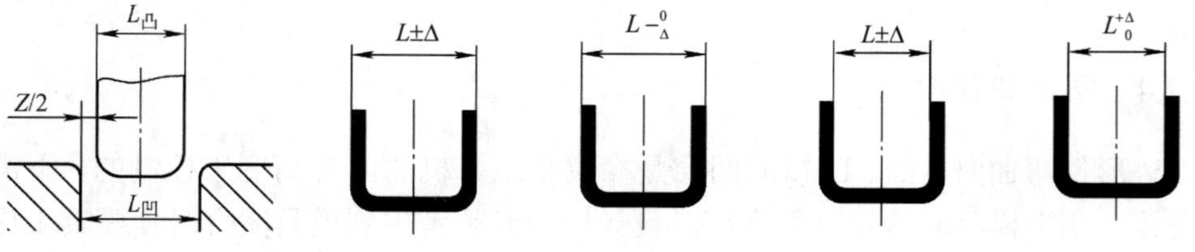

（a） （b） （c） （d） （e）

图 3-69 弯曲模及工件的尺寸标注

（1）弯曲件标注外形尺寸

应以凹模为基准件，先确定凹模尺寸，然后再减去间隙值确定凸模尺寸。

当弯曲件为双向对称偏差时［图3-69（b）］，凹模尺寸为

$$L_{凹}=(L-0.5\Delta)_{0}^{+\delta_{凹}} \tag{3-20}$$

当弯曲件为单向偏差时［图3-69（c）］，凹模尺寸为

$$L_{凹}=(L-0.75\Delta)_{0}^{+\delta_{凹}} \tag{3-21}$$

凸模尺寸为

$$L_{凸}=(L_{凹}-Z)_{-\delta_{凸}}^{0} \tag{3-22}$$

或者凸模尺寸按凹模实际尺寸配制，保证单面间隙值$\frac{Z}{2}$。

（2）弯曲件标注内形尺寸

应以凸模为基准件，先确定凸模尺寸，然后再增加间隙值确定凹模尺寸。

当弯曲件为双向对称偏差时［图3-69（d）］，凸模尺寸为

$$L_{凸}=(L+0.5\Delta)_{-\delta_{凸}}^{0} \tag{3-23}$$

当弯曲件为单向偏差时［图3-69（e）］，凸模尺寸为

$$L_{凸}=(L+0.75\Delta)_{-\delta_{凸}}^{0} \tag{3-24}$$

凹模尺寸为

$$L_{凹}=(L_{凸}+Z)_{0}^{+\delta_{凹}} \tag{3-25}$$

或者凹模尺寸按凸模实际尺寸配制，保证单面间隙值$\frac{Z}{2}$。

式中，L——弯曲件的基本尺寸，mm；

$L_{凸}$、$L_{凹}$——凸模、凹模工作部分尺寸，mm；

Δ——弯曲件尺寸公差，mm；

$\delta_{凸}$、$\delta_{凹}$——凸、凹模制造公差，选用IT7～IT9级精度，一般取凸模的精度比凹模精度高一级；

$\frac{Z}{2}$——凸、凹模单面间隙，mm。

【任务实施】

3.7.3 节能烤炉引线支架弯曲模具设计

3.7.3.1 节能烤炉引线支架弯曲模工作部分尺寸计算

（1）凸模圆角半径

由于此工件的 r/t 较小，但不小于工件材料所允许的最小弯曲半径，故凸模圆角半径为 $r_{凸}=r=2.5\,\text{mm}$。

（2）凹模圆角半径

凹模圆角半径（$r_{凹}$）一般按材料厚度（t）来选取。因为此材料厚度为 2 mm，所以 $r_{凹}$=（2～3）t，故凹模圆角半径取 $r_{凹}$=5 mm。

（3）凹模工作部分深度的设计计算

凹模工作部分的深度将决定板料的进模深度，同时也影响到弯曲件直边的平直度，对工件的尺寸精度造成一定的影响。此弯曲件直边高度为 20 mm，板厚 2 mm，凹模工作部分深度（$h_{凹}$）=20 mm。

（4）凸凹模间隙

当工件精度要求不高或校正弯曲时，生产中常采取调整凸凹模间隙的方法解决工件回弹问题。设计弯曲模结构时，把凹模做成可调式，本例即采用了此方法。由于凹模设计为可调式，故也可将模具的凸凹模间隙值初选为材料厚度。

（5）凸凹模横向尺寸及公差

工件标注外形尺寸时，以凹模为基准进行计算，间隙取在凸模上。

凹模横向尺寸：

$$L_{凹}=(L-0.75\Delta)_{0}^{+\delta_A}=(32-0.75\times0.6)_{0}^{+0.03}=31.55\ （\text{mm}）$$

凸模横向尺寸：

$$L_{凸}=(L-Z_{\min})_{-\delta_T}^{0}=(31.55-2)_{-0.02}^{0}=29.55_{-0.02}^{0}\ （\text{mm}）$$

3.7.3.2 节能烤炉引线支架模具主要零部件的设计

弹顶器采用聚氨酯橡胶做弹性元件，弹性元件的高度按凸模工件进入凹模深度 5 倍的值选取，弹顶器如图 3-70 所示。

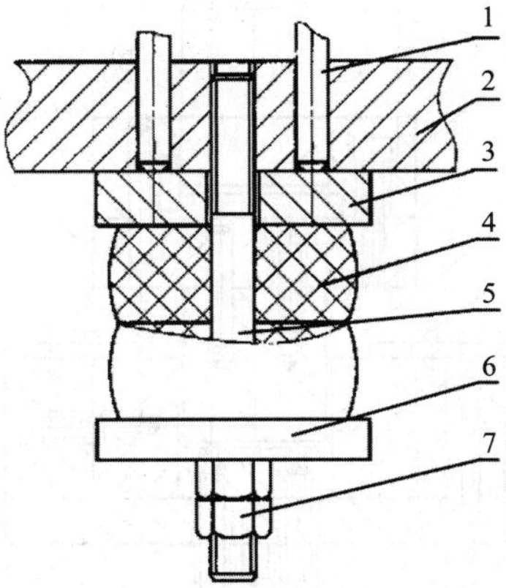

1—顶杆；2—下模座；3—上托板；4—橡胶；
5—螺杆；6—下垫板；7—螺母。

图 3-70　弹顶器

3.7.3.3　节能烤炉引线支架模具冲压设备的选定

初选压力机的公称压力为 250 kN，即 J23-25 型压力机。

J23-25 型压力机的滑块行程为 75 mm，大于工件高度的两倍，满足支承板弯曲时的冲压行程。

压力机的闭合高度是指滑块在下死点时，滑块底面到工作台上平面之间的距离。它与压力机的配合应该遵守下列关系：

$$(H_{max}-H_d)-5>H>(H_{min}-H_d)+10$$

$$260-5>H>205+10$$

$$255>H>215$$

压力机工作台尺寸（前后×左右）：370 mm×560 mm。

模柄尺寸：ϕ40 mm×60 mm。

3.7.3.4　节能烤炉引线支架模具弯曲模总装图绘制

弯曲件模具图如图 3-71 所示。

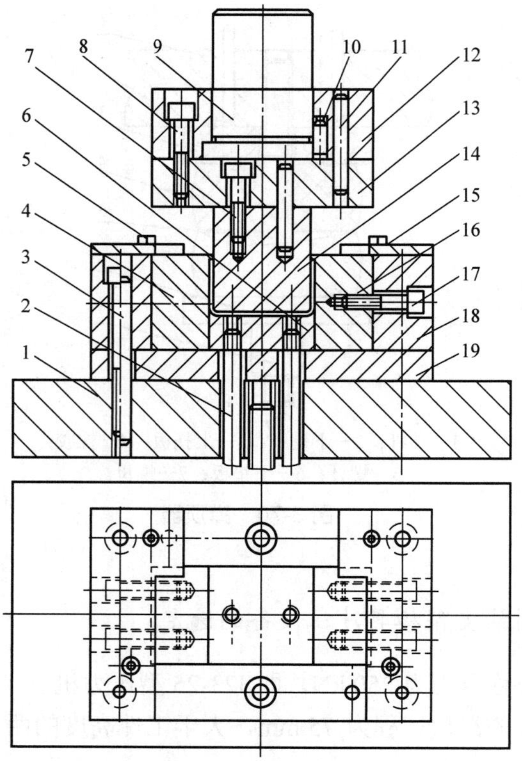

1—下模座；2—顶杆；3、5、7、8、17—螺钉；4—凹模；6—顶件板；9—模柄；10、11—销钉；12—上模座；13—凸模固定板；14—凸模；15—定位板；16—凹模；18—凹模固定板；19—凹模垫板。

图 3-71 弯曲件模具图

实训与练习

1．实训

设计一套弯板弯曲模，零件如图 3-72 所示。

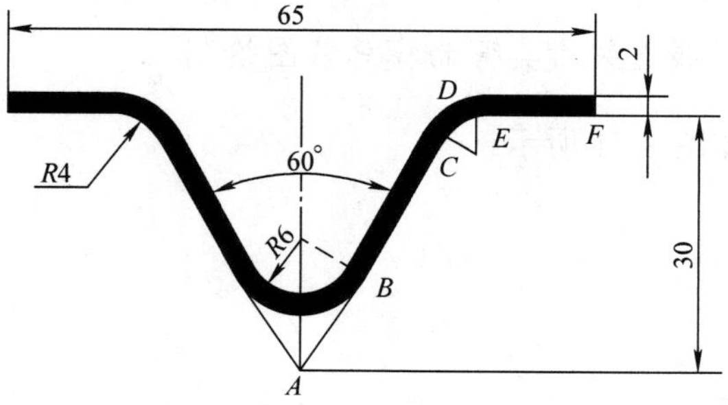

图 3-72 弯板

（1）时间：5 d。

（2）要求：绘制模具装配图一张，工作零件、上模座零件、下模座零件图，并简述设备的选用依据。

2．练习

（1）弯曲变形产生回弹的原因是什么？如何减小回弹？

（2）弯曲时的变形程度用什么表示？弯曲时的极限变形程度受哪些因素影响？

（3）弯曲过程中坯料可能产生偏移的原因有哪些？如何减小和克服偏移？

（4）什么情况下采取拉弯工艺？拉弯为什么可减小回弹？

（5）试完成图3-73弯曲制件的冲压工序安排，并计算坯料长度。

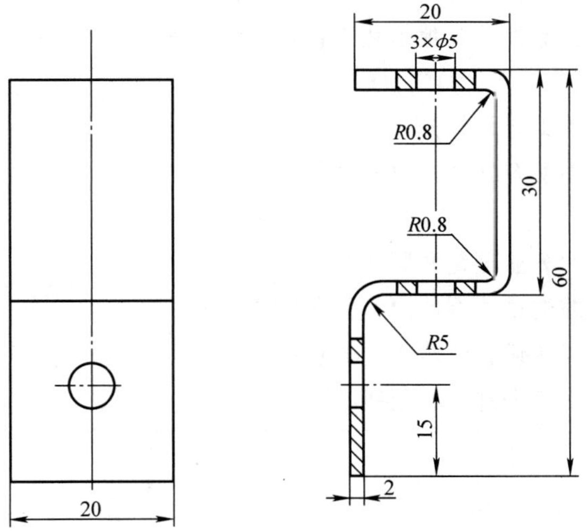

图3-73　制件

项目4　拉深模具设计

【知识目标】

了解拉深工艺原理及变形过程；

掌握拉深件的质量分析；

掌握拉深件毛坯、拉深力及拉深工艺计算；

掌握拉深模工作零件及其他组成零部件的设计方法。

【能力目标】

能进行拉深件的工艺设计；

能独立设计中等复杂程度的拉深模具。

【素质目标】

培养学生良好的职业道德和职业习惯；

培养学生良好的沟通协调能力和团队协作精神；

培养学生的节能意识和清洁生产意识；

培养学生强烈的安全意识和创新精神。

【项目描述】

图4-1所示的某型号节能烤炉油封钢圈，材料为08钢，厚度为1.5 mm，大批量生产，未注公差IT14级，要求完成该零件的拉深工艺性分析和拉深模具设计工作。

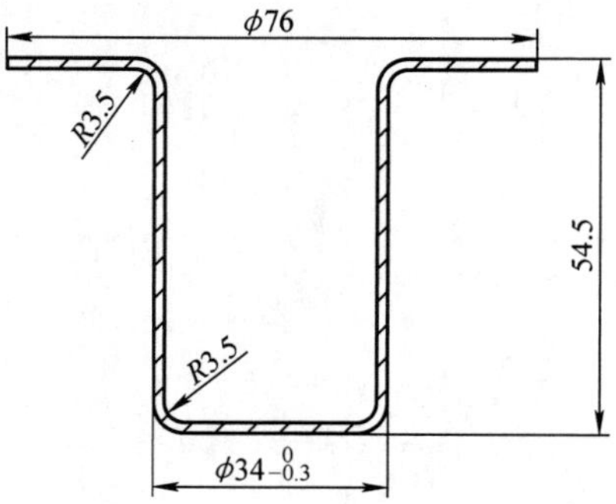

图4-1　节能烤炉油封钢圈

任务 4.1　圆筒形件拉深的变形分析

【任务描述】

分析拉深时金属在拉深过程中的流动情况，理解拉深工艺的变形过程及拉深过程中坯料不同区域的应力、应变状态。

【相关知识】

4.1.1　拉深工艺概述

在压力机上，将冲裁成一定形状的平板毛坯加工成各种形状带底的开口空心零件或由大口径空心件再塑变成为小口径空心件的成形方法称为拉深（或拉延、压延）。拉深工艺广泛应用于汽车、拖拉机、仪表、电子、航空航天等各个工业部门和日常生活用品的生产中，是冷冲压的基本工序之一。

用拉深工艺可以制得筒形、阶梯形等直壁旋转体零件［图 4-2（a）］和球形、锥形、抛物线形等曲面旋转体零件［图 4-2（b）］，也可制成方盒形等直壁非旋转体零件［图 4-2（c）］，若将拉深与其他成形工艺（如胀形、翻边等）复合，则可加工出形状非常复杂的不规则零件［图 4-2（d）］。

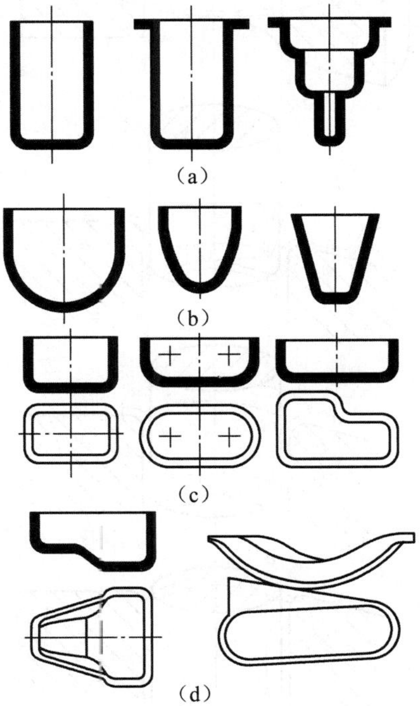

图 4-2　拉深件的类型

依据毛坯形状划分拉深工艺：由平板毛坯塑变成带底的开口空心件的成形方法称为平板（首道）拉深；由大口径空心件再塑变成为小口径空心件的成形方法称为以后各次拉深。依据壁厚变化划分拉深工艺：拉深后制件的壁厚与毛坯厚度相比变化不大的拉深工艺称为不变薄拉深；拉深后制件的壁厚与毛坯厚度相比明显变薄的拉深工艺称为变薄拉深。不变薄拉深工艺在生产上广泛应用，本项目就其工艺分析与模具设计进行重点阐述。

4.1.2 拉深变形过程

用拉深工艺制造的零件中，旋转体拉深件最为常见，本节以直壁旋转体拉深件——圆筒形件的拉深为代表分析拉深工艺的变形过程及拉深过程中坯料的应力、应变状态。

拉深变形过程如图 4-3 所示。拉深时，随着凸模的不断下行，拉深凹模表面上直径为 D、厚度为 t 的圆形平板毛坯受到拉深凸模的作用被压入凹模洞口，处于凸模下面的材料基本不变形并成为拉深件的底部，而留在凹模表面上的凸缘部分的毛坯外径不断缩小，逐渐被拉进凸凹模的间隙中形成直壁，直至凸缘部分的材料全部转变为筒壁，拉深过程结束。可见，坯料在拉深过程中，通过筒壁向凹模表面上的凸缘部分传递凸模的作用力，使材料的变形主要集中在凸缘部分，可以说拉深过程就是凸缘部分材料逐步减少转变为筒壁的过程。

如果不用模具，只要去掉图 4-4 中的三角形阴影部分，再将剩余部分狭条沿直径 d 的圆周弯折起来，并加以焊接就可以得到直径为 d，高度 $(h)=(D-d)/2$，周边带有焊缝，口部呈波浪的开口筒形件。这说明圆形平板毛坯在成为筒形件的过程中必须去除“多余材料”。但圆形平板毛坯在拉深成形过程中并没有去除“多余材料”，

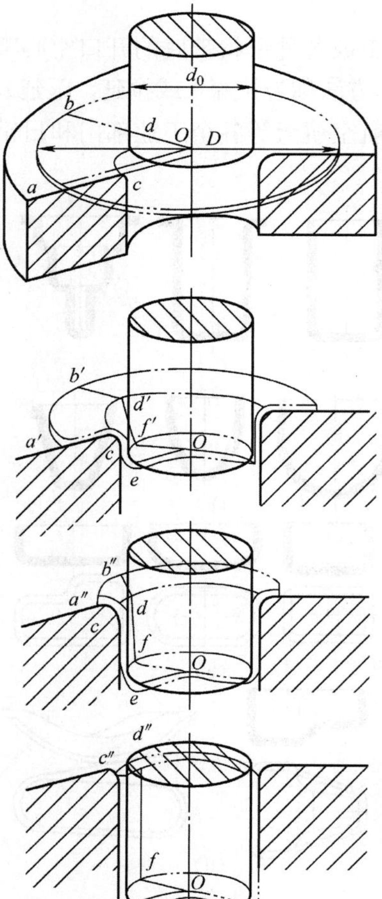

图 4-3 圆筒形件的拉深

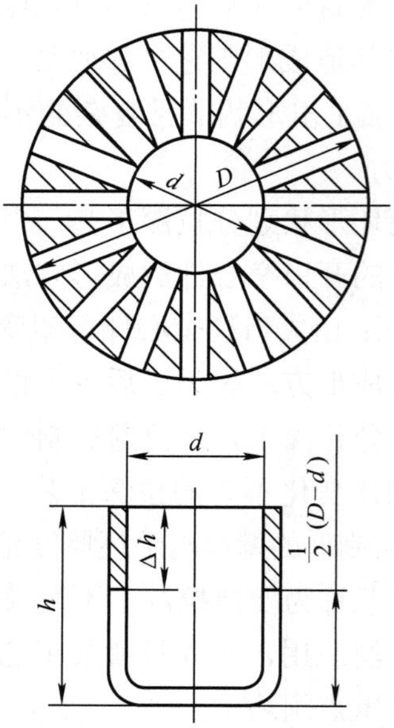

图 4-4 拉深时材料的转移

而拉深获得的工件高度大于 h，工件的壁厚增加了，因此只能认为三角形阴影部分材料是多余的，在模具的作用下产生了流动，发生了转移。

通过网格试验分析拉深时材料的转移，可进一步说明拉深时金属的流动情况，如图 4-5 所示。

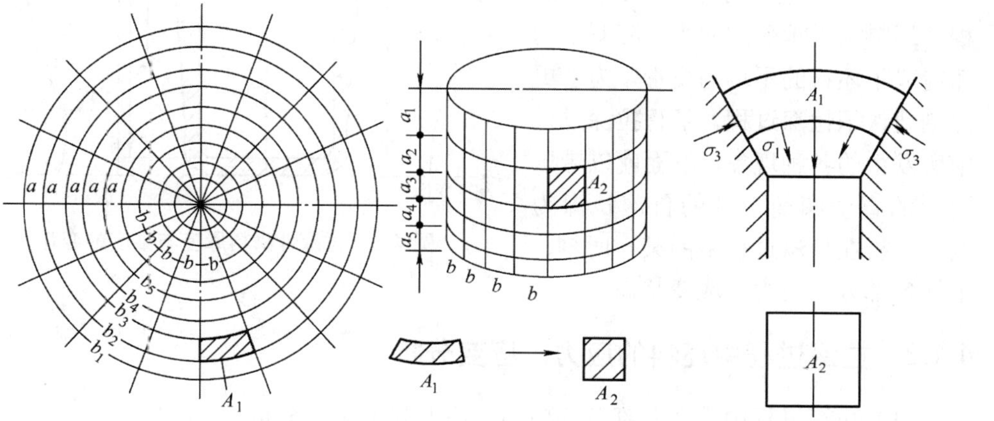

（a）网格的变化　　（b）扇形小单元的变形

图 4-5　拉深件的网格试验

拉深前，在圆形平板毛坯上画出由等间距为 a 的同心圆和等分度的辐射线组成的网格。拉深后，可以看到不同区域的网格发生了不同程度的变化，以下通过网格的变化分析金属在拉深过程中的流动情况：

①筒形件底部的网格基本上保持原来的形状，说明凸模底部的金属没有明显的流动。

②切向不等径的同心圆转变为筒壁上平行的同周长圆，间距 a 增大，越靠近筒的上部增加越多，即 $a_1>a_2>a_3>\cdots>a$，说明金属径向应变为拉应变，越靠近外圆的金属径向流动越大。

③径向等分度的同心辐射线转变为筒壁上平行的竖直线，且竖直线间距相等均为 b。说明切向应变为压应变，越靠近外圆的金属切向流动越大。

④如图 4-5（b）所示，若从网格取一单元体，在拉深前是扇形网格，面积为 A_1，拉深后变为矩形网格，面积为 A_2，相当于在一个楔形槽中拉着扇形网格通过一样，受到切向压应力和径向拉应力的作用，金属产生径向伸长变形和切向压缩变形形成矩形网格。

⑤经测量获知，底部厚度略有变小（一般忽略不计），筒壁厚度由底部向口部逐渐增厚，如图 4-6 所示，说明筒壁口部变形程度大，转移金属量多。但因为获得拉深件的厚度平均值与毛坯厚度几乎相等，忽略微小的厚度变化可近似认为拉深前后

小单元的面积不变，即 $A_1=A_2$，说明拉深前后毛坯与工件的表面积相等。

此外，由于毛坯各处的变形程度不同，加工硬化程度也不同，则沿高度方向筒壁各部分的硬度也不同，越到零件口部硬度越高（图 4-6）。

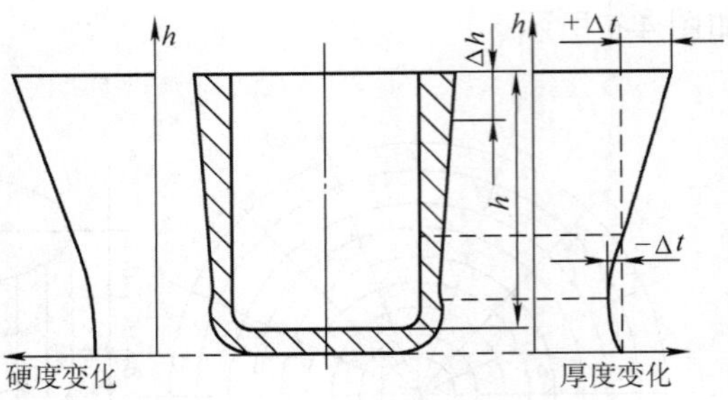

图 4-6　拉深件材料厚度与硬度的变化

这些特点说明了在拉深变形过程中坯料由于承受的应力、应变不同而造成了坯料的不均匀变形。为了更深刻地认识拉深过程，了解拉深过程中所发生的各种现象，下面就以带压边圈的直壁圆筒形件的首次拉深为例，分析在拉深过程中的某一时刻，毛坯各部分的应力、应变状态。

4.1.3　拉深过程中坯料的应力、应变分析

（1）拉深过程中毛坯各部分的应力、应变状态定性分析

拉深过程实质上是将毛坯的凸缘部分材料逐渐转移到筒壁部分的过程。下面分析拉深过程中应力、应变状态。

根据应力、应变状态的不同，可得拉深毛坯划分为 5 个区域，如图 4-7 所示。

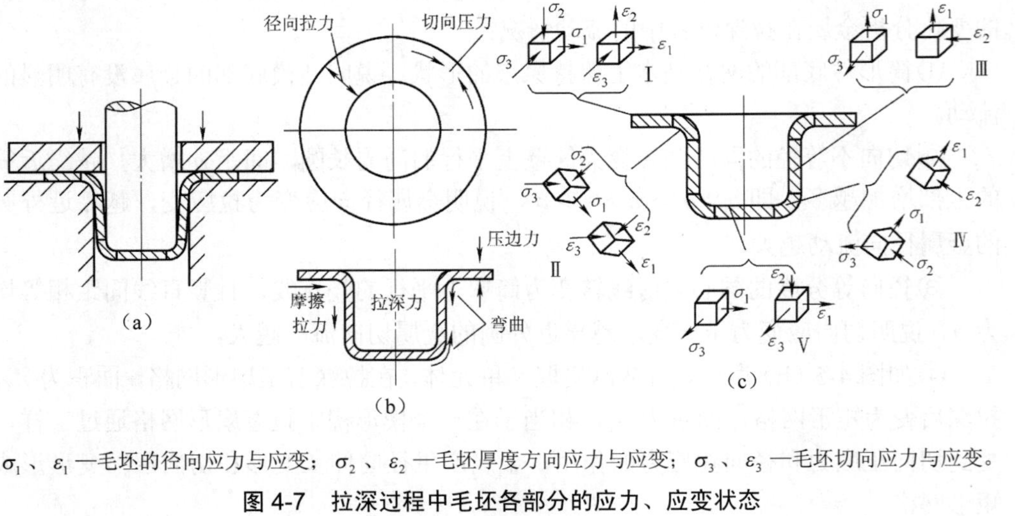

σ_1、ε_1 —毛坯的径向应力与应变；σ_2、ε_2 —毛坯厚度方向应力与应变；σ_3、ε_3 —毛坯切向应力与应变。

图 4-7　拉深过程中毛坯各部分的应力、应变状态

Ⅰ——凸缘部分（主要变形区），是拉深时的主要变形区，变形部分主要发生在未贴凸模，还在凹模模面上的区域。材料在径向受拉应力（σ_1）和切向受压应力（σ_3）

的共同作用下，产生径向伸长与切向压缩变形，并逐步被拉入凸凹模间的间隙中形成直壁。在压边圈作用下，板厚方向产生压应力（σ_2）。所以拉深中径向产生拉应变（ε_1），切向产生压应变（ε_3）。由于凸缘部分最大主应变是切向压缩应变，由塑性变形体积不变原理（$\varepsilon_1+\varepsilon_2+\varepsilon_3=0$）可知，板厚略有变厚，为拉应变（$\varepsilon_2$）。当变形程度较大，板料又较薄时，凸缘部分特别是外缘部分的金属，在切向受压应力（σ_3）的作用下可能失稳而拱起形成起皱。

Ⅱ——凹模圆角部分（过渡变形区），此处材料变形比较复杂，拉深中材料经过凹模时，受到弯曲和拉伸作用而被拉长和变薄，切向也有少量压缩变形。和凸缘部分变形相似，径向受拉应力（σ_1）和拉应变（ε_1）作用，切向受压应力（σ_3）和压应变（ε_3）作用，拉应变（ε_1）为绝对值最大的应变。由塑性变形体积不变条件知 ε_2 为压应变。

Ⅲ——筒壁部分（传力区），是已经结束了塑性变形阶段的已变形区，且已经发生了加工硬化，基本上不再发生变形。在继续拉深时，凸模作用的拉深力要经过筒壁传递到凸缘部分，所以此处又是传力区。筒壁部分除受凸凹模的挤压作用外，可简单地看作只受凸模传来的拉应力作用，变形是径向受拉，厚度变薄，造成筒壁上部较厚而下部较薄。筒壁部分切向为直径已定的圆，不再变形，切向应变（ε_3）$=0$。

Ⅳ——凸模圆角部分（过渡变形区），这部分一直承受筒壁传来的拉应力作用，并且受到凸模的压力。在拉、压应力的综合作用下，这部分材料变薄最严重，故此处最易出现拉裂。拉深中，此处径向受拉应力作用，厚向由于凸模的压力和弯曲作用而受到压应力作用，切向从底部到凸模圆角有变大的趋势，受拉应力作用，对应的径向变形为拉应变，厚向变薄变形为压应变，而切向受到凸模圆角处的作用不发生变形。

Ⅴ——筒底部分（小变形区），这部分材料在拉深一开始就被拉入凹模内，并在拉深过程中保持其平面形状，始终承受双向拉应力，变形也是双向拉深变薄。但由于凸模圆角摩擦的制约，筒底材料的应力与应变均不大，基本上不产生塑性变形或变形程度不大，拉深前后的厚度变化甚微，一般只有 1%～3%，可忽略不计。

（2）拉深变形特点

根据以上分析，对拉深变形的特点总结如下：

①拉深过程中，各区域毛坯的变形是不均匀的，凹模端面的毛坯凸缘区域是主要变形区，而凸模下方的毛坯部分几乎不参与变形。

②变形区各处的应力、应变状态是不同的，而且时刻变化着。但各区域金属受到凸模作用产生变形的主要状态是径向受拉应力作用产生伸长变形，切向受压应力作用产生压缩变形。

③拉深中，各区域的变形不均匀使参与塑性变形的金属数量不同，所以拉深件的壁厚是不均匀的，形成筒壁各处的硬度也是不均匀的。但因为获得拉深件的厚度

平均值与毛皮厚度几乎相等，所以拉深变形可看作是一种面积转移的塑性变形，所以拉深件的表面积等于毛坯的表面积。

④拉深件的壁厚不均匀有可能会引起两大工艺问题：凸缘区的金属在切向压应力作用下产生起皱失稳现象和凸模圆角附近的金属在径向拉应力作用下产生拉裂现象。这两大工艺问题是拉深工艺能否顺利进行的关键所在。

任务 4.2 拉深件质量分析

【任务描述】

根据拉深时各部位材料流动情况及受力情况分析拉深件的主要质量问题。

【相关知识】

拉深时毛坯各部分的应力、应变状态不同，而且随着拉深过程的进行应力、应变状态还在变化，这使得在拉深变形过程中产生了一些特有的现象，主要是凸缘变形区的起皱和筒壁传力区的拉裂。一般来说，起皱并不是拉深工艺的主要问题，因为它总是可以通过压边、使用拉延筋等办法予以消除的，而拉裂是拉深工艺的主要问题。

4.2.1 拉裂

所谓拉裂是指由于拉应力超过抗拉强度引起的板料断裂。

（1）筒壁所受的拉应力分析

筒壁部分所受的应力主要是拉应力，可简单地认为筒壁在拉深中处于单向拉应力状态。筒壁受到的凸模圆角处传来的单向拉应力不是单一的应力，而是若干个应力的组合，包括：凸缘变形区在拉深过程中所产生的径向拉应力；由压边圈与毛坯之间和凹模与毛坯之间的摩擦引起的应力；由毛坯与凹模圆角处的摩擦引起的应力；由毛坯经过凹模时的弯曲和过凹模圆角后的变直引起的应力。其中，凸缘变形区的径向拉应力是只考虑拉深时转移“多余材料”所需的变形力，凸模拉深力通过筒壁传到凹模口处而产生的。理论与实验研究表明，在正常条件下拉深时，凸缘变形区的最大径向拉应力在筒壁所受的总拉应力中占 65%～75%，是筒壁的主要受力成分。

（2）拉裂发生的条件

经拉深后，筒形件壁部的厚度与硬度发生了变化。筒壁的部分是由凸缘部分的外边缘转移而来的，其切向压缩量大，壁部变厚，变形程度大，加工硬化显著，硬度也比原来的板料高。筒壁的底部靠近凸模圆角处是凸缘部分的内边缘转移而来的，此处为多余三角形阴影部分的尖部，其切向压缩量几乎没有，该处材料的变形程度较小，加工硬化较低，整个筒壁部由上向下厚度逐渐减小，硬度逐渐降低。在筒壁部分凸模圆角相切处，变薄最为严重，成为壁筒部分最薄弱的地方，是拉深最易破裂的危险断面，见图 4-6。拉深工艺中会不会出现拉裂取决于两方面：一方面是筒壁传力区的拉应力；另一方面是筒壁传力区的抗拉强度。当拉深时筒壁传力区的最大拉应力超过筒壁材料的抗拉强度，拉深件就会在底部圆角与筒壁相切处——危险断面被拉裂。

（3）防止拉裂的措施

保证拉深工艺顺利进行的必要条件是筒壁传力区的最大拉应力小于危险断面的抗拉强度。为了防止拉深过程中出现拉深件拉裂的工艺问题：一方面可通过改善材料的力学性能提高筒壁抗拉强度，如选用屈强比（σ_s/σ_b）小的材料；另一方面可通过正确制订拉深工艺和合理设计模具，降低筒壁所受拉应力。另外，拉深过程中，凸模、凹模圆角半径过小，对应的危险断面的有效抗拉强度降低和毛坯在凹模圆角处严重弯曲变薄，都会导致拉裂发生。所以，要适当增大凸模、凹模圆角半径，增加凸模表面的粗糙度，使危险断面向筒口方向转移，使拉裂不易发生。

4.2.2　起皱

所谓起皱，是指在拉深过程中，由于切向失稳而在毛坯边缘形成高低不平的皱纹。

（1）拉深件凸缘部分的起皱

拉深时凸缘变形区的每个小扇形块在切向均受到切向压应力（σ_3）的作用。当 σ_3 过大，超过此时扇形块所能承受的临界压应力时，扇形块就会失稳弯曲而拱起。这种现象类似于材料力学中的压杆失稳现象，压杆是否稳定取决于所受的力和压杆的粗细［这里相当于毛坯的相对厚度 $[t/(d_t-d)]$，式中：t 为料厚；d_t 为凸缘外径；d 为工件直径］。当沿着圆周的每个小扇形块都拱起时，在凸缘变形区沿切向就会形成高低不平的皱褶，这种现象称为起皱，如图 4-8 所示。在拉深薄料时起皱更容易发生，而且首先开始于凸缘的外缘，因为此处切向压应力（σ_3）的数值最大。

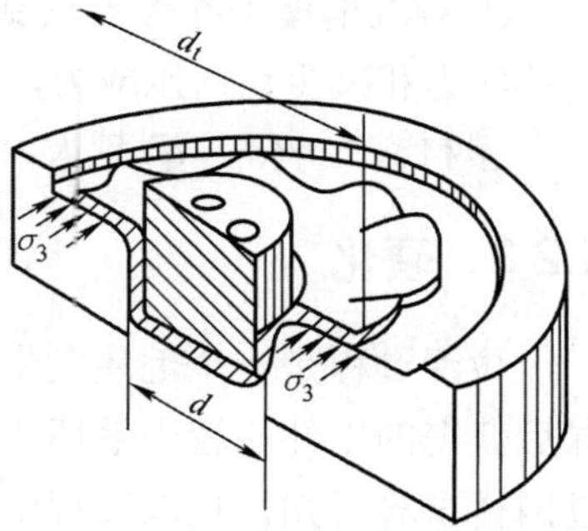

图 4-8　毛坯凸缘的起皱情况

若皱纹较小，在将毛坯拉入凸凹模间隙时可将其捋平，但在拉深侧壁靠上部位将出现条状的挤光痕迹和明显波纹，影响工位的外观质量与尺寸精度。若皱纹较大，即使增大拉深力，拱起的皱纹也可能很难通过凸凹模间隙，强行拉入会使拉深件断裂而报废。

（2）起皱的原因

拉深时凸缘变形区是否产生起皱主要取决于下列因素：

①切向压应力（σ_3）的大小。其取决于变形程度，变形程度越大，需要转移的多余材料就越多，则拉深力增大使σ_3增大，越容易使凸缘变形区失稳起皱。

②材料的力学性能。板料的屈强比（σ_s/σ_b）大，则屈服极限大，变形区内的切向压应力也相对增多，因此板料凸缘变形区容易起皱。

③凸缘部分材料的相对厚度$[t/(d_t-d)]$（式中：t 为料厚；d_t 为凸缘外径；d 为工件直径）。凸缘相对料厚越小，即说明 t 较小而(d_t-d)较大，即变形区较大、较薄，材料弹性模量和硬化模量较小，因此抗失稳能力弱，凸缘变形区容易起皱。

因此，拉深工艺中会不会出现起皱取决于两方面：一方面是板料凸缘变形区受到的切向压应力的大小；另一方面是凸缘变形区的刚度。

（3）防止起皱的措施

拉深过程中凸缘区出现起皱现象，是不利于拉深继续进行的，而且影响拉深件的质量。同时，起皱后的材料在通过模具间隙时与模具间的摩擦加剧，会使模具磨损严重，寿命降低。对此必须采取措施加以避免。生产上采取的防皱措施有以下几种：

①改善材料的力学性能，采用屈强比（σ_s/σ_b）小、弹性模量（E）大的材料，这样材料抵抗失稳的能力也更大，不易起皱。

②正确制订拉深工艺和合理设计模具，采用的首道拉深系数（m_1）不过小、增加工序数目（n）和增大凹模圆角半径，可提高抗失稳的能力。

③通过压边圈的压力的作用，使毛坯被迫在压边圈和凹模平面间的间隙中流动，限制毛坯在厚度方向的自由起伏，提高其流动的稳定性而避免起皱。同时，压边圈下的毛坯受到的径向拉应力增加和切向压应力减少也可避免起皱。

④对汽车覆盖件等一些复杂零件的拉深，采用拉深筋或拉深槛，能有效增加径向拉应力和减少切向压应力，从而避免起皱现象的发生。

⑤材料的$t/(d_t-d)$越大，变形区越小、越厚，抗失稳能力越强，稳定性也越好。

4.2.3 硬化

拉深过程是一个毛坯发生塑性变形的过程，必然伴随加工硬化的发生，所以拉深后获得的工件相较于毛坯，其硬度和强度有所增加，而塑性和韧性有所下降。通过网格试验可知，拉深过程中各个区域的毛坯变形是不均匀的，由底部的小变形区向筒口凸缘的主要变形区过渡，因而拉深后变形材料的性能也是不均匀的，拉深件硬度的分布由底部向口部是逐渐增加的（图 4-6），而且在凸模圆角附近出现了加工硬化最不充足的危险断面。这恰好与工艺要求相反，从工艺的角度看，为防止拉深过程中出现拉裂现象，拉深件底部硬化要大，而口部硬化要小。

拉深件由于产生了加工硬化，其强度和刚度高于毛坯材料，这是有利于提高拉深件的使用寿命的。但在设计多次拉深时，拉深件塑性降低又使半成品毛坯进一步拉深时变形困难，所以应正确选择各次的变形程度，并考虑半成品件是否需要退火以恢复其塑性，特别是对一些硬化能力强的金属（不锈钢、耐热钢等）更应注意。如不锈钢 1Cr18Ni9Ti 在塑性变形中对冷作硬化非常敏感，即使发生很小程度的变形，也会使其硬度和强度增加得很明显，所以往往不能选择此种类型的毛坯进行多次拉深。

4.2.4 突耳

筒形件拉深时，在拉深件口端出现有规律的高低不平的现象叫突耳。产生突耳的原因是板材的各向异性，在板厚方向性系数低的方向，板料变厚，筒壁高度较低；在板厚方向性系数高的方向，板料厚度变化不大，筒壁高度较高。拉深时，板平面方向性系数（Δr）越大，突耳现象越严重。

【任务实施】

4.2.5 节能烤炉油封钢圈拉深质量分析

节能烤炉油封钢圈是圆筒形件，拉深成形过程中危险断面处易拉裂，口部易起皱，随着拉深变形程度的加深，筒形件变形区出现加工硬化，口部形成突耳现象。

任务 4.3 拉深工艺设计

【任务描述】

基于拉深件的结构特点，提出拉深工艺方案，并从批量、精度、成本、操作等方面选出最优的方案。

【相关知识】

所谓工艺方案，是指用哪几种基本冲压工序，按照何种冲压顺序，以怎样的工序组合方式完成冲裁件的冲裁加工。

拉深工艺方案不但影响产品的质量和效率，而且影响生产成本、劳动强度、设备投资等。制订工艺路线时，需要提出几个方案进行分析对比，寻求最经济合理的方案。

在冲拉深件工艺性分析的基础上，根据拉深件的特点确定拉深工艺方案。确定工艺方案要考虑的问题包括确定冲压的工序数、冲压工序的组合以及冲压工序顺序的安排。

4.3.1 拉深件的工艺性

（1）拉深件的公差等级

一般拉深件的尺寸精度不宜要求过高，应在 IT13 级以下，不宜高于 IT11 级。如果公差等级要求高，可增加整形工序达到尺寸要求。拉深件由于各处变形不均匀，上下壁厚变化可达$(1.2\sim0.75)t$，t为板料厚度。对于不变薄拉深，壁厚公差要求一般不应超出拉深工艺壁厚变化规律。

（2）拉深件的结构工艺性

拉深件结构工艺性的好坏，直接决定了该零件能否用拉深方法生产出来，用什么样的拉深工序流程，影响零件的质量、成本和生产周期等。为保证经济、高效地生产出合格的拉深件，现对拉深件提出以下要求：

①设计拉深件时，不能同时标注内外形尺寸，产品图上的尺寸应注明必须保证外形尺寸或内形尺寸；带台阶的拉深件，其高度方向的尺寸标注一般应以底部为基准，若以上部为基准，则高度尺寸不容易保证；筒壁和底面连接处的圆角半径只能标注在内形。

②拉深件形状应尽量简单、对称，尽可能一次拉深成形。轴对称拉深件在圆周方向上的变化是均匀的，模具加工容易，其工艺性最好；尽量避免采用非常复杂的和非对称的拉深件，并尽量避免急剧的轮廓变化；对半敞开的或非对称的空心件，应能组合成对进行拉深，然后将其切成两个或多个零件（图 4-9），以改善拉深时的受力状况。

③拉深件各部分尺寸比例要恰当。应该尽量避免设计宽凸缘和深度大的拉深件（即 $d_t>3d$，$h\geqslant 2d$），因为这类零件需要较多的拉深次数，且需要中间退火；拉深件凸缘的外形最好与拉深部分的轮廓形状相似；凸缘的宽度要保持一致，若不一致不仅拉深困难、工序次数增加，还需放宽切边余量并增加金属消耗。

④对凸缘面上有下凹的拉深件（图 4-10），如下凹的轴线与拉深方向一致，可以拉出。若下凹的轴线与拉深方向垂直，则只能在最后校正时压出。

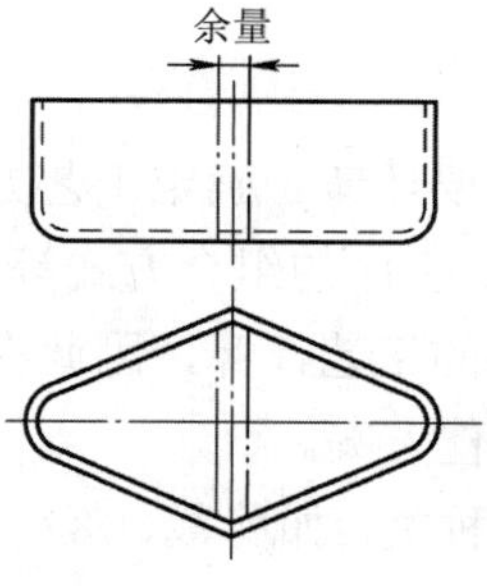

图4-9　组合成对进行拉深

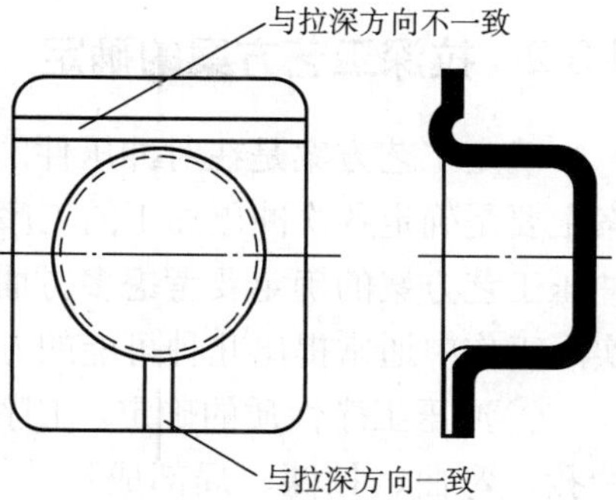

图4-10　凸缘面上带下凹的拉深件

⑤在保证装配的前提下，应允许拉深件侧壁有一定的斜度；需要多次拉深时，在保证必要的表面质量的前提下，应允许拉深件内外表面存在拉深过程中产生的印痕。除非零件有特殊要求，才通过整形或赶形的方法来消除印痕。

设计拉深件时应尽量减小其高度，使其可能用一次或两次拉深工序来完成。对于各种形状的拉深件，用一次工序可拉成的条件为：

①圆筒件一次拉成的高度见表4-1。

②对于盒形件一次拉成的条件为当盒形件角部的圆角半径（r）=(0.05～0.20)B（B为盒形件的短边宽度）时，拉深件高度（h）<(0.3～0.8)B。

③对于凸缘件一次拉成的条件为零件的圆筒形部分直径与毛坯的比值（d/D）≥0.4。

表4-1　一次拉深的极限高度

材料名称	铝	硬铝	黄铜	软铜、纯铜
相对拉深高度（h/d）	0.73～0.75	0.60～0.65	0.75～0.80	0.68～0.72

为了使拉深顺利进行，要求拉深件的圆角半径应尽量大些。拉深件的底与壁、凸缘与壁、盒形件的四壁间的圆角半径（图4-11）应满足$r_{凸} \geq t$，$r_{凹} \geq 2t$，$r \geq 3t$，否则，应增加整形工序。

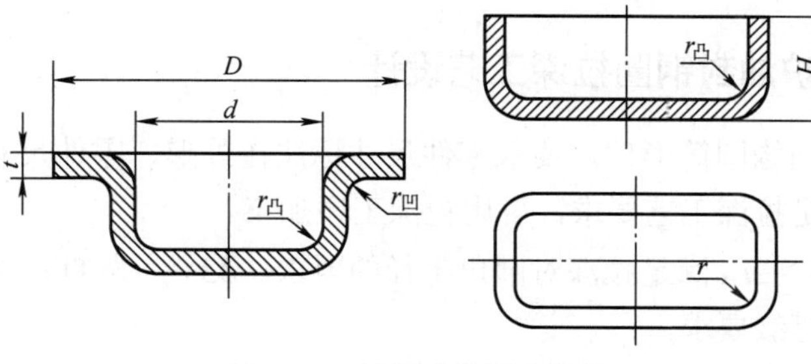

图4-11　拉深件的圆角半径

4.3.2 拉深工艺方案的确定

确定工艺方案是在对冲压件的工艺性分析之后应进行的重要环节。确定工艺方案主要是确定各次冲压加工的工序性质、工序数量、工序顺序、工序的组合方式等。冲压工艺方案的确定要考虑多方面的因素，有时还要进行必要的工艺计算，因此在实际工作中通常提出几种可能的方案，进行分析比较后确定最佳方案。

①冲压工序性质的确定。工序性质是指冲压件所需的工序种类，如剪裁、落料、冲孔、弯曲、拉深、局部成形等，它们各有其不同的变形性质、特点和用途。实际确定时，要综合考虑冲压件的形状、尺寸和精度要求、冲压变形规律及其他具体要求。

②工序数量的确定。工序数量是指同一性质的工序重复进行的次数。工序数量的确定主要取决于零件几何形状复杂程度、尺寸精度要求及材料性能、模具强度等，并与工序性质有关。

③工序顺序的安排。冲压件工序的顺序主要根据其冲压变形性质及零件的质量要求安排，如果工序顺序的变更不影响零件质量，则应根据操作、定位及模具结构等因素确定。

④工序的组合。对于多工序加工的冲压件，制订工艺方案时，必须考虑是否采取组合工序，工序组合的程度如何，怎样组合，这些问题的解决取决于冲压件的生产批量、尺寸大小、精度等级以及制模水平与设备能力等。一般而言，厚料、小批量、大尺寸、低精度的零件宜单工序生产，用单工序模；薄料、大批量、小尺寸、精度不高的零件宜将工序组合，采用级进模；精度高的零件宜采用复合模。另外，对于尺寸过大或过小的零件在小批量生产的情况下，也宜将工序组合，采用复合模。

根据拉深工序的组合方式和顺序，一般可分为单工序拉深模多次拉深、级进模拉深和落料拉深复合模三种拉深工艺方案。

【任务实施】

4.3.3 节能烤炉油封钢圈拉深工艺设计

此工件为有凸缘圆筒形件，要求零件尺寸标注在外形，零件尺寸、厚度不变。此工件的形状满足拉深工艺要求，可用拉深工序加工。

各圆角 $r=3.5>2t$，满足拉深对圆角半径的要求。$\phi34_{-0.3}^{0}$ 为 IT13 级，满足拉深工序对工件的公差等级要求。

08 钢拉深性能良好。

4.3.4　节能烤炉油封钢圈拉深工艺方案的确定

先是落料，然后进行多次拉深。由于本工件每次拉深都有余料返回凸缘，为了去掉筒壁上的压痕和凸缘上的波纹，须加一次整形工序，最后是修边。

任务 4.4　直壁旋转体拉深件坯料尺寸的确定

【任务描述】

计算直壁旋转体拉深件坯料尺寸。

【相关知识】

4.4.1　拉深件坯料尺寸确定的依据

（1）体积不变原理

在不变薄拉深中，拉深前后材料的体积不变，虽然在拉深过程中板料的厚度发生一些变化，有增厚也有变薄，但实践证明，其平均厚度与原坯料厚度差别不大，因而根据拉深前坯料表面积与拉深后冲压件表面积近似相等可得到坯料尺寸。

（2）相似原理

虽然拉深时材料产生较大的塑性流动，但实践证明，拉深所需要的坯料形状与拉深件横截面轮廓形状一般是近似的，如拉深件截面轮廓是圆的、方的、矩形的，坯料的形状应分别为圆的、近似方的、近似矩形的。并要求坯料的周边必须是以光滑的曲线连接，以保证拉深后得到等高侧壁（若零件要求等高）或等宽凸缘。

（3）毛坯尺寸应包括修边余量

材料性能和模具几何形状等因素的影响，会造成拉深件口部不整齐，尤其是经过多次拉深的拉深件，其口部的质量更差。因此在多数情况下采取加大工序件高度或凸缘宽度的办法，拉深后再经过切边工序以保证零件质量。修边余量 Δh 大小取决于板料性能、拉深件形状及尺寸、拉深次数等，可根据零件的相对高度（h/d 或 h/B）查表 4-2、表 4-3 确定其大小。

表 4-2 无凸缘拉深件的修边余量 单位：mm

拉深高度（h）	拉深相对高度（h/d 或 h/B）			
	>0.5～0.8	>0.8～1.6	>1.6～2.5	>2.5～4
≤10	1.0	1.2	1.5	2
>10～20	1.2	1.6	2	2.5
>20～50	2	2.5	3.3	4
>50～100	3	3.8	5	6
>100～150	4	5	6.5	8
>150～200	5	6.3	8	10
>200～250	6	7.5	9	11
>250	7	8.5	10	12

注：1. B 为正方形的边长或长方形的短边宽度；
2. 对于高深件必须规定中间修边工序；
3. 对于材料厚度小于 0.5 mm 的薄材料做多次拉深时，应按表值增加 30%。

表 4-3 带凸缘拉深件的修边余量 单位：mm

拉深高度（h）	相对凸缘直径（d_t/d 或 B_t/B）			
	≤1.5	>1.5～2	>2～2.5	>2.5～3
≤25	1.8	1.6	1.4	1.2
>25～50	2.5	2.0	1.8	1.6
>50～100	3.5	3.0	2.5	2.2
>100～150	4.3	3.6	3.0	2.5
>150～200	5.0	4.2	3.5	2.7
>200～250	5.5	4.6	3.8	2.8
>250	6.0	5.0	4.0	3.0

注：1. B 为正方形的边长或长方形的短边宽度；
2. 对于高深件必须规定中间修边工序；
3. 对于材料厚度小于 0.5 mm 的薄材料做多次拉深时，应按表值增加 30%。

4.4.2 简单旋转体拉深件的坯料尺寸计算

简单旋转体拉深件指的是无凸缘筒形件，根据毛坯选择的相似原则，其毛坯是圆形的平板，直径可用分析方法确定，具体步骤如下。

（1）确定修边余量

对无凸缘筒形件在工件高度方向上增加一修边余量（Δh），其值可由表 4-2 确定。

（2）计算工件表面积

为了便于计算，把零件分解成若干个简单几何体，分别求出其表面积后相加。图 4-12 所示的零件可看成由圆筒直壁部分、圆弧旋转而成的球台部分以及底部圆形平板三部分组成。

工件的总面积为圆筒直壁部分表面积（A_1）、球台部分表面积（A_2）和底部圆形平板表面积（A_3）3 部分之和，即

$$A_1 = \pi d\left(H - r\right) \quad (4\text{-}1)$$

$$A_2 = \frac{\pi}{4}\left[2\pi r\left(d - 2r\right) + 8r^2\right] \quad (4\text{-}2)$$

$$A_3 = \frac{\pi}{4}\left(d - 2r\right)^2 \quad (4\text{-}3)$$

$$\frac{\pi}{4}D^2 = A_1 + A_2 + A_3 = \sum A_i \quad (4\text{-}4)$$

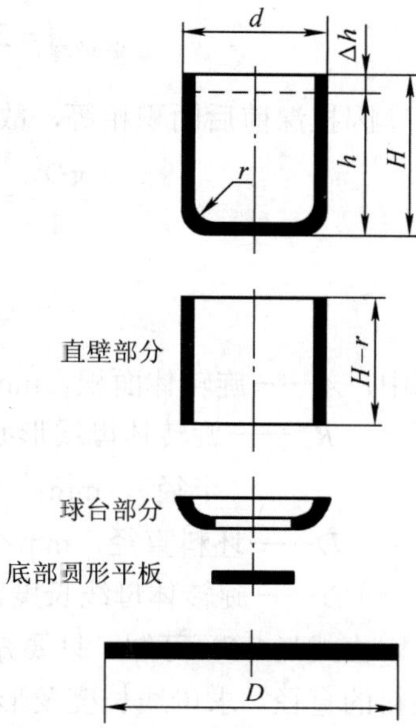

图 4-12 圆筒形件毛坯尺寸计算

式中，d——拉深件圆筒部分中径，mm；

H——拉深件高度，mm；

r——工件中线在圆角处的圆角半径，mm；

D——毛坯直径，mm。

（3）求出毛坯尺寸

毛坯的直径：

$$D = \sqrt{\left(d - 2r\right)^2 + 4d\left(H - r\right) + 2\pi r\left(d - 2r\right) + 8r^2}$$
$$= \sqrt{d^2 + 4dH - 1.72dr - 0.56r^2} \quad (4\text{-}5)$$

对于上式，若毛坯的厚度（t）<1 mm，则以外径和外高或内部尺寸来计算；若毛坯的厚度（t）≥1 mm，则各个尺寸应以零件厚度的中线尺寸代入进行计算。对于常用的旋转体拉深件，可选用相关手册获取其坯料直径的计算公式。

4.4.3 复杂旋转体拉深件的坯料尺寸计算

形状复杂的旋转体拉深件的坯料尺寸计算可利用久里金法则，即任何形状的母线绕轴旋转一周所得到的旋转体面积，等于该母线的长度与其重心绕该轴线旋转所得周长的乘积，如图 4-13 所示。

即旋转体表面积：

$$A = 2\pi R_x L \quad (4\text{-}6)$$

因拉深前后面积相等，故：

$$\frac{\pi D^2}{4} = 2\pi R_x L \quad (4\text{-}7)$$

$$D = \sqrt{8R_x L} \quad (4\text{-}8)$$

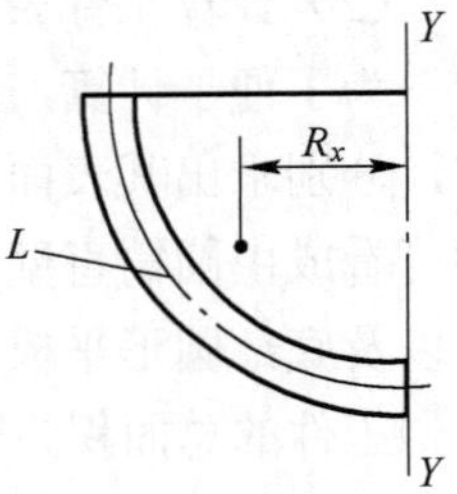

图 4-13 旋转体母线

式中，A——旋转体面积，mm^2；

R_x——旋转体母线形心到旋转轴线的距离（称旋转半径），mm；

D——坯料直径，mm；

L——旋转体母线长度，mm。

由式（4-6）可知，只要知道旋转体母线长度及其形心的旋转半径，就可以求出坯料的直径。求母线长度及形心位置的方法有 3 种：解析法、作图解析法、作图法，可查阅相关资料了解。

【任务实施】

4.4.4 节能烤炉油封钢圈坯料尺寸计算

由图 4-1 可知 $d_凸$=76 mm，d=34−1.5=32.5（mm），由凸缘的相对直径（$d_凸$ d）=76/32.5=2.34，查表 4-3 得修边余量（Δh）=2.5 mm，因零件底部圆角半径（r）与凸缘圆角半径（R）相等，即 r=R 时，有凸缘筒形件的毛坯直径：

$$D = \sqrt{d_凸{}^2 + 4dH - 3.44dR} \quad (4\text{-}9)$$

将 $d_凸$=76+2ΔR=76+2×2.5=81（mm），d=32.5 mm，H=54.5− 1.5= 53（mm），R=3.5 mm 代入上式中，得毛坯的直径：

$$D = \sqrt{76^2 + 4\times32.5\times53 - 3.44\times32.5\times3.5} = 111 \text{（mm）}$$

任务 4.5　圆筒形件拉深的工艺计算

【任务描述】

确定拉深次数及工序件尺寸。

【相关知识】

4.5.1　拉深系数与极限拉深系数

拉深的变形程度大小可以用拉深件的高度和直径的比值来表示，比值小的变形程度小，可以一次拉深成形；而比值大的需要两次或两次以上拉深才能成形。但在设计拉深工艺过程与确定必要的拉深工序数目时，通常用拉深系数作为计算的依据。

4.5.1.1　拉深系数的概念和意义

拉深系数是指拉深后圆筒形件的直径与拉深前毛坯（或半成品）的直径之比（图 4-14），即

第 1 次拉深系数　　$m_1=\dfrac{d_1}{D}$

第 2 次拉深系数　　$m_2=\dfrac{d_2}{d_1}$

$\vdots \quad \vdots$

第 n 次拉深系数　　$m_n=\dfrac{d_n}{d_{n-1}}$　　（4-10）

式中，D——毛坯直径，mm；

d_1、d_2、d_3、…、d_n ——各次拉深后圆筒部分的中径，mm。

拉深件的中径（d_n）与毛坯直径（D）之比称为总拉深系数，即拉深件所需要的拉深系数，用 m 表示：

$$m=\frac{d_n}{D}=\frac{d_1}{D}\cdot\frac{d_2}{d_1}\cdot\frac{d_3}{d_2}\cdots\frac{d_{n-1}}{d_{n-2}}\cdot\frac{d_n}{d_{n-1}}=m_1m_2m_3\cdots m_{n-1}m_n \quad (4\text{-}11)$$

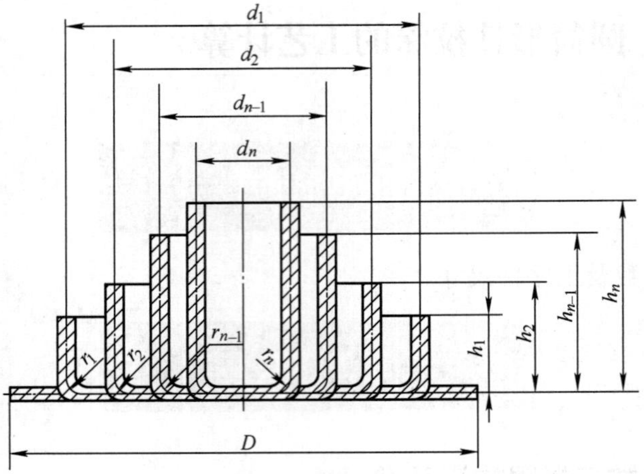

图 4-14　圆筒形件的多次拉深

从以上各式可以看出，拉深系数（m）表示拉深前后坯料直径的变化率，其数值永远小于 1。m 反映了坯料外缘在拉深时的切向压缩变形的大小，m 越小，说明拉深前后直径差别越大，需要转移的“多余三角形”面积越大，拉深变形程度越大；相反则变形程度越小。因此，可用它作为衡量拉深变形程度的指标。但如果在制订拉深工艺时 m 取值过小，就会使拉深件起皱、断裂或严重变薄超差。因此 m 的减小有一个客观的界限，这个界限就是筒壁传力区所承受的最大拉应力和危险断面的有效抗拉强度相等时的拉深系数，即极限拉深系数。极限拉深系数的数值一般是在一定的拉深条件下用实验方法得出的，见表 4-4 和表 4-5。

表 4-4　圆筒形件带压边圈的拉深系数

拉深系数	毛坯相对厚度$(t/D)\times100$					
	<2.0～1.5	<1.0～1.5	<0.6～1.0	<0.3～0.6	<0.15～0.3	<0.08～0.15
m_1	0.48～0.50	0.50～0.53	0.53～0.55	0.55～0.58	0.58～0.60	0.60～0.63
m_2	0.73～0.75	0.75～0.76	0.76～0.78	0.78～0.79	0.79～0.80	0.80～0.82
m_3	0.76～0.78	0.78～0.79	0.79～0.80	0.80～0.81	0.81～0.82	0.82～0.84
m_4	0.78～0.80	0.80～0.81	0.81～0.82	0.82～0.83	0.83～0.85	0.85～0.86
m_5	0.80～0.82	0.82～0.84	0.84～0.85	0.85～0.86	0.86～0.87	0.87～0.88

注：1. 表中数据适用于未经中间退火的拉深。若采用中间退火工序，则取值应比表中数值小 2%～3%。
2. 表中拉深数据适用于 08、10 和 15Mn 等普通拉深碳钢及黄铜 H62。对拉深性能较差的材料，如 20、25、Q215、Q235、硬铝等应比表中数值大 1.5%～2.0%；而对塑性较好的材料，如 05、08、10 及软铝等应比表中数值小 1.5%～2.0%。
3. 表中较小值适用于大的凹模圆角半径，即 $r_凹=(8～15)t$；较大值适用于小的凹模圆角半径，即 $r_凹=(4～8)t$。

表 4-5　圆筒形件不带压边圈的拉深系数

极限拉深系数	毛坯相对厚度 $(t/D)\times100$				
	1.5	2.0	2.5	3.0	>3.0
m_1	0.65	0.60	0.55	0.53	0.50
m_2	0.80	0.75	0.75	0.75	0.70
m_3	0.84	0.80	0.80	0.80	0.75
m_4	0.87	0.84	0.84	0.84	0.78
m_5	0.90	0.87	0.87	0.87	0.82
m_6	—	0.90	0.90	0.90	0.85

注：此表适用于 08、10 和 15Mn 等材料。其余各项同表 4-4 之注。

拉深系数的倒数为拉深比，其值可按下式计算：

$$K_n=\frac{1}{m_n}=\frac{d_{n-1}}{d_n} \tag{4-12}$$

从拉深时坯料凸缘变形区的应力分布与起皱和筒壁传力区的受力情况与拉裂的分析中已经知道，拉深变形程度对凸缘区的径向拉应力和切向压应力以及对筒壁传力区拉应力产生了极大的影响。第一次拉深系数（m_1）越小，起皱和拉裂可能性越大，为了防止在拉深过程中产生起皱与拉裂，就应减小拉深变形程度，增大拉深系数，从而减小切向压应力和径向拉应力。可见，在工艺上，拉深系数（m）反映了工艺的难度。

4.5.1.2　影响拉深系数的因素

（1）材料的力学性能

材料的力学性能主要考虑以下几方面：

①材料的屈强比（σ_s/σ_b）越小，越能减小拉深系数。因为σ_s越小，材料越容易变形，凸缘变形区的变形抗力减小，筒壁压力区的拉应力也相应减小，而且σ_b大，提高了危险断面处的强度，减小破裂的危险，从而使材料的拉深性能好，提高了变形程度。

②材料伸长率（δ）越大，越能减小拉深系数（δ增大，m减小）。材料伸长率δ越大，材料在变形时不易出现拉伸细颈，因而危险断面的严重变薄和拉断现象也相应推迟。

③材料的板厚方向性系数（r）越大，拉深系数越小。r值越大，说明板料在厚度方向变形困难，在危险断面不易变薄、拉断，因而对拉深有利，拉深系数可减小。

（2）板料的相对厚度

板料的相对厚度（t/D）越大，m越小，因为相对厚度（t/D）越大，材料刚度越大，拉深时抵抗失稳起皱的能力越大，因而可以减小压力，减小摩擦阻力，可减小筒壁传力区的拉应力，有利于减小拉深系数。

（3）拉深的工作条件

拉深的工作条件包括以下几方面：

①模具工作部分的结构参数。主要指凸、凹模圆角半径$r_{凸}$、$r_{凹}$与凸、凹模间隙（Z）。采用过小的$r_{凸}$、$r_{凹}$会增大拉应力成分，使危险断面的变薄加剧，而过大的$r_{凸}$、$r_{凹}$和 Z 则会减小有效的压边面积，使板料的悬空部分增加，使板料易于失稳起皱，所以对拉深不利。图 4-15 表示凸、凹模圆角半径对黄铜极限拉深系数的影响。

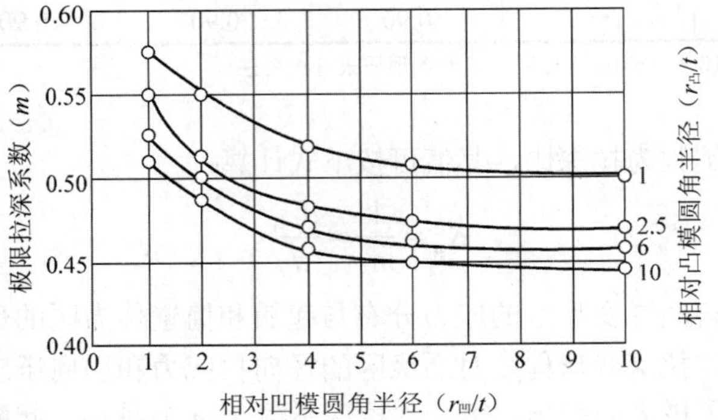

图 4-15　凸、凹模圆角半径对极限拉深系数的影响

凸、凹模之间的间隙（Z）也应适当，间隙太小不利于坯料在拉深时的塑性流动，使拉深过程中摩擦阻力增大，增大拉深力；间隙太大则会影响拉深件的精度，拉深件锥度和回弹较大。

②压边条件。采用压边圈并加以合理的压边力对拉深工艺是有利的，可以减小 m，提高板料的变形程度。若压边力过大，则增加拉深阻力，增大筒壁传力区的拉应力，可能导致拉裂。压力过小，在拉深时不足以防止起皱，也会增大筒壁传力区的拉应力，同样对拉深不利。合理的压边力应该是在保证不起皱的前提下取得的最小值。

③摩擦与润滑条件。凹模与压边圈的工作表面应十分光滑并采用润滑剂，以减小板料在拉深过程中的摩擦阻力，减小传力区危险断面的负担，可减小拉深系数。对于凸模工作表面，不必做得很光滑，也不需要润滑，拉深时在凸模工作表面与板料之间有较大的摩擦阻力，以减少凸模与板料的相对滑动从而阻止危险断面变薄（使底部径向拉应力减小），因而有利于减小拉深系数。

4.5.2　拉深次数的确定

拉深次数通常只能估计，最后需通过工艺计算来确定。初步确定无凸缘圆筒件拉深次数的方法有以下几种：

（1）推算法

若已知筒形件的毛坯的相对高度（t/D），由表 4-4 或表 4-5 可直接查出各次拉深的极限拉深系数 m_1、m_2、m_3、…、m_n，然后计算出第 1 次拉深直径（d_1），然后由第 1 次拉深直径（d_1）推算第 n 次拉深直径（d_n）。

$$\begin{aligned} d_1 &= m_1 D \\ d_2 &= m_2 d_1 \\ &\vdots \\ d_n &= m_n d_{n-1} \end{aligned} \tag{4-13}$$

直到得到的 d_n 不大于拉深件所要求的直径为止，此时的 n 即为所求的拉深次数。这样不仅可以求出拉深次数，还可知道中间工序获得的半成品的直径。

（2）计算法

如果要将一个直径为 D 的平板毛坯最后拉深成直径为 d_n 的拉深件，也可通过以下经验公式近似求出拉深次数（n）：

$$\lg d_n = (n-1)\lg m_n + \lg(m_1 D)$$

$$n = 1 + \frac{\lg d_n - \lg(m_1 D)}{\lg m_n} \tag{4-14}$$

式中，m_n——从第 2 次开始以后各次拉深系数的平均值。

由式（4-13）计算得到的 n 通常不是整数，此时为了使拉深工艺容易进行以及避免拉裂发生，不得按照四舍五入取较小的整数值，而应取较大的整数值，使实际选用的各次拉深系数比初步估计的数值略大些。

（3）查表法

无凸缘筒形件的拉深次数还可通过已知拉深件的相对高度（h/d）和毛坯的相对厚度（t/D）查表 4-6 得到拉深次数。

表 4-6　无凸缘筒形拉深件的相对高度（h/d）和毛坯的相对厚度 [t/D（%）] 与拉深次数的关系

拉深次数（n）	毛坯相对厚度（t/D）×100					
	<2～1.5	<1.5～1	<1～0.6	<0.6～0.3	<0.3～0.15	<0.15～0.08
1	0.94～1.54	0.84～0.65	0.70～0.57	0.62～0.5	0.52～0.45	0.46～0.38
2	1.88～2.70	1.60～1.32	1.36～1.10	1.13～0.94	0.96～0.83	0.90～0.70
3	3.5～2.7	2.8～2.2	2.3～1.8	1.9～1.5	1.6～1.3	1.3～1.1
4	5.6～4.3	4.3～3.5	3.6～2.9	2.9～2.4	2.4～2.0	2.0～1.5
5	8.9～6.6	6.6～5.1	5.2～4.1	4.1～3.3	3.3～2.7	2.7～2.0

注：1. 大的 h/d 比值适用于在第一道工序内大的凹模圆角半径（由 t/D×100 为<2～1.5 时的 $r_凹$=8t 到 t/D×100 为<0.15～0.08 时的 $r_凹$=15t）；小的 h/d 比值适用于小的凹模圆角半径（$r_凹$ 为 4～8t）；

2. 表中拉深次数适用于 08 及 10 号钢的拉深件。

4.5.3 工序件尺寸的计算

工序件尺寸包括半成品的直径（d_n）、筒底圆角半径（r_n）和筒壁高度（h_n）。在拉深次数确定后，为使在允许的条件下产生更大程度的拉深变形，需调整拉深系数后确定工序件直径和工序件高度。

（1）工序件直径（d_n）的确定

拉深次数确定后，以达到拉深安全而不破裂的要求，根据计算直径（d_n）应等于拉深件直径（d）的条件，在 $m_1-m_1'\approx m_2-m_2'\approx\cdots\approx m_n-m_n'$ 的前提下，对各次拉深系数进行调整，使实际采用的拉深系数 m_1、m_2、…、m_n 大于推算拉深次数时所用的极限拉深系数 m_1'、m_2'、…、m_n'。调整好后，根据实际采用的拉深系数重新计算各次拉深的圆筒直径即得工序件的直径。

（2）工序件高度的确定

根据拉深后工序件表面积与坯料表面积相等的原则，可得到如下工序件高度计算公式。计算各次拉深后工序件的高度前，应先定出各工序件底部的圆角半径，各次工序件的高度可由求毛坯直径的公式推出。

即

$$h_1=(D^2-d_{10}^2-2\pi r_1 d_{10}-8r_1^2)/4d_1$$

$$h_2=(D^2-d_{20}^2-2\pi r_2 d_{20}-8r_2^2)/4d_2$$

$$\vdots$$

$$h_n=(D^2-d_{n0}^2-2\pi r_n d_{n0}-8r_n^2)/4d_n \tag{4-15}$$

式中，d_1、d_2、…、d_n——各次工序件的筒壁中径，mm；

r_1、r_2、…、r_n——各次工序件底部的圆角半径（中线值），mm；

d_{10}、d_{20}、…、d_{n0}——各次工序件底部平板部分的直径，mm；

h_1、h_2、…、h_n——各次工序件底部圆角半径圆心以上的筒壁高度，mm；

D——毛坯直径，mm。

【例 4.1】 图 4-16 所示的圆筒形件是在压边圈的作用下进行拉深获得的拉深件，以下将以此拉深件为实例分析拉深过程中的工艺计算。

解：（1）确定修边余量

由 h=200 mm，h/d=200 mm/82 mm=2.4，查表 4-2，得 Δh=8 mm，则拉深件总的高度（H）为

$$H=200+8=208\text{（mm）}$$

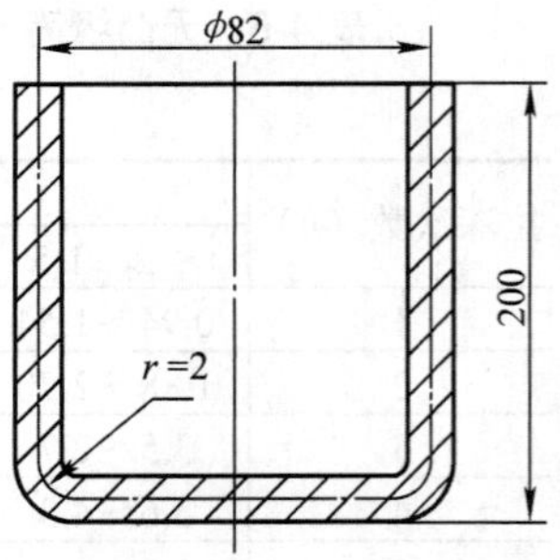

图 4-16 拉深零件

注：材料 08；料厚 2 mm。

（2）计算毛坯直径

将图 4-16 中提供的已知条件 d=82 mm，r=2 mm，H=208 mm，代入式（4-5），可求出毛坯的直径：

$$D=\sqrt{d^2+4dH-1.72dr-0.56r^2}=\sqrt{82^2+4\times82\times2-0.56\times2^2}=273\text{（mm）}$$

（3）确定拉深次数

根据毛坯的相对厚度为（t/D）×100=（2/273）×100= 0.732，查表 4-4 得各次的极限拉深系数：

m_1'=0.54，m_2'=0.77，m_3'=0.80，m_4'=0.82。

该零件的总拉深系数为

$$m_{总}=d/D=82/273=0.3$$

$$m_{总}=0.3< m_1'=0.54$$

故，该零件需经多次拉深才能达到所需尺寸。

（4）计算拉深次数

通过推算法计算出各次半成品的直径，直到计算出的直径（d_n）小于或等于工件直径（d）为止。则直径（d_n）的下角标 n 即为拉深次数。

$$d_1=m_1D=0.54\times273=147.4\text{（mm）}$$

$$d_2=m_2d_1=0.77\times147=113.5\text{（mm）}$$

$$d_3=m_3d_2=0.80\times113.5=90.8\text{（mm）}$$

$$d_4=m_4d_3=0.82\times90.8=74.5\text{（mm）}$$

因为 d_4<82 mm，故拉深次数为 4 次。

（5）半成品尺寸的确定

①工序件的直径（d_n）。根据 $m_1-m_1'\approx m_2-m_2'\approx\cdots\approx m_n-m_n'$ 和 $m_1'm_2'\cdots m_n'=m_{总}$，对拉深系数调整后，$m_1'=0.56$，$m_2'=0.79$，$m_3'=0.82$，$m_4'=0.83$，求得各工序件的直径：

$$d_1=0.56\times273=152.9\text{（mm）}$$

$$d_2=0.79\times152.9=120\text{（mm）}$$

$$d_3=0.82\times120.8=99\text{（mm）}$$

$$d_4=0.83\times99=82\text{（mm）}$$

②工序件高度的确定。根据经验公式 $r_{凹}=0.8\sqrt{(d_{n-1}-d_n)t}$ 和 $r_{凸}=(0.6\sim1)r_{凹}$，可以求得各工序件筒底处的圆角半径（对应各工序中的凸模圆角半径）：$r_1=12.4\,\text{mm}$、$r_2=6.4\,\text{mm}$、$r_3=5.3\,\text{mm}$、$r_4=4.7\,\text{mm}$。根据式（4-14）求得各次拉深后获得的工序件的高度。

$$h_1=\frac{273^2-103.3^2-2\pi\times12.4\times103.3-8\times12.4^2}{4\times152.9}=89\ \text{（mm）}$$

$$h_2=\frac{273^2-108^2-2\pi\times6.4\times108-8\times6.4^2}{4\times120.8}=120\ \text{（mm）}$$

$$h_3=\frac{273^2-88.4^2-2\pi\times5.3\times88.4-8\times5.3^2}{4\times99}=128\ \text{（mm）}$$

（6）画出工序件草图（略）

4.5.4 带凸缘筒形件的拉深

冲压生产中，带凸缘筒形件（图 4-17）是经常加工的，其拉深过程中各变形区的应力状态和变形特点与无凸缘筒形件的是相同的。带凸缘筒形件的拉深是无凸缘筒形件拉深的某一中间状态，坯料凸缘部分没有被全部拉入凹模，当拉深进行到凸缘外径等于零件凸缘直径（包括修边余量）时，拉深工作就可以结束。所以带凸缘筒形件的拉深方法及计算方法与一般无凸缘的筒形件有一定的差别。

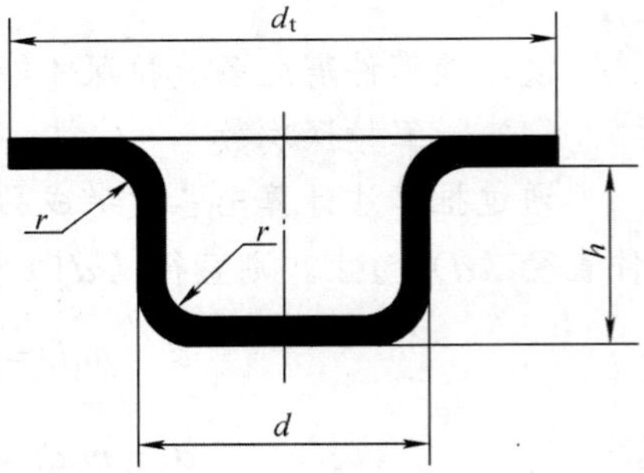

图 4-17 带凸缘圆筒件

4.5.4.1 带凸缘筒形零件的拉深特点

对于两个无凸缘筒形件，由于全部凸缘都转变为拉深件的侧表面，所以只要它们的总拉深系数相同，则它们的变形程度就相同。但拉深带凸缘筒形件时，绝对不可以应用以上无凸缘筒形件的第 1 次拉深系数（m_1）来判断变形程度。根据拉深系数的定义，宽凸缘件总的拉深系数仍可表示为

$$m=\frac{d}{D}=\frac{1}{\sqrt{\left(\frac{d_t}{d}\right)^2+4\frac{h}{d}-3.44\frac{r}{d}}} \tag{4-16}$$

式中，D——毛坯直径，mm；

d_t——凸缘直径，mm；

d——筒部中径，mm；

r——底部和凸缘部的圆角半径（当料厚大于 1 mm 时，r 值按中线尺寸计算）。

由式（4-16）可知，带凸缘筒形件的拉深系数取决于 3 个尺寸因素：相对凸缘直径（d_t/d），相对拉深高度（h/d）和相对圆角半径（r/d）。其中 d_t/d、h/d 的影响最大，而 r/d 的影响最小。同样根据拉深系数的定义可知，多次拉深带凸缘筒形件时，以后各次工序的拉深系数与凸缘宽度与外形尺寸无关，所以两者的区别主要是首道工序的拉深。如图 4-18 所示，用直径为 D 的毛坯拉深直径为 d、高度为 h 的圆筒形零件的变形过程（F_b 表示危险断面的强度），可在同样的 $m_1=d_1/D$ 的情况下，采用相同的毛坯直径（D）和相同的拉深件直径（d_1）拉深出不同凸缘直径（d_t）和不同高度（h）的带凸缘筒形件。这说明凸缘直径和拉深件高度不同，其实际的变形程度也是不同的。凸缘直径越小，拉深件高度越大，由变形区转移到筒壁的材料就越多，其变形程度也越大。但这些不同情况只是无凸缘拉深过程的中间阶段，而不是其拉深过程的终结。因此，用拉深系数的大小不能表达各种不同情况下实际的变形程度。

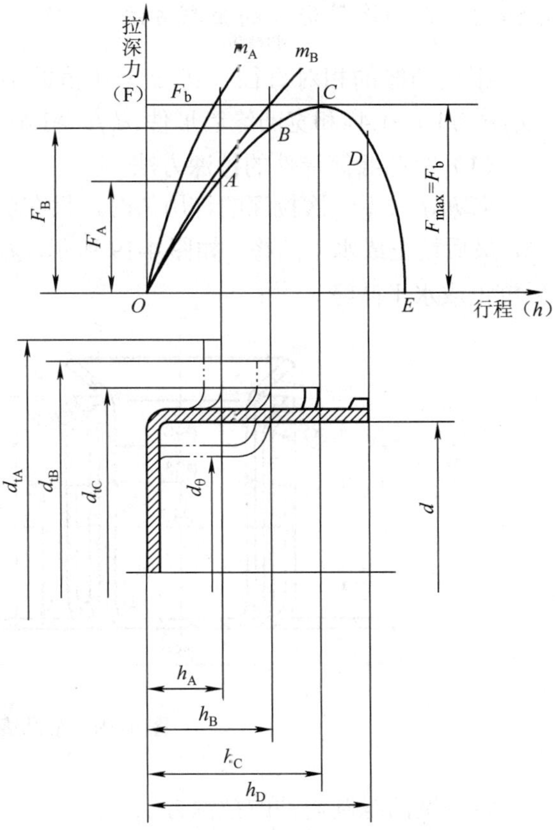

图 4-18 带凸缘圆筒形件的拉深过程

从图 4-18 中还可以看出，宽凸缘筒形的首次极限拉深系数，比相同内径的无凸缘筒形件要小，与零件的相对凸缘直径有关。拉深到 B 瞬时的凸缘筒形件拉深结束时的变形力（F_B）比危险断面处的承载能力（F_b）要小，说明材料的塑性未被充分利用，还允许产生更大的塑性变形，因而第一次可采用小于 d 的直径进行拉深，如采用 d_B 拉深凸缘零件，因 $d_B<d$，这时的极限拉深系数（m_B）$=d_B/D$，小于拉深圆筒件的拉深系数。拉深到 A 瞬时的凸缘筒形件拉深结束时的变形力（F_A）比 B 点还要小，与危险断面处的承载能力相差更多，故可采用比 m_B 还小的拉深系数（m_A）来拉深，即拉深的直径比 B 点的 d_B 还小。

4.5.4.2 带凸缘筒形件的拉深方法

根据凸缘的相对直径（d_t/d）比值的不同，凸缘筒形件可分为窄凸缘筒形件（d_t/d 为1.1～1.4）和宽凸缘筒形件（$d_t/d>1.4$）。

（1）窄凸缘筒形件的拉深方法

若 h/d 大于一次拉深的许用值时，只在倒数第 2 道才拉出凸缘或者拉成锥形凸缘，最后校正成水平凸缘，如图 4-19 所示。若 h/d 较小，则第一次可拉成锥形凸缘，后校正成水平凸缘。

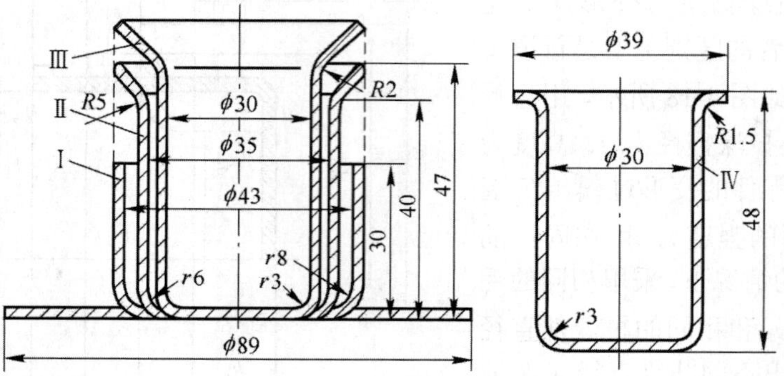

图 4-19 窄凸缘件拉深

（2）宽凸缘圆筒件的拉深方法

宽凸缘圆筒件的拉深方法可分为以下两种：

①中小型（$d_t<200$ mm）、料薄的拉深件。通常靠减小筒形直径，增加高度来达到尺寸要求，即圆角半径 $r_凸$ 及 $r_凹$ 在第一次拉深中就拉出所需要的 d_t，在后续的拉深过程中基本上 d_t 保持不变，制件靠圆筒部分的材料转移来获得，如图 4-20（a）所示。这种方法拉深时不易起皱，但制成的零件表面质量较差，容易在直壁部分和凸缘上残留中间工序形成的圆角部分弯曲和厚度局部变化的痕迹，所以最后应加一道压力较大的整形工序。

②大型（$d_t>200$ mm）的拉深件。零件的高度在第 1 次拉深时就基本形成，在以后的整个拉深过程中基本保持不变，通过减小圆角半径 $r_凹$、$r_凸$，逐渐缩小筒形部分的直径来拉成零件，如图 4-20（b）所示。这种方法对厚料更为合适。用本法制成的零件表面光滑平整，厚度均匀，不存在中间工序中圆角部分的弯曲与局部变薄的痕迹。但在第 1 次拉深时，因圆角半径较大，容易发生起皱，当零件底部圆角半径较小，或者对凸缘有不平度要求时，也需要在最后加一道整形工序。在实际生产中往往将上述两种方法综合起来用。

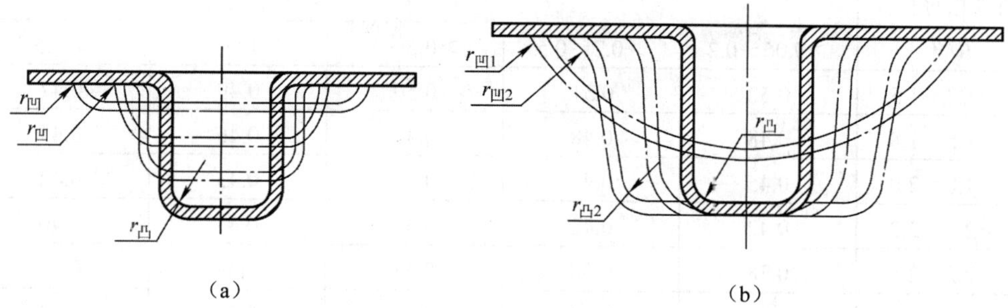

图 4-20　宽凸缘件的拉深方法

带凸缘筒形件可以看成是一般筒形件在拉深未结束时的半成品，如果带凸缘筒形件能一次拉出，只要直接将毛坯外径拉深至工件要求的法兰边（即凸缘）直径（d_t）即可，不必再专门讨论它们的拉深方法。

4.5.4.3　带凸缘筒形件的工艺计算

（1）窄凸缘筒形件拉深时的工艺计算

窄凸缘筒形件拉深时的工艺计算流程与无凸缘筒形件的工艺计算流程相同。

（2）宽凸缘筒形件拉深时的工艺计算

宽凸缘筒形件拉深时的工艺计算流程与无凸缘筒形件的工艺计算流程基本相同，只需要注意以下工艺计算要点即可。

①毛坯尺寸计算。当 $r_凸=r_凹=r$ 时，宽凸缘筒形件毛坯直径的计算公式为

$$D=\sqrt{d_t^2+4dh-3.44dr} \tag{4-17}$$

②判断能否一次拉深成形。判断带凸缘筒形件的拉深次数，可通过将拉深件实际的总拉深系数和 h/d 与带凸缘筒形件的首次极限拉深系数（m_1）（表 4-7）和首次极限拉深高度（h_1/d_1）（表 4-8）比较获得：

当 $m_总>m_1$，$h/d<h_1/d_1$ 时，一次拉深成形；

当 $m_总<m_1$，$h/d>h_1/d_1$ 时，多次拉深成形。

表 4-7　带凸缘筒形件的首次极限拉深系数（m_1）（适用于 08、10 号钢）

凸缘相对直径（d_t/d）	毛坯相对厚度 $(t/D)\times100$				
	>0.06～0.2	>0.2～0.5	>0.5～1	>1～1.5	>1.5
≤1.1	0.59	0.57	0.55	0.53	0.50
>1.1～1.3	0.55	0.54	0.53	0.51	0.49

凸缘相对直径（d_t/d）	毛坯相对厚度（t/D）×100				
	>0.06～0.2	>0.2～0.5	>0.5～1	>1～1.5	>1.5
>1.3～1.5	0.52	0.51	0.50	0.49	0.47
>1.5～1.8	0.48	0.48	0.47	0.46	0.45
>1.8～2.0	0.45	0.45	0.44	0.43	0.42
>2.0～2.2	0.42	0.42	0.42	0.41	0.40
>2.2～2.5	0.38	0.38	0.38	0.38	0.37
>2.5～2.8	0.35	0.35	0.34	0.34	0.33
>2.8～3.0	0.33	0.33	0.32	0.32	0.31

表 4-8　带凸缘筒形件的首次极限拉深高度（h_1/d_1）（适用于 08、10 号钢）

凸缘相对直径（d_t/d）	毛坯相对厚度（t/D）×100				
	>0.06～0.2	>0.2～0.5	>0.5～1	>1～1.5	>1.5
≤1.1	0.45～0.52	0.50～0.62	0.57～0.70	0.60～0.80	0.75～0.90
>1.1～1.3	0.40～0.47	0.45～0.53	0.50～0.60	0.56～0.72	0.65～0.80
>1.3～1.5	0.35～0.42	0.40～0.48	0.45～0.53	0.50～0.63	0.58～0.70
>1.5～1.8	0.29～0.35	0.34～0.39	0.37～0.44	0.42～0.53	0.48～0.58
>1.8～2.0	0.25～0.30	0.29～0.34	0.32～0.38	0.36～0.46	0.42～0.51
>2.0～2.2	0.22～0.26	0.25～0.29	0.27～0.33	0.31～0.40	0.35～0.45
>2.2～2.5	0.17～0.21	0.20～0.23	0.22～0.27	0.25～0.32	0.28～0.35
>2.5～2.8	0.16～0.18	0.15～0.18	0.17～0.21	0.19～0.24	0.22～0.27
>2.8～3.0	0.10～0.13	0.12～0.15	0.14～0.17	0.16～0.20	0.18～0.22

多次拉深的步骤：第 1 次拉深成带凸缘的中间毛坯，凸缘的直径等于拉深件凸缘直径（d_t）加上修边余量；以后的各次拉深中，d_t 一经形成，在后续的拉深中就不能变动，仅使中间毛坯的圆筒部分变形，即逐次减小其直径和增加其高度。因为 d_t 的微量缩小也会使中间圆筒部分的拉应力过大而使危险断面破裂。因此工艺设计时，第 1 次拉深时拉入凹模的毛坯的面积比实际所需大 3%～5%（有时可增加到 10%），即筒形部的深度比实际的要大些。这部分多拉进的材料从第 2 次开始以后的拉深中逐步分次返回到凸缘上来。这样做既可以防止筒部被拉破，也能补偿计算上的误差和板材在拉深中毛坯厚度的变化，同时方便试模时的调整。

③拉深次数和半成品尺寸的确定。宽凸缘筒形件的拉深次数仍可用推算法求出。根据表 4-7，查出首次极限拉深系数（m_1），依据 m_1 拉深出凸缘直径等于拉深件凸缘直径的过渡形状，以后各次拉深中均保持凸缘直径不变，根据以后各次的工序件直

径可以按一般筒形件多次拉深的方法，通过表 4-9 查出以后各次的拉深系数值进行计算，预算各工序件的直径，直到计算到工序件的筒部中径小于拉深件的筒部中径时，总的拉深次数就确定了。

表 4-9　带凸缘筒形件的以后各次拉深系数（适用于 08、10 号钢）

拉深系数	毛坯相对厚度 $(t/D)\times100$				
	＞0.15～0.3	＞0.3～0.6	＞0.6～1.0	＞1.0～1.5	＞1.5～2.0
m_2	0.80	0.78	0.76	0.75	0.73
m_3	0.82	0.80	0.79	0.78	0.75
m_4	0.84	0.83	0.82	0.80	0.78
m_5	0.86	0.85	0.84	0.82	0.80

④各次拉深后的筒部高度计算。计算第 1 次拉深高度，并根据表 4-8 校核第 1 次拉深的相对高度是否安全。如果安全，则以后各次工序件的拉深高度为

$$h_n=\frac{0.25}{d_n}\left(D_n^2-d_{\mathrm{t}}^2\right)+0.43\left(r_{\mathrm{p}n}+r_{\mathrm{d}n}\right)+\frac{0.14}{d_n}\left(r_{\mathrm{p}n}^2-r_{\mathrm{d}n}^2\right) \tag{4-18}$$

式中，D_n ——考虑每次多拉入筒部的材料量后求得的假想毛坯直径，mm；

d_{t} ——拉深件凸缘直径（包括修边量），mm；

d_n ——第 n 次拉深后的拉深件直径，mm；

$r_{\mathrm{p}n}$ ——第 n 次拉深后侧壁与底部的圆角半径，mm；

$r_{\mathrm{d}n}$ ——第 n 次拉深后凸缘与筒部的圆角半径，mm。

【任务实施】

4.5.5　节能烤炉油封钢圈拉深工艺计算

（1）确定是否用压边圈

因为 $t/D\times100=1.35<1.5$，$m_1=0.53<0.6$，由表 4-11 查得需要用压料装置。首次拉深时一般采用平面压边装置，如图 4-21（a）所示。再次拉深时，采用筒形压边圈，如图 4-21（b）所示。一般来说再次拉深所需要的压边力较小，而提供压边力的弹性力却随着行程而增加，所以要用限位装置。

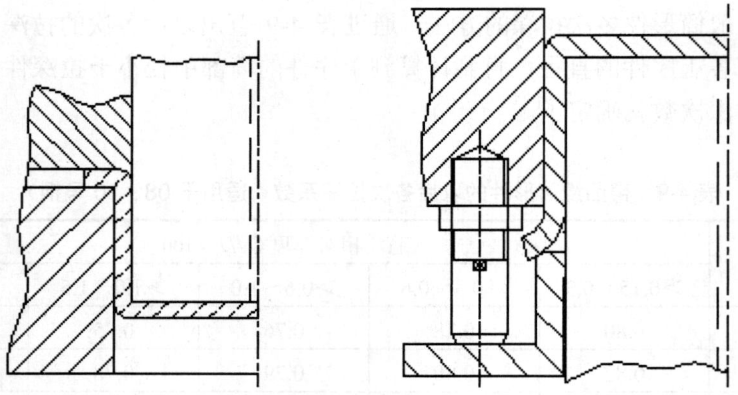

（a）首次拉深　　（b）再次拉深

图 4-21　压边圈各次拉深采用形式

（2）判断能否一次拉成

工件总的拉深系数（$m_{总}$）$=d/D$=32.5 mm/111 mm=0.29，工件总的拉深相对高度（H/d）=53 mm/32.5 mm=1.63。

由 $d_{凸}/d$=81 mm/32.5 mm=2.49，$t/D\times100$=1.5 mm/111 mm×100=1.35，查表 4-7 得，有凸缘圆筒形件第 1 次拉深的极限拉深系数（m_1）=0.38；由表 4-8 查得，有凸缘圆筒形件首次拉深的极限相对高度（h_1/d_1）=0.3，由于 $m_{总} < m_1$，$H/d > h_1/d_1$，故此工件不能一次拉出。

（3）试制订首次拉深系数

取首次 $d_{凸}/d_1$=1.1，查表 4-7 得 m_1=0.53，而第 1 次拉深系数（m_1）$=d_1/D$，则第 1 次拉深的半成品直径为 $d_1=m_1D$=0.53×111 mm=58.83 mm（调整为 60 mm）。

第 1 次拉深的凹模圆角半径用下式计算：

$$r_{凹1}=0.8\sqrt{(D-d_1)\times t} \tag{4-19}$$

将 D=111 mm，d_1=60 mm，t=1.5 mm 代入式（4-19）得，凹模的圆角半径 $r_{凹1}=0.8\sqrt{(111-60)\times1.5}$=6.997（mm），则 $r_1=r_{凹1}+t/2=6.997+1.5/2=7.747$（mm），取 r_1=8 mm，并取 $r_{凸1}=r_{凹1}$，则 $r_2=r_1$=8 mm，根据工件圆角重新调整凸、凹模的圆角半径，取为 $r_{凸1}=r_{凹1}$= 8 − 1.5/2=7.25（mm）。

为了以后的拉深不使已拉深好的凸模变形，第 1 次拉深要将坯料多拉入凹模所需要量的 5%，故需对坯料作相应的放大。过程如下：

第 1 次拉深的半成品，其凸缘的圆环面积（$A_{环}$），由下式求得

$$A_{环}=\frac{\pi}{4}\left[d_{凸}^2-\left(d_1+2r_1\right)^2\right] \tag{4-20}$$

将 $d_{凸}$=81 mm，d_1=60 mm，r_1=8 mm 代入式（4-20），则

$$A_{环}=\frac{\pi}{4}\times\left[81^2-(62+2\times8)^2\right]=477\times\frac{\pi}{4}\ （\mathrm{mm}^2）$$

工件的面积应等于毛坯的面积，即

$$A_{工件}=\frac{\pi}{4}D^2=\frac{\pi}{4}\times111^2=12\,321\times\frac{\pi}{4}\ （\mathrm{mm}^2）$$

被拉入凹模的面积：

$$A_{凹}=A_{工件}-A_{环}=11\,536\times\frac{\pi}{4}\ （\mathrm{mm}^2）$$

若多拉入 5%的料进入凹模，则被拉入凹模的面积：

$$A'_{凹}=1.05A_{凹}=12\,112.8\times\frac{\pi}{4}\ （\mathrm{mm}^2）$$

使扩大的毛坯面积：

$$A'_{环}=1.05A_{凹}+A_{环}=12\,112.8\times\frac{\pi}{4}+477\times\frac{\pi}{4}=12\,913.2\times\frac{\pi}{4}\ （\mathrm{mm}^2）$$

故扩大后的坯料直径：

$$D'=\sqrt{\frac{4A'_{环}}{\pi}}=\sqrt{12\,913.2}=113.6\ （\mathrm{mm}）$$

由下式可求得半成品的高度，因圆角半径 $r_2=r_1$，则

$$H_n=\frac{0.25}{d_n}\left(D'^2-d_{凸}^2\right)+0.43\left(r_1+r_2\right)$$

将 D'=113.6 mm，$d_{凸}$=81 mm，d_1=60 mm，$r_2=r_1$=8 mm 代入上式，得到第 1 次拉深的高度：

$$H_1=\frac{0.25}{60}\times(113.6^2-81^2)+0.43\times16=33\ （\mathrm{mm}）$$

工件的第一次相对高度（r_2）$=\left(H_1/d_1\right)_{工件}$=33/60=0.55（mm）。

由表 4-8 查得有凸缘圆筒形件第 1 次拉深的最大高度（h_1/d_1）=0.65，因为 $\left(H_1/d_1\right)_{工件}\leqslant h_1/d_1$，所以第 1 次拉深直径 ϕ60 mm 选择合理。

（4）确定拉深次数

步骤如下：

①计算直径。由于有凸缘圆筒形件在以后各次拉深中的拉深系数可按表 4-9 选取，且取值应略大些。

根据毛坯的相对高度（t/D）×100=（1.5 mm/113.6 mm）×100=1.32，由表 4-9 可取值为 m_2=0.76，m_3=0.79，m_4= 0.84，m_5=0.88。

各次拉深时半成品的直径：

$d_2 = m_2 d_1$=0.76×60 mm=45.6 mm（调整为 47 mm）

$d_3 = m_3 d_2$=0.79×47 mm=37.13 mm（调整为 39 mm）

$d_4 = m_4 d_3$=0.84×39 mm=32.76 mm（调整为 34 mm）

$d_5 = m_5 d_4$=0.88×34 mm=29.92 mm＜32.5 mm。

所以，应该 5 次拉深成形。

由于每次最好不以极限拉深系数进行拉深，所以调整拉深系数值为：m_1=0.55，m_2=0.78，m_3=0.81，m_4= 0.86，m_5=0.91。

各次半成品直径：

$d_1 = m_1 D$=0.55×111 mm=61.05 mm（调整为 62 mm）

$d_2 = m_2 d_1$=0.78×62 mm=48.36 mm（调整为 49 mm）

$d_3 = m_3 d_2$=0.81×49 mm=39.69 mm（调整为 40 mm）

$d_4 = m_4 d_3$=0.86×40 mm=34.4 mm（调整为 35 mm）

$d_5 = m_5 d_4$=0.91×35 mm=31.85 mm＜32.5 mm。

所以，最终是 5 次拉深成形，选定 d_5 为工件的直径（32.5 mm）。

②计算圆角半径。以后各次的凹模圆角半径（$r_{凹n}$）=（0.6～0.8）$r_{凹(n-1)}$

第 2 次拉深的凹模圆角半径（$r_{凹2}$）=0.6×7.25≈4.3 mm，$r_{凸2} = r_{凹2}$ =4.3 mm。

则第 2 次拉深的工件 r=4.3+1.512/2≈5 mm。

同理，第 3 次拉深的模具圆角半径 $r_{凸3} = r_{凹3}$ =3.25 mm，工件 r=4 mm。

第 4 次拉深的模具圆角半径 $r_{凸4} = r_{凹4}$ =3.25 mm，半成品的圆角半径取 4 mm。

最后一次拉深，凸、凹模的圆角半径应取工件的圆角半径值，即 $r_{凸5} = r_{凹5}$ =3.5 mm。

③计算高度。第 1 次拉深要将坯料多拉入凹模所需要量的 5%，故需对坯料作相应的放大。第 1 次拉深的半成品，其凸缘的圆环面积（$A_环$），由公式求得

$$A_{环} = \frac{\pi}{4}\left[d_{凸}^2 - \left(d_1 + 2r_1\right)^2\right]$$

将 $d_凸$ =81 mm，d_1 =62 mm，r_1 =8 mm 代入上式，则

$$A_{环} = \frac{\pi}{4} \times \left[81^2 - \left(62 + 2\times 8\right)^2\right] = 477 \times \frac{\pi}{4}\ \ (\text{mm}^2)$$

工件的面积应等于毛坯的面积，即

$$A_{工件} = \frac{\pi}{4}D^2 = \frac{\pi}{4} \times 111^2 = 12\,321 \times \frac{\pi}{4}\ \ (\text{mm}^2)$$

被拉入凹模的面积：

$$A_{凹}=A_{工件}-A_{环}=11\,844\times\frac{\pi}{4}\ (\mathrm{mm}^2)$$

若多拉入 5%的料进入凹模，则被拉入凹模的面积：

$$A'_{凹}=1.05A_{凹}=12\,436.2\times\frac{\pi}{4}\ (\mathrm{mm}^2)$$

扩大的毛坯面积：

$$A'_{环}=1.05A_{凹}+A_{环}=12\,436.2\times\frac{\pi}{4}+477\times\frac{\pi}{4}=12\,913.2\times\frac{\pi}{4}\ (\mathrm{mm}^2)$$

故，扩大后的坯料直径：

$$D'=\sqrt{\frac{4A'_{环}}{\pi}}=\sqrt{12\,913.2}=113.6\ (\mathrm{mm})$$

则第 1 次拉深时半成品的高度：

$$H_1=\frac{0.25}{60}\times\left(113.6^2-81^2\right)+0.43\times16=33\ (\mathrm{mm})$$

第 2 次拉深时，多拉 3%的材料，第 1 次余下 2%的材料返到凸缘上，则

$$A_{环}=\frac{\pi}{4}\left[d_{凸}^2-\left(d_2+2r_2\right)^2\right]=\frac{\pi}{4}\times\left[81^2-\left(49+2\times5\right)^2\right]=3\,080\times\frac{\pi}{4}\ (\mathrm{mm}^2)$$

$$A_{凹}=A_{工件}-A_{环}=\frac{\pi}{4}D^2-A_{环}=\frac{\pi}{4}\times111^2-3\,080\times\frac{\pi}{4}=9\,241\times\frac{\pi}{4}\ (\mathrm{mm}^2)$$

若多拉入 3%的料进入凹模，则被拉入凹模的面积：

$$A'_{凹}=1.03A_{凹}=9\,518.23\times\frac{\pi}{4}\ (\mathrm{mm}^2)$$

扩大的毛坯面积：

$$A'_{环}=1.03A_{凹}+A_{环}=9\,518.23\times\frac{\pi}{4}+3\,080\times\frac{\pi}{4}=12\,598.23\times\frac{\pi}{4}\ (\mathrm{mm}^2)$$

故，扩大后的坯料直径：

$$D'=\sqrt{\frac{4A'_{环}}{\pi}}=\sqrt{12\,598.23}=112.24\ (取\ 113\ \mathrm{mm})$$

则第 2 次拉深时半成品的高度：

$$H_2=\frac{0.25}{d_2}\left(D'^2-d_{凸}^2\right)+0.43\times2r_2=\frac{0.25}{49}\times\left(113^2-81^2\right)+0.43\times2\times5=36\ (\mathrm{mm})$$

第 3 次多拉入 1.5%的材料，第 2 次余下 1.5%的材料返回到凸缘上，则

$$A_{环}=\frac{\pi}{4}\left[d_{凸}^2-\left(d_3+2r_3\right)^2\right]=\frac{\pi}{4}\times\left[81^2-\left(40+2\times4\right)^2\right]=4\,257\times\frac{\pi}{4}\ (\mathrm{mm}^2)$$

$$A_{凹}=A_{工件}-A_{环}=\frac{\pi}{4}D^2-A_{环}=\frac{\pi}{4}\times 111^2-4\,257\times\frac{\pi}{4}=8\,064\times\frac{\pi}{4}\ (\text{mm}^2)$$

$$A'_{凹}=1.015A_{凹}=8\,184.96\times\frac{\pi}{4}\ (\text{mm}^2)$$

$$A'_{环}=1.015A_{凹}+A_{环}=8\,184.96\times\frac{\pi}{4}+4\,257\times\frac{\pi}{4}=12\,441.96\times\frac{\pi}{4}\ (\text{mm}^2)$$

$$D'=\sqrt{\frac{4A'_{环}}{\pi}}=\sqrt{12\,441.96}=111.54\ (\text{mm})（取 112 mm）$$

则第 3 次拉深时半成品的高度：

$$H_3=\frac{0.25}{d_3}\left(D'^2-d_{凸}^2\right)+0.43\times 2r_3=\frac{0.25}{40}\times\left(112^2-81^2\right)+0.43\times 2\times 4=41\ (\text{mm})$$

第 4 次多拉入 1%的材料，第 3 次余下 0.5%的材料返回凸缘上，则

$$A_{环}=\frac{\pi}{4}\left[d_{凸}^2-\left(d_4+2r_4\right)^2\right]=\frac{\pi}{4}\times\left[81^2-\left(35+2\times 3.5\right)^2\right]=4\,797\times\frac{\pi}{4}\ (\text{mm}^2)$$

$$A_{凹}=A_{工件}-A_{环}=\frac{\pi}{4}D^2-A_{环}=\frac{\pi}{4}\times 111^2-4\,797\times\frac{\pi}{4}=7\,524\times\frac{\pi}{4}\ (\text{mm}^2)$$

$$A'_{凹}=1.01A_{凹}=7\,599.24\times\frac{\pi}{4}\ (\text{mm}^2)$$

$$A'_{环}=1.01A_{凹}+A_{环}=7\,599.24\times\frac{\pi}{4}+4\,797\times\frac{\pi}{4}=12\,393.24\times\frac{\pi}{4}\ (\text{mm}^2)$$

$$D'=\sqrt{\frac{4A'_{环}}{\pi}}=\sqrt{12\,339.24}=111.3\ (\text{mm})（取 112 mm）$$

则第 4 次拉深时半成品的高度：

$$H_4=\frac{0.25}{d_4}\left(D'^2-d_{凸}^2\right)+0.43\times 2r_4=\frac{0.25}{35}\times\left(112^2-81^2\right)+0.43\times 2\times 4=46.43\ (\text{mm})$$

$$H_5=H_{工件}=53\text{ mm}$$

各半成品的外形总高为 H_n +1.5 mm，则

h_1 =34.5 mm，h_2 =37.5 mm，h_3 =42.5 mm，h_4 =48 mm，h_5 =54.5 mm。

（5）画出拉深工序图

画出各次拉深件的简图，便于设计各次拉深模，可避免设计拉深模时，将重要尺寸搞错。如果拉深次数较少，也不用画出工序图。本次拉深工序如图 4-22 所示。

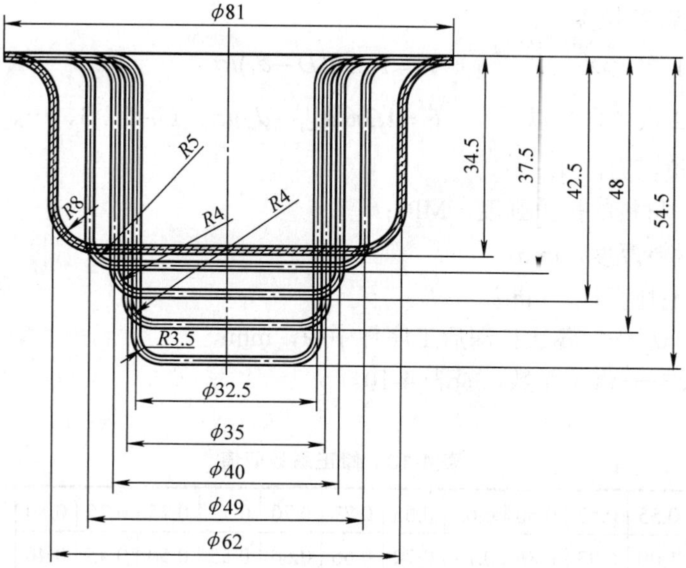

图 4-22　有凸缘圆筒形拉深件的工序图

任务 4.6　拉深力与压边力的确定

【任务描述】

能够根据不同条件计算拉深力与压边力的大小。

【相关知识】

4.6.1　拉深力的计算

从理论上计算拉深力在前面已推导过，但它在实际应用上并不方便，而且因为其影响因素比较复杂，计算结果与实际拉深力往往有出入，所以生产中常用经验公式计算拉深力。圆筒形工件可用以下经验公式计算拉深力。

采用压边圈拉深时：

第 1 次拉深　　$F = \pi d_1 t \sigma_b k_1$　　（4-21）

第 2 次（含）以后　　$F_n = \pi d_n t \sigma_b k_n$（$n$=2、3、…、$i$）　　（4-22）

不采用压料圈拉深时：

第 1 次拉深 $F = 1.25\pi(D - d_1)t\sigma_b$ （4-23）

第 2 次（含）以后 $F = 1.3\pi(d_{n-1} - d_n)t\sigma_b$ （n=2、3、…、i） （4-24）

式中，F——拉深力，N；

σ_b——材料的抗拉强度，MPa；

t——材料厚度，mm；

D——毛坯直径，mm；

d_1，…，d_n——各次拉深后工序件中径，mm；

k_1，k_2——修正系数，查表 4-10。

表 4-10 修正系数取值

拉深系数（m_1）	0.55	0.57	0.60	0.62	0.65	0.77	0.70	0.72	0.75	0.75	0.80	—	—	—
修正系数（k_1）	1.00	0.93	0.86	0.79	0.72	0.66	0.60	0.55	0.50	0.45	0.40	—	—	—
拉深系数（m_2）	—	—	—	—	—	—	0.70	0.72	0.75	0.77	0.80	0.85	0.90	0.95
修正系数（k_2）	—	—	—	—	—	—	1.00	0.95	0.90	0.85	0.80	0.70	0.60	0.50

4.6.2 压边力的计算

（1）压边条件

解决拉深工作中起皱问题的主要方法是采用防皱压边圈，并且压边力要适当。必须指出，如果拉深的变形程度比较小，毛坯的相对厚度比较大，则不需要采用压边圈，因为不会产生起皱。拉深中是否需要采用压边圈，可按表 4-11 的条件决定。

表 4-11 采用或不采用压边圈的条件

拉深方法	第 1 次拉深		后续各次拉深	
	$t/D\times100$	m_1	$t/D\times100$	m_2
用压边圈	＜1.5	＜0.6	＜1.0	＜0.8
不用压边圈	＞2.0	＞0.6	＞1.5	＞0.8
可用可不用	1.5～2.0	0.6	1.0～1.5	0.8

压边圈对拉深坯料的变形区施加的压边力（$F_{压}$）是为了防止毛坯起皱，保证拉深过程顺利进行而施加的力，它的大小对拉深影响较大。压边力太小防皱效果不好，造成拉深件筒壁质量差；压边力太大则会增加危险断面处的拉应力，引起拉深件拉裂破坏或严重变薄超差（图 4-23）。

生产中，压边力的大小不是唯一的，有一定的调节范围（图 4-24），其范围在最大压边力（$F_{压max}$）和最小压边力（$F_{压min}$）之间。可以看出，压边力的调节范围与拉深系数有一定的关系。拉深系数减小，压边力的变动范围就减小，这对拉深工作是不利的。因为当压边力稍大些时会产生破裂，压边力稍小些时会起皱，也就是说，拉深的工艺稳定性不好。相反，拉深系数增大，压边力可调节范围增大，工艺稳定性越好。

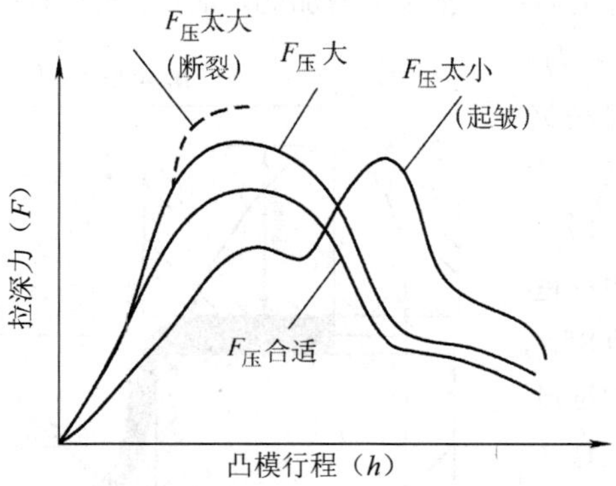

图 4-23　拉深力与压边力的关系

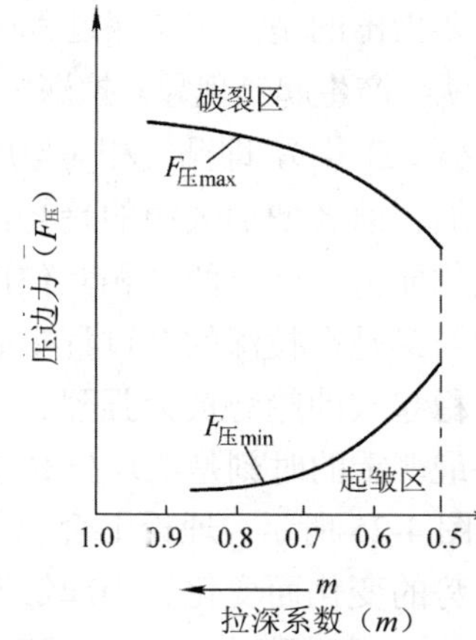

图 4-24　压边力对拉深的影响

（2）压边力的确定

在模具设计时，通常使压边力（$F_{压}$）稍大于防皱作用所需的最低值，即在保证毛坯凸缘变形区不起皱的前提下，尽量选用小的压边力，并按下列公式进行计算：

总压边力：
$$F_{压} = Ap \tag{4-25}$$

筒形件第 1 次拉深时：
$$F_{压} = \frac{\pi}{4}\left[D^2 - \left(d_1 + 2r_{凹1}\right)^2\right]p \tag{4-26}$$

筒形件后续各次拉深时：
$$F_{压} = \frac{\pi}{4}\left[d_{n-1}^2 - \left(d_n + 2r_{凹n-1}\right)^2\right]p \tag{4-27}$$

式中，A——压料圈下坯料的投影面积，mm^2；

p——单位压边力，MPa，可按表 4-12 选用；

D——毛坯直径，mm；

d_1、d_2、…、d_n——第 1 次及以后各次工件的直径，mm；

$r_{凹1}$、$r_{凹2}$、…、$r_{凹n}$——各次拉深凹模圆角半径，mm。

表 4-12　单位压边力（p）　　单位：MPa

<table>
<tr><th colspan="2">材料名称</th><th>p</th><th>材料名称</th><th>p</th></tr>
<tr><td colspan="2">铝</td><td>0.8～1.2</td><td>镀锡钢板</td><td>2.5～3.0</td></tr>
<tr><td colspan="2">硬铝（已退火）、紫铜</td><td>1.2～1.8</td><td rowspan="2">高温合金</td><td rowspan="2">2.8～3.5</td></tr>
<tr><td colspan="2">黄铜</td><td>1.5～2.0</td></tr>
<tr><td rowspan="2">软钢</td><td>t<0.5 mm</td><td>2.5～3.0</td><td rowspan="2">高合金钢、不锈钢</td><td rowspan="2">3.0～4.5</td></tr>
<tr><td>t>0.5 mm</td><td>2.0～2.5</td></tr>
</table>

在生产中，一次拉深时的压边力($F_{压}$)也可按拉深力的 1/4 选取，即

$$F_{压}=0.25F_1 \tag{4-28}$$

需要指出的是，在拉深过程中，当凸缘变形区的切向压应力(σ_3)超过其临界压应力时就会产生起皱现象。拉深中，σ_3 是随拉深的进行而增加的，而凸缘变形区却在不断缩小（$D_t\downarrow$），即凸缘相对厚度 [$t/(D_t-d)$] 不断增加。前者增加失稳的趋势，后者提高失稳起皱的能力，所以两个相互作用的因素互相消长的结果是在拉深的全过程中必有某一段，凸缘失稳起皱的趋势最为强烈。试验证明：起皱趋势最严重的时刻是毛坯外缘缩小到 $0.85R_0$ 时，如图 4-25 所示。理论上合理的压边力应随起皱趋势的变化而变化。当起皱严重时压边力变大，起皱不严重时压边力就随着减少，但要实现这种变化是比较困难的。

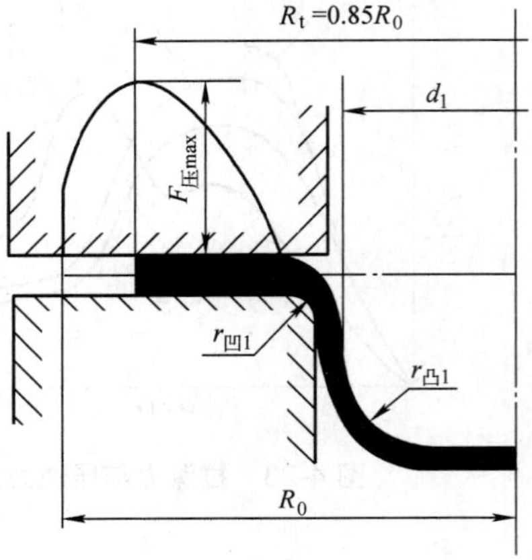

图 4-25 首次拉深压边力（$F_{压}$）的变化

（3）压边装置

目前，在生产实际中常用的压边装置有以下两大类：

① 弹性压边装置。这种装置多用于普通冲床，通常有 3 种：橡皮压边装置 [图 4-26（a）]、弹簧压边装置 [图 4-26（b）]、气垫式压边装置 [图 4-26（c）]。这 3 种压边装置压边力的变化曲线如图 4-27 所示。另外氮气弹簧技术也逐渐在模具中使用。

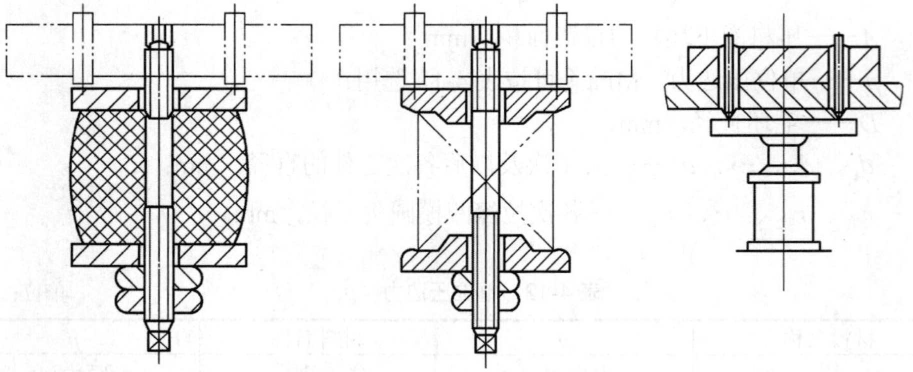
（a）橡皮垫　（b）弹簧垫　（c）气垫

图 4-26 弹性压边装置

随着拉深深度的增加，需要压边的凸缘部分不断减少，故需要的压边力也就逐渐减小。由图 4-27 可以看出橡皮及弹簧压边装置的压边力却恰好与需要的压边力相反，随拉深深度的增加而增加，尤其以橡皮压边圈更为严重。这种情况会使拉深力增加，从而导致零件断裂。因此橡皮及弹簧结构通常只用于浅拉深。但是，这两种压边装置结构简单，在中小型压力机上使用较为方便。只要正确地选择弹簧的规格和橡胶的牌号及尺寸，就能减少它的不利影响。弹簧应选用总压缩量大且压力随压缩量增加缓慢的规格。橡胶应选用软橡胶，并应保证相对压缩量不过大。橡皮的压边力随压缩量增加很快，因此橡皮的总厚度应选大些，建议橡胶总厚度不小于拉深工作行程的 5 倍。气垫式压边装置的压边效果较好，压边力基本上不随工作行程而变化，但它结构复杂，制造、使用及维修都比较困难。

②刚性压边装置。如图 4-28 所示，这种结构用于双动压力机，凸模装在压力机的内滑块上，压边装置装在外滑块上。在拉深过程中，外滑块保持不动，所以其刚性压边力不随行程变化，拉深效果好，模具结构简单。

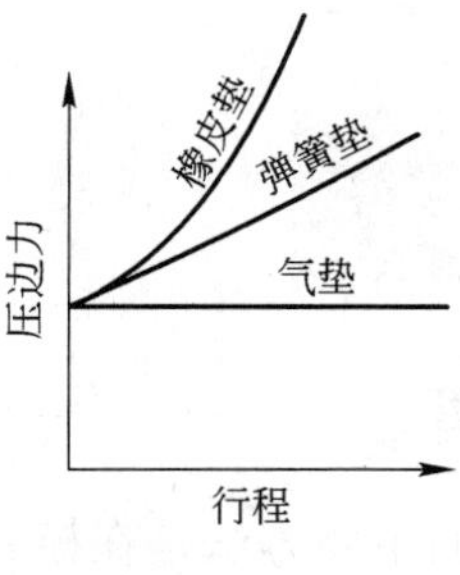

图 4-27　3 种压边装置压边力的变化曲线

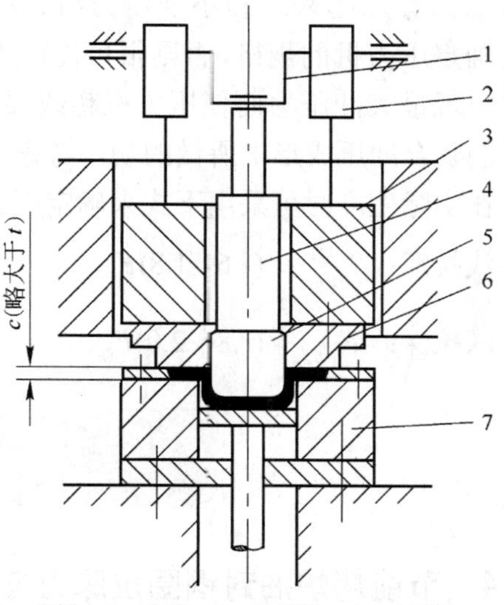

1—曲轴；2—凸轮；3—外滑块；4—内滑块；5—凸模；6—压边圈；7—凹模。

图 4-28　刚性压边装置

4.6.3　压力机公称压力的选择

对于单动压力机，其公称压力应大于工艺总压力。工艺总压力为拉深力($F_{拉}$)与压边力($F_{拉}$)之和。

$$F_{压机} > F_{拉} + F_{压} \tag{4-29}$$

对于双动压力机，应分别考虑内外滑块的公称压力与对应的拉深力($F_{拉}$)和压边力($F_{压}$)的关系。

$$F_1 > F_{拉} \qquad F_2 > F_{压} \tag{4-30}$$

式中，$F_{压机}$——压力机的公称压力，kN；

F_1——内滑块公称压力，kN；

F_2——外滑块公称压力，kN；

$F_{拉}$——拉深力，kN；

$F_{压}$——压边力，kN。

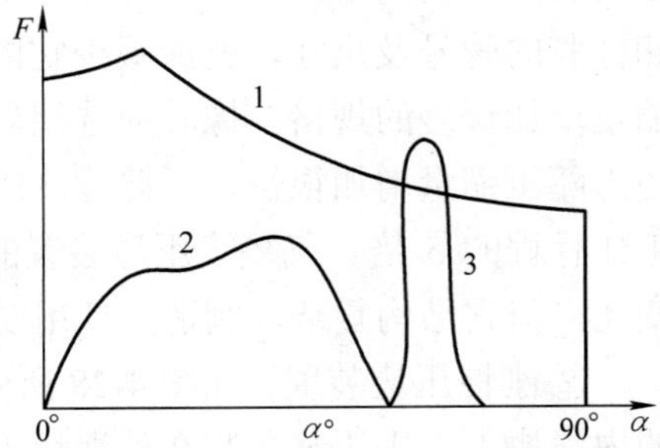

1—压力机的压力曲线；2—拉深力；3—落料力。

图 4-29 拉深力与压力机的压力曲线

选择压力机公称压力时必须注意，当拉深行程较大，尤其是采用落料、拉深复合模时，应使工艺力曲线位于压力机滑块的许用压力曲线之下。不能简单地根据落料力与拉深力叠加起来之和小于压力机公称压力去确定压力机的规格，否则很可能由于过早地出现最大冲压力而使压力机超载损坏（图 4-29）。而应该考虑压力机在落料、拉深的复合冲压成形中所做的功，考虑压力机电机能否负荷。

在实际生产时可采用下式来确定压力机的公称压力：

浅拉深：$F_{压机} \geqslant (1.6 \sim 1.8)F_{总}$

深拉深：$F_{压机} \geqslant (1.8 \sim 2.0)F_{总}$

【任务实施】

4.6.4 节能烤炉油封钢圈拉深力与压边力计算

为了解决拉深过程中的起皱问题，生产实际中的主要方法是在模具结构上采用压料装置。

压边圈产生的压边力(F_Q)大小应适当，F_Q 太小防皱效果不好；F_Q 太大则会增大传力区危险断面上的拉应力，从而引起材料严重变薄甚至拉裂。因此，实际应用中，在保证变形区不起皱的前提下，尽量选小的压边力。

因为本零件是轴对称零件，所以不用计算压力中心。

①计算压边力。由公式计算第 1 次拉深的压边力为

$$F_{Q1} = \frac{\pi}{4}\left[D^2 - (d_1 + 2r_{凹})^2\right]p = \frac{\pi}{4} \times \left[113.62^2 - (62 + 2 \times 8)^2\right] \times 3 = 16\,082 \text{ (N)}$$

以后各次的压边力为

$$F_{Q2}=\frac{\pi}{4}(d_1^2-d_2^2)p=\frac{\pi}{4}\times(62^2-49^2)\times3=3\,400\ \text{（N）}$$

$$F_{Q3}=\frac{\pi}{4}(d_2^2-d_3^2)p=\frac{\pi}{4}\times(49^2-40^2)\times3=1\,887\ \text{（N）}$$

$$F_{Q4}=\frac{\pi}{4}(d_3^2-d_4^2)p=\frac{\pi}{4}\times(40^2-35^2)\times3=884\ \text{（N）}$$

$$F_{Q5}=\frac{\pi}{4}(d_4^2-d_5^2)p=\frac{\pi}{4}\times(35^2-32.5^2)\times3=398\ \text{（N）}$$

②计算拉深力。

$$F=K\pi dt\sigma_b$$

由表查出因数 K。

$$m_1=\frac{d_1}{D}=\frac{62}{111}=0.56\text{，}\ K_1=1.00$$

$$m_2=\frac{d_2}{d_1}=\frac{49}{62}=0.79\text{，}\ K_2=0.82$$

$$m_3=\frac{d_3}{d_2}=\frac{40}{49}=0.82\text{，}\ K_3=0.78$$

$$m_4=\frac{d_4}{d_3}=\frac{35}{40}=0.875\text{，}\ K_4=0.65$$

$$m_5=\frac{d_5}{d_4}=\frac{32.5}{35}=0.93\text{，}\ K_5=0.50$$

则各次拉深力为

$$F_1=1.00\times3.14\times62\times1.5\times440=128\,554\ \text{（N）}$$

$$F_2=0.82\times3.14\times49\times1.5\times440=83\,311.27\ \text{（N）}$$

$$F_3=0.78\times3.14\times40\times1.5\times440=64\,691.67\ \text{（N）}$$

$$F_4=0.65\times3.14\times35\times1.5\times440=47\,171.01\ \text{（N）}$$

$$F_5=0.50\times3.14\times32.5\times1.5\times440=33\,693.58\ \text{（N）}$$

③计算公称压力。

$$F_{压机}\geqslant1.6(F+F_Q)$$

代入各次的压边力、拉深力，得

$F_{压机1}\geqslant231.4$ kN，$F_{压机2}\geqslant138.7$ kN，$F_{压机3}\geqslant106.5$ kN，$F_{压机4}\geqslant76.9$ kN，$F_{压机5}\geqslant$ 54.55 kN。

任务 4.7 拉深模具的典型结构

【任务描述】

完成拉深模具总体结构设计。

【相关知识】

拉深模具按其工序顺序可分为首次拉深模和以后各工序拉深模，它们之间的本质区别是压边圈的结构和定位方式；按其使用的冲压设备可分为单动压力机拉深模、双动压力机拉深模及三动压力机用拉深模，它们的本质区别在于压边装置不同（弹性压边和刚性压边）；按工序的组合可分为单工序拉深模、复合模和级进式拉深模。此外，还可按有无压边装置分为无压边装置拉深模和有压边装置拉深模等。下面将介绍几种常见的拉深模典型结构。

4.7.1 首次拉深模

图 4-30 为无压边圈的首次拉深模具。这种类型的模具结构简单，常用于板料塑性好、相对厚度较大时的拉深。半成品工件以定位板 5 定位，拉深凸模 2 向下运行，直至拉深凸模将板料压入到拉深凹模 3 下面拉成工件，拉深结束。拉深凸模 2 向上运行，靠拉深凹模下部的卸件环 4 脱下拉深件。因为拉深凸模 2 要深入到拉深凹模 3 下面，所以该模具只适用于浅拉深。为使工件在拉深后不至于紧贴在凸模上难以取下，在拉深凸模 2 上开有通气小孔。

图 4-31 所示为带上压边装置的首次拉深模。这种具有弹性压边装置的首次拉深模，是最广泛采用的首次拉深模结构形式，压边力由弹性元件的压缩产生。拉深前，半成品工件以定位板 6 定位。拉深时，凸模 10 向下运行，半成品工件因受压弹簧 4 的作用首先被压边圈 5 平整地压在拉深凹模 7 表面，凸模 10 继续向下运行，弹簧 4 继续受压，直至拉深成形出工件。拉深结束，凸模向上运行，压边圈在弹簧的作用下回复，将包在拉深凸模上的工件刮下来。图 4-31 所采用的弹性元件装在上模（即为上压边），凸模比较长，只适用于拉深深度不大的工件。上压边的特征是由于上模空间位置受到限制，不可能使用较大的弹簧或橡皮，因此上压边装置的压边力小，这种装置主要用在压边力不大的场合。

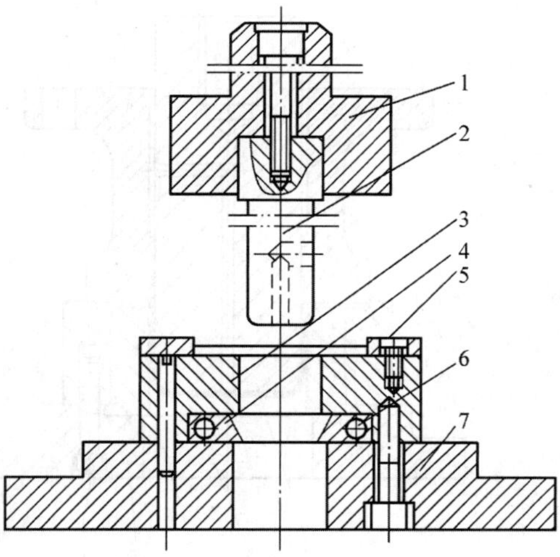

1—模柄；2—凸模；3—凹模；4—卸件环；
5—定位板；6—拉簧；7—下模座。

图 4-30 无压边圈的首次拉深模具

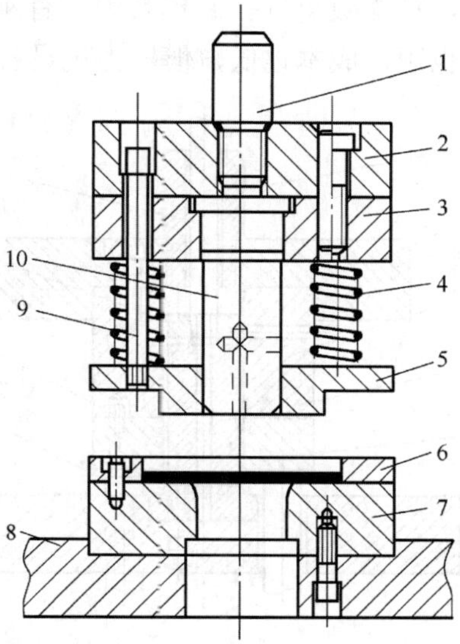

1—模柄；2—上模座；3—凸模固定板；4—弹簧；
5—压边圈；6—定位板；7—凹模；8—下模座；
9—卸料螺钉；10—凸模。

图 4-31 带上压边装置的首次拉深模

弹性元件也可装在下模（即为下压边），如图 4-32 所示。下压边装置的压边力可以较大，所以拉深模具常采用下压边装置。拉深前，半成品工件通过固定挡料销 8 定位。拉深时，拉深凹模 3 向下运行，半成品工件首先被平整地压在压边圈 5 与拉深凹模 3 之间，拉深凹模 3 继续向下运行，固定于下模座 10 的拉深凸模 4 进入拉深凹模 3 直至拉深成形出工件，同时拉深凹模中的推件块 7 被推顶到最高处。拉深结束，上模回程，压边圈 5 将工件从拉深凸模 4 上刮掉，拉深件被推件块 7 推出拉深凹模 3，压边圈 5 相对下模在弹性元件的作用下回复到最初始的位置。

带有弹性压边装置的拉深模存在一定的缺点，即随着拉深程度的增加，凸缘变形区的材料减少，所需的压边力减少，而弹性元件提供的力反而增加，因而不利于拉深工艺的进行。

图 4-33 为带刚性压边装置的拉深模。这种装置用于双动压力机上。双动压力机有两个滑块，其拉深凸模 2 与拉深滑块（内滑块）相连接，而上模座 5（上模座上装有刚性压边圈 3）与压边滑块（外滑块）相连。拉深前，放置于固定板 1 内的半成品工件首先被刚性压边圈 3 压平整在拉深凹模 4 的表面，拉深滑块才向下运行带动拉深凸模 2 作用于半成品工件上使其成形为拉深件。拉深结束，拉深滑块先带动拉深凸模回程，在刚性压边圈的作用下卸下包在凸模上的拉深件。拉深件在拉深凹模的台阶作用下在拉深过程中，外滑块始终保持不动，所以其刚性压边力不随行程

变化，拉深效果好。此模具因装有刚性压边装置，所以模具结构显得很简单，制造周期也短，成本也低，但压力机设备投资较高。

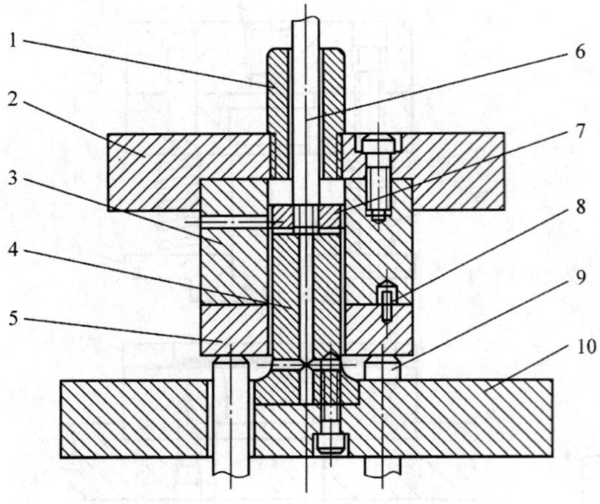

1—模柄；2—上模座；3—拉深凹模；4—拉深凸模；5—压边圈；6—打料杆；7—推件块；8—挡料销；9—顶料杆；10—下模座。

图 4-32　带下压边装置的首次拉深模

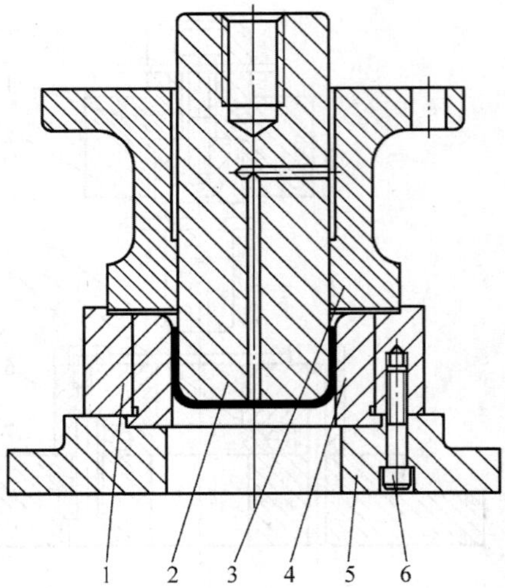

1—固定板；2—拉深凸模；3—刚性压边圈；4—拉深凹模；5—下模座；6—螺钉。

图 4-33　带刚性压边装置的拉深模

图 4-34 为带锥形压边圈的倒装拉深模。拉深时，锥形压边圈 6 先将毛坯压成锥形，使毛坯的外径产生一定的收缩量，然后再将其拉成筒形，采用这种结构，有利于拉深变形，所以可降低极限拉深系数。

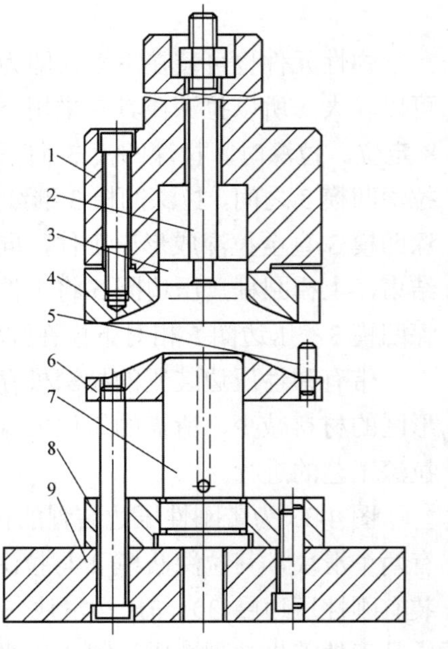

1—上模座；2—推杆；3—推件板；4—锥形凹模；5—限位柱；6—锥形压边圈；7—拉深凹模；8—固定板；9—下模座。

图 4-34　带锥形压边圈的倒装拉深模

4.7.2　以后各次拉深模

由于首次拉深的拉深系数有限，许多零件经首次拉深后，其尺寸和高度不能达到要求，还需要经第 2 次、第 3 次甚至更多次拉深，这里统称为以后各次拉深。以后各次拉深用的毛坯是已经过首次拉深的半成品筒形件或锥形件，而不再是平板毛坯。因此，其定位装置、压边装置与首次拉深模是完全不同的。

以后各次工序拉深模的定位方法常用的有 3 种：① 采用特定的定位板；② 凹模

上加工出供半成品定位的凹窝（图 4-35）；③ 利用半成品内孔，用凸模外形或压边圈的外形来定位（图 4-36）。

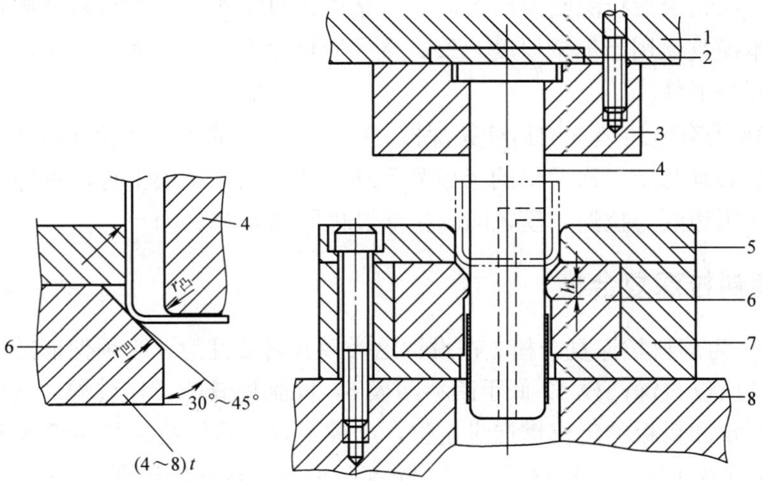

1—上模座；2—垫板；3—凸模固定板；4—拉深凸模；5—定位板；6—拉深凹模；7—凹模固定板；8—下模座。

图 4-35　无压边装置的以后各次拉深模

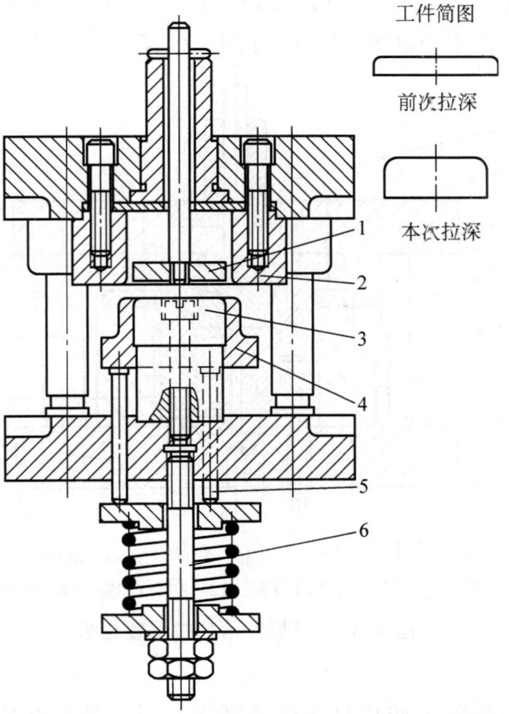

1—推件板；2—拉深凹模；3—拉深凸模；4—压边圈；5—顶杆；6—弹簧。

图 4-36　有压边装置的后续拉深模

图 4-35 中所示毛坯（双点划线）是经过前道工序拉深成为一定尺寸的半成品筒形件，置入模具的定位板 5 中定位后，拉深凸模 4 下行接触毛坯进行拉深直至拉深出工件，拉深结束后拉深凸模向上运行，靠拉深凹模 6 下部的台阶（脱料颈）脱下拉深件。本模具适用于侧壁厚度一致、直径变化量不大、稍加整形即可达到尺寸精度要求的圆筒形件。

图 4-36 为有压边装置的后续拉深模。拉深前，半成品毛坯套在压边圈 4 上，压边圈的形状必须与上一次拉出的半成品毛坯形状一致。上模下行，首先将半成品毛坯压平整在压边圈与拉深凹模之间。拉深过程同图 4-35。

4.7.3 落料拉深复合模

图 4-37 为落料拉深复合模。在设计这类模具时要注意，必须保证冲压时要先落料再拉深，所以拉深凸模 12 低于落料凹模 6。此副模具的工作过程：条形板材由前向后通过固定卸料板的定位槽送进定位，上模下行，落料拉深凸凹模 3 与落料凹模 6 首先完成落料工序。上模继续下行，拉深凸模开始接触压边圈 13 压住的落料毛坯并将其压入落料拉深凸凹模 3 孔内，完成拉深工序。上模回程时，刚性卸料板从落料拉深凸凹模上卸下废料，压边圈在弹顶装置的作用下将工件从拉深凸模上刮掉；若工件卡在落料拉深凸凹模孔内，可通过推件块 10 在上模回程到一定距离后，在压力机打料横梁的阻止作用下相对向上运行的上模向下运动将工件推出。

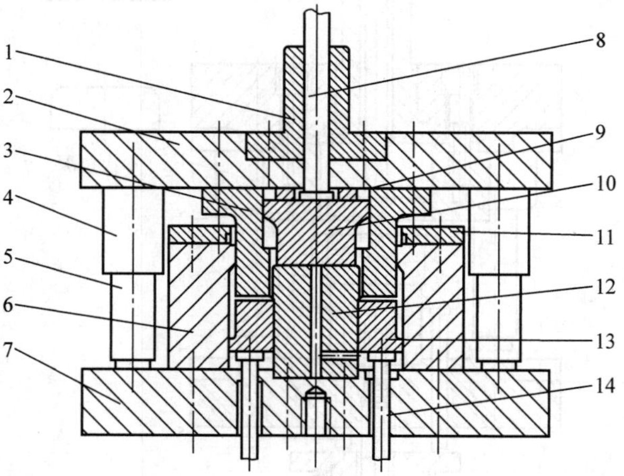

1—模柄；2—上模座；3—落料拉深凸凹模；4—导套；5—导柱；6—落料凹模；7—下模座；8—打杆；9—定距块；10—推件块；11—刚性卸料板；12—拉深凸模；13—压边圈；14—顶杆。

图 4-37 筒形件落料拉深复合模

落料拉深复合模与落料冲孔复合模的区别在于：冲孔凸模换为拉深凸模；冲孔凹模变为拉深凹模；凸、凹模均具有一定的圆角半径，两者之间有拉深所需要的间隙。

工作行程较冲裁模大得多，压料圈既起压料作用又起顶件作用。由于有顶件装置，上模回程时，冲压件可能留在拉深凹模内，所以一般设有推件装置。

【任务实施】

4.7.4　节能烤炉油封钢圈拉深模具总体设计

五次拉深模具都是在单动压力机上拉深，采用标准后座模架，压边圈是通过顶件杆由气垫来压边的，气垫的压边提供的压边力恒定，是较为理想的弹性压边装置。由限位圈来防止压边圈被顶出，尽量减小压边面积，以增大单位压边力。模具仍为倒装结构，由打杆顶出工件。

其工作过程：模具在工作时，将前一道工序拉深后所得的半成品坯件套在压边圈上。凹模装在上模，凸模装在下模。待凹模随上模下降时，首先将坯件压住，然后坯件和压边圈同时向下推，凸模逐渐露出压边圈，而将坯料上端一部分材料压入凹模内，使坯件在凸、凹模作用下，产生塑性变形而制成所要求的零件。

当凹模随上模回升时，零件制品在打料块及打料杆的作用下，将其从凹模内推出。而压边圈在缓冲器系统作用下又回到原位，准备下一次拉深。

任务 4.8　拉深模具工作零件的设计

【任务描述】

完成工作零件（凸模、凹模）等的设计。

【相关知识】

在冲压模的六大类零部件中，很多已经完成标准化工作。冲模设计的标准化、典型化是缩短模具制造周期、简化模具设计的有效方法，是应用模具 CAD/CAM 的前提，是模具工业化和现代化的基础。国家标准总局针对冲压模具先后制定了冲模基础标准、冲模产品（零件）标准和冲模工艺质量标准等标准，在设计中应优先选用。

4.8.1 拉深模具间隙

拉深模具间隙指的是凸、凹模之间的双面间隙。间隙的大小对拉深力、拉深件的质量以及模具寿命都有较大的影响。间隙小时，拉深件回弹小，侧壁平直而光滑，质量较好，精度较高。若间隙值太小，拉深力增加，则会导致工件变薄严重甚至拉裂，模具表面间的摩擦、磨损严重，模具寿命降低。间隙过大时，拉深力降低，模具的寿命提高，但毛坯容易起皱，拉深件锥度大，精度较差。因此，拉深模的间隙值应合理，确定时要考虑压边状况、拉深次数和工件精度等。拉深模间隙的取值原则：既要考虑板料本身的公差，又要考虑板料的增厚现象，间隙取值一般都比毛坯厚度略大一些。

（1）无压料装置拉深

无压料装置的拉深模，其凸、凹模的间隙可按下式计算：

$$\frac{Z}{2}=(1\sim1.1)t_{\max} \tag{4-31}$$

式中，$\frac{Z}{2}$ ——拉深凸、凹模单边间隙，mm；

$t_{\max}$ ——板料厚度的最大极限尺寸，mm；

1～1.1——对于首次和中间各次拉深或尺寸精度要求不高的拉深件取式中较大值，对于末次拉深或尺寸精度要求较高的拉深件取式中较小值。

（2）有压料装置拉深

有压料装置的拉深模，其凸、凹模间隙可按表 4-13 查取。

表 4-13 有压料装置拉深时单边间隙值 单位：mm

总拉深次数	拉深工序	单边间隙$\left(\frac{Z}{2}\right)$	总拉深次数	拉深工序	单边间隙$\left(\frac{Z}{2}\right)$
1	一次拉深	（1～1.1）t	4	第 1、2 次拉深	$1.2t$
2	第 1 次拉深	$1.1t$		第 3 次拉深	$1.1t$
	第 2 次拉深	（1～1.05）t		第 4 次拉深	（1～1.05）t
3	第 1 次拉深	$1.2t$	5	第 1、2、3 次拉深	$1.2t$
	第 2 次拉深	$1.1t$		第 4 次拉深	$1.1t$
	第 3 次拉深	（1～1.05）t		第 5 次拉深	（1～1.05）t

注：1. t 为材料厚度，取材料允许偏差的中间值；

2. 当拉深精密工件时，最后一次拉深间隙取 $\frac{Z}{2}=t$ 。

对于精度要求高的零件，为了拉深后的回弹小，表面光洁，常采用负间隙拉深模。其单边间隙值：

$$\frac{Z}{2}=(0.9\sim0.95)t \tag{4-32}$$

采用较小间隙时，拉深力比一般情况要增加 20%，拉深系数也相应地加大。

（3）盒形件拉深

盒形件拉深分为以下两种情况：

①精度要求高时：

$$\frac{Z}{2}=(0.9\sim1.05)t \tag{4-33}$$

②精度要求不高时：

$$\frac{Z}{2}=(1\sim1.3)t \tag{4-34}$$

最后一次拉深取较小值。最后一次拉深模间隙，直边和圆角部分是不同的，圆角部分的间隙比直边部分大 0.1 t，其确定方法见图 4-38。

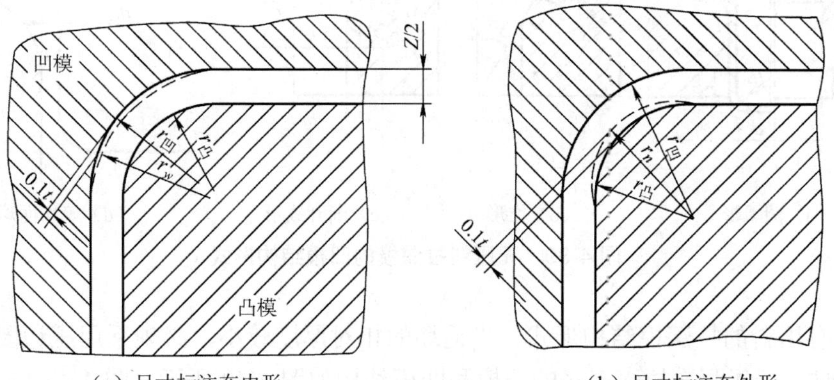

（a）尺寸标注在内形　　（b）尺寸标注在外形

图 4-38　盒形件拉深模角部间隙确定方法

当零件尺寸标注在内形时，凹模平面转角的圆角半径：

$$r_{凹Z}=\frac{0.414r_w-0.1t}{0.414} \tag{4-35}$$

当零件尺寸标注在外形时，凸模平面转角的圆角半径：

$$r_{凸Z}=\frac{0.414r_n+0.1t}{0.414} \tag{4-36}$$

式中，$r_w=r_{凸Z}+\frac{Z}{2}$；

$r_n = r_{凹Z} - \dfrac{Z}{2}$；

t——板料厚度，mm。

4.8.2 凸、凹模的结构

拉深凸模与凹模的结构形式取决于工件的形状、尺寸以及拉深方法、拉深次数等工艺要求，不同的结构形式对拉深的变形情况、变形程度的大小及产品的质量均有不同的影响。常见的凸、凹模结构形式如下：

①无压料的拉深模结构形式。当毛坯的相对厚度较大，不易起皱，不需用压边圈压边时，应采用锥形凹模等（图 4-39）拉深成形。这种模具在拉深的初期就使毛坯呈曲面形状，因而较平端面拉深凹模具有更大的抗失稳能力，故可以采用更小的拉深系数进行拉深。

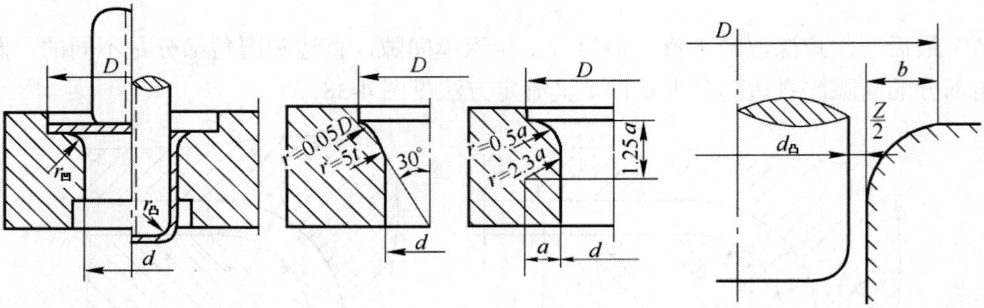

（a）圆弧形　　（b）锥形　　（c）渐开线形　　（d）等切面形

图 4-39　无压料拉深模的凹模结构形式

②有压料的拉深模结构形式。当毛坯的相对厚度较小，必须采用压边圈进行多次拉深时，相邻两次拉深工序的凸模和凹模结构如图 4-40 所示。图 4-40（a）中凸、凹模具有圆角结构，用于拉深直径（d）≤100 mm 的及带凸缘的形状复杂的拉深件。图 4-40（b）中凸、凹模具有斜角结构，用于拉深直径（d）≥100 mm 的中型及大型尺寸的拉深件。采用这种有斜角的凸模和凹模，除具有改善金属的流动，减少变形抗力，材料不易变薄等一般锥形凹模的特点外，还可减轻毛坯反复弯曲变形的程度，提高零件侧壁的质量，使毛坯在下次工序中容易定位。

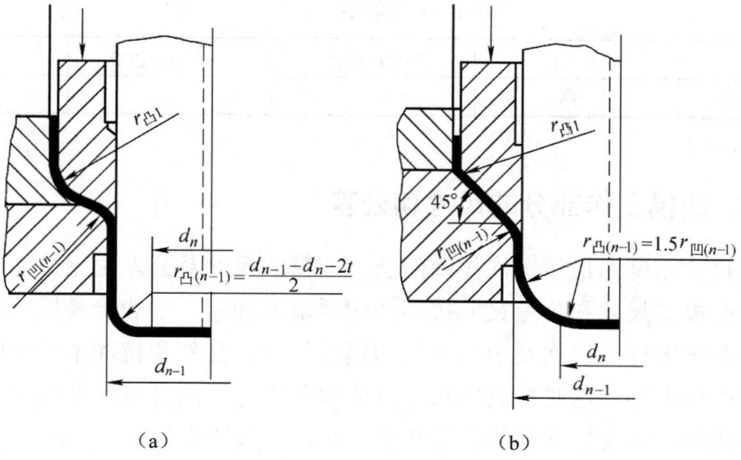

图 4-40　有压料的拉深模工作部分的结构

设计拉深凸、凹模结构时，必须注意前后两道工序的凸、凹模形状和尺寸上的协调，使前道工序得到的工序件形状和尺寸有利于后道工序的成形，后一道工序的凸、凹模及压料圈的形状与前道工序的工序件吻合，以防止毛坯在成形过程中的反复弯曲。如图 4-41 所示的前道工序凸模的锥顶径（d_1）应比后续工序凸模的直径（d_2）小，以避免毛坯在 *A* 部可能产生不必要的反复弯曲，使工件筒壁的质量变差等。

为了使最后一次拉深后零件的底部平整，如果是圆角结构的冲模，其最后一次拉深凸模圆角半径的圆心应与倒数第 2 次拉深凸模圆角半径的圆心位于同一条中心线上。如果是斜角的冲模结构，则倒数第 2 道工序［（$n-1$）道］凸模底部的斜线应与最后一道的凸模圆角半径（r_n）相切，如图 4-42 所示。

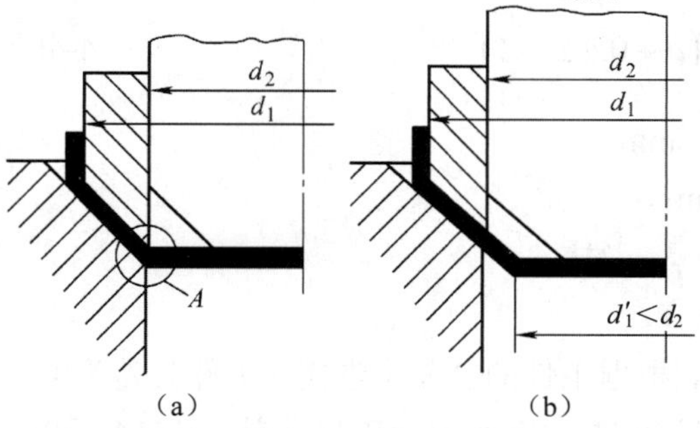

图 4-41　斜角尺寸的确定

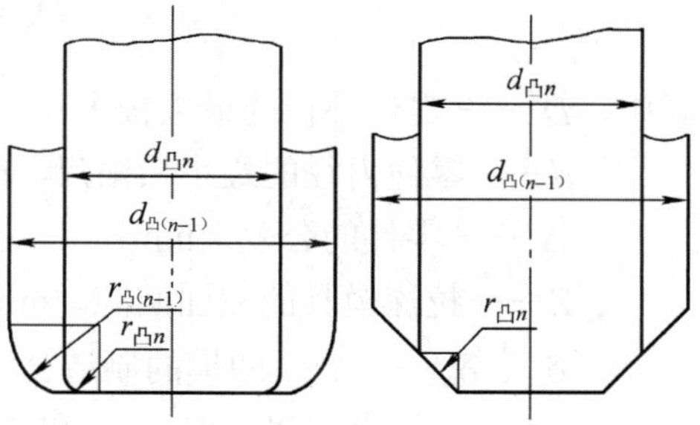

图 4-42　最后拉深底部毛坯尺寸的变化

对于有无采用压料装置的拉深模，为了便于取出工件，拉深凸模都应钻通气孔，其尺寸可查表 4-14。

表 4-14 通气孔尺寸 单位：mm

凸模直径	≤50	>50～100	>100～200	>200
通气孔直径	5	6. 5	8	9.5

4.8.3 凸、凹模工作部分的尺寸和公差

零件的尺寸精度由最后一次拉深的凸、凹模的尺寸及公差决定，而最后一次拉深中凹模及凸模的尺寸和公差又应按零件的要求来确定。一般除最后一道拉深模的尺寸公差需要考虑外，首次及中间各次的模具尺寸、公差和拉深半成品的尺寸、公差没有必要严格限制，这时模具的尺寸只要取等于毛坯的过渡尺寸即可。零件对外形、内形的要求，涉及拉深模的设计基准，所以应该严格分析。

①当零件的外形尺寸及公差有要求时［图 4-43（a）］，以凹模为基准，根据磨损规律，凹模的基本尺寸：

$$D_{凹}=\left(D-0.75\Delta\right)_{0}^{+\delta_{凹}} \tag{4-37}$$

凸模的基本尺寸：

$$D_{凸}=\left(D-0.75\Delta-Z\right)_{-\delta_{凸}}^{0} \tag{4-38}$$

②当零件的内形尺寸及公差有要求时［图 4-43（b）］，以凸模为基准，根据磨损规律，凸模的基本尺寸：

$$D_{凸}=\left(d+0.4\Delta\right)_{-\delta_{凸}}^{0} \tag{4-39}$$

凹模的基本尺寸：

$$D_{凹}=\left(d+0.4\Delta+Z\right)_{0}^{+\delta_{凹}} \tag{4-40}$$

式中，D——零件外径的最大极限尺寸，mm；

d——零件内径的最小极限尺，mm；

Δ——零件的公差，mm；

Z——拉深模具的双面间隙，mm；

$\delta_{凸}$、$\delta_{凹}$——凸、凹模的制造公差，根据工件的公差来选定。工件公差为 IT13 级以上时，$\delta_{凸}$和$\delta_{凹}$可按 IT6～8 级取；工件公差在 IT14 级以下时，$\delta_{凸}$和$\delta_{凹}$按 IT10 级取。

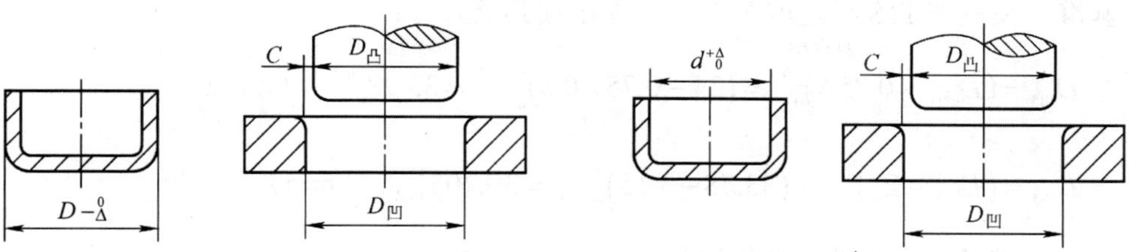

（a）外形有要求时　　（b）内形有要求时

图 4-43 拉深零件尺寸与模具尺寸

【任务实施】

4.8.4 节能烤炉油封钢圈工作零件结构设计

因为本零件是轴对称零件，所以不用计算压力中心。

（1）模具间隙

有压料圈拉深时查得单边间隙值 $Z_1/2 = Z_2/2 = Z_3/2 = 1.2t = 1.2 \times 1.5$ mm=1.8 mm，$Z_4/2 = 1.1t = 1.1 \times 1.5$ mm=1.65 mm，$Z_5/2 = 1.05t = 1.05 \times 1.5$ mm=1.575 mm。

因此各次拉深间隙为：Z_1=3.6 mm，Z_2=3.6 mm，Z_3=3.6 mm，Z_4=3.3 mm，Z_5=3.15 mm。

（2）拉深模圆角半径

$$r_{凸1} = r_{凹1} = 8 - 0.75 = 7.25\text{（mm）}$$

$$r_{凸2} = r_{凹2} = 5 - 0.75 = 4.25\text{（mm）}$$

$$r_{凸3} = r_{凹3} = r_{凸4} = r_{凹4} = 4 - 0.75 = 3.25\text{（mm）}$$

$$r_{凸5} = r_{凹5} = r_{工件} = 3.5\text{（mm）}$$

（3）凸、凹模工作部分尺寸及公差

对于多次拉深，工序件尺寸无须严格要求，前 4 次拉深以凹模为基准，模具的制造公差按 IT10 级选取，计算出各次凹模的尺寸：$D_{凹1} = 63.5_{0}^{+0.12}$ mm，$D_{凹2} = 50.5_{0}^{+0.1}$ mm，$D_{凹3} = 41.5_{0}^{+0.1}$ mm，$D_{凹4} = 36.5_{0}^{+0.1}$ mm。

计算出各次凸模的尺寸：$D_{凸1} = 59.9_{-0.12}^{0}$ mm，$D_{凸2} = 46.9_{-0.1}^{0}$ mm，$D_{凸3} = 37.9_{-0.1}^{0}$ mm，$D_{凸4} = 32.5_{-0.1}^{0}$ mm。

第 5 次拉深是最后一次拉深，由于要求零件尺寸标注在外形，因此以凹模为设计基准，模具按 IT8 级选取公差。计算出模具的尺寸：

$$D_{凹5}=\left(D_{\max}-0.75\Delta\right)_{0}^{+\delta_A}=\left(34-0.75\times0.3\right)_{0}^{+0.039}=33.78_{0}^{+0.039}\ (\text{mm})$$

$$D_{凸5}=\left(D_{凹5}-Z_5\right)_{-\delta_T}^{0}=\left(33.78-3.15\right)_{-0.039}^{0}=30.405_{-0.039}^{0}\ (\text{mm})$$

（4）模具工作零件的结构设计

①拉深凹模。内、外形尺寸和厚度已由前面的计算确定。拉深凹模需要通过 3 个螺钉与上模座固定，还需要 2 个与上模座同时加工的销钉孔。

②拉深凸模。拉深凸模的外形尺寸（工作尺寸）由前面的计算确定。它需要 3 个螺纹孔，以便与下模座固定。拉深凸模上一般开有通气孔，这样会使卸料容易些，否则凸模与工件会由于真空状态而无法卸料。本凸模通气孔的直径为ϕ5 mm。

任务 4.9　拉深工艺的辅助工序

【任务描述】

制定拉深工艺的辅助工序。

【相关知识】

为了保证拉深工艺过程的顺利进行，提高拉深零件的尺寸精度和表面质量，提高模具的使用寿命，需要安排一些必要的辅助工序。拉深中的辅助工序较多，大致可以分为以下几种：①拉深工序前的辅助工序，如材料的软化热处理、清洗、润滑等；②拉深工序间的辅助工序，如软化热处理、涂漆、润滑等；③拉深后的辅助工序，如消除应力退火、清洗、打毛刺、表面处理、检验等。

4.9.1　润滑

拉深时毛坯与模具表面接触时相互之间产生较大的压力，使毛坯在拉深时与接触表面产生摩擦力。在凸缘部分和凹模入口处的有害摩擦不仅会降低拉深的许用变形程度，而且会导致零件表面的擦伤，降低模具寿命。这种情况在拉深不锈钢、高温合金等黏性较大的材料时更加严重。为此，在凹模圆角、平面、压边圈表面及与这些部位相接触的毛坯表面，应每隔一定时间均匀抹涂一层润滑油，并保持润滑部位干净。而摩擦对于板料拉深成形不总是有害的，存在于凸模侧壁和圆角与板料之间的摩擦力都会阻止板料在危险断面处变薄，因而在凸模表面或与凸模接触的毛坯表面切忌涂润滑剂。

具体地讲，拉深润滑剂的使用应尽可能地扩大使起皱和破裂两者都不发生的加工条件范围、维持连续稳定生产，这是拉深加工用润滑剂的主要目的。为达到此目的，在拉深工作中选用润滑剂时，应满足下列要求：①在金属表面上能形成牢固及很强附着性的薄膜，能承受较大的压力；②润滑剂形成的润滑层应均匀分布，而且摩擦系数小；③既要延长模具寿命，又不损坏模具及工件表面的机械及化学性能；④容易从工件表面上去除掉；⑤化学性能稳定，对人体没有毒害；⑥原料资源有充分保证，价格低廉。

4.9.2　热处理

在多道拉深时，前道成形工序产生较大的塑性变形和不同程度的加工硬化，会使后续变形困难甚至不可能。为了后续工序的顺利进行，或消除工件的内应力，恢复冷加工后材料的塑性，应在工序中间安排退火或最后消除内应力的热处理，以软化金属组织。一般拉深工序间常采用低温退火，若低温退火后的效果不够理想，也可采用高温退火。

由于热处理工序后，必须进行酸洗等消除氧化物或其他污物的工作，这样会使工艺过程复杂化、生产周期延长、成本增加，所以应尽可能避免。对普通硬化金属，如 08、10、15 号钢以及黄铜和退火铝等，只要拉深工艺制订合适，加上模具设计合理，就可能免于中间退火。对于高硬化的金属，如不锈钢、耐热钢等，一般在一、二次拉深工序后即需进行中间退火。各种材料不需中间退火就能完成的拉深工序次数为：低碳钢 3～4 次；铝 4～5 次；黄铜 2～4 次；镁合金、钛合金 1 次。

4.9.3　酸洗

退火后的半成品工件表面必然有氧化皮和其他污物，在继续加工时会增加模具的磨损，甚至使拉深不能正常进行，因此拉深前必须进行酸洗。有时酸洗也可在拉深前的毛坯准备工作中进行。酸洗前工件应用苏打水去油，酸洗后用流动的冷水冲洗，再在温度为 60～80℃的弱碱溶液中将残留于工件上的酸中和，最后在热水中洗涤并烘干，避免酸液残留在工件表面上。

实训与练习

1．实训

设计出图 4-44 所示直臂筒形件的拉深模具。

（1）时间：5 d。

（2）要求：绘制模具装配图 1 张，工作零件、上模座零件、下模座零件图，并简述设备的选用依据。

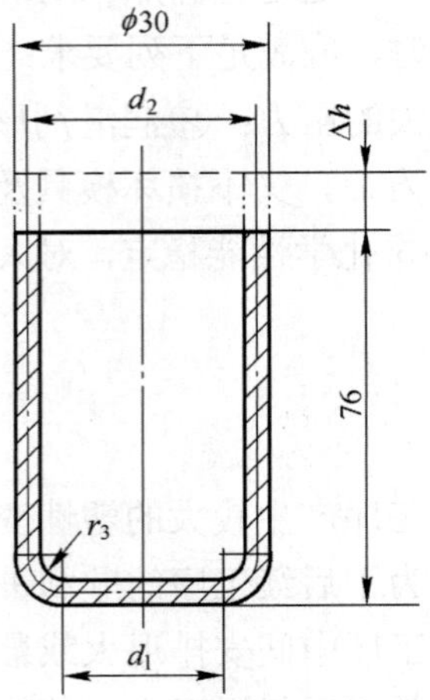

材料：10 钢。

t=2 mm；d_1=18 mm；d_2=28 mm；r_3 =4 mm。

图 4-44　直臂筒形件

2．练习

（1）什么是拉深工艺？什么是首道拉深工艺及后续再拉深工艺？

（2）通过对直壁旋转体拉深件的网格试验分析，得出金属在拉深过程中是如何变形的？

（3）在首道拉深圆筒形件的某一变形瞬间，板料各区的应力、应变状态是怎样的？

（4）拉深过程中常出现的质量问题有哪些？避免出现质量问题的措施有哪些？

（5）何谓拉深系数？影响拉深系数的因素是什么？

（6）带凸缘筒形件的拉深方法有哪几种？

（7）曲面形状零件拉深变形的特点是什么？

（8）盒形件的拉深变形的特点是什么？

（9）为适合拉深工艺，对拉深件的形状提出了哪些要求？

（10）拉深工艺的辅助工序有哪些？

项目 5　其他成形模具设计

【知识目标】

了解翻边、校形、胀形、缩口变形过程及变形特点；

掌握翻边、胀形模具的设计步骤；

掌握翻边、胀形模具典型结构，以及翻边、胀形零部件设计方法；

熟悉翻边件、胀形件工艺分析过程和翻边、胀形模具设计的方法和步骤。

【能力目标】

能进行翻边、胀形件的工艺设计；

能独立设计一般复杂程度的翻边、胀形模具。

【素质目标】

培养学生良好的职业道德和职业习惯；

培养学生良好的沟通协调能力和团队协作精神；

培养学生节能意识和清洁生产意识；

培养学生强烈的安全意识和创新精神。

【项目描述】

了解其他成形工艺如校形、胀形、缩口等冲压工序，完成图 5-1 密封盖翻边模具设计和图 5-17 罩盖胀形模具设计。

任务 5.1　翻边模具设计

【任务描述】

如图 5-1 所示的密封盖，材料为 10 号钢，厚度 1.5 mm，凸缘直径为 68 mm，中批量生产，未注公差 IT14 级，要求完成该件的翻边工艺性分析和翻边模具设计工作。

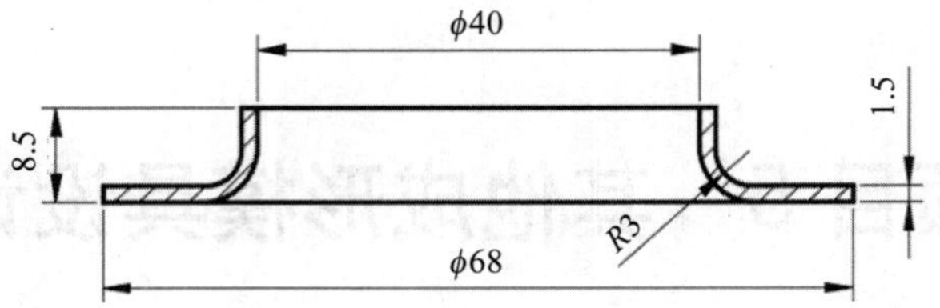

图 5-1 密封盖

【相关知识】

5.1.1 内孔翻边

5.1.1.1 圆孔翻边

（1）圆孔翻边的变形特点及变形程度

如图 5-2 所示，首先在平板毛坯上加工出直径为 d 的预制孔，变形区域为 $(D+2r_d)-d$ 的环形部分，随着凸模的下行，孔口将被扩大。靠近凹模口的板料贴紧 r_d 区后就不再变形了，而进入凸模圆角区的板料被反复折弯，最后变为直壁。当全部变为直壁时，翻边结束。

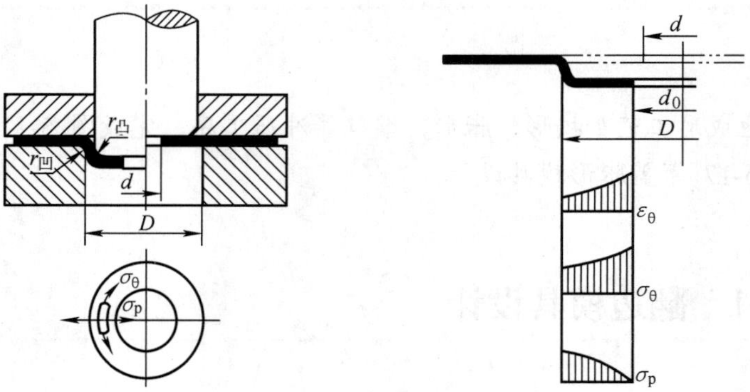

图 5-2 圆孔翻边应力、应变分布示意图

翻边变形区受切向拉应力（σ_θ）和径向拉应力（σ_p）的共同作用，而板厚方向的应力可忽略不计，所以应力状态可视为双向受拉的平面应力状态。圆孔翻边时，应力和应变的分布情况，如图 5-2 所示。切应力（σ_θ）为最大主应力，径向应力（σ_p）是由凸模对板料的摩擦作用引起的，径向应力（σ_p）值较小。应力沿径向分布不均，在底孔边缘处切应力（σ_θ）达到最大值，径向应力（σ_p）为零，此处视为单向拉应

力状态，切向应变（ε_θ）为拉应变，其沿径向的分布也是不均匀的，在底孔边缘处最大，离中心越远值越小。可见翻边时，底孔边缘受到强烈的拉伸作用，底孔边缘料厚减薄，当变形程度较大时，底孔边缘很容易被拉裂。破裂的条件取决于变形程度的大小。变形程度以翻边前孔径（d）与翻边后孔径（D）的比值 K 来表示，即

$$K=\frac{d}{D} \tag{5-1}$$

（2）极限翻边系数

K 称为翻边系数，K 值越小，则变形程度越大。将翻圆孔时孔边不破裂所能达到的最小 K 值称为极限翻边系数，极限翻边系数用 K_{min} 表示，影响极限翻边系数的主要因素有以下4个。

①材料的力学性能。工件的塑性越好越有利于翻边，极限翻边系数可以小些。

②翻边凸模的形状。如表5-1所示球形凸模的翻边系数比平底凸模的小。此外，抛物面、锥形面和较大圆角半径的凸模也比平底凸模的极限翻边系数小。因为在翻边变形时，球形或锥形凸模是凸模前端最先与预制孔口接触，在凹模口区产生的弯曲变形比平底凸模的小，更容易使孔口部产生塑性变形。所以翻边孔径（D）和材料厚度（t）相同时，可以翻边的预制孔更小，因而极限翻边系数就越小。

③翻边前孔径（d）和材料厚度（t）的比值（d/t）越小，即相对材料厚度大时，在断裂前材料的绝对伸长可以大些。因此，较厚材料的极限翻边系数可以小些。

④预制孔的加工方法。预制孔的加工方法决定了孔的边缘状况，孔的边缘无毛刺、撕裂、硬化层等缺陷时，极限翻边系数就越小，有利于翻边。目前，预制孔主要用冲孔或钻孔方法加工。采用常规冲孔方法生产效率较高，特别适宜加工较大的孔，但会形成孔口表面的硬化层，无毛刺、撕裂等缺陷，导致极限翻边系数变大。采取冲孔后进行热处理退火、修孔，或沿孔与冲孔方向相反的方向进行翻边而使毛刺位于翻边内侧等方法，能获得较低的极限翻边系数。用钻孔除去毛刺的方法，也能获得较低的极限翻边系数，但生产效率要低一些。

低碳钢在各种情况下的极限翻边系数可查表5-1确定。

表5-1 低碳钢圆孔的极限翻边系数（K_{min}）

		预制孔相对直径（d/t）										
		100	50	35	20	15	10	8	6.5	5	3	1
平底凸模	钻孔	0.80	0.70	0.60	0.50	0.45	0.42	0.40	0.37	0.35	0.30	0.25
	冲孔	0.85	0.75	0.65	0.60	0.55	0.52	0.50	0.50	0.48	0.47	—
球形凸模	钻孔	0.70	0.60	0.52	0.45	0.40	0.36	0.33	0.31	0.30	0.25	0.20
	冲孔	0.75	0.65	0.57	0.52	0.48	0.45	0.44	0.43	0.42	0.42	—

注：采用表中的 K_{min} 值时，实际翻边后口部边缘会出现小的裂纹，如果工件不允许开裂，则翻边系数需加大10%～15%。

（3）翻边的工艺计算

在进行翻边工艺计算时，需要根据制件的尺寸 D 计算出预制孔直径（d），并核算其翻边高度（H）。当采用平板毛坯不能直接翻出所要求的高度（H）时，就要先拉深，然后在拉深底部冲小孔再进行翻边。现分别就平板类翻边和拉深后翻边两种情况进行讨论。

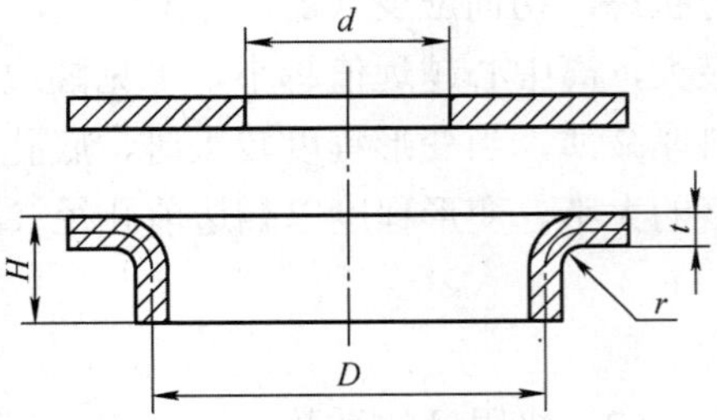

图 5-3 平板坯料翻孔尺寸计算

在进行翻边之前，需要在坯料上加工出预制孔，如图 5-3 所示，预制孔直径（d）的确定公式为

$$d = D - 2(H - 0.43r - 0.72t) \tag{5-2}$$

上式可转化为竖边高度（H）的计算式：

$$H = \frac{D-d}{2} + 0.43r + 0.72t = \frac{D}{2}(1-K) + 0.43r + 0.72t \tag{5-3}$$

若将 $K_{\min}$ 代入上式，则可以得到许可的最大翻边高度（$H_{\max}$）：

$$H_{\max} = \frac{D}{2}(1-K_{\min}) + 0.43 + 0.72t \tag{5-4}$$

在工件要求高度 $H > H_{\max}$ 时，一次翻边成形会导致零件孔口边缘可能破裂，这时可以先拉深，再在拉深底部冲孔翻边。在这种情况下，应先决定预拉深后翻边所能达到的最大高度，然后根据翻边高度及零件高度来确定拉深高度及预冲孔直径。

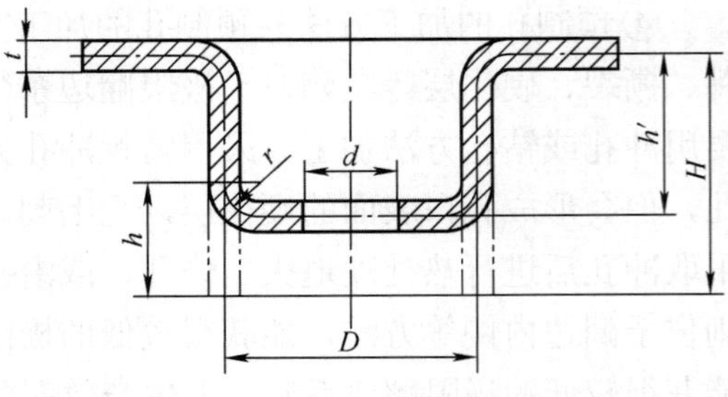

图 5-4 先拉深后翻孔

先拉深后翻边的高度（h）由图 5-4 可知（按中线计算）：

$$h = \frac{D-d}{2} - \left(r + \frac{t}{2}\right) + \frac{\pi}{2}\left(r + \frac{t}{2}\right)$$

整理后得

$$h = \frac{D-d}{2} + 0.57r = \frac{D}{2}(1-K) + 0.57r \tag{5-5}$$

预制孔的直径（d）：

$$d = KD \text{ 或 } d = D + 1.14r - 2h \tag{5-6}$$

拉深高度（h'）：

$$h' = H - h + r \tag{5-7}$$

翻边时，竖边口部变薄现象较为严重。其近似值按下式计算：

$$t' = t\sqrt{\frac{d}{D}} = t\sqrt{K} \tag{5-8}$$

（4）翻边力的计算

翻边力（F）一般不大，当采用圆柱形平底凸模时，圆孔翻边力的计算式为

$$F = 1.1\pi(D-d)t\sigma_s \tag{5-9}$$

式中，F——翻边力，N；

D——翻边后竖边的中径，mm；

d——圆孔初始直径，mm；

t——毛坯厚度，mm；

σ_s——材料的屈服点，MPa。

（5）翻边模设计

①翻边模的结构类型。总体来看翻边模和拉深模有很多相似之处，也有压边和不压边、正装和倒装之分。同时，翻边模一般不需要设置模架。

②翻边凸、凹模及间隙的设计。首先，对凹模圆角的半径进行设计。翻边时板料相对凹模没有滑动，因而对翻边凹模的圆角半径没有严格的控制，可以直接取零件的圆角半径。其次，设计凸模的形状与尺寸，图 5-5 给出了几种常见圆孔翻边凸模的尺寸及形状。图 5-5（a）～图 5-5（c）为较大孔的翻边凸模，从利于翻边变形的角度来看，抛物线形凸模［图 5-5（c）］最好，球形凸模［图 5-5（b）］次之，平底凸模再次之；而从凸模的加工难易来看则相反。图 5-5（d）、（e）所示的凸模端部带有较长的引导部分，图 5-5（d）用于圆孔直径为 10 mm 以上的翻边，图 5-5（e）用于圆孔直径为 10 mm 以下的翻边。图 5-5（f）用于无预孔的不精确翻边。凸模的圆角半径尽量取大值，这样有利于翻边。

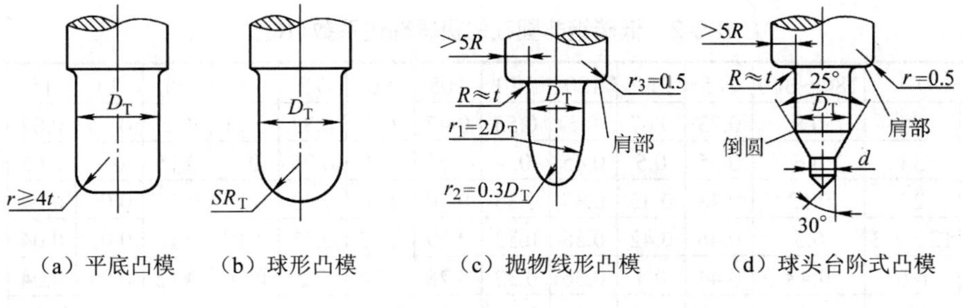

（a）平底凸模　（b）球形凸模　（c）抛物线形凸模　（d）球头台阶式凸模

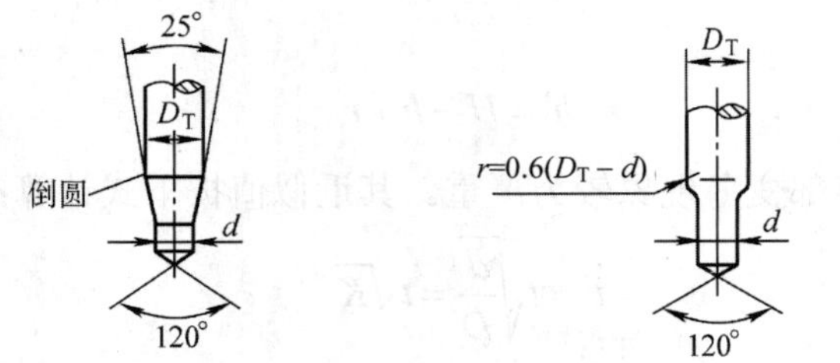

（e）锥头台阶式凸模　　（f）尖锥形凸模

图 5-5　圆孔翻边凸模结构和尺寸

③凸、凹模之间的单面间隙（n）：

$$n=(0.75\sim0.85)t \tag{5-10}$$

5.1.1.2　非圆孔翻边

非圆孔又称异形孔，是由不同曲率半径的凸弧、凹弧及直线组成，成形时由于各部分的受力状态与变形性质有所不同，直线部分Ⅱ区可视为弯曲变形，凸圆弧部分Ⅰ区可视为翻边变形，凹圆弧部分Ⅲ区可视为拉深变形，如图 5-6 所示；预制孔的形状和展开尺寸分别按弯曲时、翻边时及拉深时的展开方法计算并以光滑圆弧连接；非圆孔的翻边系数（K_f）（一般指小圆弧部分的翻边系数）可小于圆孔翻边系数（K），一般取：

$$K_f=(0.85\sim0.90)K \tag{5-11}$$

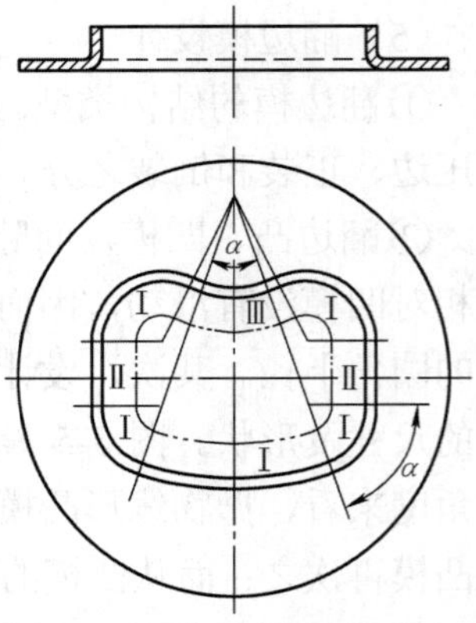

图 5-6　非圆孔翻边

非圆孔的极限翻边系数，可根据各圆弧段的圆心角（α）的大小，查表 5-2 获得。

表 5-2　低碳钢非圆孔的极限翻边系数（K_{fmin}）

α/（°）		180～360	165	150	130	120	105	90	75	60	45	30	15	0
比值 d/t	50	0.8	0.73	0.67	0.6	0.53	0.47	0.4	0.33	0.21	0.2	0.14	0.07	弯曲变形
	33	0.6	0.55	0.5	0.45	0.4	0.35	0.3	0.25	0.2	0.15	0.1	0.05	
	20	0.52	0.48	0.43	0.39	0.35	0.30	0.26	0.22	0.17	0.13	0.09	0.04	
	12～8.3	0.5	0.46	0.42	0.38	0.33	0.29	0.25	0.21	0.17	0.13	0.08	0.04	
	6.6	0.48	0.44	0.4	0.36	0.32	0.28	0.24	0.2	0.16	0.12	0.08	0.04	
	5	0.46	0.42	0.38	0.35	0.31	0.27	0.23	0.19	0.15	0.12	0.08	0.04	
	3.3	0.45	0.41	0.375	0.34	0.30	0.26	0.225	0.185	0.145	0.11	0.08	0.04	

5.1.2　外缘翻边

按变形性质，外缘翻边可分为伸长类翻边和压缩类翻边两类。

5.1.2.1　伸长类翻边

沿内凹且不封闭曲线进行的平面或曲面翻边均属这类翻边，如图 5-7 所示，其共同特点是坯料变形区主要在切向拉应力作用下产生切向伸长变形，因此边缘容易拉裂。常以 $\varepsilon_{伸}$来表示其变形程度：

$$\varepsilon_{伸}=\frac{b}{R-b} \tag{5-12}$$

常用材料的允许变形程度见表 5-3。

表 5-3　外缘翻边时材料的允许变形程度

材料名称及牌号		$\varepsilon_{伸}\times100$		$\varepsilon_{压}\times100$		材料名称及牌号		$\varepsilon_{伸}\times100$		$\varepsilon_{压}\times100$	
		橡皮成型	模具成型	橡皮成型	模具成型			橡皮成型	模具成型	橡皮成型	模具成型
黄铜	H62 软	30	40	8	45	铝合金	L4 软	25	30	6	40
	H62 硬	10	14	4	16		L4 硬	5	8	3	12
	H68 软	35	45	8	55		LF21 软	23	30	6	40
	H68 半硬	10	14	4	16		LF21 硬	5	8	3	12
钢	10	—	38	—	10		LF2 软	20	25	6	35
	20	—	22	—	10		LF2 硬	5	8	3	12
	1Crl8Ni9 软	—	15	—	10		LY12 软	14	20	6	30
	1Crl8Ni9 硬	—	40	—	10		LY12 硬	6	8	0.5	9
	2Crl8Ni9	—	40	—	10		LY11 软	14	20	4	30
							LY11 硬	5	6	0	0

伸长类翻边变形类似于翻边，翻边时由于应力在变形的区域分布不均匀而导致翻边后零件的竖立边高度两端高中间低的现象，要想得到平齐的翻边高度，翻边前应对坯料的两端轮廓线做一定修整，如图 5-7（a）中虚线所示形状为修整后的形状。

在伸长类曲面翻边时，起皱现象容易发生在坯料底部中间位置，一般在模具设计时应采用强力压料装置来防止，同时为创造有利于翻边的条件，防止中间部位过早地翻边而引起竖立边过大的伸长变形甚至开裂，设计模具时，应使凸模和顶料板形状与工件相同，而凸模的曲面应修正为图 5-8 所示的形状；同时冲压方向的选取应保证翻边作用力在水平方向上的平衡，通常取冲压方向与坯料两端切线构成的角度相同，如图 5-9 所示。

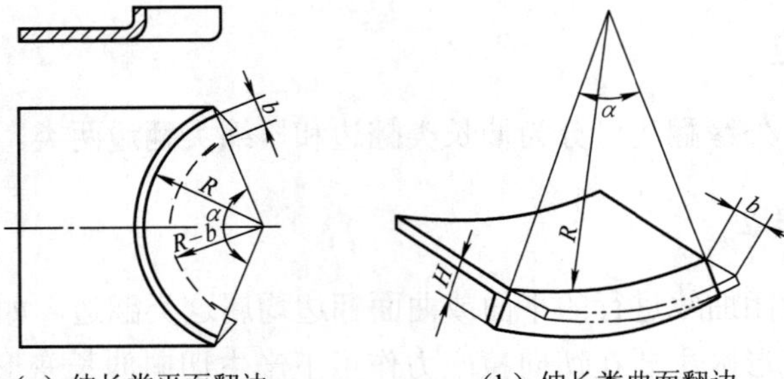

（a）伸长类平面翻边　　（b）伸长类曲面翻边

图 5-7　伸长类翻边

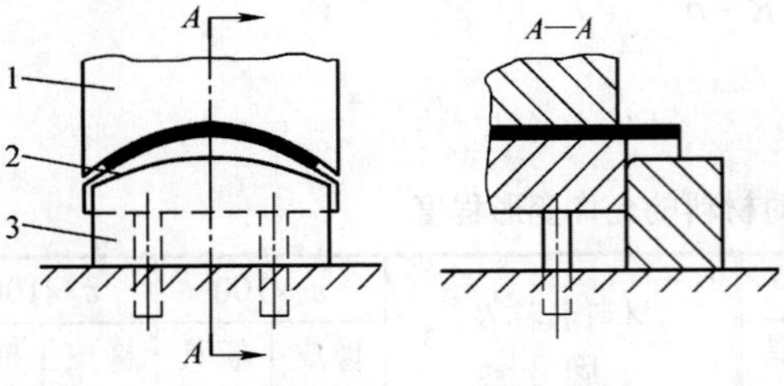

图 5-8　伸长曲面翻边凸模形状的修整

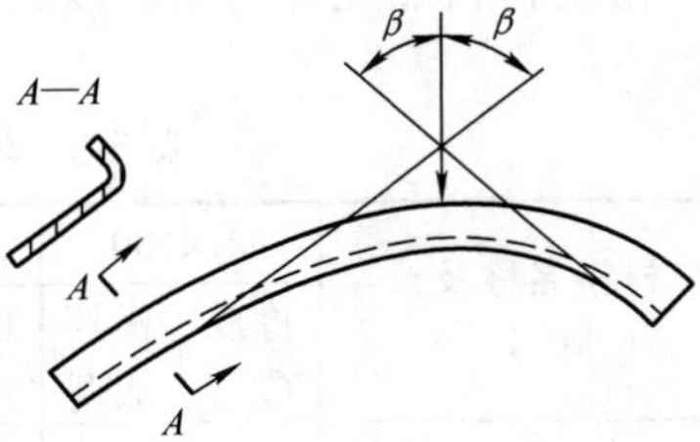

图 5-9　曲面翻边时的冲压方向

5.1.2.2　压缩类翻边

沿外凸的不封闭的曲线进行的平面或曲面翻边均属压缩类翻边，如图 5-10 所示，其特点为坯料变形区内主要受切向压应力，故成形时工件容易起皱。变形程度（$\varepsilon_{压}$）可用下式计算：

$$\varepsilon_{压}=\frac{b}{R+b} \tag{5-13}$$

压缩类平面翻边变形类似于拉深，由于翻边时竖立边缘的应力分布不均，翻边后零件的竖边高度出现中间高而两端低的现象，为得到齐平的竖立边，应对坯料的展开形状加以修正，修正后的形状为图 5-10（a）中虚线所示，翻边高度不大时可不修正。另外，当翻边高度较大时，模具应设计防止起皱的压料装置。

压缩类曲面翻边的主要问题是变形区的失稳起皱，为防止起皱，凹模应修正成图 5-11 所示的形状；冲压方向的选择原则与伸长类翻边相同。

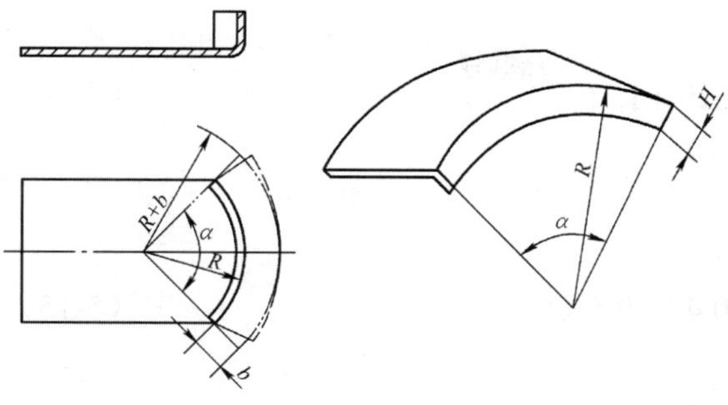

（a）压缩类平面翻边　　（b）压缩类曲面翻边

图 5-10　压缩类翻边

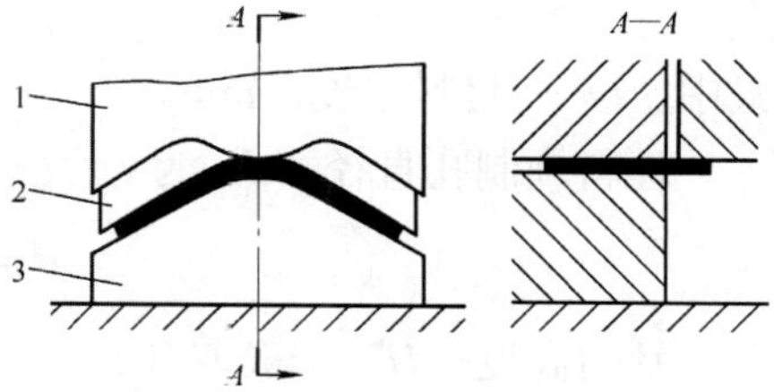

1—凹模；2—压料板；3—凸模。

图 5-11　压缩类曲面翻边凹模形状的修正

5.1.3　变薄翻边

如果零件壁厚允许变薄，且翻边的竖边又较高时，可采用变薄翻边，这样做不但能提高材料的利用率，还能节省能源。在变薄翻边过程中，变形程度的大小是由翻边系数（K_b）和壁厚变薄程度共同决定的，通常取翻边系数（K_b）≥0.45，变薄系数取 0.40～0.55。

阶梯凸模经常在变薄翻边时应用，如图 5-12 所示。设计时零件高度一般小于凸模阶梯之间距离，以便前一个阶梯的变形结束后进行后一阶梯的变形；另外，模具应有强力的压料装置和良好的润滑。变薄翻边经常用于平坯料或在工序件上冲压小螺孔，为保证螺孔连接强度，变薄翻边的方法可增加竖边高度，如图 5-13 所示。

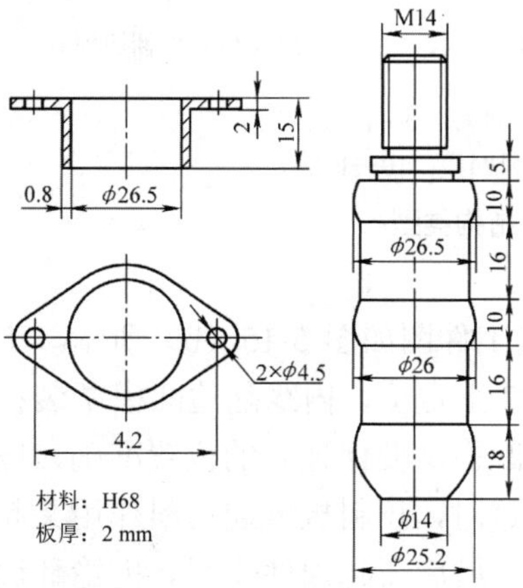

（a）零件　　（b）凸模

图 5-12　用阶梯凸模的变薄翻边

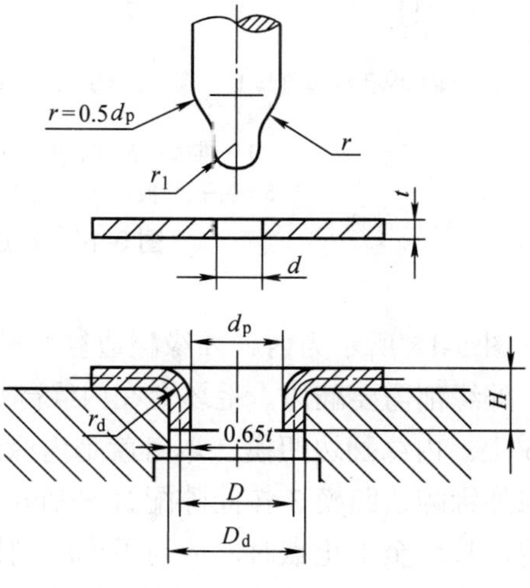

图 5-13　螺纹底孔变薄翻边

此时，翻边凹模直径（D_d）为

$$D_d = d_p + 1.3t \tag{5-14}$$

式中，t——材料厚度，mm。

坯料预制孔直径（d）为

$$d = (0.45 \sim 0.5)D \tag{5-15}$$

翻边高度（H）一般取（2～2.5）t。

5.1.4　翻边模具的结构

图 5-14 所示为常用翻边模具的结构类型，其结构与拉深模具相似。

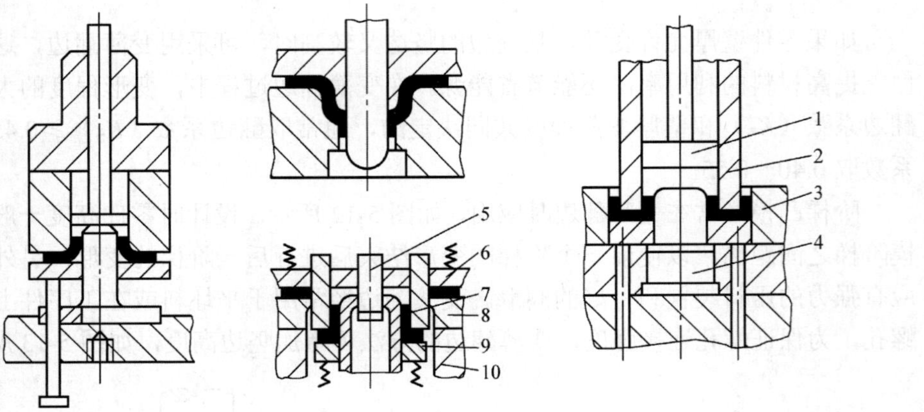

（a）内孔翻边模具Ⅰ　（b）内孔翻边模具Ⅱ　（c）内孔与外缘翻边模具

1—推板；2、7、9—凸凹模；3—凹模；4—凸模；
5—冲孔凸模；6—压边圈；8—落料凹模；10—顶板。

图 5-14　翻边模具的结构类型

图 5-15 所示为内、外缘翻边复合模具。其工件图如图 5-15（b）所示，工件在内、外缘都需要翻边。毛坯套在内缘翻边凹模 7 上定位，内缘翻边凹模 7 装在压料板 5 上。内缘翻边凹模 7 本身就是内缘的翻边凹模，要保证它的位置准确，压料板需与外缘翻边凹模 3 按间隙配合 H7/h6 装配。这时，压料板既起压料作用又起整形作用，故压至下止点时，应与下模座刚性接触，最后还起顶件作用。内缘翻边后，在弹簧的作用下，顶件块 6 将工件从内缘翻边凹模 7 中顶起。推件板 8 由于弹簧的作用，冲压时始终保持与毛坯接触。到下止点时，与凸模固定板 2 刚性接触，因此推件板 8 也起整形作用，冲出的工件比较平整。上模出件时，考虑到弹簧有可能不足，最终采用刚性推料装置将工件推出。

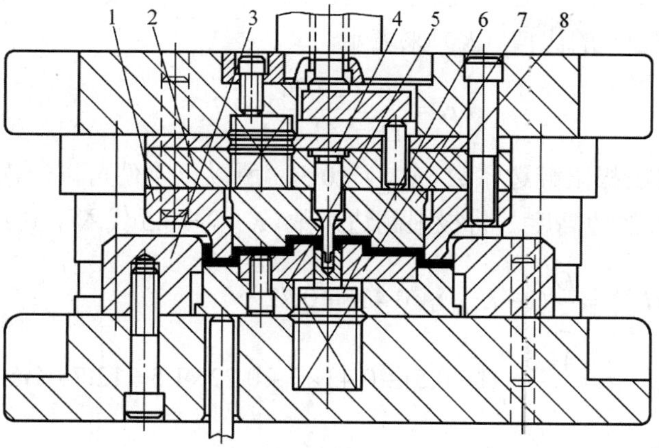

（a）模具结构

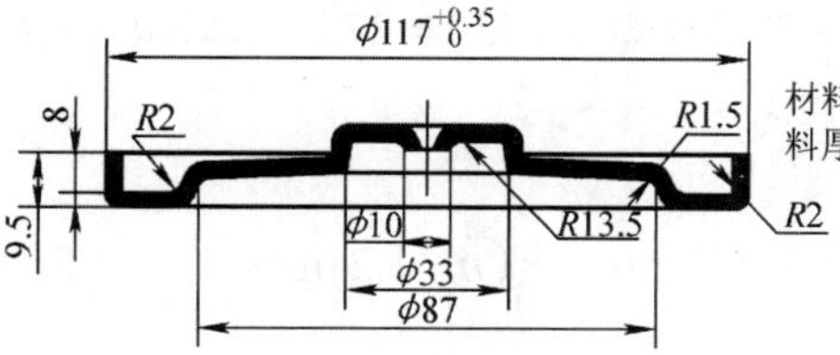

（b）工件图

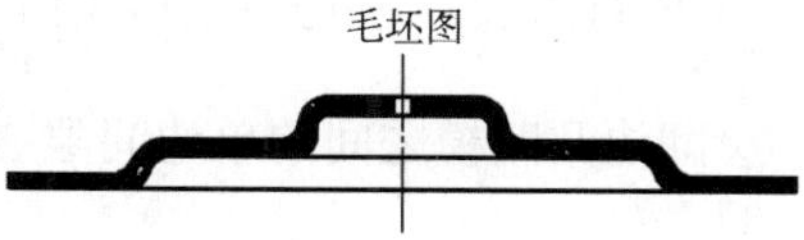

（c）毛坯图

1—外缘翻边凸模；2—凸模固定板；3—外缘翻边凹模；4—内缘翻边凸模；
5—压料板；6—顶件块；7—内缘翻边凹模；8—推件板。

图 5-15　内、外缘翻边复合模具

【任务实施】

5.1.5　密封盖翻边模具设计

任务 5.1 的密封盖模具设计如下：

（1）工艺分析

从图 5-1 看，零件属于圆孔翻边零件。

（2）工艺计算

① 预制翻边孔。在进行翻边之前，需要在坯料上加工出预制孔，预制孔直径为

$$\begin{aligned} d &= D - 2(H - 0.43r - 0.72t) \\ &= \left[41.5 - 2\times(8.5 - 0.43\times 3 - 0.72\times 1.5)\right] = 29.24\ (\text{mm}) \end{aligned} \tag{5-16}$$

由于零件属于中批量生产，为节省成本，预制孔不采用冲孔，而直接采用钻孔加工。

②确定翻边系数。翻边破裂的条件取决于变形程度，变形程度以翻边前孔径（d）与翻边后孔径（D）的比值（K）来表示。

$$K = \frac{d}{D} = \frac{29.24}{41.5} = 0.7 \tag{5-17}$$

查表 5-1 得出极限翻边系数（K_{min}）= 0.5，所以该零件可以一次翻边成形。

③计算极限翻边高度。将极限翻边系数（K_{min}）= 0.5 代入下式：

$$\begin{aligned} H_{max} &= \frac{D}{2}(1-K_{min}) + 0.43r + 0.72t \\ &= \frac{41.5}{2} \times (1-0.5) + 0.43 \times 3 + 0.72 \times 1.5 = 12.75\ (\text{mm}) \end{aligned} \tag{5-18}$$

零件的翻边高度（H）< H_{max}，故能够一次翻边成形。

④翻边力的计算。翻边力（F）一般不大，当采用圆柱平底凸模时，圆孔翻边力：

$$F = 1.1\pi(D-d)t\sigma_s = 1.1 \times 3.14 \times (41.5-29.24) \times 1.5 \times 430 = 27.31\ (\text{kN}) \tag{5-19}$$

⑤翻边凸凹模之间的单边间隙：

$$n = (0.75 \sim 0.85)t = 1.125 \sim 1.275\ \text{mm}，取\ n = 1.2\ \text{mm}。 \tag{5-20}$$

（3）模具结构设计

具体模具结构如图 5-16 所示：

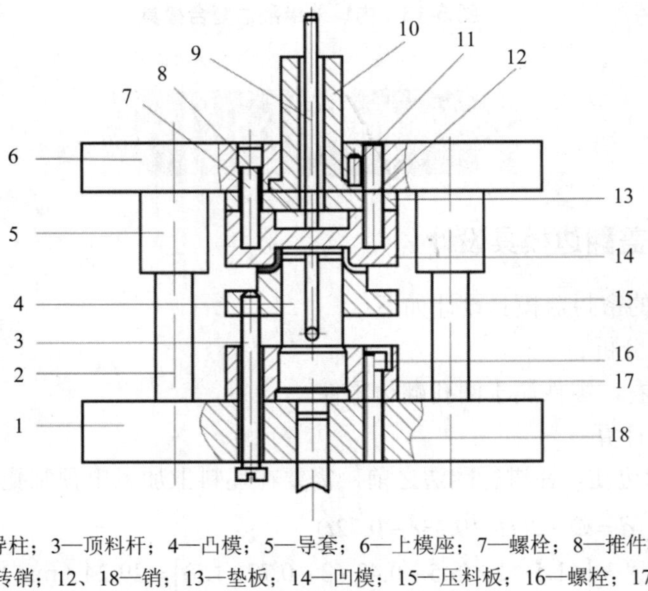

1—下模座；2—导柱；3—顶料杆；4—凸模；5—导套；6—上模座；7—螺栓；8—推件板；9—推杆；10—模柄；11—防转销；12、18—销；13—垫板；14—凹模；15—压料板；16—螺栓；17—凸模固定板。

图 5-16　密封盖翻边模具结构

任务 5.2　胀形模具设计

【任务描述】

如图 5-17 所示罩盖，材料为 10 号钢，料厚为 0.5 mm，生产批量为中批，未注公差 IT14 级，完成该件胀形工艺性分析和胀形模具设计。

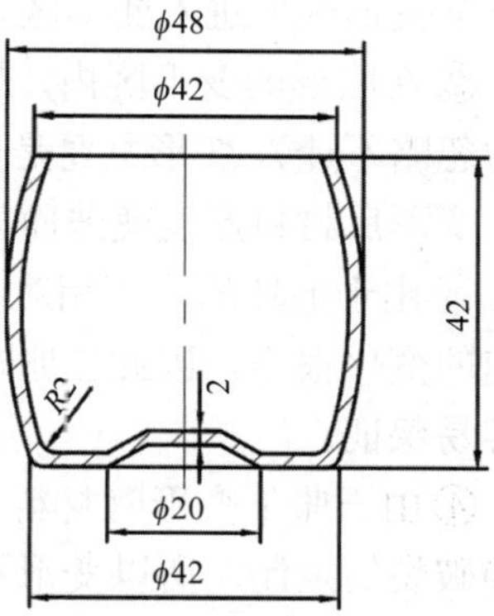

图 5-17　罩盖

【相关知识】

5.2.1　胀形工艺

在模具的作用下，迫使毛坯厚度减薄、表面积增大，以获得零件几何形状的冲压加工方法叫作胀形。胀形工序有它独特的特点：胀形时变形区在板面方向呈双向拉应力状态，在板厚方向上是减薄变形，即厚度减薄而表面积增加。胀形主要用于加强筋、花纹图案、标记等平板毛坯的局部成形，波纹管、高压气瓶、球形容器等空心毛坯的胀形，飞机和汽车蒙皮等薄板的拉张成形等。常用的胀形方法有刚模胀形和以液体、气体、橡胶等为施力介质的软模胀形。软模胀形由于模具结构简单，工件变形均匀，能成形复杂形状的工件，其研究和应用越来越受到人们的重视，如液压胀形、橡胶胀形、爆炸胀形等。

5.2.1.1　胀形的变形特点

图 5-18 所示为球头凸模胀形平板毛坯的胀形变形区及其主应力和主应变图。图中涂黑部分表示胀形变形区。

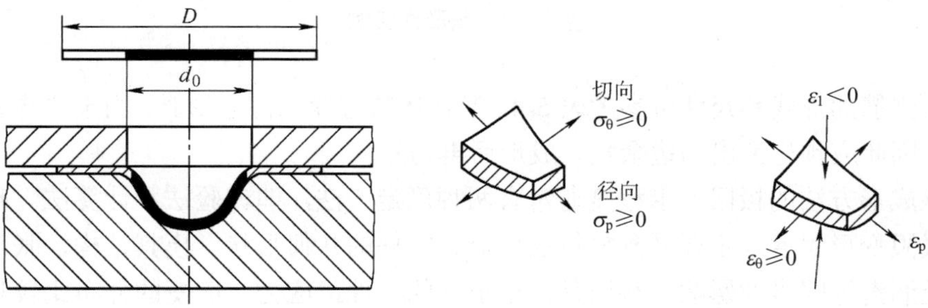

图 5-18　胀形的变形区及其应力、应变示意图

胀形变形具有如下特点：

①胀形变形时由于毛坯受到较大压边力的作用，或由于毛坯的外径超过凹模孔直径的 3～4 倍，塑性变形仅局限于一个固定的变形范围，板料不向变形区外转移，也不从变形区外进入变形区。

②在胀形的变形区内，胀形变形在板面方向为双向拉伸应力状态（板厚方向的应力忽略不计），变形主要是由材料厚度方向的减薄量支持板面方向的伸长量而完成的，变形后材料厚度变薄而表面积增大。

③由于毛坯的厚度相对于毛坯的外形尺寸来说极小，胀形变形时拉应力沿板厚方向的变化很小，因此当胀形力卸除后回弹小，工件的几何形状容易固定，尺寸精度容易保证。

④由于胀形变形时材料在板面方向处于双向受拉的应力状态，成形极限主要受拉伸破裂的限制。所以变形不易产生失稳起皱现象，成品零件表面光滑，质量好。

5.2.1.2 平板坯料的起伏成形

起伏成形俗称局部胀形，对于凸模冲压平板毛坯，当毛坯外形尺寸大于 3 倍变形尺寸时，变形只发生在与凸模接触的区域内，此即为平板毛坯的局部胀形。生产中常见的压制加强筋、凸包、凹坑、花纹图案及标记等。图 5-19 是起伏成形的一些例子，都是采用这种方法成形的。经过起伏成形后的冲压件，由于零件惯性矩的改变和材料加工硬化，能够有效提高零件的刚度和强度。压制加强筋的工艺在生产中应用广泛。

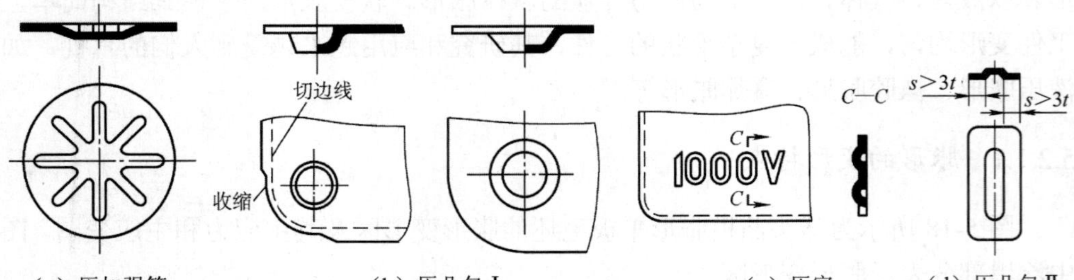

（a）压加强筋　（b）压凸包 I　（c）压字　（d）压凸包 II

图 5-19 胀形件实例

加强筋的形式和尺寸可参考表 5-4。当在坯料边缘局部胀形时，由于边缘材料要收缩，因此应预先留出切边余量，成形后再切除。

该成形方法的极限变形程度通常有两种确定方法，即试验法和计算法。起伏成形的极限变形程度，主要受到材料的性能、零件的几何形状、模具结构、胀形的方法以及润滑等因素的影响。特别是复杂形状的零件，应力、应变的分布比较复杂，其危险部位和极限变形程度，一般通过试验的方法确定。对于比较简单的起伏成形零件，则可以按下式近似地确定其极限变形程度，如图 5-20 所示。

$$\varepsilon_{极}=\frac{l-l_0}{l_0}\times 100\% \leqslant K_{起伏成形}[\delta] \tag{5-21}$$

式中，$\varepsilon_{极}$——起伏成形的极限变形程度；

l、l_0——分别为材料变形前后的长度，mm；

$[\delta]$——材料的断面伸长率；

$K_{起伏成形}$——形状系数，加强筋 $K_{起伏成形}$取 0.70～0.75（球形筋取大值，梯形筋取小值）。

表 5-4　加强筋的形式和尺寸

名称	简图	R	h	D 或 B	r	a
压筋	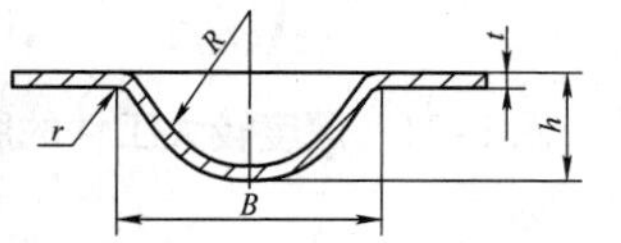	（3～4）t	（2～3）t	（7～10）t	（1～2）t	—
压凸	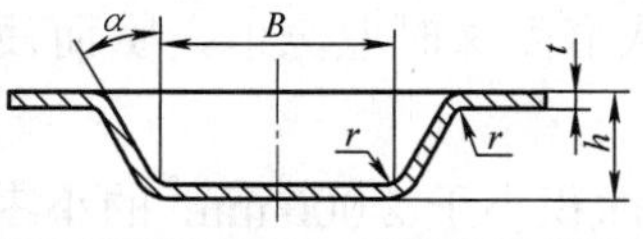	—	（1.5～2）t	≥3h	（0.5～1.5）t	15°～30°

简图	D/mm	L/mm	l/mm
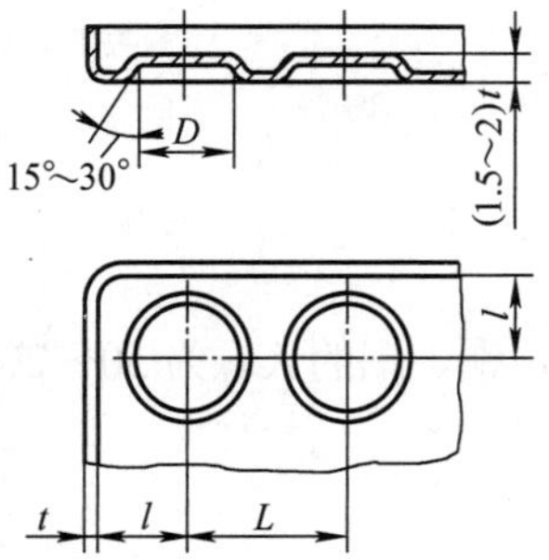	6.5	10	6
	8.5	13	7.5
	10.5	15	9
	13	18	11
	15	22	13
	18	26	16
	24	34	20
	31	44	26
	36	51	30
	43	60	35
	48	68	40
	55	78	45

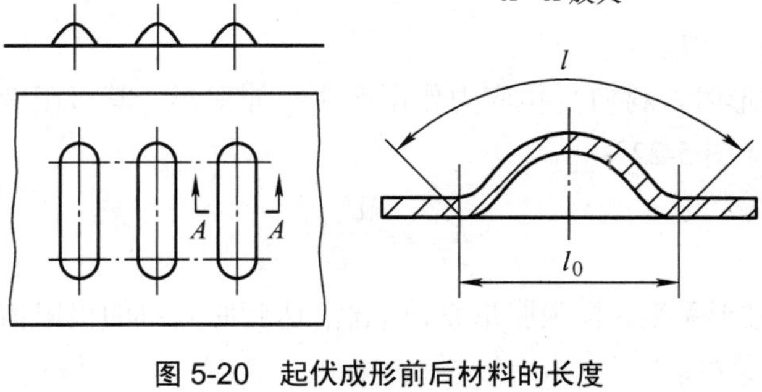

图 5-20　起伏成形前后材料的长度

如果零件要求的加强筋超过极限变形程度，可以采用图 5-21 所示的方法，第 1 道工序用大直径的球形凸模胀形，得到一个如图 5-21（a）所示的工序件，用第 2 道工序成形得到零件所要求的形状和尺寸［图 5-21（b）］。如果采用这两道工序仍然不能满足要求，就必须降低工件的深度。

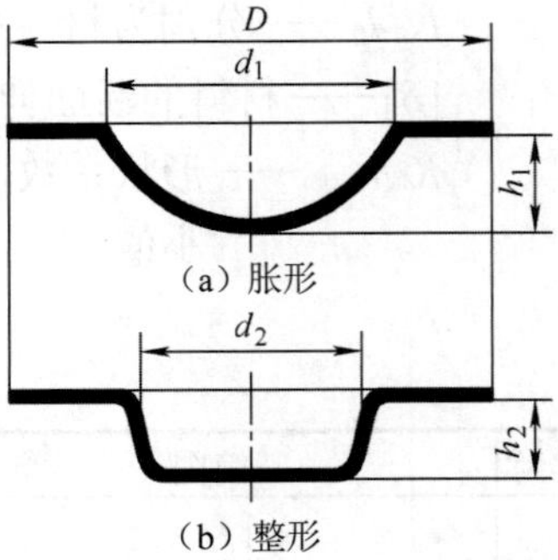

图 5-21 深度较大工件的胀形法

①采用刚性凸模在平板坯料压制加强筋时，所需冲压力可用下式计算：

$$F = t\sigma_b K_{胀形} L \tag{5-22}$$

式中，F——冲压力，N；

L——加强筋的周长，mm；

t——材料厚度，mm；

σ_b——材料的抗拉强度，MPa；

$K_{胀形}$——系数，一般取 0.7～1.0（加强筋形状窄而深时取大值，宽而浅时取小值）。

②若在曲柄压力机上对厚度小于 1.5 mm、成形面积小于 2 000 mm^2 的小零件进行局部胀形时，所需冲压力（F）可用下式近似计算：

$$F = K_{胀形} t^2 A \tag{5-23}$$

式中，F——胀形冲压力，N；

t——材料厚度，mm；

A——胀形面积，mm^2；

$K_{胀形}$——系数，钢的 $K_{胀形}$ 为 200～300 N/mm^4，铜、铝的 $K_{胀形}$ 为 50～200 N/mm^4。

5.2.1.3 空心坯料的胀形

空心坯料的胀形俗称凸肚，它是将空心工序件或管状毛坯沿径向往外扩张的一种冲压工序，用这种方法可以成形高压气瓶、球形容器、波纹管、自行车三通接头等产品或零件。

（1）胀形变形程度

空心坯料胀形时，材料受拉应力作用产生拉伸变形，其极限变形程度用胀形系数（$K_{胀形}$）表示（图 5-22）：

$$K_{胀形} = \frac{d_{max}}{D} \tag{5-24}$$

式中，$K_{胀形}$——胀形系数，极限胀形系数［d_{max} 达到胀破时的极限值（d'_{max}）］用 K_{max} 表示；

d_{max}——胀形后零件的最大直径，mm；

D——空心坯料的原始直径，mm。

极限胀形系数（K）和坯料切向拉伸伸长率（δ）的关系为

$$\delta = \frac{d_{max} - D}{D} = K_{胀形} - 1 \quad 或 \quad K_{胀形} = 1 + \delta \tag{5-25}$$

由于坯料的变形程度受到材料伸长率的限制，所以根据材料断面伸长率就可按上式算出相应的极限胀形系数。材料的极限胀形系数的近似值可查表确定。表 5-5 和表 5-6 是一些材料的胀形系数，可供参考。

表 5-5　胀形系数（K）的近似数值

材　料	坯料相对厚度（t/D）×100			
	0.35～0.45		0.28～0.32	
	退火	未退火	退火	未退火
铝	1.25	1.2	1.2	1.15
10 钢	1.2	1.10	1.15	1.05

表 5-6　铝管坯料的试验极限胀形系数

胀形方法	极限胀形系数
用橡皮的简单胀形	1.2～1.25
用橡皮并对毛坯轴向加压的胀形	1.6～1.7
局部加热至 200～500℃时的胀形	2.0～2.1
加热至 380℃用锥形凸模的端部胀形	≤3.0

（2）胀形坯料的计算

由图 5-22 可知，坯料直径（D）为

$$D = \frac{d_{max}}{K} \tag{5-26}$$

坯料长度（L）为

$$L = l\left[1 + (0.3 - 0.4)\delta\right] + b \tag{5-27}$$

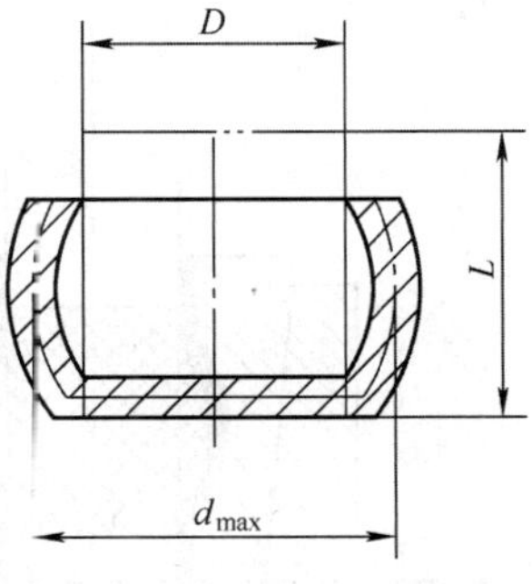

图 5-22　空心坯料胀形前后尺寸变化

式中，l——变形区母线的长度，mm；

δ——坯料切向拉伸的伸长率；

b——切边余量，一般取 5～15 mm。

0.3～0.4 为切向伸长而引起高度减小所需的系数。

（3）胀形力的确定

空心坯料胀形时所需的胀形力（F）可按下式计算：

$$F = PA \tag{5-28}$$

式中，P——胀形时所需的单位面积压力，MPa；

A——胀形面积，mm^2。

胀形时所需的单位面积压力（P）可用下式近似计算：

$$P = 1.15\sigma_b \frac{2t}{d_{max}} \tag{5-29}$$

式中，P——单位面积压力，MPa；

σ_b——材料抗拉强度，MPa；

d_{max}——胀形最大直径，mm；

t——材料原始厚度，mm。

（4）胀形方法

空心件胀形方法一般分刚性凸模胀形和软凸模胀形两种。

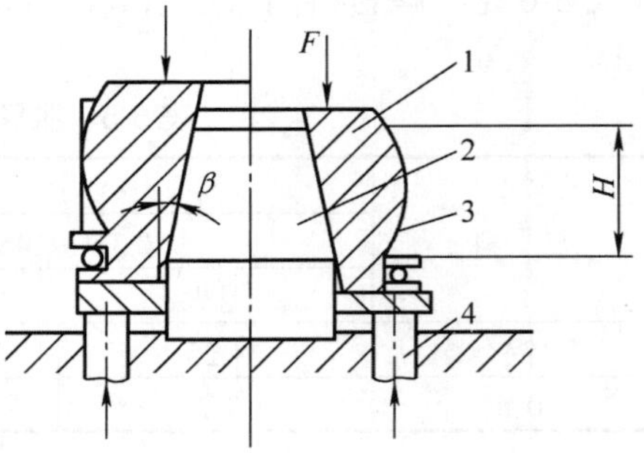

1—分瓣凸模；2—芯轴；3—毛坯；4—顶杆。

图 5-23　刚性凸模胀形

图 5-23 所示为刚性凸模胀形，凸模做成分瓣式，利用锥形芯块将分瓣凸模顶开，使工序件胀出所需形状。分瓣凸模的数目越多，工件形状和精度越好。但缺点是很难得到精度较高的正确旋转体，变形不均匀，模具结构复杂。

图 5-24 所示是软凸模胀形，其原理是利用橡胶、液体、气体和钢丸等代替刚性凸模。软凸模胀形时坯料变形均匀，能成形形状复杂的零件，所以在生产中广泛应用。

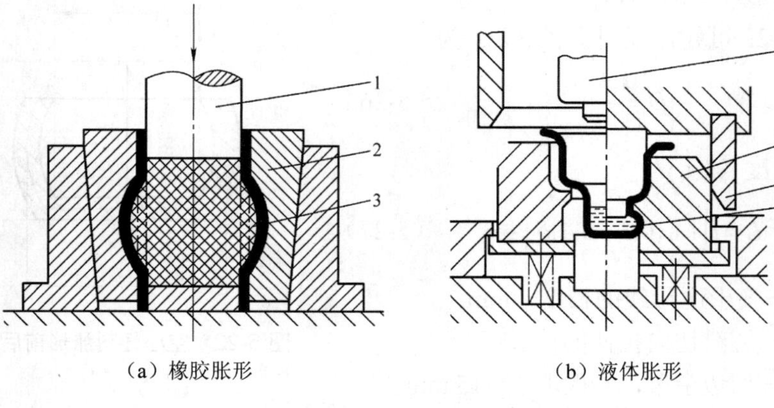

（a）橡胶胀形　　（b）液体胀形

1—凸模；2—分块凹模；3—橡胶；4—侧楔；5—液体。

图 5-24　软凸模胀形

【任务实施】

5.2.2　罩盖胀形模具设计

图 5-17 的胀形模具设计如下。

（1）工艺分析

由图 5-17 可见，罩盖侧壁属空心件胀形，底部属起伏成形。

（2）工艺计算

①底部压凹坑的计算。首先判断能否一次成形，查冲压模具设计手册得极限胀形深度（h）= 0.15 mm，此值大于工件底部凹坑的实际高度，可以一次成形。

由式（5-29）计算压凹坑所需成形力：

$$F_{压凹} = KAt^2 = 250\times\frac{\pi}{4}\times21^2\times0.5^2 = 21.64\ \text{（kN）} \tag{5-30}$$

②空心件侧壁胀形计算。首先判断能否一次胀形成功，胀形系数（K）由式（5-31）计算：

$$K = \frac{d_{max}}{d} = \frac{48}{42} = 1.143 \tag{5-31}$$

查表 5-6 得极限胀形系数为 1.24，该工序的胀形系数小于极限胀形系数，侧壁可以一次胀形。

毛坯长度尺寸计算：

$$L_0 = L\left[1+(0.3\sim0.6)\delta\right]+\Delta h \tag{5-32}$$

式中，L——零件胀表部位母线长度，通过 CAD 测量得 $L = 47.3$ mm；

Δh——取修边余量，mm，取 3 mm。

则

$$\delta = \frac{\pi d_{max}+\pi D}{\pi D} = \frac{48-42}{42} = 0.143 \tag{5-33}$$

$$L_0 = L\left[1+(0.3\sim0.4)\delta\right]+\Delta h = 47.3\times\left[1+0.35\times0.143\right]+3 = 52.7\ \text{（mm）}$$

查得 $\sigma_b = 430$ MPa，则侧壁胀形力：

$$F_{侧胀} = Ap = \pi d_{max}L\frac{2t}{d_{max}}\sigma_b = \pi\times48\times42\times\frac{2\times0.5}{48}\times430 = 56.7\ \text{（kN）} \tag{5-34}$$

③总成形力的计算。

$$F = F_{压凹}+F_{侧胀} = 21.64+56.7 = 78.34\ \text{（kN）} \tag{5-35}$$

（3）压力机的选择

模具外形尺寸和闭合高度较大，而压力较小，故选择压力机时主要考虑模具尺寸，最后确定选用 J23-63 型开式双柱可倾式压力机。

（4）模具结构设计

见图 5-25，罩盖胀形模采用橡胶进行软模胀形，为使零件胀形后容易取出，取单边间隙为 0.08 mm。

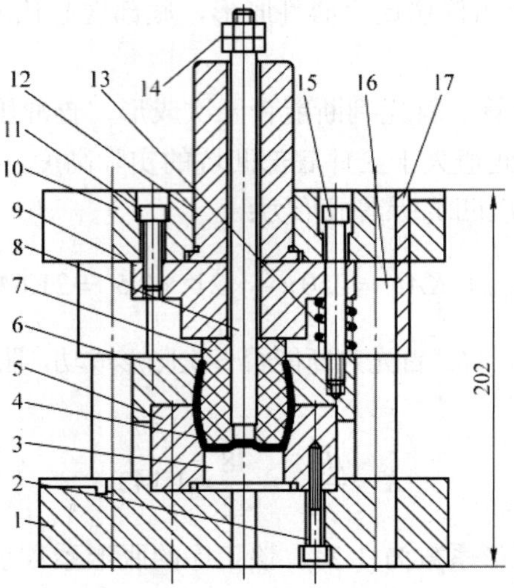

1—下模板；2—螺栓；3—压包凸模；4—压包凹模；5—形下凹模；6—形上凸模；7—橡胶；8—拉杆；9—上固定板；10—上模板；11—螺栓；12—模柄；13—弹簧；14—螺母；15—拉杆螺栓；16—导柱；17—导套。

图 5-25　罩盖胀形模具

任务 5.3　其他成形模具拓展阅读

【任务描述】

了解除翻边、胀形之外的其他局部变形工艺。

【相关知识】

5.3.1 校形

5.3.1.1 校形的特点及应用

校形包括校平和整形，属于修整性的成形工序，大都在冲裁、弯曲、拉深等冲压工序之后进行，主要是为了把冲压件的不平度、圆角半径或某些形状尺寸修整到合格的要求，所以校形在冲压生产中具有重要意义，而且应用也比较广泛。

校平和整形工序具有以下特点：

①校形所用的模具精度高，这是因为校形后工件的精度要求较高。

②只在工序件的局部位置使其产生不大的塑性变形，以达到提高零件形状和尺寸精度的目的。

③由于校形属于精加工，同时回弹是其主要的问题，所以校形时需要在压力机达到下止点时对工序件施加校正力，因此所用设备最好为精压机或刚度较好并装有过载保护装置的机械压力机。

5.3.1.2 平板零件的校平

校平通常在冲裁工序之后进行。由于条料不平或者由于冲裁过程中材料的穹弯，特别是无压料装置的级进模冲裁所得的制件更不平，对于平直度要求比较高的零件更需要进行校平。校平的方式通常有 3 种：模具校平、手工校平和在专门校平设备上校平。

（1）校平模的形式及应用

根据板料的厚度和对表面的要求，平板类零件的校平模有光面校平模和齿形校平模两种形式。

对于料薄质软或表面不允许有压痕的制件，一般采用光面校平模校平，光面校平模对改变材料内应力状态的作用不大，仍有较大的回弹，特别是对高强度材料的零件校平效果较差。在生产中，有时将工序件背靠背地叠起来校平，效果较好。为了使校平不受压力机滑块导向精度的影响，校平模最好采用浮动式结构，详见图 5-26。

对于平直度要求较高或抗拉强度高的较硬材料的零件，一般采用齿形校平模校平。齿形模有小齿和大齿两种，图 5-27（a）为小齿齿形，图 5-27（b）为大齿齿形。

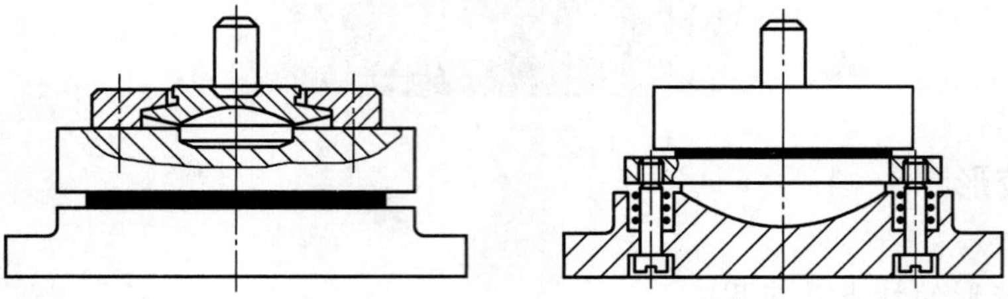

（a）上模浮动式　　　（b）下模浮动式

图 5-26　光面浮动校平模示意图

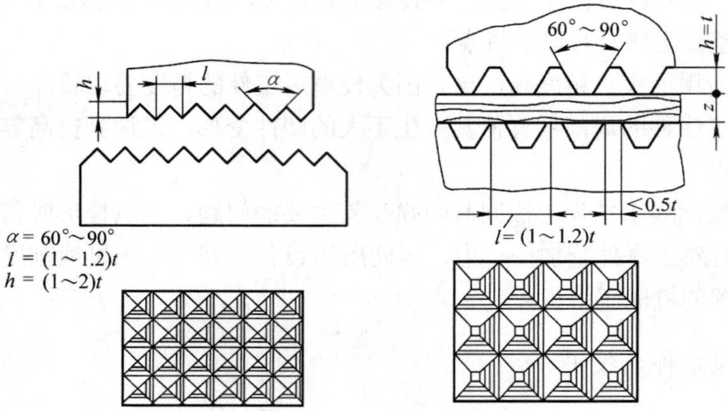

（a）小齿　　　（b）大齿

图 5-27　齿形校平模示意图

采用小齿校平模校平后，制件的表面留下较深的压痕。大齿校平多用于厚度较小的铝、铜等制件，齿形校平模压进入材料表面层内一定的深度，形成塑性变形的小网点，改变了材料原有应力状态，故能减少回弹，校平效果较好。

如果零件的尺寸较大或表面不允许有压痕，而又要求具有较高的平直度时，还可以采用加热校平法。将需要校平的零件叠成一定的厚度，由夹具压紧成平直状态，然后放进加热炉内加热到一定温度。由于温度升高以后材料的屈服强度降低，材料的内应力数值也相应降低，所以回弹变形减小，达到校平的目的。

（2）校平力

校平力可按下式计算：

$$F = AP \tag{5-36}$$

式中，F——校平力，N；

A——校平零件面积，mm^2；

P——校平单位面积的压力，MPa，可查表 5-7。

表 5-7　校平和整形单位面积压力（*P*）　　单位：MPa

方法	*P*	方法	*P*
光面校平模校平	50～80	敞开形制件整形	50～100
小齿校平模校平	80～120	拉深件减小圆角及对底面、侧面整形	150～200
大齿校平模校平	100～150		

5.3.1.3　空间形状零件的整形

整形一般用于拉深、弯曲或其他成形工序之后，经过这些工序的加工，制件已基本成形，但可能圆角半径还太大，或是某些形状和尺寸还未达到产品的要求，这样可以借助整形模使工序件产生局部的塑性变形，以达到提高精度的目的。整形模和前工序的成形模相似，但对模具工作部分的精度、粗糙度要求更高，圆角半径和间隙较小。

整形时要在压力机下止点对材料刚性卡压一下，所以应选用精压机或有过载保护装置的刚度较好的机械压力机。整形力按下式计算：

$$F = AP \tag{5-37}$$

式中，F——整形力，N；

A——整形的投影面积，mm^2；

P——整形的单位压力，MPa。

对敞开式制件整形，P 为 50～100 MPa；对底面、侧面减小圆角半径的整形，P 为 150～200 MPa。

（1）弯曲件的整形

弯曲件的整形方法有两种：压校（图 5-28）和镦校（图 5-29）。

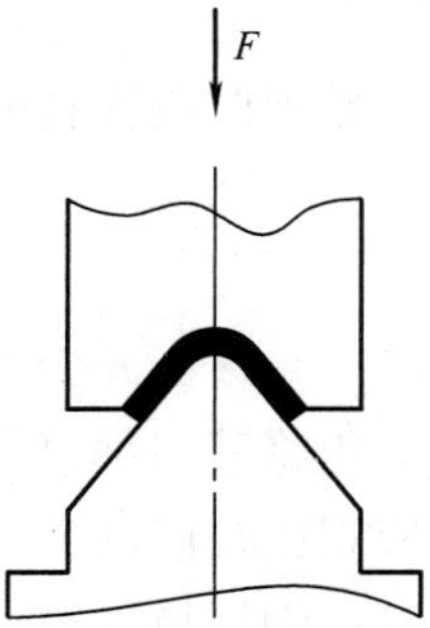

图 5-28　弯曲件的压校示意图

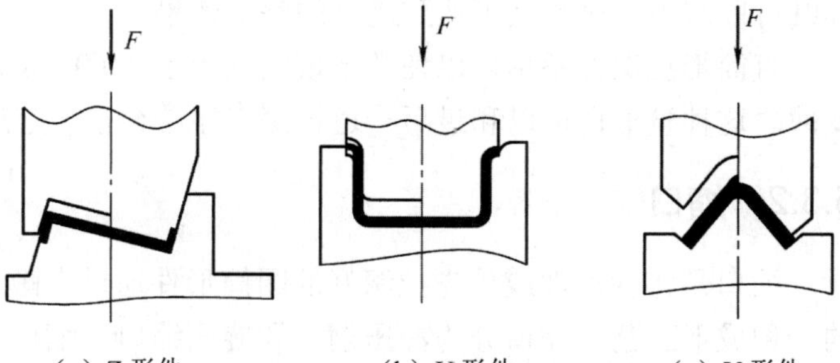

（a）Z 形件　（b）U 形件　（c）V 形件

图 5-29　弯曲件的镦校示意图

压校时由于材料沿长度方向无约束，整形区的变形特点与弯曲时相似。镦校时整个工序件处于三向受压的应力状态，改变了工序件的应力状态，故能达到较好的整形效果。镦校前半成品的长度略大于零件长度，以保证校形时材料处于三向应力状态。但带孔的零件和宽度不等的弯曲件不宜用镦校整形。

（2）拉深件的整形

图 5-30 所示为带凸缘拉深件的整形，小凸缘根部圆角半径的整形要求外部向圆角部分补充材料。如果圆角半径变化大，在工艺设计时，可以使半成品高度大于零件高度，整形时从直壁部分获得材料补充，如图 5-30（b）所示（h'为半成品高度，h 为成品高度）；如果半成品高度与零件高度相等，也可以由凸缘处收缩来获得材料补充，但当凸缘直径过大时，整形过程中无法收缩，此时只能靠根部及附近材料变薄来补充材料，如图 5-30（a）所示，从变形特点看，相当于变形不大的胀形，因而整形精度高，但变形部位材料伸长量不得大于 2%～5%，否则，过分伸长制件可能使破裂。

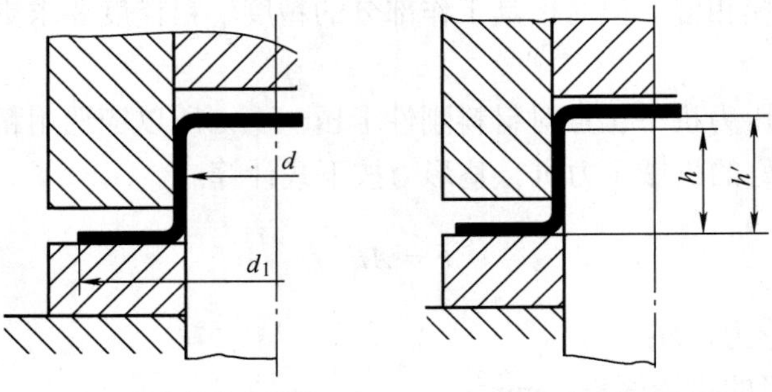

（a）根部变薄补充材料　（b）直壁补充材料

图 5-30　拉深件的整形示意图

凸缘平面和底部平面的整形主要是利用模具的校平作用。因为凸缘刚性差，只单独对凸缘校平效果一般不好。因此，常对拉深件的筒壁、圆角、平面同时整形，此时要注意控制半成品高度和表面积，使整形时各部分都处于相应的应力状态，这样既可以减少工序数又可达到满意的整形效果。

直筒形拉深件整形可以使整形模间隙等于（0.9～0.95）t，整形时制件直壁略有变薄。这种整形也可以和最后一道拉深工序结合在一起进行。

5.3.2 缩口

缩口是将管形件或预先拉深好的圆筒形件通过在敞口处施压将其口部直径缩小的一种成形工艺，缩口分为冲压缩口和旋压缩口。缩口工艺应用比较广泛，可用于子弹壳、炮弹壳、钢气瓶、自行车车架立管、自行车坐垫鞍管、钢管拉拔等的缩口加工。

5.3.2.1　缩口变形程度和变形特点

图 5-31 所示是缩口的应力、应变图。在缩口加工过程中，最大的主应力应该是切向压应力，在口部坯料变形区受两向压应力的作用，坯料高度增加，壁厚和直径减小。同时，在非变形区的筒壁，在缩口压力（F）的作用下，轴向可能产生失稳变形。故，缩口的极限变形程度主要受失稳条件限制，防止失稳是缩口工艺要解决的主要问题。

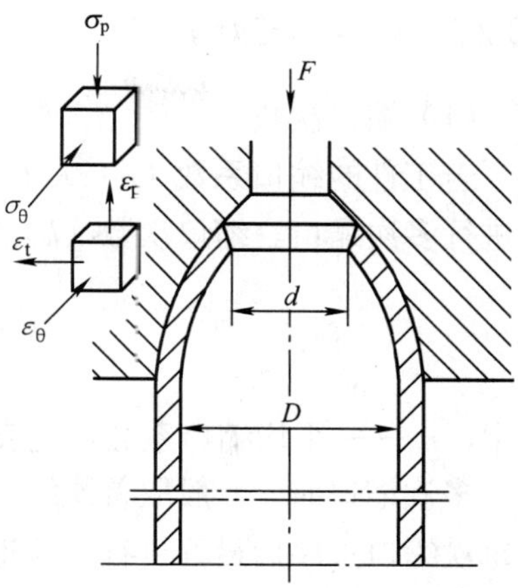

图 5-31　缩口的应力、应变特点

使用缩口系数（n）来表示缩口的变形程度（图 5-31）：

$$n=\frac{d}{D} \tag{5-38}$$

缩口系数（n）越小，变形程度越大。表 5-8 是不同材料、不同厚度的平均缩口系数。表 5-9 是不同材料、不同支承方式下缩口的允许极限缩口系数参考数值。由表 5-8、表 5-9 可以看出，材料塑性越好，厚度越大，缩口系数越小。此外，模具对筒壁有支承作用时，极限缩口系数可更小。

表 5-8　平均缩口系数（n_0）

材料	材料厚度（t）/mm		
	>1	>0.5～1	≤0.5
钢	0.65～0.70	0.75	0.80
黄 铜	0.65～0.70	0.70～0.80	0.85

表 5-9　极限缩口系数（n_{min}）

材料	支承方式		
	无支承	外支承	内外支承
铝	0.68～0.72	0.53～0.57	0.27～0.32
硬铝（退火）	0.73～0.80	0.60～0.63	0.35～0.40
硬铝（淬火）	0.75～0.80	0.68～0.72	0.40～0.43
黄铜 H62、H68	0.65～0.70	0.50～0.55	0.27～0.32
软钢	0.70～0.75	0.55～0.60	0.30～0.35

5.3.2.2 缩口工艺计算

（1）缩口次数

若工件的缩口系数（n）大于允许的缩口系数，则可以一次缩口成形。否则，需要进行多次缩口。缩口次数（k）可按下式估算：

$$k = \frac{\lg n}{\lg n_0} = \frac{\lg d - \lg D}{\lg n_0} \tag{5-39}$$

式中，n_0——平均缩口系数，见表 5-8。

多次缩口时，一般取首次缩口系数$(n_1) = 0.9n_0$，以后各次取 $n_x = (1.05\sim1.10)n_0$，在每次缩口工序后最好进行一次退火处理。

（2）各次缩口直径

$$\begin{aligned} d_1 &= n_1 D \\ d_2 &= n_x d_1 = n_1 n_x D \\ d_3 &= n_x d_2 = n_1 n_x^2 D \\ &\vdots \\ d_x &= n_x d_{x-1} = n_1 n_x^{x-1} D \end{aligned} \tag{5-40}$$

d_x 应等于工件的缩口直径。缩口后，由于回弹，工件要比模具尺寸增大 0.5%～0.8%。

（3）坯料高度

对于图 5-32 所示的缩口工件，缩口前坯料高度（H）按下面公式计算：

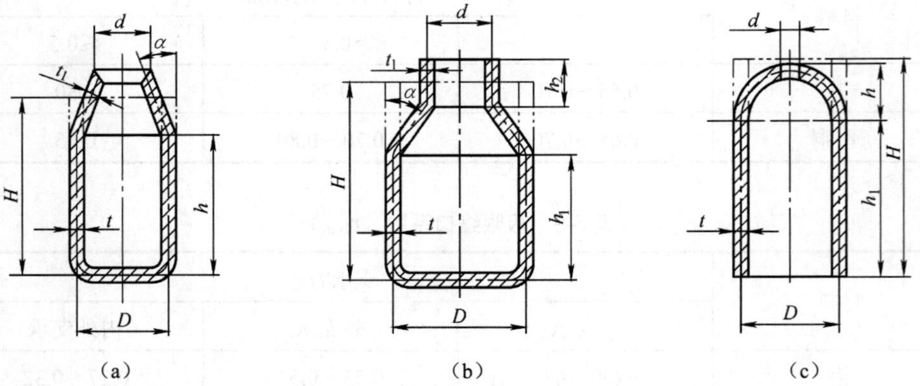

图 5-32 缩口坯料高度计算

图 5-32（a）所示工件：

$$H = 1.05\left[h_1 + \frac{D^2 + d^2}{8D\sin\alpha}\left(1 + \sqrt{\frac{D}{d}}\right)\right] \tag{5-41}$$

图 5-32（b）所示工件：

$$H = 1.05\left[h_1 + h_2\sqrt{\frac{d}{D}} + \frac{D^2 - d^2}{8D\sin\alpha}\left(1 + \sqrt{\frac{D}{d}}\right)\right] \tag{5-42}$$

图 5-32（c）所示工件：

$$H = h_1 + \frac{1}{4}\left(1 + \sqrt{\frac{D}{d}}\right)\sqrt{D^2 - d^2} \tag{5-43}$$

（4）缩口力

图 5-32（a）所示锥形缩口件，其缩口力可用下式计算：

$$F = K\left[1.1\pi D t \sigma_b\left(1 - \frac{d}{D}\right)(1 + \mu\cot\alpha)\frac{1}{\cos\alpha}\right] \tag{5-44}$$

式中，μ——坯料与凹模接触面间的摩擦系数；

σ_b——材料的抗拉强度，MPa；

K——速度系数，在曲柄压力机上工作时 K=1.15。

其他符号如图 5-32 所示。

5.3.2.3　缩口模具结构

图 5-33 所示为典型的缩口模结构图，它成形的材料为 08 号钢，料厚为 1 mm，该工件的成形是在先拉深圆筒状之后再进行缩口工艺的。该模具工作原理：毛坯先放入外支撑套内，上模下行，外支撑套与凹模首先接触，完成缩口成形。模具通过上打料的方式推料。

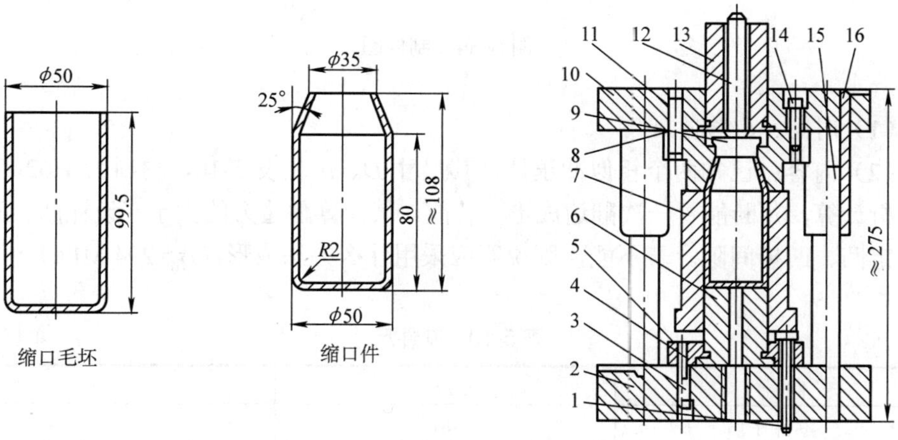

1—顶杆；2—下模板；3、14—螺栓；4、11—销钉；5—固定板；6—垫块；7—支撑套；8—凹模；9—顶出口；10—模板；12—打料杆；13—模柄；15—导柱；16—导套。

图 5-33　缩口模结构

对于校形来讲，由于是局部微量变形，一般情况下不会产生起皱或拉裂现象，主要问题是回弹。对于翻边、胀形而言，经常出现拉裂破坏现象，这主要是由于它们是拉伸变形，变形区拉应力过大。对于缩口和外缘翻边，常因变形压应力过大而产生失稳起皱，这是因为它们是受压缩变形。所以我们在制订成形工艺及模具设计时，应根据变形特点来合理确定各工艺参数。

实训与练习

1. 实训

如图 5-34 所示零件采用翻边成形，试计算预冲孔直径和翻边力，并绘制翻边模工作部分简图。

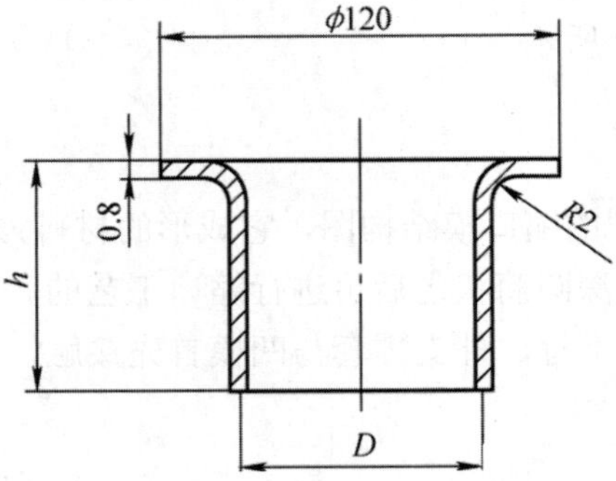

图 5-34　制件图

（1）时间：6 学时。

（2）内容：已知两个相似冲压件，其尺寸 *D*、*d* 见表 5-10，材料为 H62。试通过分析计算，判断能否一次翻边成形。若能，试计算翻边力的大小，设计凸、凹模，并确定凸、凹模间隙。若不能，则说明应采用什么方法成形（σ_b=294 MPa）。

表 5-10　制件尺寸

单位：mm

件号	*D*	*d*
零件 1	40	8
零件 2	35	12

（3）要求：绘制工作零件图，写出设计任务书。

2．练习

（1）何为校形、翻边、胀形、缩口？在这些成形工序中，由于变形过度而出现的材料损坏形式分别是什么？

（2）翻边、胀形、缩口的变形程度分别是如何表示的？如果零件的变形超过了材料的极限变形程度，它们在工艺上分别可以采取哪些措施？

（3）缩口与拉深在变形特点上有何相同和不同的地方？

（4）哪些冲压件需要整形？

（5）如图 5-35 所示，试设计计算图示翻边件的预制孔直径及翻边系数。零件的材料为 Q235。

（6）对图 5-36 所示电器零件进行有关胀形变形的计算。零件的材料为 08F，允许延伸率为 32%，σ_h=380 MPa。

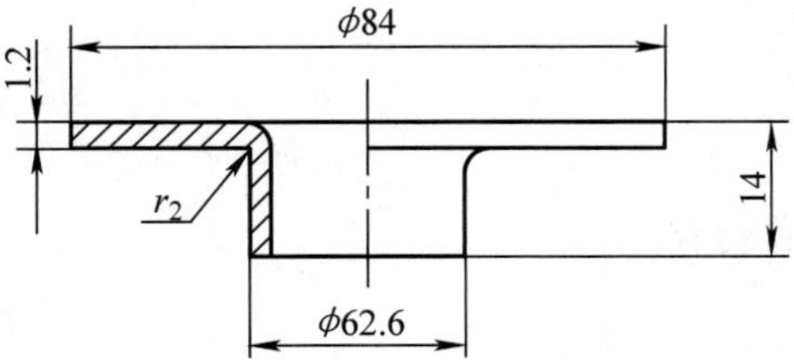

图 5-35　翻边件

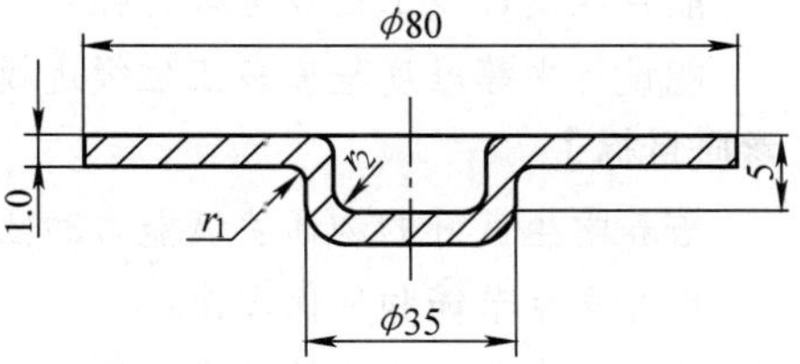

图 5-36　胀形件

项目6　多工位级进模设计

【知识目标】

了解多工位级进模基本概念、特点、分类；

掌握多工位级进模排样设计和典型结构；

熟悉多工位级进模主要零部件、模架、自动送料和安全装置的设计原则和方法。

【能力目标】

能合理设计多工位级进模排样；

能设计中等难度程度多工位级进模。

【素质目标】

培养学生良好的沟通协调能力和团队协作精神；

培养学生节能和环保理念；

培养学生踏实认真的做事态度；

培养学生强烈的安全意识和创新精神。

【项目描述】

生产如图6-1所示的某型号节能型烤箱点火器盒，材料为Q235，厚度为0.5 mm，大批量生产，未注公差IT12级，要求完成该零件的多工位级进模工艺性分析和多工位级进模设计工作。

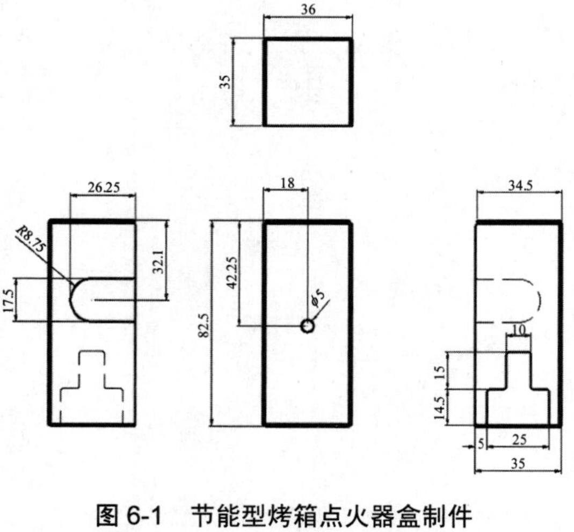

图6-1　节能型烤箱点火器盒制件

任务 6.1　多工位级进模的特点和分类

【任务描述】

了解多工位级进模的特点、分类等基础知识。

【相关知识】

6.1.1　多工位级进模的特点

多工位级进模是在普通级进模的基础上发展起来的一种高精度、高效率、高寿命的模具，是技术密集型模具的重要代表，是冲模的发展方向之一。这种模具除进行冲孔落料工作外，还可以根据零件结构特点和成形性质，完成压筋、冲窝、弯曲、拉深等成形工序，甚至还可以在模具中完成装配工序。冲压时，将带料或条料由模具入口端送进后，在严格控制步距精度的条件下，按照成形工艺安排的顺序，通过各工位的连续冲压，在最后工位经冲裁或切断后，便可冲制出符合产品要求的冲压件。为保证多工位级进模的正常工作，模具必须具有高精度的导向和准确的定距系统，配备有自动送料、自动出件、安全检测等装置。所以，多工位级进模与普通冲模相比要复杂，其具有如下特点：

①生产效率高。在一副模具中，可以完成包括冲裁、弯曲、拉深和成形等多道冲压工序；减少了使用多副模具的周转和重复定位过程，显著提高了劳动生产率和设备利用率。

②模具使用寿命长。由于在级进模中工序可以分散在不同的工位上，故不存在复合模的“最小壁厚”问题，设计时还可以根据模具强度和模具的装配需要留出空工位，从而保证模具的强度和装配空间。

③冲件精度高。多工位级进模通常具有高精度的内、外导向（除模架导向精度要求高外，还必须对小凸模实施内导向保护）和准确的定距系统，以保证产品零件的加工精度和模具寿命。多工位级进模主要用于冲制厚度较薄（一般不超过 2 mm）、产量大、形状复杂、精度要求较高的中、小型零件。用这种模具冲制的零件，精度可达 IT10 级。

④自动化程度高，操作安全。多工位级进模常采用高速冲床生产冲压件，模具采用了自动送料、自动出件、安全检测等装置，操作安全，具有较高的生产效率。

⑤设计制造难度大。多工位级进模结构复杂，镶块较多，模具制造精度要求较

高，这给模具的制造、调试及维修带来一定的难度。同时要求模具零件具有互换性，在模具零件磨损或损坏后要求更换迅速、方便、可靠。所以，模具工作零件选材必须好（常采用高强度的高合金工具钢、高速钢或硬质合金等材料），必须应用慢走丝线切割加工、成形磨削、坐标镗、坐标磨等先进加工方法制造模具。

由以上可知，多工位级进模的结构比较复杂，模具设计和制造技术要求较高，同时对冲压设备、原材料也有相应的要求，模具的成本高。因此，在模具设计前必须对工件进行全面分析，然后合理确定该工件的冲压成形工艺方案，正确设计模具结构和模具零件的加工工艺规程，以获得最佳的技术经济效益。显然，采用多工位级进模进行冲压成形与采用普通冲模进行冲压成形在冲压成形工艺、模具结构设计及模具加工等方面存在许多不同，本项目将重点介绍它们在冲压工艺与模具设计上的不同之处。

6.1.2 多工位级进模的分类

（1）按级进模所包含的工序性质分类

多工位级进模不仅能完成所有的冷冲压工序，而且能进行装配等，但冲裁是最基本的工序。按工序性质，可分为冲裁多工位级进模、冲裁拉深多工位级进模、冲裁弯曲多工位级进模、冲裁成形（胀形、翻边、翻孔、缩口、校形等）多工位级进模、冲裁拉深弯曲多工位级进模、冲裁拉深成形多工位级进模、冲裁弯曲成形多工位级进模、冲裁拉深弯曲成形多工位级进模等。

（2）按冲压件成形方法分类

按冲压件成形方法可分为以下两种：

①封闭型孔级进模。这种级进模的各个工作型孔（除侧刃外）与被冲工件的各个型孔及外形（或展开外形）的形状完全一样，并分别设置在一定的工位上，材料沿各工位经过连续冲压，最后获得成品或工序件（图 6-2）。

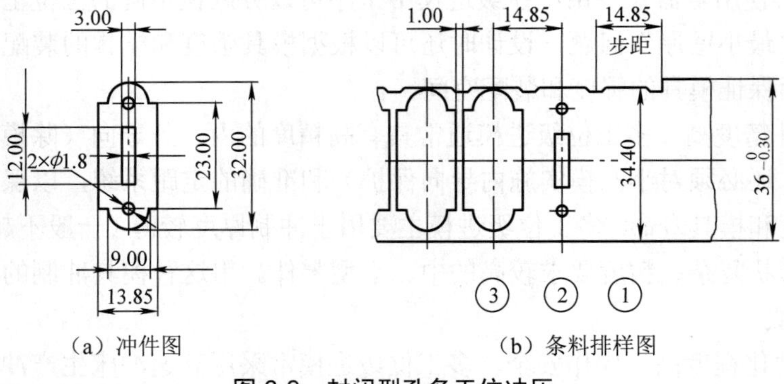

（a）冲件图　　（b）条料排样图

图 6-2 封闭型孔多工位冲压

②切除余料级进模。这种级进模是对冲压件较为复杂的外形和型孔，采取逐步切除余料的办法（对于简单的型孔，模具上相应型孔与之完全一样），经过逐个工位的连续冲压，最后获得成品或工序件。显然，这种级进模工位一般比封闭型孔级进模多。图 6-3 所示为经过 8 个工位冲压，获得一个完整的工件。

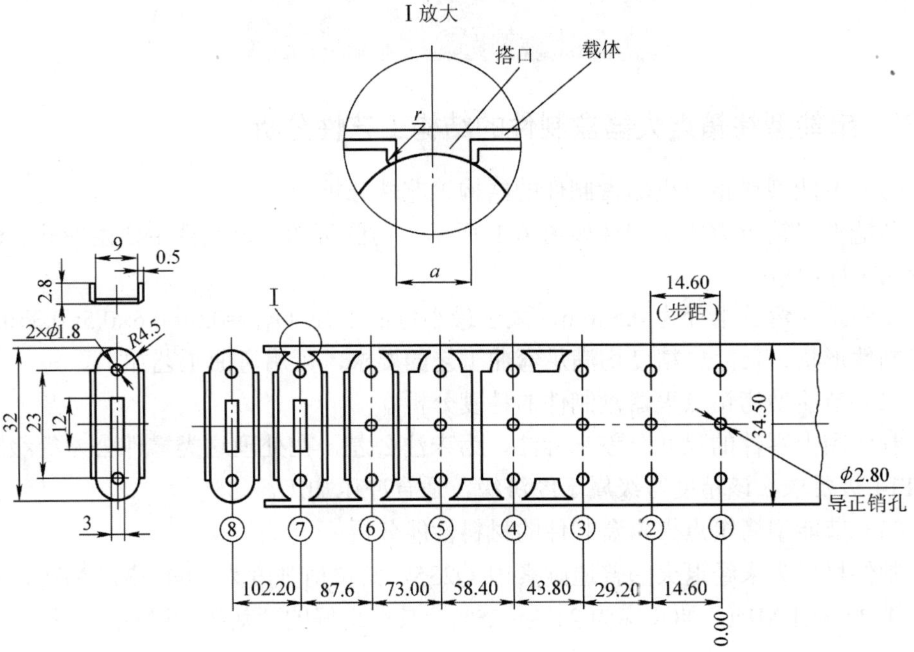

（a）冲件图　　（b）条料排样图

图 6-3　切除余料的多工位冲压

以上两种级进模的设计方法是截然不同的，有时也可以把两种结合起来设计，以便更科学地解决实际问题。

任务 6.2　多工位级进模工艺设计

【任务描述】

从结构工艺性（尤其是极限尺寸）、经济性、材料等方面对节能型烤箱点火器盒制件工艺性进行分析，并从批量、精度、成本、操作等方面选出最优的方案。

【相关知识】

冲裁件、弯曲件、拉深件等的工艺设计相关知识前面章节已经描述，此处略过。

【任务实施】

6.2.1 节能型烤箱点火器盒制件的结构工艺性分析

（1）节能型烤箱点火器盒制件的结构工艺性分析

节能型烤箱点火器盒制件如图 6-1 所示，由图可知，该制件主要由冲孔、落料和弯曲工序组成。

图中未注弯曲半径为 0.5 mm，大于最小弯曲半径（$r_{min}=0.6t=0.6\times0.5=0.3$ mm），故此制件形状、尺寸、精度均满足弯曲工艺的要求，可用弯曲工艺加工。

（2）节能型烤箱点火器盒制件的精度分析

制件图上零件的尺寸公差未标注，为未注公差，在处理这类零件公差等级时可按 IT14 级要求，该精度等级属于经济级，适合冲压加工。

（3）节能型烤箱点火器盒制件的材料性能分析

制件材料为未经退火的普通碳素钢 Q235，其抗剪强度为 304～373 MPa，抗拉强度 432～461 MPa，伸长率为 21%～25%。具有良好的冲裁折弯性能。

6.2.2 节能型烤箱点火器盒多工位级进模工艺方案的确定

该零件包括冲孔、落料、弯曲 3 个基本工序，弯曲部分不宜一次成型，可拟订出以下 3 种工艺方案。

方案一：用简单模分 4 次加工，即落料、冲孔、弯曲 1、弯曲 2。

方案二：冲孔落料复合模+两折弯单工序模。

方案三：多工位级进模。

由于该工件为大批量生产，方案二比方案一少用一套模具，但是仍然存在生产率低，工件的累计误差大，操作不方便等缺点。方案三采用多工位级进模生产，可实现自动化生产，生产效率高，更具有优越性。因此，选择方案三（多工位级进模）。

任务 6.3 多工位级进模排样设计

【任务描述】

基于多工位级进模加工的制件的结构特点、材料利用率、冲件质量、模具结构、精度、成本、操作等方面确定合理的排样设计。

【相关知识】

6.3.1 排样设计遵循的原则

排样设计是多工位级进模设计的关键之一。排样图的优化与否，不仅关系到材料的利用率、工件的精度、模具制造的难易程度和使用寿命等，而且关系到模具各工位的协调与稳定。

冲压件在带料上的排样必须保证完成各冲压工序，准备送进，实现级进冲压；同时还应便于模具的加工、装配和维修。

排样设计是在零件冲压工艺分析的基础之上进行的。确定排样图时，首先要根据冲压件图纸计算出展开尺寸，然后进行各种方式排样。在确定排样方式时，还必须对工件的冲压方向、变形次数、变形工艺类型、相应的变形程度及模具结构的可能性、模具加工工艺性、企业实际加工能力等进行综合分析判断。同时，全面考虑工件精度和能否顺利进行级进冲压生产后，从几种排样方案中选择一种最佳方案。完整的排样图应给出工件的布置、载体结构形式和相关尺寸等。

当带料排样图设计完成后，以下内容可基本确定：模具的工位数及各工位的内容；被冲制工件各工序的安排及先后顺序，工件的排列方式；模具的送料步距、条料的宽度和材料的利用率；导料方式，弹顶器的设置和导正销的安排；模具的基本结构等。所以，排样设计是多工位级进模设计的重要内容，是模具结构设计的依据之一，是决定多工位级进模设计优劣的主要因素之一。

多工位级进模的排样，除了遵守普通冲模的排样原则外，还应考虑如下几点：

①先制作冲压件展开毛坯样板（3～5 个），在图面上反复试排，待初步方案确定后，在排样图的开始端安排冲孔、切口、切废料等分离工位，再向另一端依次安排成形工位，最后安排工件和载体分离。在安排工位时，要尽量避免冲小半孔，以防凸模受力不均而折断。

②第 1 工位一般安排冲孔和冲工艺导正孔。第 2 工位设置导正销对带料导正，

在以后的工位中，视其工位数和易发生窜动的工位设置导正销，也可以在以后的工位中每隔 2～3 个工位设置导正销。第 3 工位可根据冲压条料的定位精度，设置送料步距的误差检测装置。

③冲压件上孔的数量较多，且孔的位置太近时，可分布在不同工位上冲出孔，但孔不能因后续成形工序的影响而变形。对有相对位置精度要求的多孔，应考虑同步冲出。因模具强度的限制不能同步冲出时，应有措施保证它们的相对位置精度。复杂的型孔可分解为若干简单型孔分步冲出。

④当局部有压筋时，一般应安排在冲孔前，防止由于压筋造成孔的变形。突包时，若突包的中央有孔，为有利于材料的流动，可先冲一小孔，压突包再冲到要求的孔径。

⑤为提高凹模镶块、卸料板和固定板的强度，保证各成形零件安装位置不发生干涉，可在排样中设置空工位，空工位的数量根据模具结构的要求而定。

⑥对弯曲和拉深成形件，每一工位的变形程度不宜过大，变形程度较大的冲压件可分几次成形。这样既有利于保证质量，又有利于模具的调试修整。对精度要求较高的成形件，应设置整形工位。为避免 U 形弯曲件变形区材料的拉深，应考虑先弯曲 45°，再弯成 90°。

⑦在级进拉深排样中，可应用拉深前切口、切槽等技术，以便材料的流动。

⑧成形方向的选择（向上或向下）要有利于模具的设计和制造，有利于送料的顺畅。若成形方向与冲压方向不同，可采用斜滑块、杠杆和摆块等机构来转换成形方向。

6.3.2 载体和搭口的设计

在多工位级进模的设计中，将工序件传递到各工位进行冲裁和成形加工，并且使工序件在动态送料过程中保持稳定正确定位的部分，称为载体。载体与一般冲压排样时的搭边有相似之处，但作用完全不一样。搭边是为了满足把工件从条料上冲切下来的工艺要求而设置的，而载体是为运载条料上的工序件至后续工位而设计的。载体与工序件或工序件和工序件的连接部分称为搭口。

6.3.2.1 载体设计

根据冲件的形状、变形性质、材料厚度等情况的不同，载体一般有以下几种形式：

（1）单边载体

单边载体主要用于弯曲件。此方法在不参与成形的合适位置留出载体的搭口，采用切废料工艺将搭口留在载体上，最后切断搭口得到制件，它适用于 $t \leqslant 0.4$ mm 的弯曲件的排样。图 6-4（a）和图 6-4（b）在裁切工序分解形状和数量上不一样，图 6-4（a）第 1 工位的形状比图 6-4（b）复杂，并且细颈处模具镶块易开裂，分解为图 6-4（b）后的镶块便于加工，且寿命得到了提高。图 6-4（c）是一种加了辅助载体的单边载体。

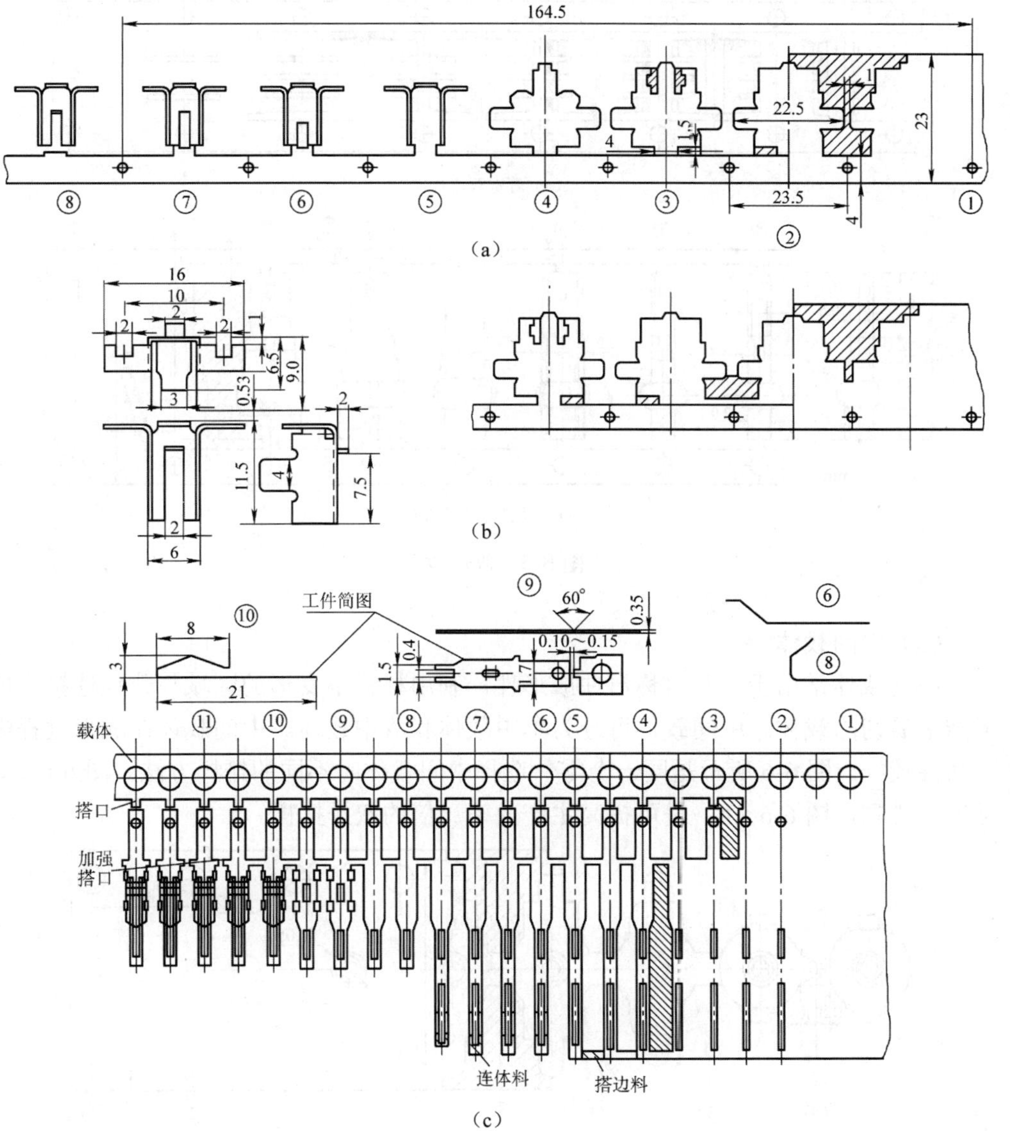

图 6-4 单边载体

（2）双边载体

双边载体又称为标准载体，实质上是一种增大了条料两侧搭边的宽度，以供冲导正工艺孔需要的载体，一般可分为等宽双边载体［图 6-5（a）］和不等宽双边载体［即主载体和辅助载体，图 6-5（b）］。双边载体增加边料可保证送料的刚度和精度，这种载体主要用于薄料（$t \leqslant 0.2$ mm），以及工件精度较高的场合，但材料的利用率有所降低，往往是单件排列。

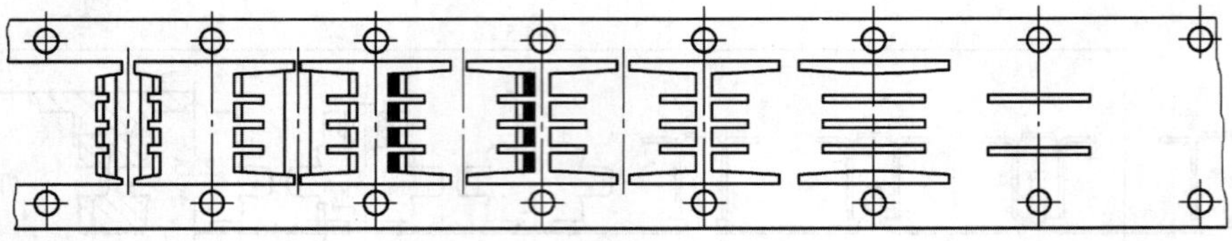

（a）等宽双边载体

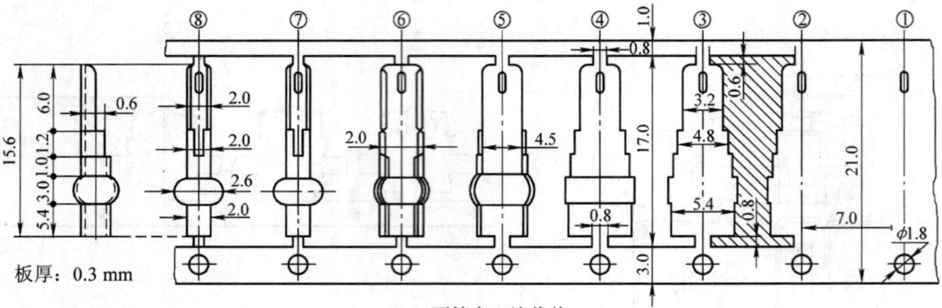

（b）不等宽双边载体

图 6-5 双边载体

（3）中间载体

中间载体常用于一些对称弯曲成形件，利用材料不变形的区域与载体连接，成形结束后切除载体。中间载体可分为单中载体和双中载体。中间载体在成形过程中平衡性较好。图 6-6 所示是同一个零件选择中间载体时不同的排样方法。图 6-6（a）是单件排列，图 6-6（b）是可提高生产效率一倍的双排排样。

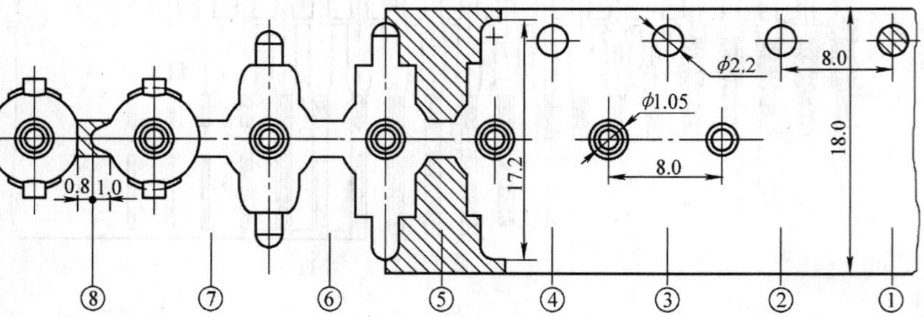

（a）

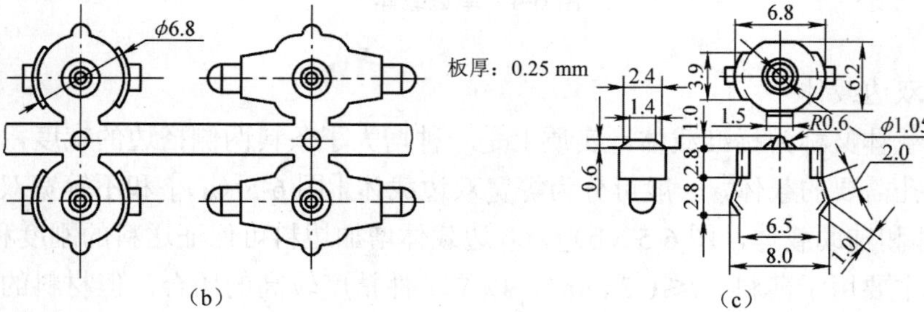

（b） （c）

图 6-6 单中载体

图 6-7 所示零件要进行两侧以相反方向卷曲的成形，选用单中载体难以保证成形件成形后的精度要求，而选用可延伸连接的双中载体即可保证成形件的质量。此方法的缺点是载体宽度较大，降低了材料的利用率。

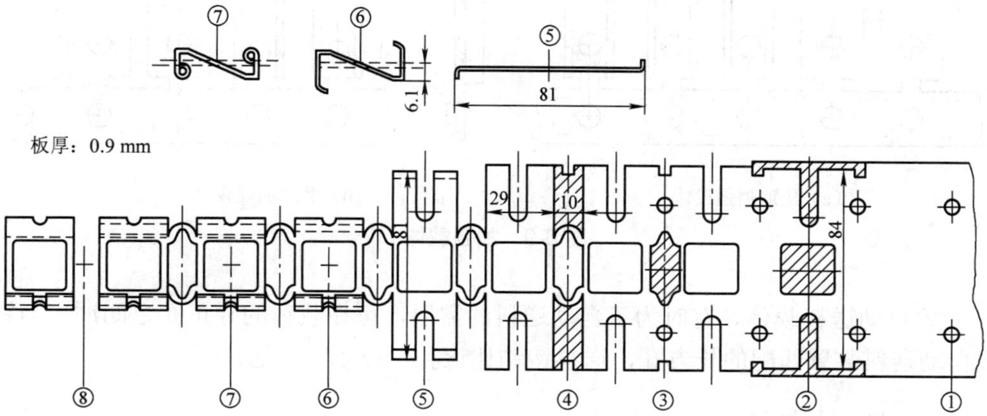

图 6-7 双中载体

中间载体常用于材料厚度大于 0.2 mm 的对称弯曲成形件。

（4）边料载体

边料载体是利用材料搭边或余料冲出导正孔而形成的载体，此种载体送料刚性较好、省料、简单。使用该载体时，在弯曲或成形部位，往往先切出展开形状，再进行成形，后工位落料以整体落料为主。可采用多件排列，提高材料的利用率。

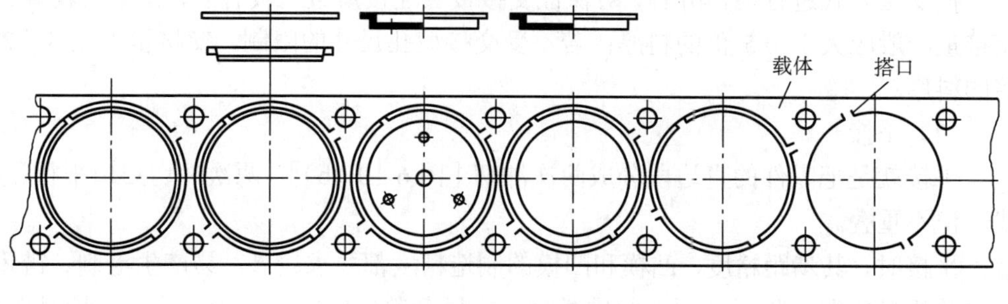

图 6-8 边料载体

（5）载体的其他形式

有时为了下一工序的需要，可在上述载体中采取一些工艺措施。

①加强载体。加强载体是载体的一种加强形式，在料厚（t）≤0.1 mm 的薄料冲压中，载体会因刚性较差而变形造成送料失稳，使冲压件几何形状产生误差，为保证冲压精度，对载体局部采取压筋、翻边等提高载体刚度的加强措施，而形成

的载体形式，如图 6-9 所示。

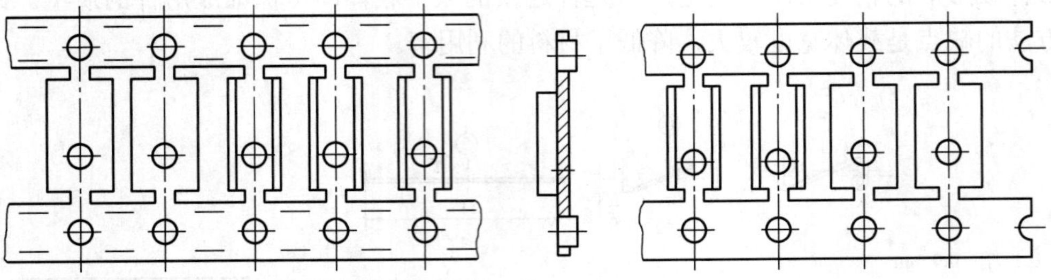

（a）压筋加强载体　　（b）翻边加强载体

图 6-9　加强载体

②自动送料载体。有时为了自动送料的需要，可在载体的导正孔之间冲出与钩式自动送料装置匹配的长方孔，送料钩钩住该孔，拉动载体送进。

6.3.2.2　搭口与搭接

搭口要有一定的强度，并且搭口的位置应便于载体与工件最终分离。在各分段的连接部位应平直或圆滑，以免出现毛刺、错位、尖角等。因此，应考虑分段切除时的搭接方式。常见搭接方式（图 6-10）有以下 3 种。

（1）交接

交接是指毛坯轮廓经分解与重组后，冲切刃口之间相互交错，有少量重叠部分［图 6-10（a）］。

按交接方式进行刃口分解，对保证交接接头连接质量比较有利，使用比较普遍。交接量一般应大于 0.5 倍的料厚；若不受交接型孔尺寸的限制，交接量可达 1～2.5 倍的料厚。

（2）平接

平接就是把零件的直边段分成两次冲切［图 6-10（b）］，两次冲切刃口平行、共线，但不重叠。

平接时，其步距精度，凸模和凹模的制造精度都要求较高，易产生毛刺、错牙、不平等质量问题，除了必须如此排样时，应尽量避免使用此搭接方法。平接时在平接附近要设置导正销，如果工件允许，第 2 次冲裁宽度应适当增加一些，凸模要修出微小的斜角（一般取 3°～5°）。

（3）切接

切接是在毛坯圆弧部分分段冲切时的搭接形式［图 6-10（c）］，即在第 1 工位上先冲切一部分圆弧段，在后续工位上再切去其余部分，前后两段应相切。

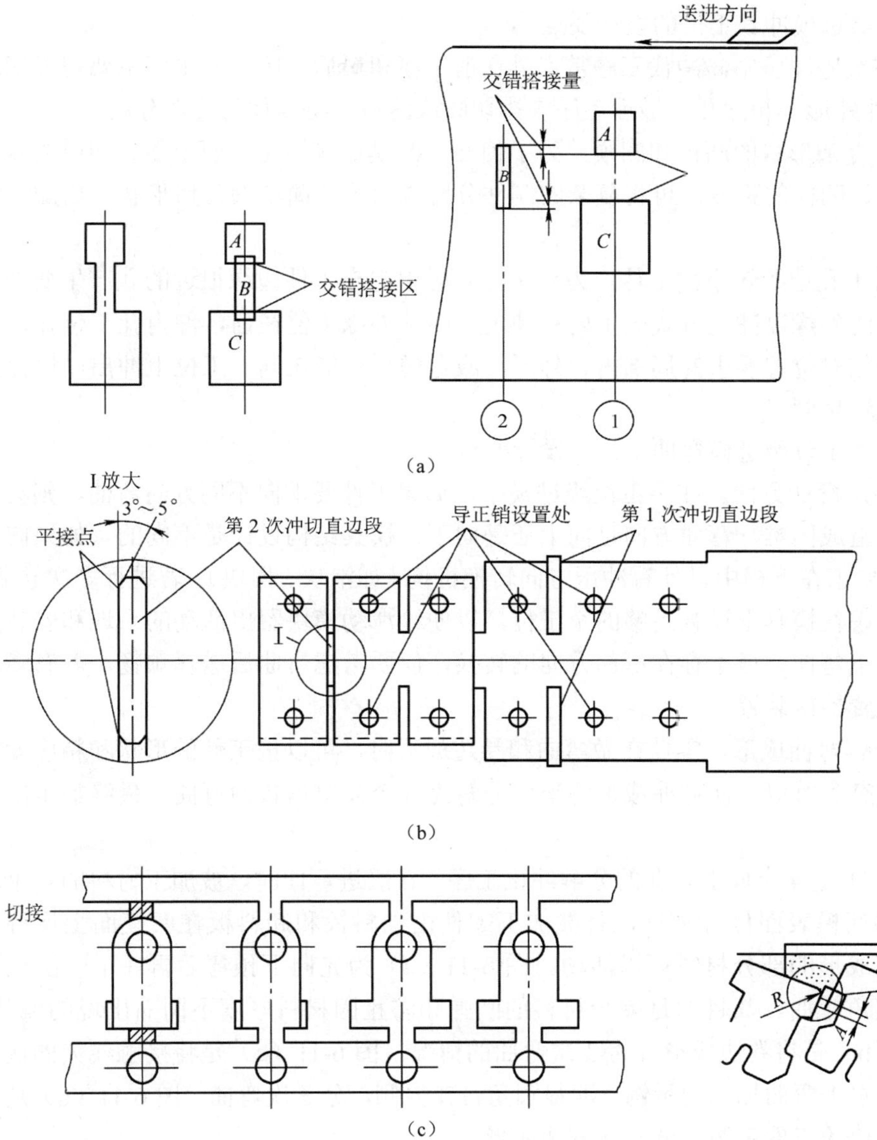

图 6-10　搭接方式

6.3.3　工序排样

6.3.3.1　工序排样的设计要点

冲裁、弯曲和拉深等都有自身的成形特点，在多工位级进模的排样设计中其工位的设计必须与成形特点相适应。

（1）级进模冲裁工位的设计要点

①在级进冲压中，冲裁工序常安排在前工序和最后工序，前工序主要完成切边（切出制件外形）和冲孔。最后工序安排切断或落料，将载体与工件分离。

②对复杂形状的凸模和凹模，为了使凸、凹模形状简化，便于凸、凹模的制造和保证凸、凹模的强度，可将复杂的制件分解成为一些简单的几何形状，增加一些冲裁工位。

③对于孔边距较小的工件，为防止落料时引起离工件边缘很近的孔产生变形，可将孔旁的外缘以冲孔方式先于内孔冲出，即冲外缘工位在前，冲内孔工位在后。对有严格相对位置要求的局部内、外形，应考虑尽可能在同一工位上冲出，以保证工件的位置精度。

（2）多工位级进模弯曲工位的设计要点

①冲压弯曲方向。在多工位级进模中，如果工件要求向不同方向弯曲，则会对级进加工造成困难。弯曲方向是向上还是向下，模具结构设计是不同的。如果向上弯曲，则要求在下模中设计有冲压方向转换机构（如滑块、摆块）；若进行多次卷曲，则必须考虑在模具上设置足够的空工位，以便给滑动模块留出活动的余地和安装空间。若向下弯曲，虽不存在弯曲方向的转换，但要考虑弯曲后送料顺畅，若有障碍则必须设置抬料装置。

②分解弯曲成形。零件在做弯曲和卷边成形时，可以按工件的形状和精度要求将一个复杂和难以一次弯曲成形的形状分解为几个简单形状的弯曲，最终加工出零件形状。

图 6-11 是 4 个向上弯曲的分解冲压工序。在级进弯曲时，被加工材料的一个表面必须和凹模表面保持平行，且被加工零件由顶料板和卸料板在凹模面上保持静止，只有成形的部分材料可以活动。图 6-11（a）为先向下预弯后再在下一工位向上进行直角弯曲。其目的是减少材料的回弹和防止因材料厚度不同而出现的偏差。图 6-11（b）是将卷边成形分为 3 次弯曲的情况。图 6-11（c）是将接触线夹的接合面从两侧水平弯曲加工的示例，冲裁圆角带在内侧，分 3 次弯曲。图 6-11（d）是带有弯曲卷边的工件示例，分 4 次弯曲成形。

可见，在分步弯曲成形时，不变形部分的材料被压紧在模具表面上，变形部分的材料在模具成形零件的加压下进行弯曲，加压的方向需根据弯曲要求而定，常使用斜滑块和摆块技术进行力或运动方向的转换。如要求从两侧水平加压，需采用水平滑块，将冲床滑块的垂直运动转变为滑动模块的水平运动。

③弯曲时坯料的滑移。如果对坯料进行弯曲和卷边，应防止成形过程中材料的移位造成的零件误差。采取的措施是先对加工材料进行导正定位，当卸料板、材料与凹模三者接触并压紧后，再做弯曲动作。

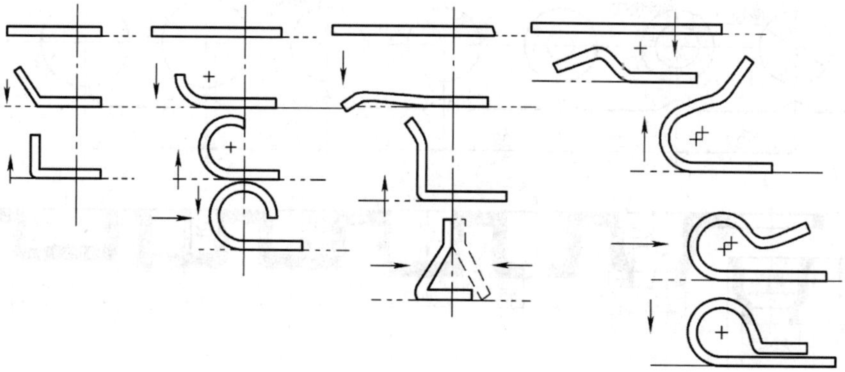

图 6-11　分步弯曲成形

（3）多工位级进拉深成形工位的设计要点

在进行多工位级进拉深成形时，不像单工序拉深那样以散件形式单个送进坯料，它是通过带料以载体、搭体和坯件连在一起的组件形式连续送进，级进拉深成形如图 6-12 所示。由于级进拉深时不能进行中间退火，故要求材料具有较高的塑性。又由于级进拉深过程中工件间相互制约，因此，每一工位拉深的变形程度不能太大。由于零件间留有较多的工件废料，材料的利用率有所降低。

级进拉深按材料变形区与条料分离情况，可分为无工艺切口和有工艺切口两种工艺方法。

①无切口的级进拉深，即是在整体带料上拉深［图 6-12（a)］。由于相邻两个拉深工序件之间相互约束，材料在纵向流动较难，变形程度大时就容易拉裂。所以每道工序的变形程度不可能大，因而工位数较多。这种方法的优点是节省材料。由于材料纵向流动比较困难，它只适用于拉深有较大的相对厚度［（t/D）×100＞1］、凸缘相对直径较小（d_t/d=1.1～1.5）和相对高度（h/d）较低的拉深件。

②有切口的级进拉深是在零件的相邻处切一切口或切缝［图 6-12（b)］。相邻两工序件相互影响和约束较小，此时的拉深与单个毛坯的拉深相似。因此，每道工序的拉深系数可小些，即拉深次数可以少些，且模具较简单。但毛坯材料消耗较多。这种拉深一般用于拉深较困难，即零件的相对厚度较小、凸缘相对直径较大和相对高度较大的拉深件。

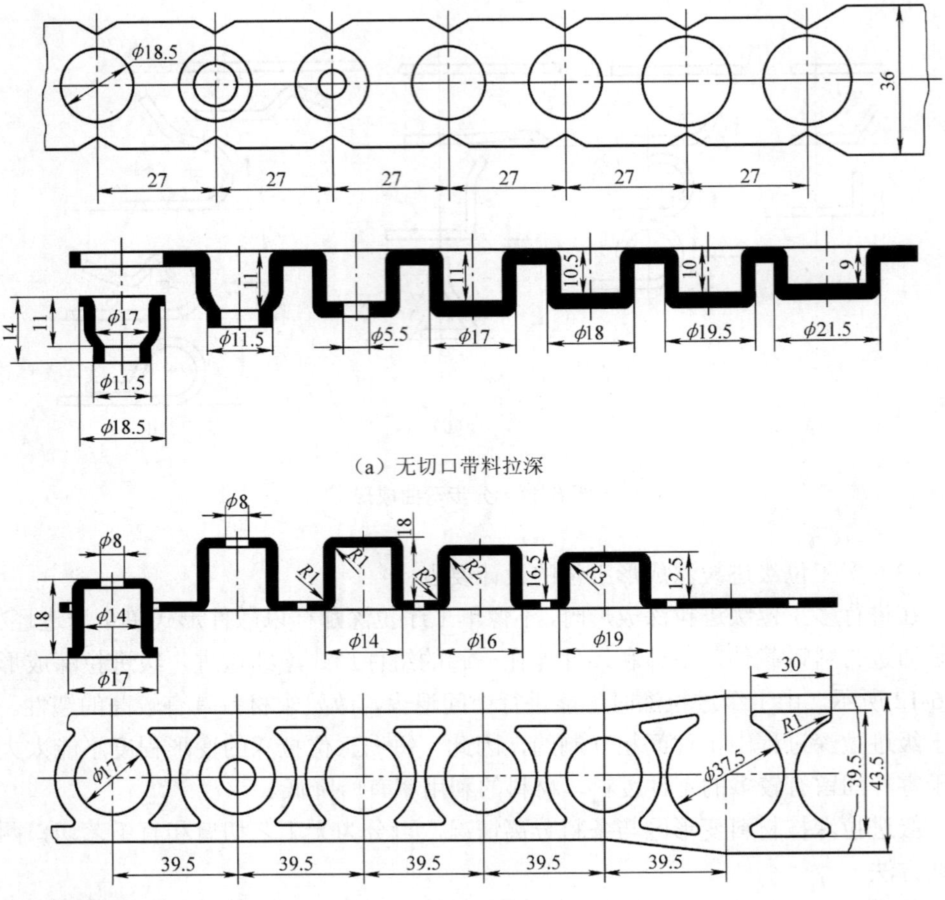

（a）无切口带料拉深

（b）有切口带料拉深

图 6-12 带料级进拉深

6.3.3.2 空工位设计

设计空工位是为了保证凹模强度，便于凸模安装调整和设置特殊结构或可能增加某一工位的需要。空工位的设计原则：①步距小（小于 8 mm）宜多设空工位，步距大（大于 16 mm）不宜多设空工位；②导正销定位的可适当多设空工位，否则应少设空工位；③冲件精度高的应少设空工位。

通过控制总的工位数，可控制轮廓尺寸已经比较大的多工位级进模的外形尺寸，减小累计误差，提高冲件精度。

6.3.3.3 排样设计后的检查

排样设计后必须认真检查，以改进设计，纠正错误。不同工件的排样检查重点和内容也不相同，一般的检查项目可归纳为以下几点：

①材料利用率。检查是否为最佳利用方案。

②模具结构的适应性。级进模结构多为整体式、分段式或子模组拼式等，模具结构确定后应检查排样是否适应其要求。

③有无必要的空位。在满足凹模强度和装配位置要求的条件下，应尽量减少空工位。

④工件尺寸精度能否保证。由于条料送料精度、定位精度和模具精度都会影响制件关联尺寸的偏差，对于工件精度高的关联尺寸，应在同一工位上成形，否则应考虑保证工件精度的其他措施。如对工件平整度和垂直度有要求，除在模具结构上要注意外，还应增加必要的工序（如整形、校平等）来保证。

⑤弯曲、拉深等成形工序成形时。由于材料的流动会引起材料流动区的孔和外形产生变形，因此，材料流动区的孔和外形的加工应安排在成形工序之后。

⑥此外，还应从载体强度是否可靠，工件已成形部位对送料有无影响，毛刺方向是否有利于弯曲变形，弯曲件的弯曲线与材料纤维方向是否合理等方面进行分析检查。

图 6-13 是多工位级进模排样的一个正确示例。

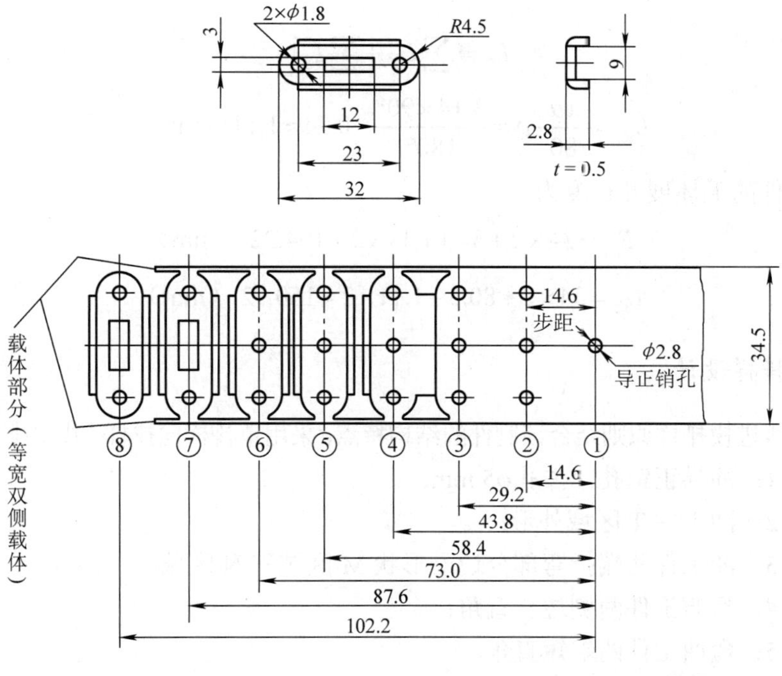

①—冲导正销孔；②—冲 2 个 $\phi 2.8$ mm 圆孔；③—空工位；④—冲切两端局部余料；⑤—冲两工件之间的分断槽余料；⑥—弯曲；⑦—冲中部长方孔；⑧—载体切断，零件与条料分离。

图 6-13　排样图示例

【任务实施】

6.3.4 节能型烤箱点火器盒制件多工位级进模的排样设计

6.3.4.1 弯曲部分展开计算

当弯曲圆角半径较小（$r<0.5\,t$）时，根据毛坯与制件等体积法计算；当弯曲圆角半径较大（$r>0.5\,t$）时，根据中性层长度不变原理计算。

因为 r=0.5＞0.5×0.5，属于圆角半径较大的弯曲件。所以，弯曲件的展开长度按直边区与圆角区分段进行计算。视直边区在弯曲前后长度不变，圆角区展开长度按弯曲前后中性层长度不变条件进行计算。

查表 3-6 得中性层位移系数（k）=0.41，则变形区中性层曲率半径（ρ）为

$$\rho = r + kt = 0.5 + 0.41 \times 0.5 = 0.71 \text{（mm）}$$

6.3.4.2 毛坯尺寸（中性层长度）

$$L_{总} = \sum L_{直} + \sum L_{弧} \quad (6\text{-}1)$$

$$L_{弧} = \frac{\pi\alpha}{180°}\rho = \frac{3.14 \times 90°}{180°} \times 0.71 \approx 1.11 \text{（mm）}$$

该零件的毛坯展开长度为

$$B_{总} = 34 \times 2 + 34 + 1.11 \times 2 \approx 104.22 \text{（mm）}$$

$$L_{总} = 34 \times 2 + 80.5 + 1.11 \times 2 \approx 150.72 \text{（mm）}$$

6.3.4.3 排样设计

根据级进模排样原则结合该制件的结构特点，采用单排横向排样，共安排 5 个工位。

工位 1：冲导正销孔，冲孔ϕ5 mm；

工位 2：冲工件 T 区域外形；

工位 3：冲工件两端折弯部分边沿形状 M 区域和 N 区域；

工位 4：折弯工件两侧边长直角；

工位 5：弯曲工件两端短直角。

确定搭边值：根据零件形状和尺寸，由于工件壁厚只有 0.5 mm，壁厚较薄，为增加料带的强度，工件间 $n=5.0$ mm，根据带料实际宽度，两侧边取搭边值（a）=10 mm。

连续模进料步距为 109 mm。

条料宽度按相应的公式计算：

$B = B_{宽} + 2 \times a = 150.72 + 2 \times 10 = 170.72$（mm），根据条料宽度，选 B=171 mm。排样设计如图 6-14 所示。

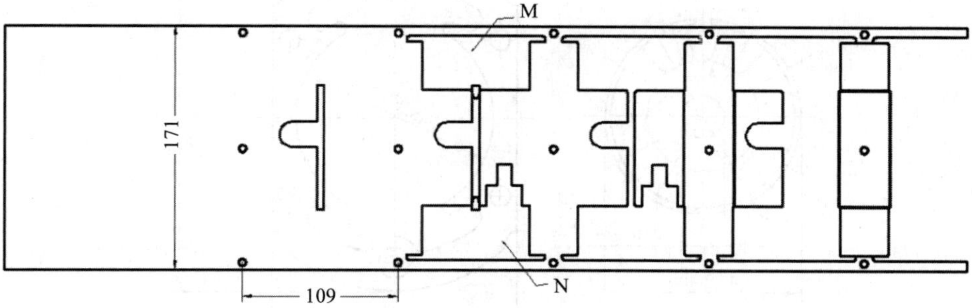

图 6-14　节能型烤箱点火器盒排样设计

任务 6.4　多工位级进模的典型结构

【任务描述】

根据不同制件的结构特点，从制品质量、精度、批量、成本、寿命、操作等确定合适的多工位级进模结构。

【相关知识】

6.4.1　冲孔、落料多工位级进模

图 6-15 所示为微电机的转子片与定子片简图，材料为电工硅钢片，材料厚度为 0.35 mm，生产批量为大批量。

6.4.1.1　排样图设计

由于微电机的转子片和定子片数量相等，转子的外径比定子的内径小 1 mm，因此转子片和定子片具备成套冲压的条件。由图 6-15 可知，定子、转子冲件的精度要求较高，形状也比较复杂，适宜采用多工位级进模冲压，冲件的冲压工序均为冲孔和落料。冲件的异形孔较多，在级进模的结构设计和加工制造上都有一定的难度。

微电机的定子、转子冲片是大批量生产，因此选用硅钢片卷料，采用自动送料装置送料。为了进一步提高送料精度，在模具中还使用导正销作精定位。

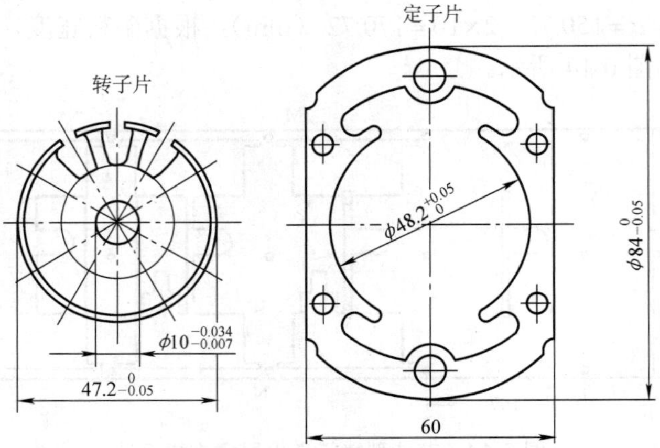

图 6-15　微电机的转子片与定子片简图

冲件的排样设计如图 6-16 所示，排样图分 8 个工位，各工位的工序内容如下：

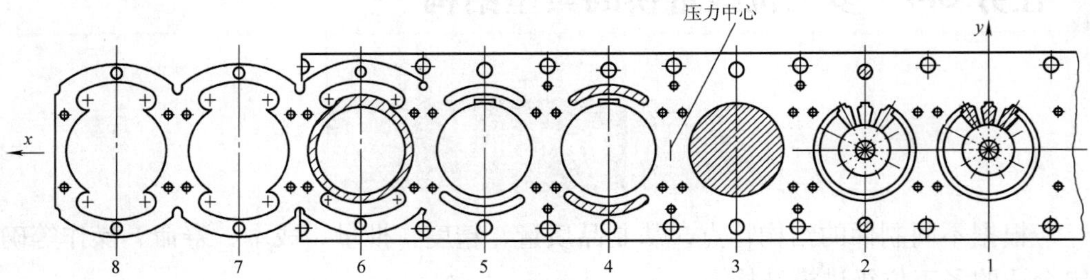

图 6-16　微电机的转子片与定子片排样图

工位 1：冲 2 个ϕ8 mm 的导正销孔；冲转子片各槽孔和中心轴孔；冲定子片两端 4 个小孔的左侧 2 孔。

工位 2：冲定子片右侧 2 孔；冲定子片两端中间 2 孔；冲定子片角部 2 个工艺孔；转子片槽和ϕ10 mm 孔校平。

工位 3：转子片外径 $\phi47.2^{0}_{-0.05}$ mm 落料。

工位 4：冲定子片两端异形槽孔。

工位 5：空工位。

工位 6：冲定子片 $\phi48.2^{+0.05}_{0}$ mm 内孔；定子片两端圆弧余料切除。

工位 7：空工位。

工位 8：定子片切断。

排样图步距为 60 mm，与定子片宽度相等。

转子片中间ϕ10 mm 的孔有较高的精度要求，12 个线槽孔要直接缠绕径细、绝缘层薄的漆包线，不允许有明显的毛刺。因此，在工位 2 设置对ϕ10 mm 孔和 12 个线槽孔的校平工序。工位 3 完成转子片的落料。

定子片中的异形孔比较复杂，孔中有四个较狭窄的突出部分，若不将内形孔分解冲切，则整体凹模中 4 个突出部位容易损坏。因此，把内形孔分为 2 个工位孔冲出，考虑到 $\phi 48.2_{0}^{+0.05}$ mm 孔精度较高，应先冲两头长形孔，后冲中间圆孔，同时将 3 个孔打通，完成内孔冲裁。若先冲中间圆孔，后冲长形孔，则可能引起中间圆孔的变形。

工位 8 采取单边切断的方法，尽管切断处相邻两片毛刺方向不同，但不影响使用。

6.4.1.2　模具结构

根据排样图，该模具为 8 工位级进模，步距为 60 mm。模具的基本结构如图 6-17 所示。为保证冲件的精度，用四导柱滚珠导向钢板模架。

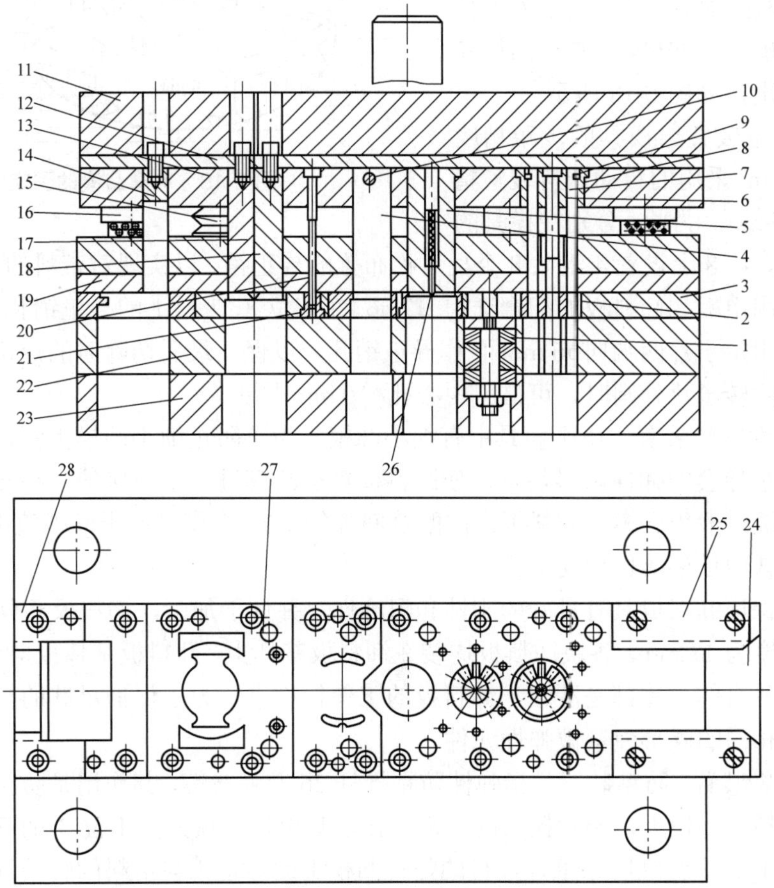

1—弹性校平组件；2—冲槽凹模；3—凹模镶块；4—冲异形孔凸模；5—落料凸模；6—冲孔凸模；7—冲槽凸模；8—凸模座；9—卡圈；10—销钉；11—上模座；12—垫板；13—凸模固定板；14—切断凸模；15—碟形卸料弹簧；16—滚动导柱导套；17、18—切废料凸模；19—卸料板；20—导正销；21—导正销座；22—凹模基体；23—下模座；24—承料板；25、28—局部导料板；26—弹性防粘推杆；27—槽式浮顶销。

图 6-17　微电机的转子片与定子片多工位级进模

模具由上、下两部分组成。

（1）上模部分的主要零部件

①凸模。凸模高度应符合工艺要求，工位 3 的ϕ47.2 mm 的落料凸模 5 和工位 6 的 3 个凸模较大，应先进入冲裁工作状态，其余凸模均比其短 0.5 mm，当大凸模完成冲裁后，再对小凸模进行冲裁，这样可防止小凸模折断。

模具中冲槽凸模 7，切废料凸模 17、18，冲异形孔凸模 4 都为异形凸模，且无台阶。大一些的凸模采用螺钉紧固；冲异形孔凸模 4 呈薄片状孔，采用销钉 10 吊装于凸模固定板 13 上；环形分布的 12 个冲槽凸模 7 是镶在带台阶的凸模座 8 上相应的 12 个孔内，并采用卡圈 9 固定。卡圈切割成两半，用卡圈卡住凸模上部磨出的凹槽，可防止凸模卸料时被拔出，如图 6-18 所示。

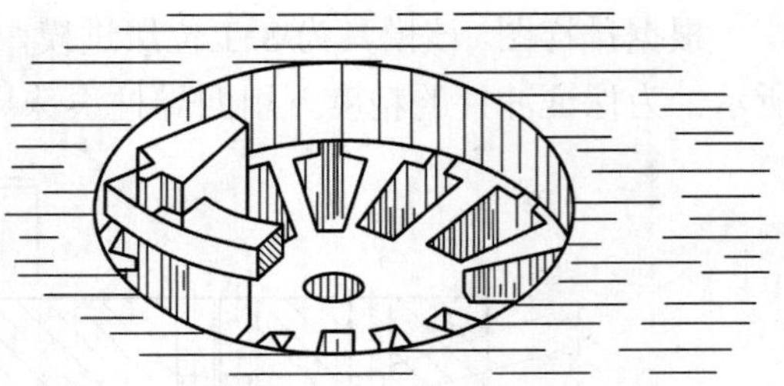

图 6-18 冲槽凸模的固定

②定位装置。模具的步距精度为±0.05 mm，采用的自动送料装置精度为±0.05 mm。为此，分别在模具的工位 1、3、4、8 上设置 4 组共 8 个呈对称布置的导正销，以实现对带料的精确定位。导正销与固定板和卸料板的配合选用 H7/h6。在工位 8，带料上的导正销孔已被切除，此时可借用定子片两端向ϕ6 mm 孔作导正销孔，以保证最后切除时的定位精度。在工位 3 切除转子片外圆时，可借用中心孔ϕ10 mm 导正。

③弹性卸料装置。由于模具中有细小凸模，为了防止细小凸模折断，需采用带小导柱和小导套的弹性卸料装置，使卸料板对小凸模进行导向保护。小导柱、导套的配合间隙一般为凸模与卸料板之间配合间隙的 1/2，本模具由于间隙值都较小，因此模具中共用模架滚珠导向机构。

为了保证卸料板具有良好的刚性和耐磨性，并便于加工，卸料板共分为 4 块，每块板厚度为 12 mm。各块卸料板均装在卸料板基体上，卸料板基体板厚为 20 mm。因该模具所有的工序都是冲裁，卸料板的工作行程小，为了保证足够的卸料力，采用了 6 组相同的碟形弹簧做弹性元件。

④防粘装置。防粘装置是指弹性防粘推杆 26 及弹簧等，其作用是防止冲裁时分离的材料粘在凸模上，影响模具的正常工作，甚至损坏模具。工位 3 的落料凸模上均匀分布了 3 个弹性防粘推杆，目的是使凸模上的导正销与落料的转子片分离，阻止转子片随凸模上升。

（2）下模部分的主要零部件

①凹模。凹模由凹模基体 22 和凹模镶块 3 等组成。凹模镶块共有 4 块，工位 1、2、3 为第 1 块，工位 4 为第 2 块，工位 5、6 为第 3 块，工位 7、8 为第 4 块。每块

凹模分别用螺钉和销钉固定在凹模基体上，保证模具的步距精度达±0.005 mm。

②导料装置。在组合凹模的始末端均装有局部导料板，始端导料板25装在工位1前端，末端导料板28设在工位7以后。采用局部导料板的目的是避免带料送进过程中产生过大的阻力。中间各工位上设置了4组8个槽式浮顶销27，其结构如图6-19所示，槽式浮顶销在导向的同时具有向上浮料的作用，使带料在运行过程中从凹模面上浮起一定的高度（约1.5 mm），以利于带料运行。

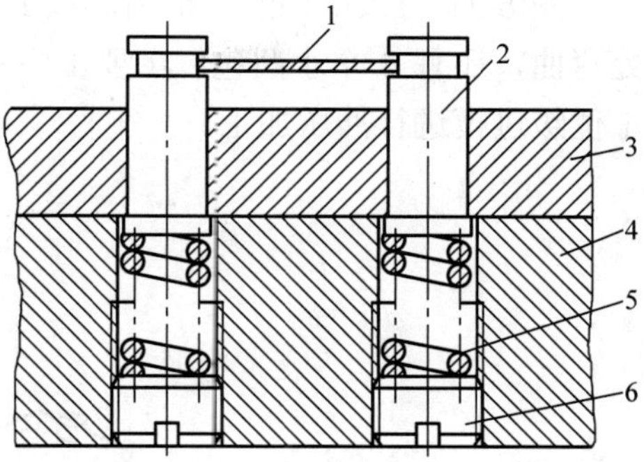

1—带料；2—浮顶销；3—凹模；4—下模座；5—弹簧；6—螺堵。

图6-19　槽式浮顶销

③校平组件。在下模工位2的位置设置了弹性校平组件1，其目的是校平前一工位上冲出的转子片槽和ϕ10 mm孔。校平组件中的校平凸模与槽孔形状相同，其尺寸比冲槽凸模周边大1 mm左右，并以间隙配合装在凹模板内。为了提供足够的校平力，此处采用了碟形弹簧。

6.4.2　冲裁、弯曲、胀形多工位级进模

图6-20为录音机机芯自停连杆的工件图，材料为10钢，料厚为0.8 mm，属于大批量生产。

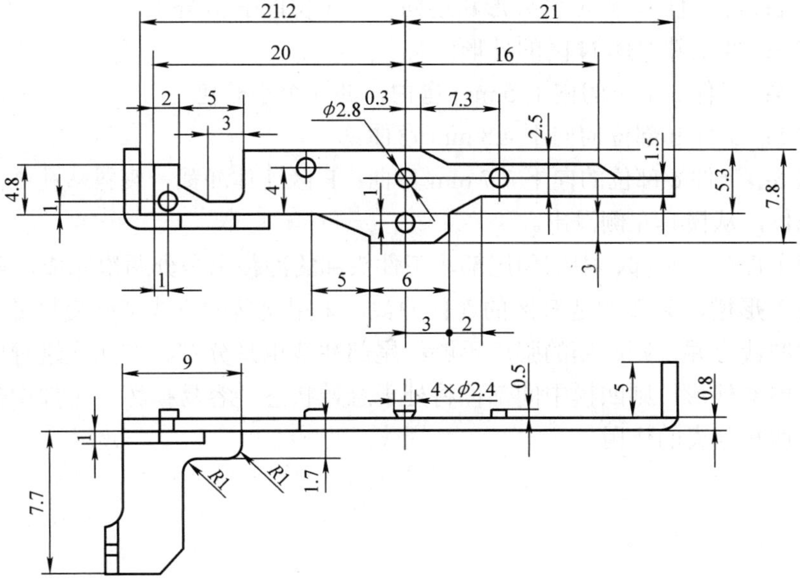

图6-20　机芯自停连杆

图 6-21 为该工件的三维图。该工件形状较复杂，要求精度较高，有 *a*、*b*、*c* 3 处弯曲，还有 4 个小凸包。主要工序有冲孔、冲外形、弯曲、胀形等，适宜采用多工位级进模进行冲压加工。

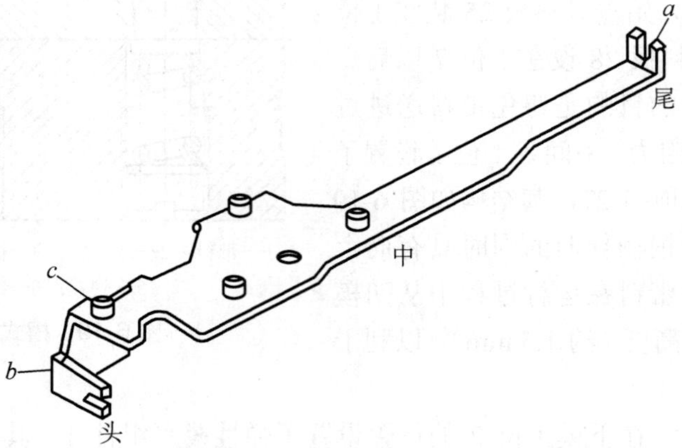

图 6-21 机芯自停连杆三维图

6.4.2.1 排样图设计

冲压材料采用 0.8 mm 厚的钢带卷料，用自动送料装置送料。排样图见图 6-22，共有 6 个工位。

工位 1：冲导正销孔；冲ϕ2.8 mm 圆孔；冲 K 区的窄长孔，并冲 T 区的 T 形孔。

工位 2：冲工件右侧 M 区外形和连同下一工位的 E 区外形。

工位 3：冲工件左侧 N 区的外形。

工位 4：工件 a 部位的向上 5 mm 弯曲，冲 4 个小凸包。

工位 5：工件 b 部位的向下 4.8 mm 弯曲。

工位 6：工件 c 部位的向下 7.7 mm 弯曲；F 区连体冲裁，废料从孔中漏出，工件脱离载体，从模具左侧滑出。

若把工件分为头部、中部和尾部，工件头部的冲裁也是分两次完成，第 1 次是冲头部的 T 形槽，第 2 次是 E 区的连体冲裁，采用交接的方式消除交接处的缺陷。如果两次冲裁合并，则凹模的强度不够；尾部冲裁也是分左、右两次进行的，如果一次冲出尾部外形，则凹模中间部位将处于悬臂状态，容易损坏；工件中部的冲裁兼有零件切断分离的作用。

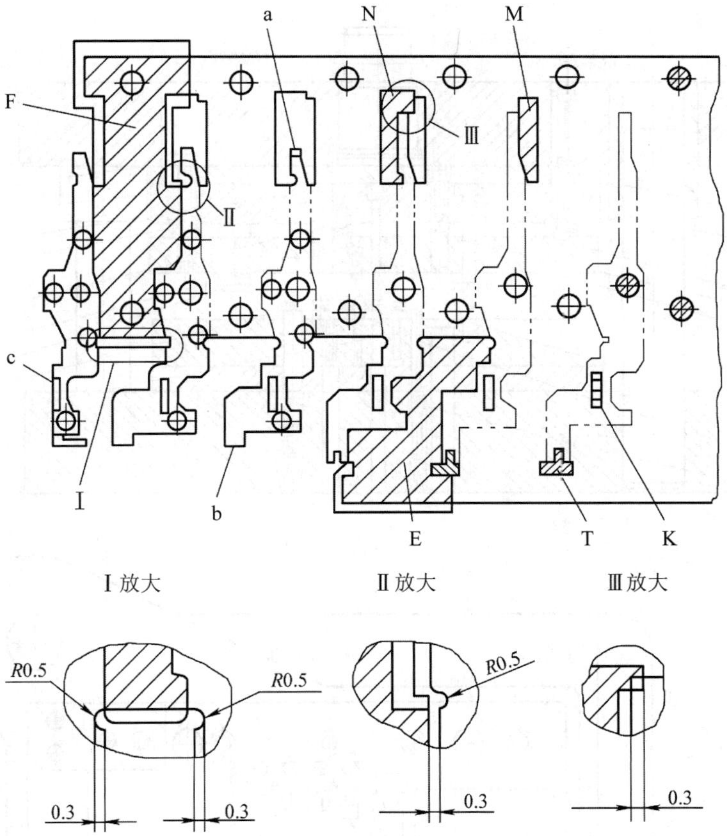

图 6-22 机芯自停连杆排样图

6.4.2.2 模具结构

根据排样图，该模具为 6 工位级进模，带料采用自动送料装置送进，用导正销进行精确定位。在工位 1 冲出导正销孔后，在工位 2 和工位 5 上均设置导正销导正，从而保证零件冲压加工的精度。模具采用滑动对角导柱模架。模具的基本结构如图 6-23 所示。

模具由上、下模两部分组成。上模部分包括卸料板、凸模固定板、垫板和各个凸模；下模部分包括凹模、垫板、导料板和弹顶器等。

（1）上模部分

凸模除圆形凸模外，各异形凸模均设计成直通形式，以便采用线切割机加工。由于部分凸模强度和刚度比较差，为了保护细小凸模，在凸模固定板上有 4 个ϕ16 mm 的小导柱，使之与卸料板和凹模形成间隙配合，其双面配合间隙不大于 0.025 mm，这样可以提高模具的精度和凸模刚度。

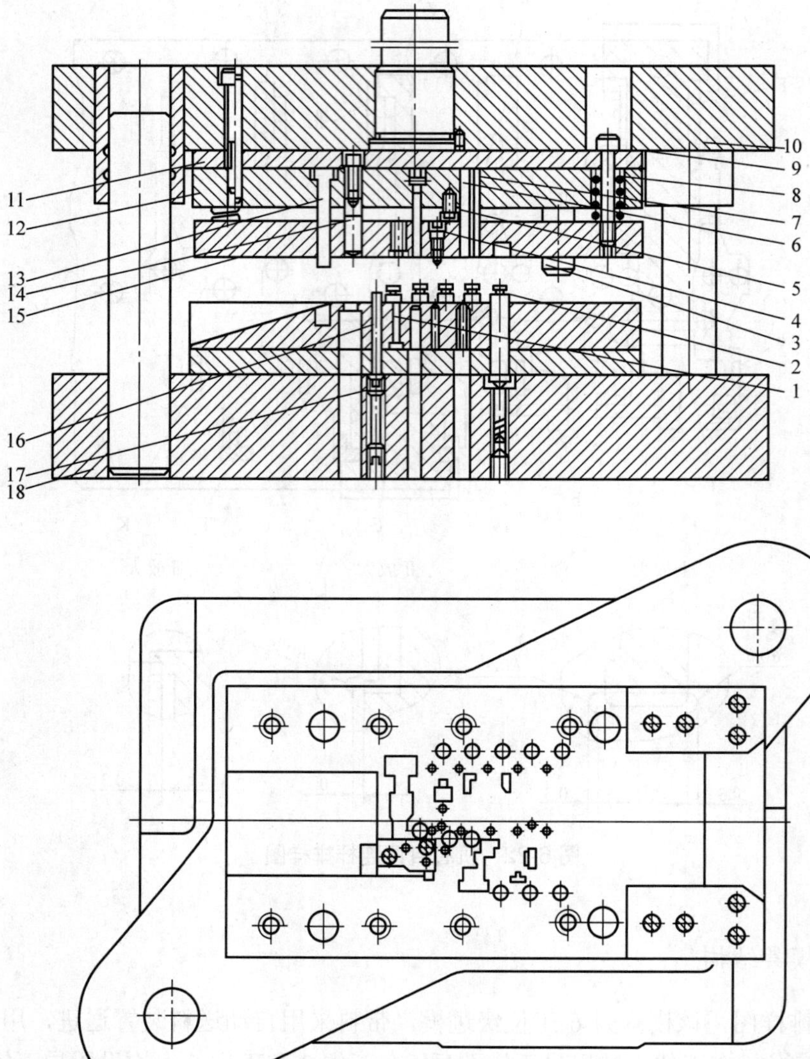

1—压凸包凸模；2—槽式浮顶销；3—小导柱；4—导正销；5—固定凸模用压板；
6—T 区冲裁凸模；7—冲孔凸模；8、17—弹簧；9—卸料螺钉；10—上模座；11—垫板；
12—凸模固定板；13—弯曲凸模；14—F 区冲裁凸模；15—卸料板；16—顶料销；18—下模座。

图 6-23　机芯自停连杆多工位级进模

（2）下模部分的零部件

①凹模。冲裁凹模为整体式结构，所有冲裁凹模型孔均采用线切割机床在凹模板上切出。压凸包凸模 1 作为镶件固定在凹模板上，其工作高度在试模时还可调整，

在卸料板上装有凹模镶块。工件 a 部位的向上弯曲属于单边弯曲，为克服回弹的影响，采用校正弯曲。弯曲凹模采用 T 形槽，镶在凹模板上，顶件块与它相邻，由弹簧将它向上顶起，其结构如图 6-24 所示。冲压时，顶件块与凸模形成夹持力，随凸模下行，完成弯曲，顶件块具有向上顶料的作用。因此顶件块兼起校正镶块的作用，应有足够的强度。工件 b、c 部位的向下弯曲的在工位 5、工位 6 进行，由于相距较近，采用同一凹模镶块，用螺钉、销钉固定在凹模板上。b 部位向下弯曲的高度为 4.8 mm，顶料销只能将带料托起 3.5 mm，所以在凹模板上沿其送料方向还需加工出宽约 2 mm、深约 3 mm 的槽，供其送进时通过。

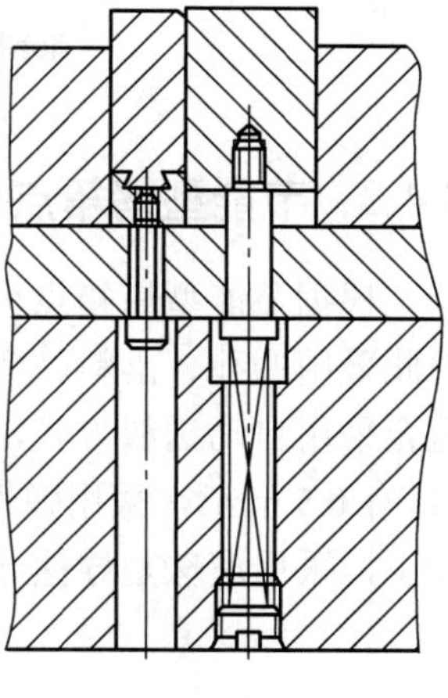

图 6-24　上弯曲凹模部分

工件在最后一个工位从载体上分离后处于自由状态，容易粘在凸模或凹模上，故在凸模和凹模镶块上各装一个弹性防粘推杆。凹模板侧面加工出斜面，使零件从侧面滑出。也可以在合适部位安装气管喷嘴，用压缩空气将工件吹离凹模面。

② 导向装置。带料依靠模具两端设置的导料板导向，中间部位采用槽式浮顶销导向。由于工件有弯曲工序，每次冲压后需将带料顶起，以便于带料的运送，槽式浮顶销具有导向和顶料的双重作用。从图 6-23 俯视图可以看出，在送料方向右侧装有 5 个槽式浮顶销，因在工位 3 左侧 E 区材料已被切除，边缘无材料，因此在送料方向左侧只能装 3 个槽式浮顶销。在工位 4、工位 5 的左侧是具有弯曲工序的部位，为了使带料在冲压过程中能可靠地顶起，在图示部位设置了弹性顶料销 16。为了防止顶料销钩住已冲出的缺口造成送料不畅，靠内侧带料仍保持连续的部分下方设置了 3 个弹性顶料销。这样，就由 8 个槽式浮顶销和 3 个弹性顶料销协调工作顶起带料，顶料的弹力大小由装在下模座内的螺堵调节。

带料共有 3 个部位的弯曲：a 部位的弯曲是向上的弯曲，弯曲后并不影响带料在凹模上的运动，但是弯曲的凹模镶块却高出凹模板 3 mm，如果带料不处于顶起状态，将影响送进；b 部位的向下弯曲高度为 4.8 mm，弯曲后凹模上开有的槽可作为它的送进通道，对带料顶起没有要求；c 部位弯曲后已脱离载体。考虑以上各因素后，只有 a 部位的弯曲凹模影响带料的送进，因而将带料顶起高度定为 3.5 mm。弹性顶料销在自由状态下高出凹模板 3.5 mm，槽式浮顶销在自由状态下其槽的下平面高出凹模板 3.5 mm，这样可使两种顶料销的顶料位置处于同一平面上。

【任务实施】

6.4.3 节能型烤箱点火器盒多工位级进模结构设计

根据节能型烤箱点火器盒制件的结构特点，成型工序包含落料、冲孔和弯曲，因此采用冲孔、落料、弯曲多工位级进模结构。因为制件为大批量生产，生产安排适合采用自动送料方式，采用导料板导向，导正销导正。零件尺寸较小，厚度不厚（只有 0.5 mm），采用弹性卸料方式。该模具采用水平左右送料方式，考虑冲裁间隙较小，采用滚珠是导柱导向。

任务 6.5 多工位级进模冲压工艺计算

【任务描述】

完成节能型烤箱点火器盒多工位级进模凸凹模刃口尺寸、冲压力、压力中心计算及排样等工艺计算。

【相关知识】

冲压工艺计算相关知识前面章节已经描述，此处省略。

【任务实施】

6.5.1 节能型烤箱点火器盒多工位级进模冲压力及压力中心的计算

计算冲压力的目的是为选用压力机、设计模具和检验模具的强度提供依据。压力机的吨位必须大于所计算的冲压力，以适应冲压的需求。根据图 6-14 所示的排样图，该制件的冲压力（F）由 3 个部分组成：冲裁力（F_i）、弯曲力（W_i）和卸料力（$F_{卸}$）。

6.5.1.1 冲裁力（F_i）的计算

冲裁力由 5 部分组成，即 F_1、F_2、F_3、F_4、F_5。其中，F_1 为工位 1 冲 3 个孔的冲裁力；F_2 为冲 T 形区域的冲裁力；F_3 为工位 2 M 区域的冲裁力；F_4 为工位 2 N 区域的冲裁力；F_5 为工位 5 分离板料的冲裁力。

根据计算冲裁力公式：

$$F_i = KLt\tau \tag{6-2}$$

式中，τ——材料抗剪强度，MPa（Q235 取值 380）；

L——冲压周边总长，mm；

t——材料厚度，t=0.4 mm；

K——修正系数，考虑 K 是实际冲压中，凸、凹模刃口钝化，间隙不均，材料力学性能和厚度的波动等因素的影响而给出的修正系数，一般取 K=1.3。

用 Auto CAD 软件测量各部分的冲压周边长度得：

L_1=15.71×3=47.13（mm）

L_2=227.41（mm）

L_3=273.92（mm）

L_4=329.48（mm）

L_5=14.31×2=28.62（mm）

$L=L_1+L_2+L_3+L_4+L_5$=47.13+227.41+273.92+329.48+28.62=906.56（mm）

可得

F_i=1.3×906.56×0.5×380=223 915.4（N）≈223.92（kN）

6.5.1.2　弯曲力（W_i）的计算

弯曲力是指弯曲件在完成预定弯曲时所需要的压力机施加的压力，是设计冲压工艺过程和选择设备的重要依据之一。该模具将制件的弯曲过程划分为两步，故弯曲力分为 W_1、W_2，再加上校正弯曲力（W_3），弯曲力的大小与毛坯尺寸、零件形状、材料的机械性能、弯曲方法和模具结构等多种因素有关，根据工件形状按 U 形件弯曲公式计算：

$$W_i = 2\times\frac{0.7Kbt^2\sigma_b}{r+t} \tag{6-3}$$

式中，K——安全系数，一般取 1.3；

b——弯曲件的宽度，mm；

t——弯曲件厚度，mm；

σ_b——弯曲材料的抗拉强度，MPa；

r——内圆弯曲半径，mm。

两次弯曲 b 值分别为 34 mm 和 81.5 mm，σ_b=470 MPa，t=0.5 mm，r=0.5 mm，则

$$W_1 = 2\times\frac{0.7\times1.3\times34\times0.5^2\times470}{0.5+0.5} = 7\,270.9\text{（N）}$$

$$W_2 = 2\times\frac{0.7\times1.3\times81.5\times0.5^2\times470}{0.5+0.5} = 17\,428.8\text{（N）}$$

由于 W_3 为校正外形 90°的弯曲力，按以下公式计算：

$$W_3=Ap \tag{6-4}$$

式中，A——校正部分的投影面积，mm^2；

p——单位面积校正力，其值参考表 3-9，取 p=35 MPa。

可得

$$W_3=36\times82.5\times35=103\ 950\text{（N）}$$

可得

$$W_i=W_1+W_2+W_3=7\ 270.9+17\ 428.8+103\ 950=128\ 649.7\text{（N）}\approx128.50\text{（kN）}$$

6.5.1.3 卸料力（$F_{卸}$）的计算

冲裁时，工件或废料从凸模上取下来的力叫卸料力，按以下经验公式计算：

$$F_{卸}=K_{卸}F_{冲} \tag{6-5}$$

式中，$F_{冲}$——冲裁力，kN；

$K_{卸}$——卸料力系数，查卸料力系数表取 $K_{卸}$值为 0.05。则

$$F_{卸}=0.05\times223.92\approx11.20\text{（kN）}$$

由以上计算可估算出总冲压力：

$$F=F_i+W_i+F_{卸}=223.92+128.50+11.20=363.62\text{（kN）}$$

6.5.1.4 冲压中心的计算

根据理论力学，对于平行力系，合力对同一轴之力矩等于各分力对同轴力矩之和，由此求多凸模冲裁时的压力中心按如下公式计算：

$$x_0=\frac{F_1x_1+F_2x_2+\cdots+F_nx_n}{F_1+F_2+\cdots+F_n}=\frac{\sum_{i=1}^{n}F_ix_i}{\sum_{i=1}^{n}F_i} \tag{6-6}$$

$$y_0=\frac{F_1y_1+F_2y_2+\cdots+F_ny_n}{F_1+F_2+\cdots+F_n}=\frac{\sum_{i=1}^{n}F_iy_i}{\sum_{i=1}^{n}F_i} \tag{6-7}$$

式中，F_1、F_2、…、F_n——各冲裁力和弯曲力，kN；

L_1、L_2、…、L_n——各冲裁周长和弯曲处宽度，mm；

x_1、x_2、…、x_n 和 y_1、y_2、…、y_n——各冲裁外形中心坐标。

如图 6-14 所示，根据制件结构特点和排样可知压力中心必位于对称线 y_0=0 上，

因此可简化计算过程，只需计算 x_0 即可知道压力中心的位置。利用 Auto CAD 软件标识各冲裁、弯曲位置的横坐标，测量各部分的冲压周边长度，计算各坐标对应的冲压力，最终得到压力中心坐标（8，0），其位置压力中心较为靠近排样的几何中心，即模具中心，冲压排样工序合理。

6.5.2 模具工作部分尺寸的计算

冲裁刃口尺寸的确定由于模具加工方法的不同而不同，凸模与凹模刃口部分尺寸的计算公式与制造公差的标注也不同，刃口尺寸的计算方法可分为两种情况：一种是凸、凹模分别加工方法；另一种是凸、凹模配合加工方法。对于形状复杂或薄板工件的中小型模具，一般采用 CNC 线切割加工方法加工，为了保证冲裁凸、凹模间有一定的间隙值，也必须采用配合加工法。此方法是先做好其中的一件（凸模或凹模）作为基准件，然后以此基准件的实际尺寸来配合另外一件，使它们之间保持一定的冲裁间隙。因此，只在基准件上标注公称尺寸，不必标注制造公差。线切割分为快走丝（加工精度为±0.02 mm）和慢走丝（加工精度为±0.002 mm），所以这种方法不仅容易保证凸、凹模间隙值较小，而且还可使计算和制造容易。而另一与凸模或凹模相配作的工作只需标明“与凸模（或凹模）配合加工，保证单（或双）面间隙××”就可以了。公称尺寸精确到小数点后 2 位，如果是慢走丝，则公称尺寸精确到小数点后 3 位。这样$\delta_{凹}$和$\delta_{凸}$就不再受间隙限制。根据经验，普通模具的制造公差一般可取±0.02 mm。该制件属于薄板工件，凸模和凹模采用线切割的加工方法，属于配作加工。凸模和凹模尺寸的计算采用配作加工法计算。

根据设计落料模时，凹模基本尺寸应符合等于或接近工件的最小极限尺寸的原则，以及设计冲孔模时，凸模基本尺寸应符合等于或接近工件的最大极限尺寸的原则。

6.5.2.1 工位 1 的冲孔刃口尺寸计算

工位 1 有 3 个冲孔，孔径有$\phi 5$。按 IT12 精度查标准公差数值表取标准公差得$\phi 5_{0}^{+0.12}$。冲孔模以凸模为基准件，冲孔模凸模基本尺寸理应等于或接近工件的最大极限尺寸，取 5.12，因为线切割的加工公差可以做到±0.02 mm，所以 5.12 应取 5.10，为了保险起见，采取接近尺寸，再加 0.02，取 5.08，符合接近工件最大极限尺寸的原则，根据配合加工法原则，冲孔凹模的公称尺寸应取：5.08+0.04=5.12（mm）（0.04 为初始双面冲裁间隙），不必写公差。

6.5.2.2 工位 2、3 落料 T、M、N 区域凸、凹模刃口尺寸计算

工位 2、3 都有落料外形。由于凸模和凹模的制造采用线切割的加工方法，因此属于配作加工。落料模以凹模为基准件，落料凹模基本尺寸应等于或接近于工件的最小极限尺寸，落料用的凸模刃口尺寸，按凹模实际尺寸配制。工位 2 落料外形的

尺寸如图 6-25（a）所示，工位 2 落料外形尺寸为 31.25 mm，按 IT12 精度查标准公差表取标准公差得 $31.25_{0}^{+0.25}$ 。落料模以凹模为基准件，落料模凹模基本尺寸理应等于或接近工件的最小极限尺寸，取 31.25 mm，因为线切割的加工公差可以做到±0.02 mm，所以 31.25 mm 应取 31.27 mm，为了保险起见，采取接近尺寸，再加 0.02 mm，取 31.29 mm，符合接近工件最小极限尺寸的原则。根据配合加工法原则，落料凸模的公称尺寸应取：31.29+0.04=31.33（mm）（0.04 为初始双面冲裁间隙），不必写公差。那么，距离（44.15±0.125）mm 应取 44.15 mm，同样不必写公差。同理可计算求得工位 2 落料 T 外形其他尺寸的凹模刃口尺寸，如图 6-25（b）所示。

同理可计算求得工位 3 M 区域和 N 区域落料外形的凹模刃口尺寸，分别如图 6-26、图 6-27 所示。工位 2、3 落料凸模的刃口尺寸以凹模实际尺寸来配合加工，使凸模和凹模保持 0.04 mm 的初始双面冲裁间隙。

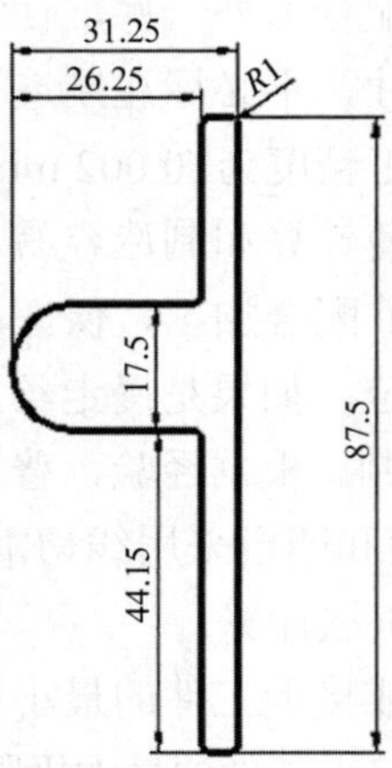

（a）工位 2 落料外形尺寸

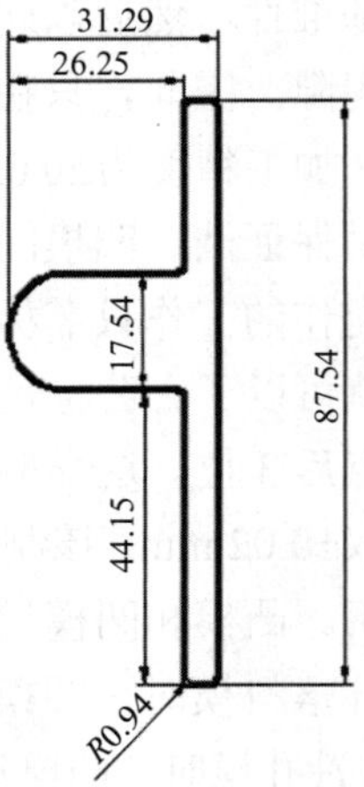

（b）工位 2 落料外形凹模刃口尺寸

图 6-25　工位 2 落料外形尺寸与凹模刃口尺寸

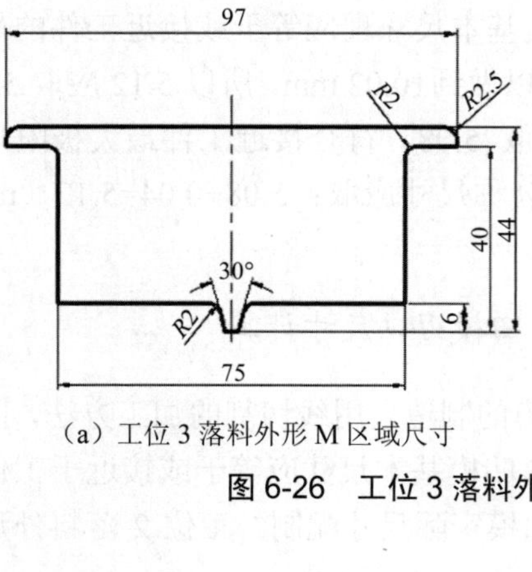

（a）工位 3 落料外形 M 区域尺寸

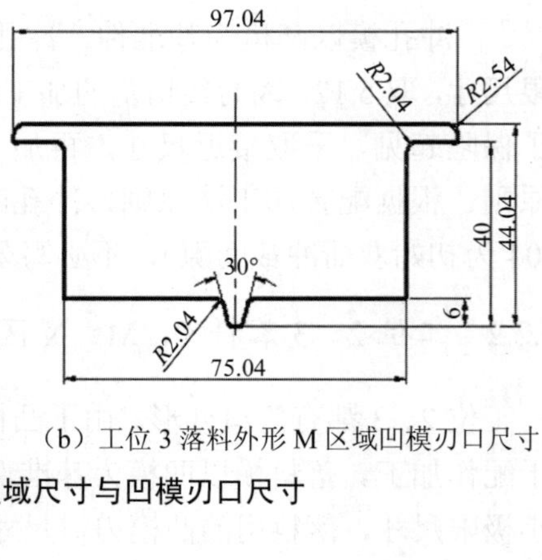

（b）工位 3 落料外形 M 区域凹模刃口尺寸

图 6-26　工位 3 落料外形 M 区域尺寸与凹模刃口尺寸

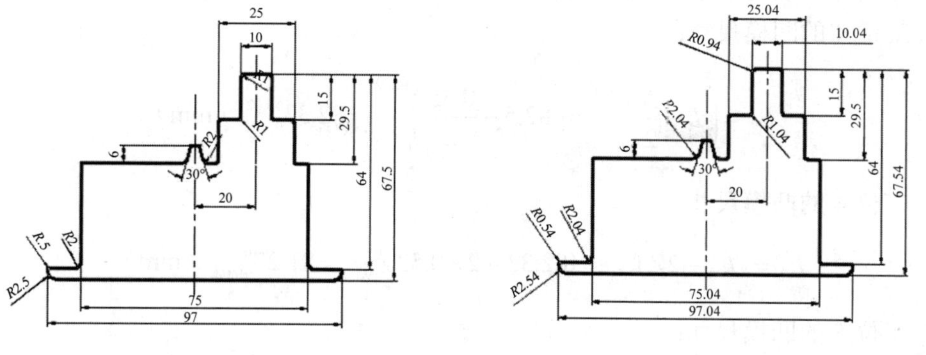

（a）工位 3 落料外形 N 区域尺寸 （b）工位 3 落料外形 N 区域凹模刃口尺寸

图 6-27 工位 3 落料外形 N 区域尺寸与凹模刃口尺寸

6.5.2.3 弯曲凸、凹模工作部分尺寸

因制件弯曲部位为直角弯曲，各工位的凸、凹模不需设计圆角半径。

U 形件弯曲模的凸、凹模单边间隙（$Z/2$）可通过下式计算：

$$Z/2=t_{\max}+nt \tag{6-8}$$

式中，$t_{\max}$、$t_{\min}$——材料最大、最小厚度，mm；

n——间隙系数，可查相关资料。

根据工件弯曲结构，查相关资料得 n=0.05，可得

工位 4、5 的弯曲凸、凹模单边间隙（$Z/2$）=0.5+0.05×0.5=0.53（mm）。

凹模深度要适当，若过小则弯曲件两端自由部分太长，工作回弹大，不平直；若深度过大则凹模过高，浪费模具材料并需要较大的压力机工作行程。凹模深度（l_0）及底部最小厚度（h）值查表 6-1，但应保证开口宽度（L_A）不能大于弯曲坯料展开长度的 0.8 倍。

表 6-1 凹模深度（l_0）及底部最小厚度（h）值 单位：mm

弯曲件边长（l）	材料厚度（t）					
	≤2		>2～4		>4	
	h	l_0	h	l_0	h	l_0
>10～25	20	10～15	22	15	—	—
>25～50	22	15～20	27	25	32	30

对 U 形弯曲件，当工件标注外形尺寸时，先计算凹模尺寸；当工件标注内形尺寸时，先计算凸模尺寸。再用减小或增大间隙来确定凸模或凹模尺寸。该制件标注

的外形尺寸为双向偏差，应先计算凹模尺寸，再确定凸模尺寸。

工位 4 的凹模尺寸：

$$L_{凹}=\left(L-\frac{\Delta}{2}\right)_{0}^{+\delta_{凹}}=\left(82.5-\frac{0.35}{2}\right)_{0}^{+0.02}=82.33_{0}^{+0.02}\ \text{(mm)}$$

工位 4 的凸模尺寸：

$$L_{凸}=(L_{凹}-2Z)_{-\delta_{凸}}^{0}=(82.33-2\times0.53)_{-0.02}^{0}=81.27_{-0.02}^{0}\ \text{(mm)}$$

工位 5 的凹模尺寸：

$$L_{凹}=\left(L-\frac{\Delta}{2}\right)_{0}^{+\delta_{凹}}=\left(36-\frac{0.25}{2}\right)_{0}^{+0.02}=35.88_{0}^{+0.02}\ \text{(mm)}$$

工位 5 的凸模尺寸：

$$L_{凸}=(L_{凹}-2Z)_{-\delta_{凸}}^{0}=(35.88-2\times0.53)_{-0.02}^{0}=34.82_{-0.02}^{0}\ \text{(mm)}$$

式中，$\delta_{凸}$、$\delta_{凹}$为凸、凹模制造公差，可按冲裁凸、凹模制造公差表选取。

任务 6.6　多工位级进模主要零部件的设计与压力机选用

【任务描述】

完成节能型烤箱点火器盒多工位级进模工作零件（凸模、凹模、凸凹模），卸料、推件、顶件零件，标准模架，连接与固定零件等的设计。

【相关知识】

在冲压模的六大类零部件中，很多已经完成标准化工作。冲模设计的标准化、典型化是缩短模具制造周期、简化模具设计的有效方法，是应用模具 CAD/CAM 的前提，是模具工业化和现代化的基础。国家标准总局对冲压模具先后制定了冲模基础标准、冲模产品（零件）标准和冲模工艺质量标准等标准，在设计中应优先选用。

6.6.1　工作零部件设计

6.6.1.1　凸模

一般的粗短凸模可以按标准选用或按常规设计。而在多工位级进模中有许多冲小孔凸模、冲窄长槽凸模、分解冲裁凸模等。应根据具体的冲裁要求、被冲裁材料的厚度、冲压的速度、冲裁间隙和凸模的加工方法等因素来考虑凸模的结构及凸模的固定方法。

对于冲小孔凸模，通常采用加大固定部分直径，缩小刃口部分长度的措施来保证小凸模的强度和刚度。当工作部分和固定部分的直径差太大时，可设计多台阶结构。各台阶过渡部分必须用圆弧光滑连接，不允许有刀痕。特别小的凸模可以采用保护套结构。$\phi0.2$ 左右的小凸模，其顶端露出保护套约 3.0～4.0 mm。卸料板还应考虑能起到对凸模的导向保护作用，以消除侧压力对凸模的作用而影响其强度。图 6-28 为常见的小凸模及其装配形式。

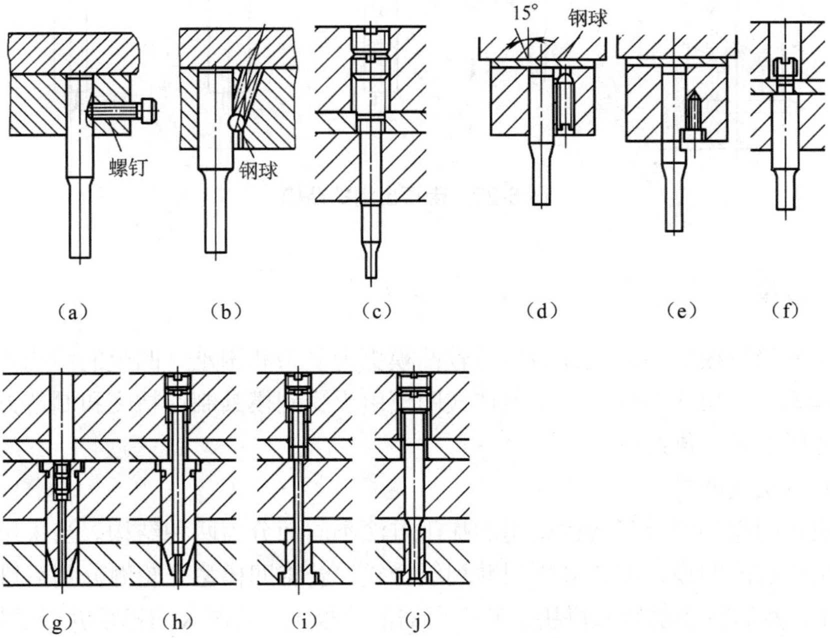

图 6-28　常见的小凸模及其装配形式

冲孔后的废料随着凸模回程贴在凸模端面上带出模具，并掉在凹模表面，若不及时清除将会使模具损坏。设计时应考虑采取一些措施，防止废料随凸模上窜。故对 $\phi0.2$ 以上的凸模应采用能排除废料的凸模。图 6-29 所示为带顶出销的凸模结构，利用弹性顶销使废料脱离凸模端面。也可在凸模中心加通气孔，减小冲孔废料与冲孔凸模端面上的“真空区压力”，使废料易于脱落。

需要指出的是，冲裁弯曲多工位级进模或冲裁拉深多工位级进模的工作顺序一般是先由导正销导正条料，待弹性卸料板压紧条料后，再进行弯曲或拉深，然后进行冲裁，最后是弯曲或拉深工作结束。冲裁是在成形工作开始后进行，并在成形工作结束前完成的。所以，冲裁凸模和成形凸模高度是不一样的，要正确设计冲裁凸模和成形凸模高度尺寸。

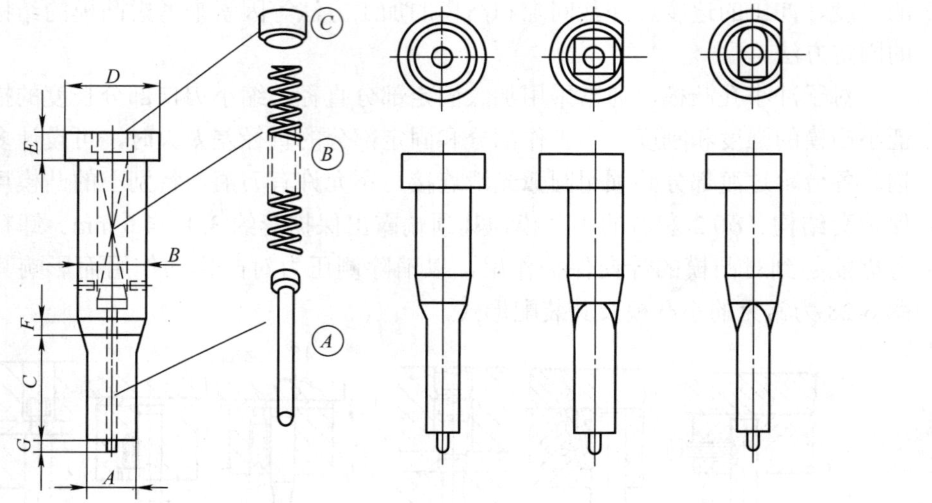

图 6-29 带顶出销的凸模

6.6.1.2 凹模

多工位级进模凹模的设计与制造较凸模更为复杂和困难。凹模的结构常用的类型有整体式、拼块式和嵌块式。整体式凹模由于受到模具制造精度和制造方法的限制已不适用于多工位级进模。

（1）拼块式凹模

拼块式凹模的组合形式因采用的加工方法不同而分为两种结构。当采用放电加工的拼块拼装的凹模，结构多采用并列组合式；若将凹模型孔轮廓分割后进行成形磨削加工，然后将磨削后的拼块拼装在所需的垫板上，再镶入凹模框并以螺栓固定，则此结构为成形磨削拼装组合凹模。图 6-30 为弯曲零件采用并列组合凹模的结构示意图。拼块的型孔制造用电加工完成，加工好的拼块安装在垫板上并于下模座固定。图 6-31 为该零件采用磨削拼装的凹模结构，拼块用螺钉、销钉固定在垫板上，镶入模框并装在凹模座上。圆形或简单形状型孔可采用圆凹模嵌套。当某拼块因磨损需要修正时，只需要更换该拼块就能继续使用。

磨削拼块组合的凹模，由于其拼块全部经过磨削和研磨，拼块有较高的精度。

在组装时为确保相互有关联的尺寸，可对需配合面增加研磨工序，对易损件可制作备件。

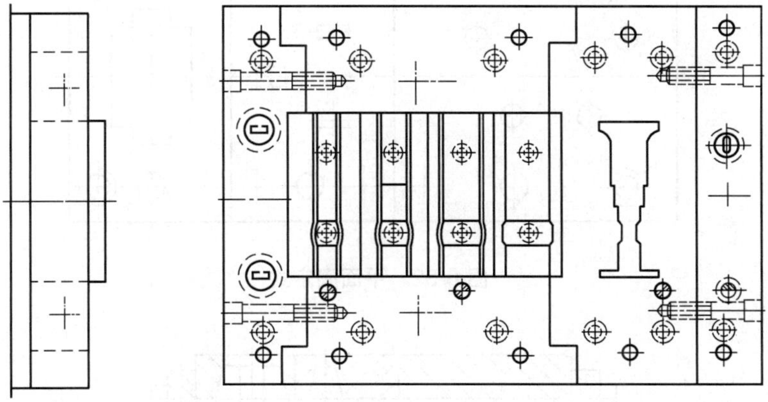

图 6-30　并列组合凹模结构

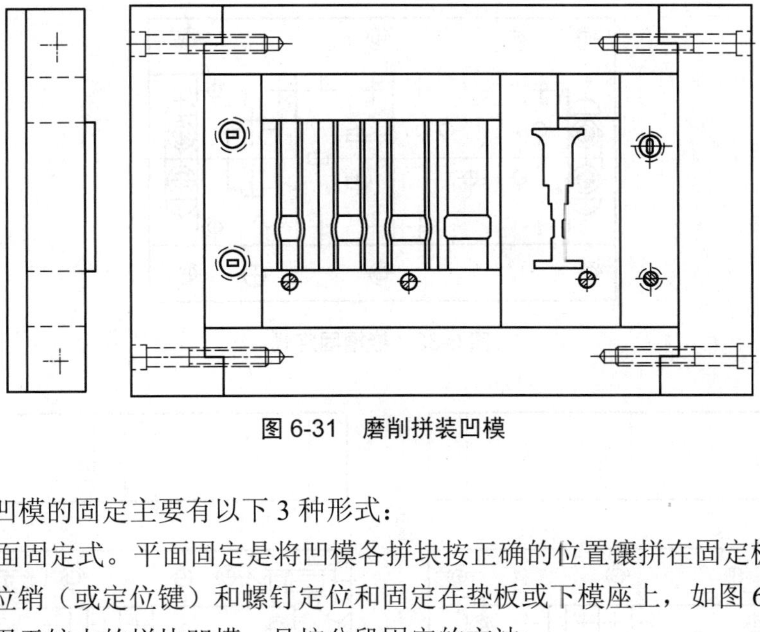

图 6-31　磨削拼装凹模

拼块凹模的固定主要有以下 3 种形式：

①平面固定式。平面固定是将凹模各拼块按正确的位置镶拼在固定板平面上，分别用定位销（或定位键）和螺钉定位和固定在垫板或下模座上，如图 6-32 所示。该形式适用于较大的拼块凹模，且按分段固定的方法。

②嵌槽固定式。嵌槽固定是将拼块凹模直接嵌入固定板的通槽中，固定板上凹模深度不小于拼块厚度的 2/3，各拼块不用定位销，而在嵌槽两端用键或楔定位及螺钉固定，如图 6-33 所示。

③框孔固定式。框孔固定式有整体框孔和组合孔两种，如图 6-34 所示，图 6-34（a）为整体框孔，图 6-34（b）为组合框孔。整体框孔固定凹模拼块时，模具的维护、装拆较方便。当拼块承受的胀形力较大时，应考虑组合框连接的刚度和强度。

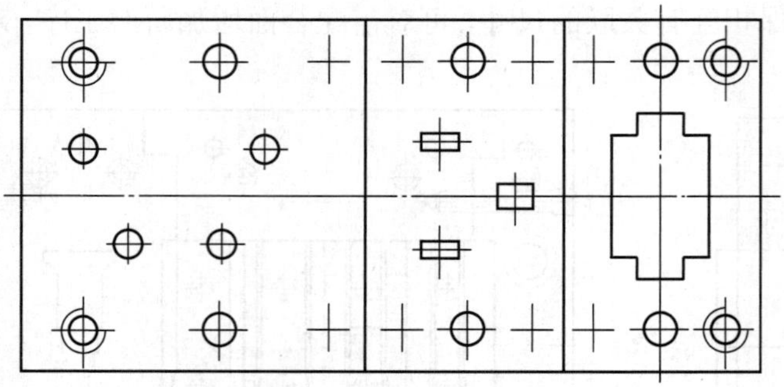

图 6-32 平面固定式

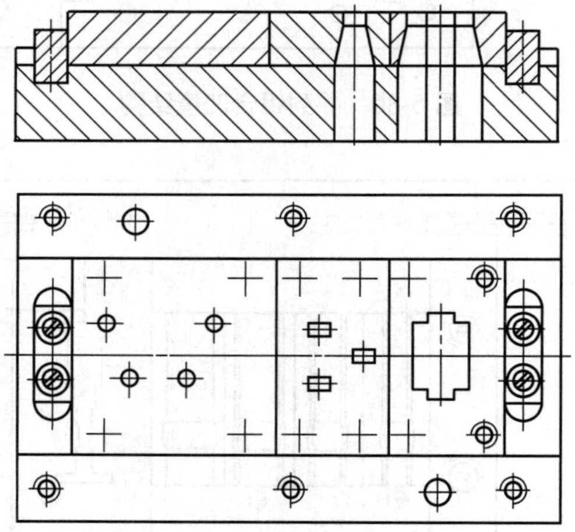

图 6-33 嵌槽固定式

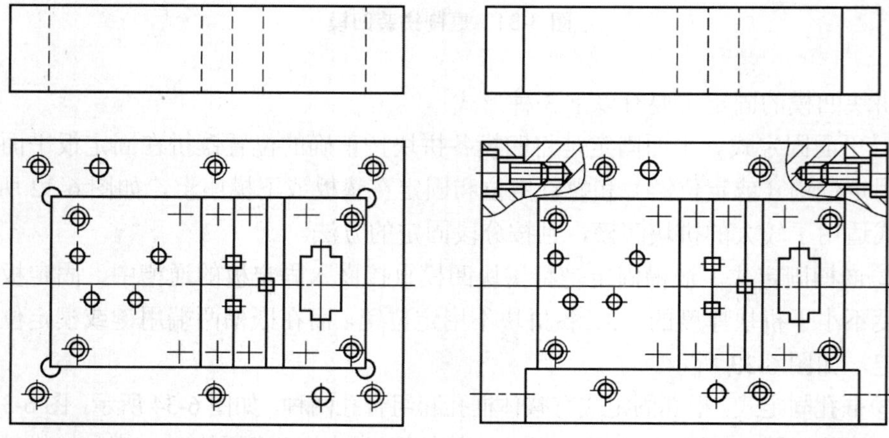

(a)

(b)

图 6-34 框孔固定式

（2）嵌块式凹模

图 6-35 所示是嵌块式凹模。嵌块式凹模的特点是嵌块套外形做成圆形，且可选用标准的嵌块加工出型孔。嵌块损坏后可迅速更换备件。嵌块固定板安装孔的加工常使用坐标镗床和坐标磨床。当嵌块工作型孔为非圆孔时，由于固定部分为圆形，必须考虑防转。

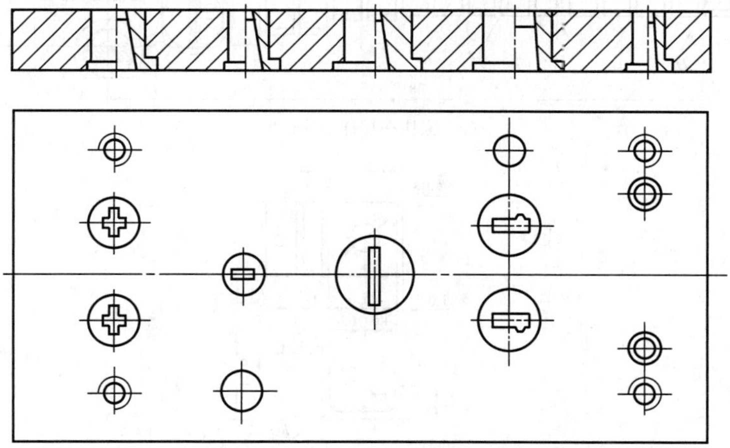

图 6-35 嵌块式凹模

图 6-36 为常用的凹模嵌块结构，图 6-36（a）为整体式嵌块，图 6-36（b）为拼块式嵌块，当嵌块工作型孔为异形孔时，因不能磨削型孔和漏料孔而将它分成两块（其分割方向取决于孔的形状），要考虑到其拼接缝对冲裁有利和便于磨削加工，镶入固定板后用键使其定位。这种方法也适用于异形孔的导套。

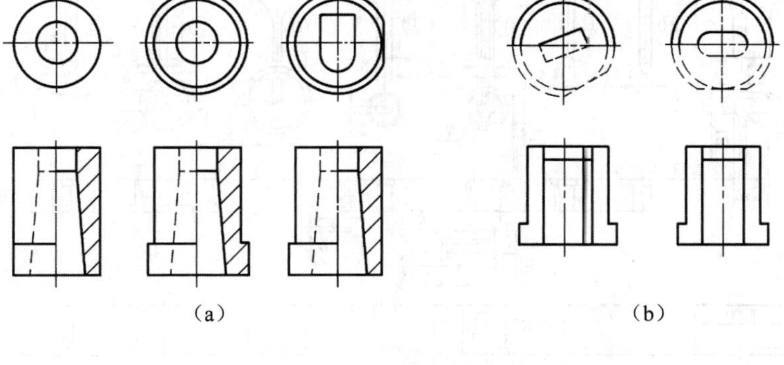

（a） （b）

图 6-36 凹模嵌块

在设计排样时，不仅要考虑嵌块布置的位置还应考虑嵌块的大小，以及与凹模嵌块相对应的凸模、卸料嵌套等，如图 6-37 所示。

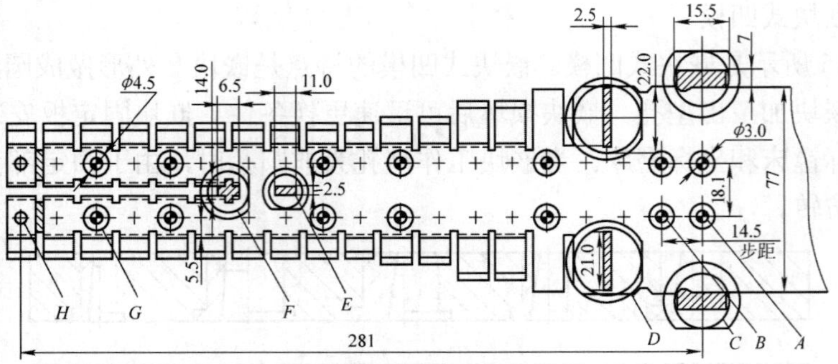

（a）嵌块在排样中的位置

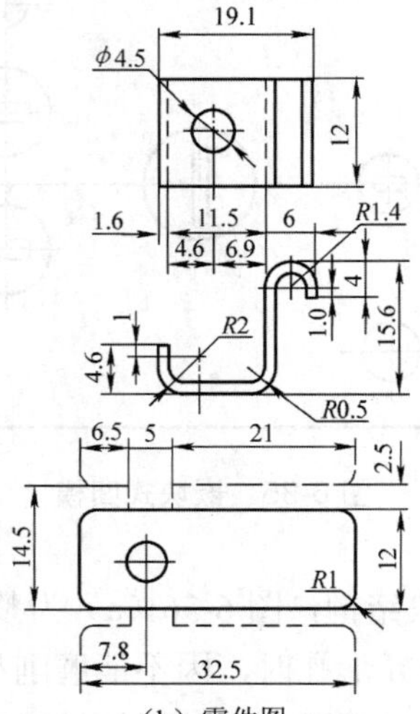

（b）零件图

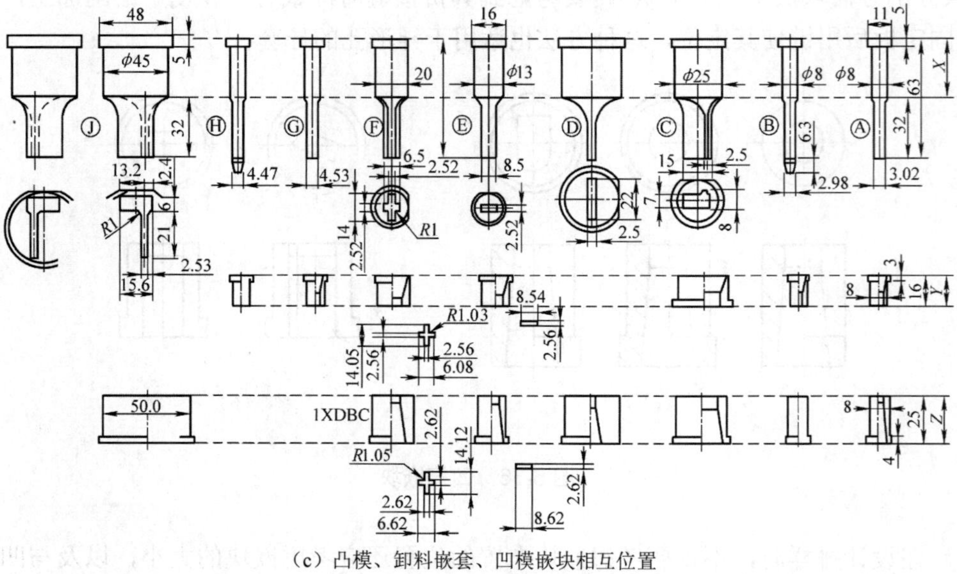

（c）凸模、卸料嵌套、凹模嵌块相互位置

图 6-37 嵌块在排样中的位置

6.6.2　带料导向与定距装置设计

6.6.2.1　带料的导向装置

多工位级进模依靠送料装置的机械动作把带料按设计的进距尺寸送进以实现自动冲压。由于带料经过冲裁、弯曲、拉深等变形后，在条料厚度方向上会有不同高度的弯曲和凸起，为了顺利送进带料，必须将已被成形的带料托起，使凸起和弯曲的部位离开凹模洞壁并略高于凹模工件表面。这种使带料托起的特殊结构叫浮动托料装置。该装置往往和带料的导向零件共同使用，因此有必要先介绍一下托料装置。

（1）浮动托料装置

图 6-38 所示是常用托料装置，结构有托料钉、托料管和托料块三种。托起的高度一般应使条料最低部位高出凹模表面 1.5～2 mm，同时应使被托起的条料上平面低于刚性卸料板下平面（2～3）t 左右，这样才能使条料送进顺利。

托料钉的优点是可以根据托料的具体情况布置，托料效果好，凡是托料力不大的情况都可采用压缩弹簧做托料力源。托料钉通常用圆柱形，但也可用方形（在送料方向带有斜度）。托料钉经常是成偶数使用，其正确位置应设置在条料上没有较大的孔和成形部位下方。

对于刚性差的条料应采用托料块托料，以免条料变形。

托料管设在有导正的位置进行托料，它与导正销配合（H7/h6），管孔起导正孔作用，适用于薄料。

这些形式的托料装置常与导料板组成托料导向装置。

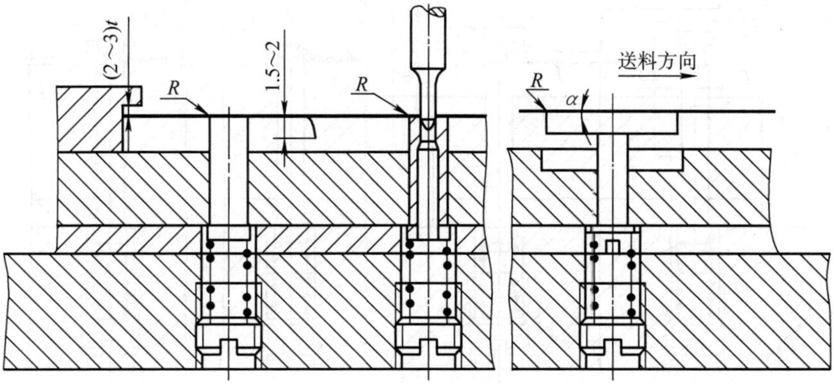

（a）托料钉　　（b）托料管　　（c）托料块

图 6-38　浮动托料装置

（2）浮动托料导向装置

浮动托料导向装置是具有托料和导料双重作用的模具部件，在级进模中应用广泛。它分为托料导向钉和浮动托料导轨导向装置两种。

①托料导向钉。托料导向钉如图 6-39 所示，在设计中最重要的是导向钉的结构设计和卸料板凹坑深度的确定。图 6-39（a）是条料送进的工作位置，当送料结束，上模下行时，卸料板凹坑底面首先压缩导向钉，使条料与凹模面平齐并开始冲压。当上模回升时，弹簧将托料导向钉推至最高位置，准备进行下一步的送料导向。图 6-39（b）、（c）是常见的设计错误。前者卸料板凹坑过深，造成带料被压入凹坑内；后者是卸料板凹坑过浅，使带料被向下挤入与托料钉配合的孔内。因此，设计时必须注意尺寸的协调，其协调尺寸推荐值为

槽宽：$h_2 = t +$（0.6～1）mm

头高：$h_1 =$（1.5～3）mm

坑深：$T = h_1 +$（0.3～0.5）mm

槽深：（$D - d$）/2 =（3～5）t

浮动高度：h =材料向下成形的最大高度+（1.5～2）mm

尺寸 D 和 d 可根据条料宽度、厚度和模具的结构尺寸确定。托料导向钉常选用合金工具钢，淬硬到 58～62 HRC，并与凹模孔成 H7/h6 配合。托料导向钉的下端台阶可做成可拆式结构，在装拆面上加垫片可调整材料托起位置的高度，以保证送料平面与凹模平面平行。

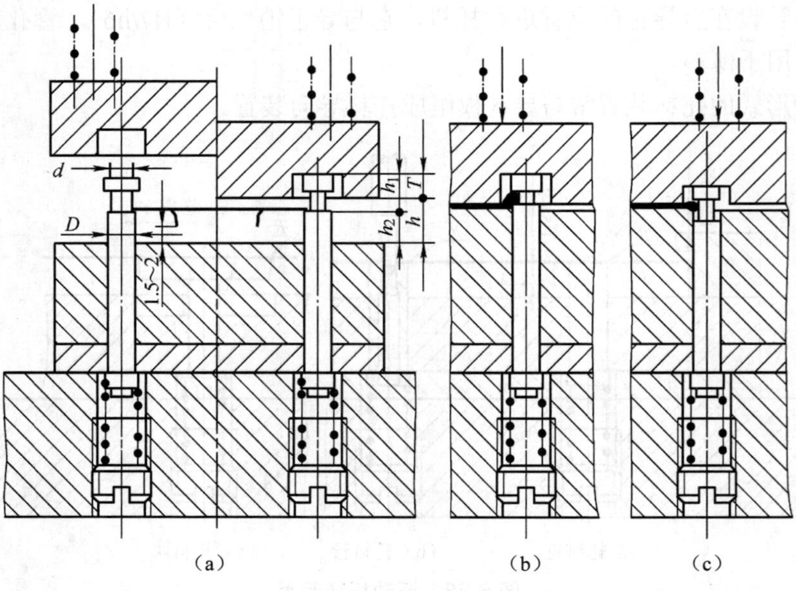

（a）　（b）　（c）

图 6-39　托料导向钉

②浮动托料导轨导向装置。图6-40为托料导轨式的结构图，它由4根浮动导销与2条导轨板组成，适用于薄料和要求较大托料范围的材料托起。设计托料导轨导向时，应将导轨、导板分为上、下两件组合，当冲压出现故障时，拆下盖板可取出条料。

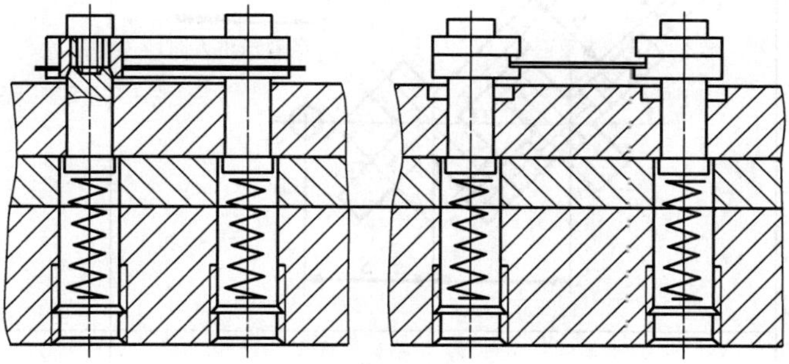

图6-40　浮动托料导轨

6.6.2.2　定距设计

由于多工位级进模将冲件工序分布在多个工位上依次完成，要求前后工位上工序件的冲切部位能准确衔接匹配，这就要求合理控制定距精度和采用定距元件或定距装置，使工序件在每一工位都能准确定位。多工位级进模一般采用侧刃或自动送料装置对条料进行送进定距，并设置导正销进行精确定位。

（1）步距的基本尺寸

常见排样的步距基本尺寸，见表6-2。

表6-2　步距基本尺寸

送料方向	排样方式	步距基本尺寸
自右向左送料	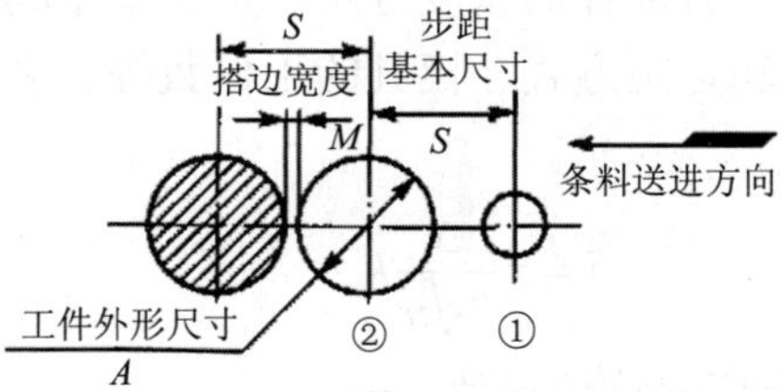	$S=A+M$
	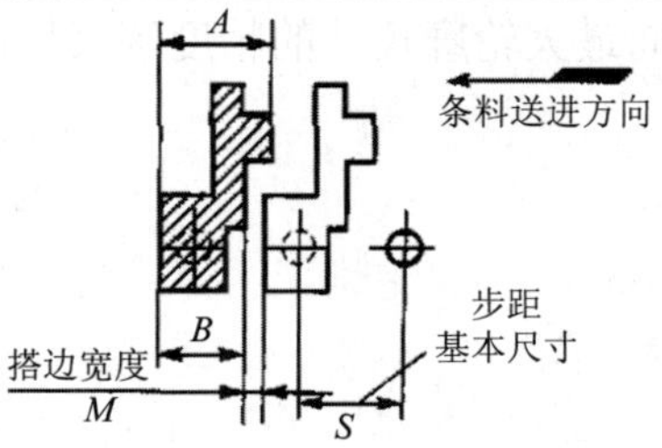	$S=B-M$

送料方向	排样方式	步距基本尺寸
自左向右送料	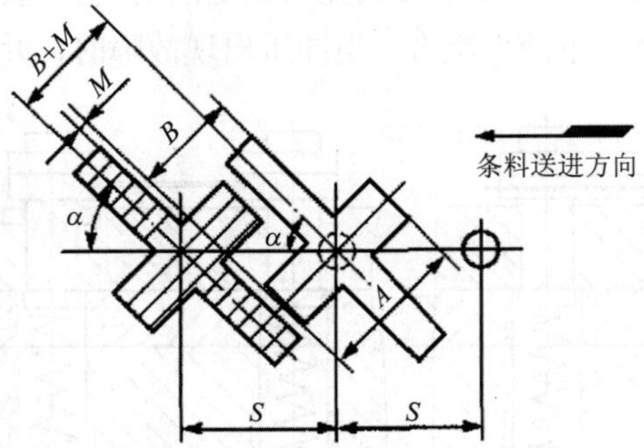	$S=\dfrac{M+B}{\sin\alpha}$
	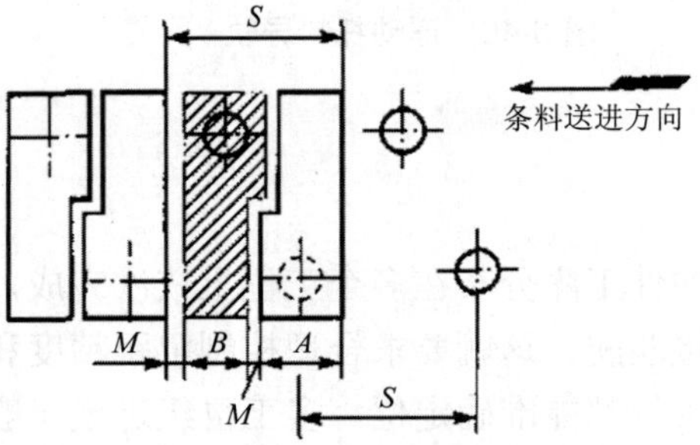	$S=A+B+2M$

（2）步距精度

为确保级进模加工出的产品质量和模具加工精度的经济合理，步距需要有一定的公差范围，称为步距精度。步距精度越高，冲件精度也越高。但步距精度过高，将会给模具加工带来困难，增加模具制造成本。

影响步距精度的主要因素有冲件的精度等级、形状复杂程度、条料的材质和厚度、冲压时条料的送料方式和定距方式、模具的工位数等。多工位级进模步距精度可按如下经验公式计算：

$$\delta=\pm\frac{\Delta}{2\sqrt[3]{n}}k \tag{6-9}$$

式中，δ——多工位级进模步距对称偏差值，mm；

Δ——将冲件沿送料方向最大轮廓尺寸的精度等级提高四级后的实际公差值，mm；

n——模具设计的工位数；

k——修正系数，见表 6-3。

表 6-3　修正系数（k）的取值

冲裁间隙（Z）（双面）	k	冲裁间隙（Z）（双面）	k
＞0.01～0.03	0.85	＞0.12～0.15	1.03
＞0.03～0.05	0.90	＞0.15～0.18	1.06
＞0.05～0.08	0.95	＞0.18～0.22	1.10
＞0.08～0.12	1.00	—	—

条料的步距精度是确定凹模、固定板和卸料板等零件型孔位置精度的依据。为了减少多工位级进模各工位之间步距的积累误差，在标注凹模、固定板和卸料板等零件与步距有关的孔位尺寸时，均以第 1 工位为尺寸基准向后标注，不论距离多大，均以对称偏差标注型孔位置公差，以保证孔位制造精度，尺寸标注如图 6-41 所示。

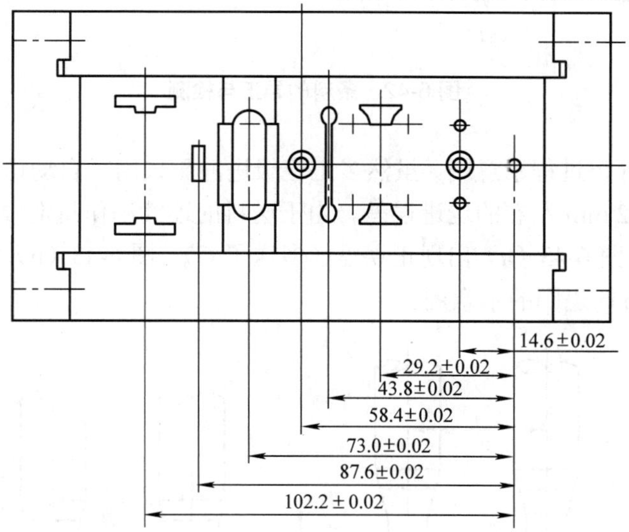

图 6-41　凹模板孔位尺寸标注示例

6.6.2.3　导正销的导正定位

在精密级进模中不采用定位销定位，因定位销有碍自动送料且定位精度低。设计时常使用导正销与侧刃配合定位的方法，侧刃做定距和初定位，导正销作为精定位。此时侧刃长度应大于步距 0.05～0.1 mm，以便导正销导入孔时条料略向后退。在自动冲压时也可不用侧刃，条料的定位与送料进距控制靠导料板、导正销和送料机构来实现。

在设计模具时，作为精定位的导正孔，应安排在排样图中的第 1 工位冲出，导正销设置在紧随冲导正孔的第 2 工位，第 3 工位可设置检测条料送进步距的误差检测凸模，如图 6-42 所示。

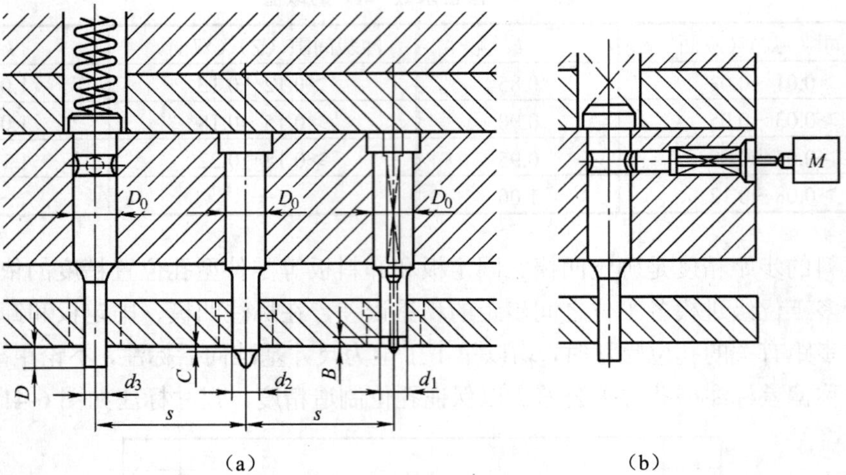

图 6-42 条料的导正与检测

图 6-43 是导正过程示意图。虽然多工位级进冲压采用了自动送料装置，但送料装置会出现±0.02 mm 左右的送进误差。由于送料的连续动作将造成自动调整失准，形成累积误差。图 6-43（a）出现正误差（多送了 *C*），图 6-43（b）为导正销导入材料使材料向 *F′*方向退回的示意图。

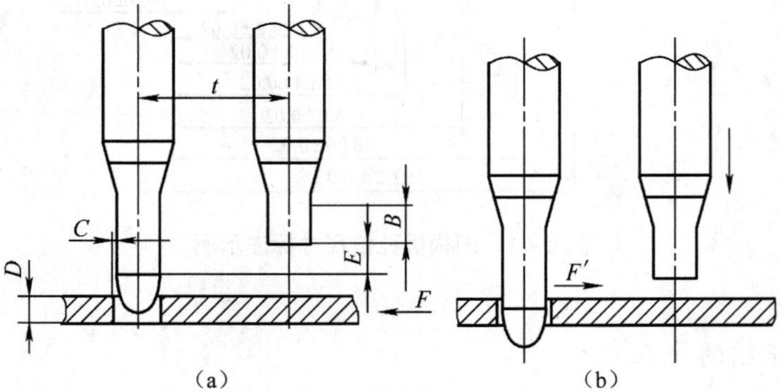

图 6-43 导正过程示意图

导正销的设计要考虑如下因素：

① 导正销与导正孔的关系。导正销导入材料时，既要保证材料的定位精度，又要保证导正销能顺利地插入导正孔。配合间隙大，定位精度低；配合间隙过小，导正销磨损加剧并形成不规则形状，从而又影响定位精度。导正销与导正孔间隙如图 6-44 所示。

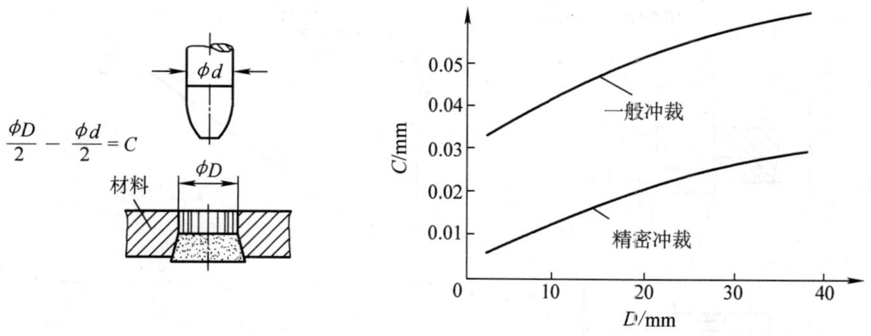

图 6-44　导正销与导正孔间隙

② 导正销的头部形状。

导正销的头部形状从工作要求来看分为引导和导正部分，根据几何形状可分为圆弧和圆锥头部。图 6-45（a）为常见的圆弧形头部，图 6-45（b）为圆锥形头部。

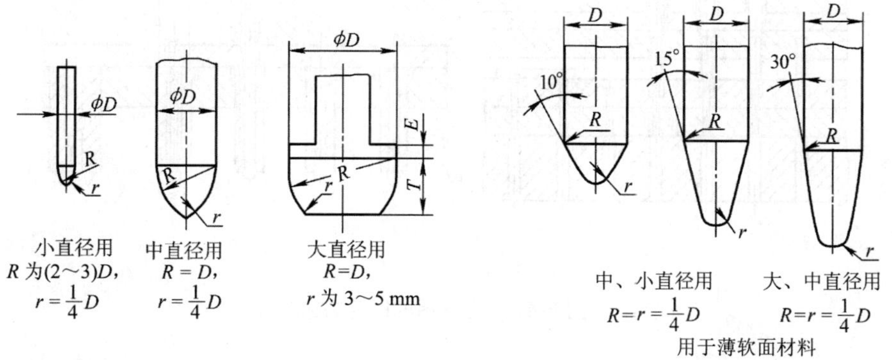

（a）圆弧形头部　　（b）圆锥形头部

图 6-45　导正销的头部形状

③ 导正销的突出量。导正销的前端部分应突出于卸料板的下平面，如图 6-46 所示。突出量（x）的取值范围为 $0.6t<x<1.5t$。薄料取较大的值，厚料取较小的值，当 $t\geqslant 2$ mm 时，$x=0.6t$。

④ 导正销的固定方式。图 6-47 为导正销的固定方式，图 6-47（a）为导正销固定在固定板或卸料板下，图 6-47（b）为导正销固定在凸模上。

导正销在一副模具中多处使用时，其突出长度（x）、直径尺寸和头部形状必须保持一致，以使所有的导正销承受基本相等的载荷。

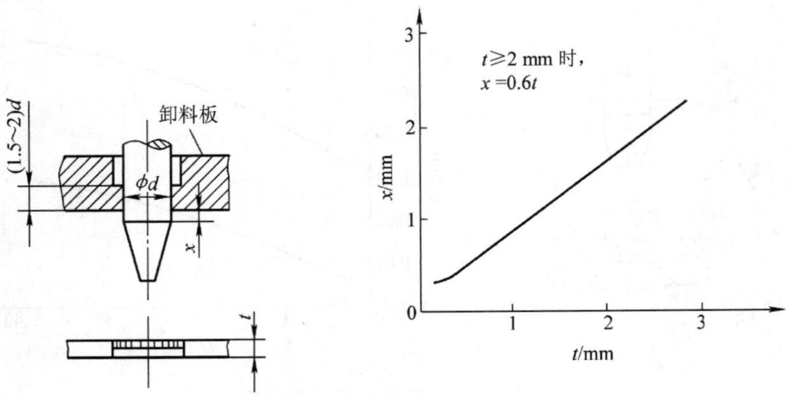

图 6-46 导正销突出于卸料板的值

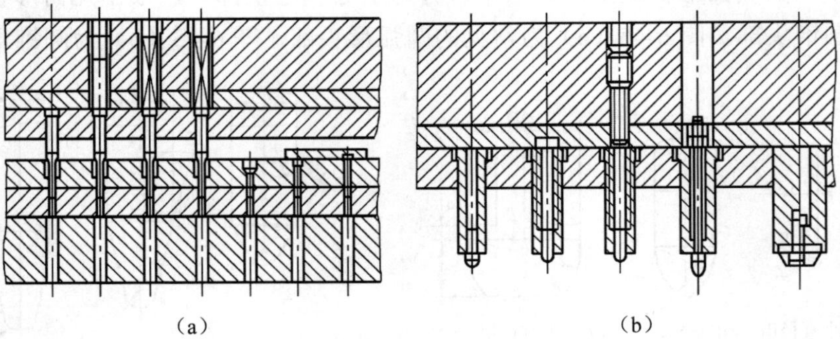

图 6-47 导正销的固定方式

6.6.3 卸料装置设计

卸料装置的作用除冲压开始前压紧带料、防止各凸模冲压时由于先后次序的不同或受力不均匀而引起带料窜动、保证冲压结束后及时平稳的卸料外，重要的是卸料板将对各工位上的凸模（特别是细小凸模）在受侧向作用力时，起到精确导向和有效的保护作用。卸料装置主要由卸料板、弹性元件、卸料螺钉和辅助导向零件组成。

6.6.3.1 卸料板的结构

多工位级进模的弹压卸料板，由于型孔多而形状复杂，为保证型孔的尺寸精度、位置精度和配合间隙，多采用分段拼装结构固定在一块刚度较大的基体上。图 6-48 是由 5 个拼块组合而成的卸料板。基体按基孔制配合关系开出通槽，两端的 2 个拼块按位置精度的要求压入基体通槽后，分别用螺钉、销钉定位固定。中间 3 块拼块经磨削加工后直接压入通槽内，仅用螺钉与基体连接。安装位置尺寸通过对各分段的结合面进行研磨加工来调整，从而控制各型孔的尺寸精度和位置精度。

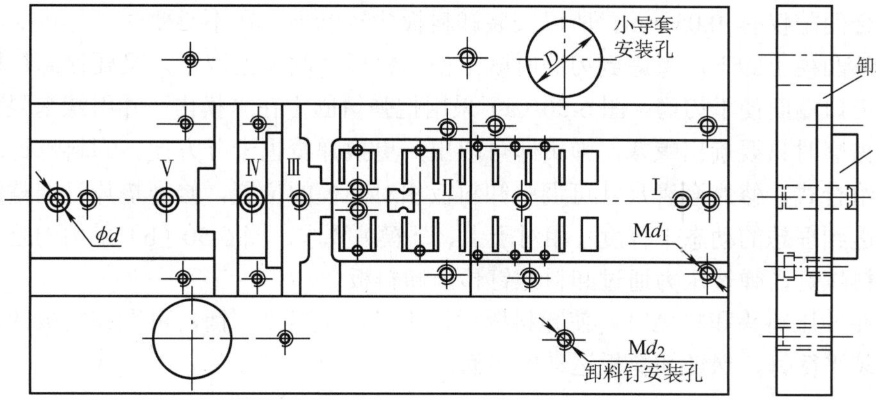

图 6-48 拼块组合式弹压卸料板

6.6.3.2 卸料板的导向形式

由于卸料板有保护小凸模的作用，要求卸料板有很高的运动精度，为此要在卸料板与上模座之间增设辅助导向零件——小导柱和小导套，如图 6-49 所示。当冲压的材料比较薄，且模具的精度要求较高、工位数又比较多时，应选用滚珠式导柱导套。

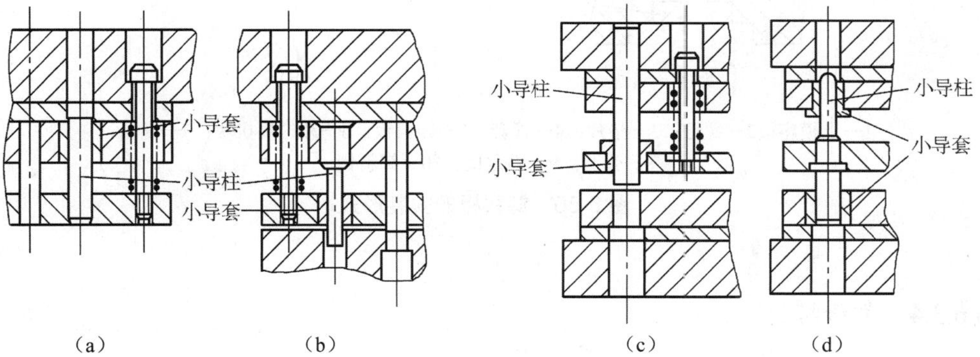

图 6-49 小导柱、小导套

6.6.3.3 卸料板的安装形式

图 6-50 所示卸料板的安装形式是多工位级进模中常用的结构。卸料板的压料力、卸料力都是由卸料板上安装的均匀分布的弹簧受压而产生的。由于卸料板与各凸模的配合间隙仅有 0.05 mm，所以安装卸料板比较麻烦，在不必要时，尽可能不把卸料板从凸模上卸下。考虑到刃磨时既不把卸料板从凸模上取下，又要使卸料板低于凸模刃口端面便于刃磨。图 6-50（a）采用把弹簧固定在上模内，并用螺塞限位的结构。刃磨时只要旋出螺塞，弹簧即可取出，更换弹簧也十分方便。卸料螺钉若采用套管组合式，修磨套管尺寸可调整卸料板相对凸模的位置，修磨垫片可调整卸料板使其达到理想的动态平行度（相对于上、下模）要求。图 6-50（b）采用的是内螺纹式卸料螺钉，弹簧压力通过卸料螺钉传至卸料板。

为了在冲压料头和料尾时，使卸料板运动平稳，压料力平衡，可在卸料板的适当位置安装平衡钉，保证卸料板运动的平衡。

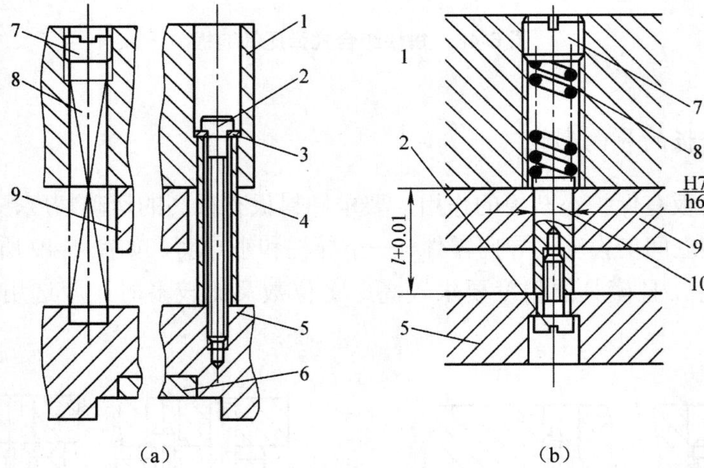

1—上模座；2—螺钉；3—垫片；4—管套；5—卸料板；6—卸料板拼块；7—螺塞；8—弹簧；9—固定板；10—卸料销。

图 6-50 卸料板的安装形式

6.6.3.4 卸料螺钉

卸料板采用卸料螺钉吊装在上模。卸料螺钉应对称分布，工作长度要严格一致。图 6-51 是多工位级进模使用的卸料螺钉。外螺纹式：轴长（L）的精度为±0.1 mm，常使用在少工位普通级进模中；内螺纹式：轴长精度为±0.02 mm，通过磨削轴端面可使一组卸料螺钉工作长度保持一致；组合式：由套管、螺栓和垫圈组合而成，轴长精度可控制在±0.01 mm。内螺纹和组合式还有一个很重要的特点，即当冲裁凸模经过一定次数的刃磨后再进行刃磨时，对卸料螺钉工作段的长度必须磨去同样的量值才能保证卸料板的压料面与冲裁凸模端面的相对位置。而外螺纹式卸料螺钉工作段的长度刃磨较困难。

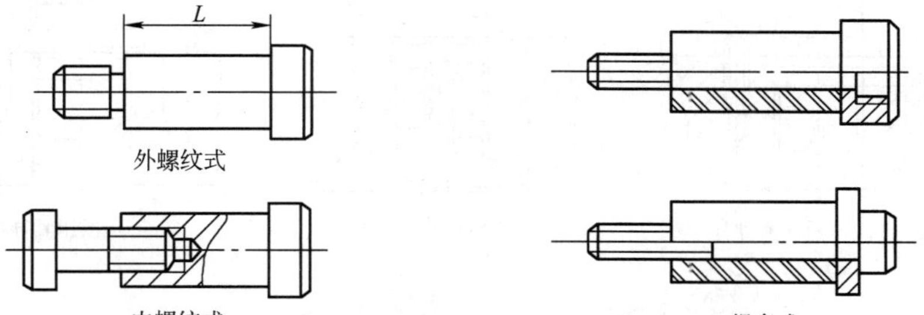

图 6-51　卸料螺钉种类

6.6.4　多工位级进模模架

级进模模架要求刚性好、精度高，因此通常将上模座加厚 5～10 mm，下模座加厚 10～15 mm（与 GB/T 2851～2852—1990 标准模架相比）。同时，为了满足刚性和导向精度的要求，级进模常采用四导柱模架。

精密级进模的模架导向，一般采用滚珠导柱（GB/T 2861.8—1990）导向，滚珠（柱）与导柱、导套之间无间隙，常选用过盈配合，其过盈量为 0.01～0.02 mm（导柱直径为 20～76 mm）。导柱导套的圆柱度均为 0.003 mm，其轴心线与模板的垂直度对于导柱为 0.01∶100。图 6-52 所示为目前国内外使用的一种新型导向结构。滚柱表面由 3 段圆弧组成，靠近两端的两段凸弧 4 与导套内径相配（曲率相同），中间凹弧 5 与导柱外径相配，通过滚柱达到导套在导柱上的相对运动。这种滚柱导向以线接触代替了滚珠导向大的偏心载荷，也提高了导向精度和寿命，增加了刚性，其过盈量为 0.003～0.006 mm。为了方便刃磨和装拆，常将导柱做成可卸式，即锥度固定式（其锥度为 1∶10）或压板固定式（配合部分长度为 4～5 mm，按 T7/h6 配合，让位部分比固定部分小 0.04 mm 左右，如图 6-53 所示）。导柱材料常用 GGr15 淬硬 60～62HRC，粗糙度最好能达到 Ra 值为 0.1 μm，此时磨损最小，润滑作用最佳。为了更换方便，导套也采用压板固定式，如图 6-53（d）、（e）所示。

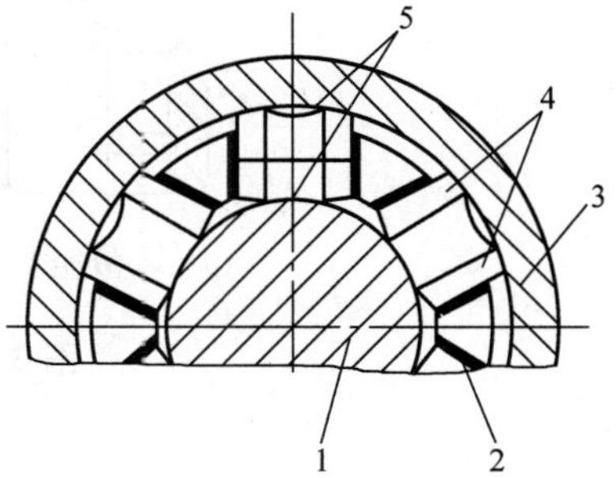

1—导柱；2—滚柱保持圈；
3—导套；4、5—滚柱面。

图 6-52　滚柱导向结构

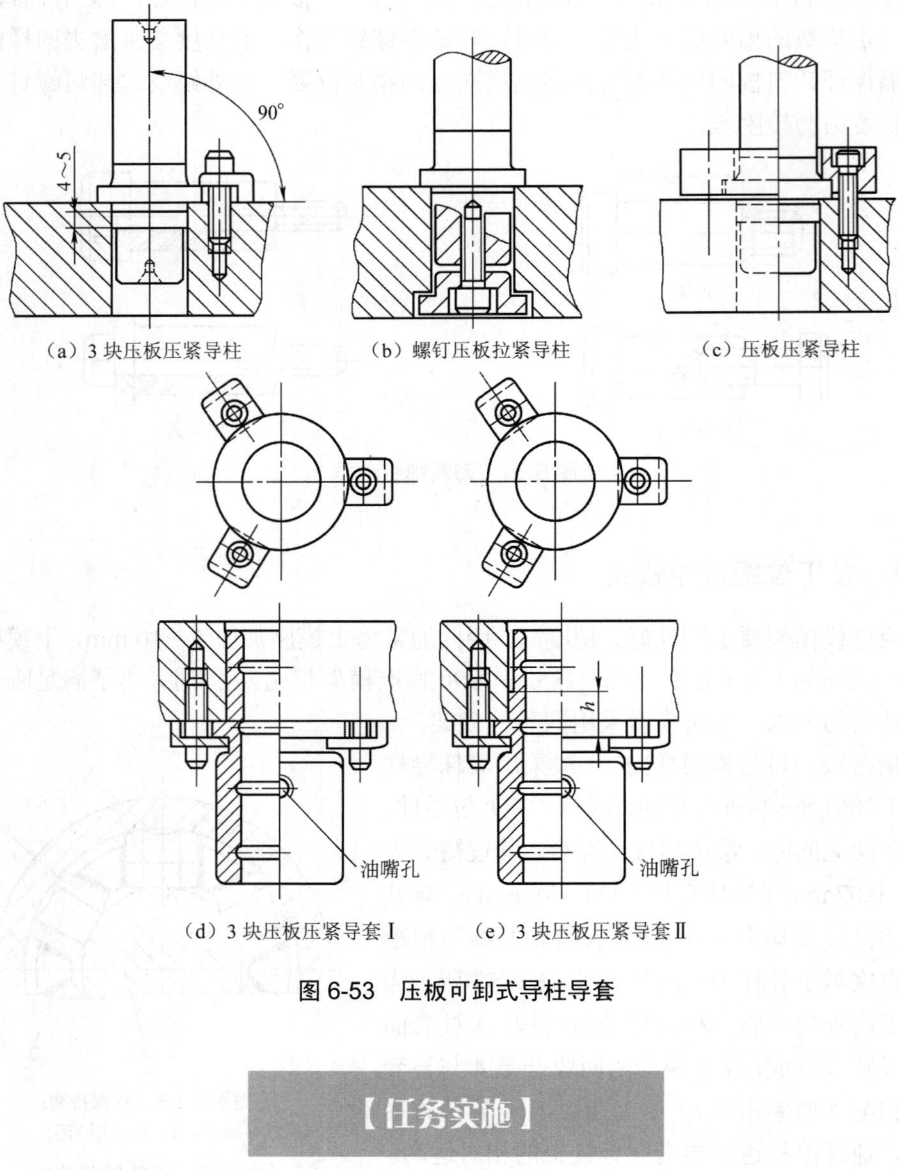

图 6-53　压板可卸式导柱导套

【任务实施】

6.6.5　节能型点火器盒级进模工作零部件结构设计

6.6.5.1　冲孔凸、凹模的结构设计

工位 1 有 3 个冲孔，孔径有$\phi5$。冲孔凸模直接设计成杆状冲头，尺寸结构如图 6-54 所示。根据配合加工法原则，冲孔凹模的公称尺寸应取：5.08+0.04=5.12（mm）（0.04 为初始双面冲裁间隙），不必写公差。

6.6.5.2 落料凸、凹模的结构设计

在落料凹模内部由于要设置推件块，所以凹模刃口应用直筒形刃口，并查表得刃口高度（h）=6 mm。该凹模的结构简单宜采用镶拼式。根据经验，凹模厚度最终取 H=35 mm，凹模壁厚平均取 C=10 mm，凹模的外形尺寸圆整后如图 6-55～图 6-57 所示。凸模、凹模尺寸公差按凸模、凹模刃口尺寸部分计算。

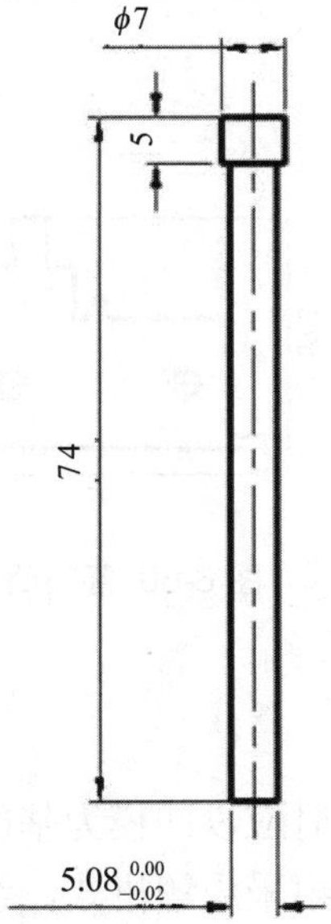

图 6-54 冲孔凸模

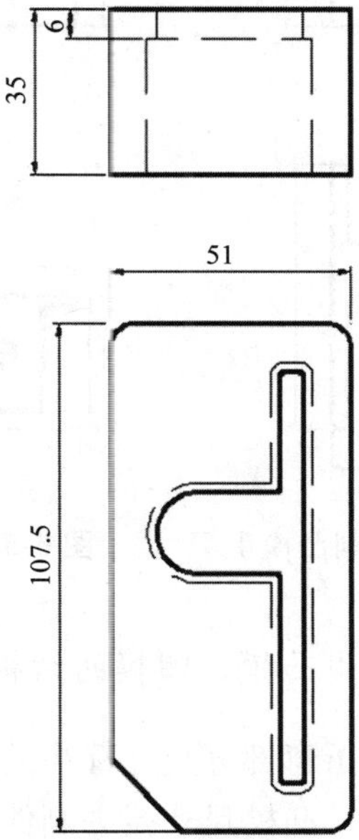

图 6-55 落料凹模 T

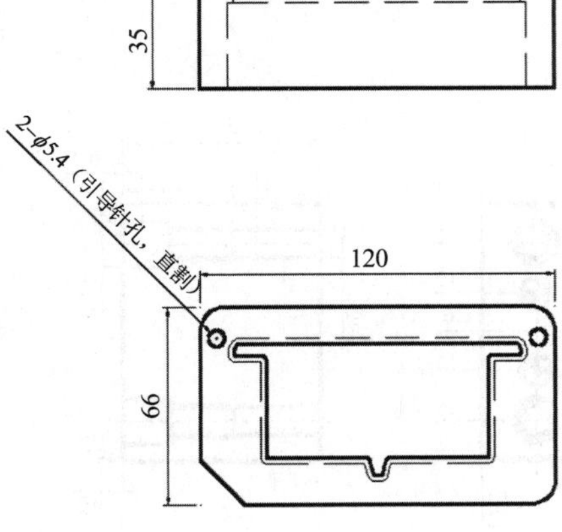

图 6-56 落料凹模 M

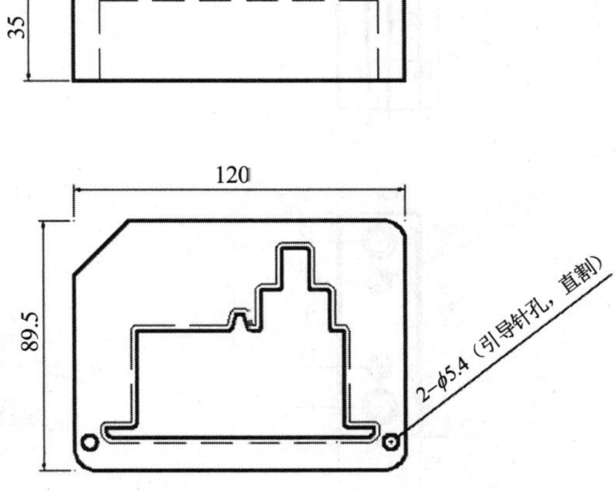

图 6-57 落料凹模 N

落料凸模也采用镶拼式，结合模具结构凸模厚度取 h=74 mm。落料凸模结构如图 6-58～图 6-60 所示。

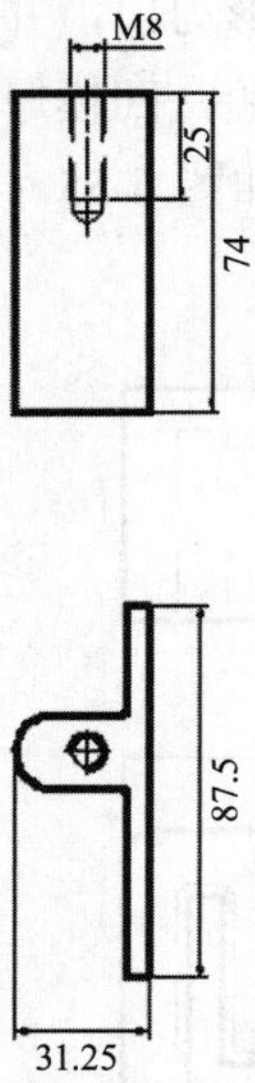

图 6-58　落料凸模 T

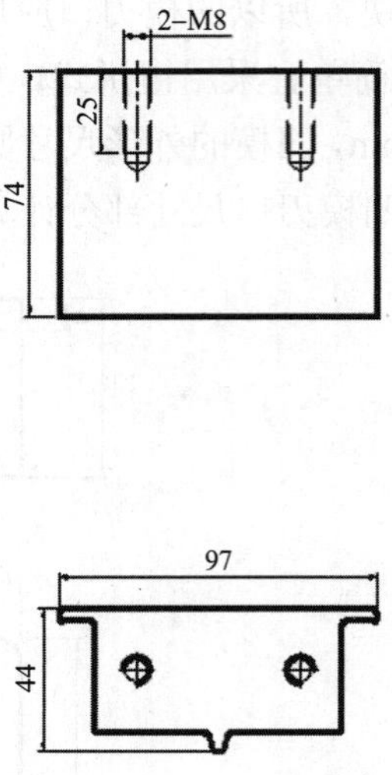

图 6-59 落料凸模 M

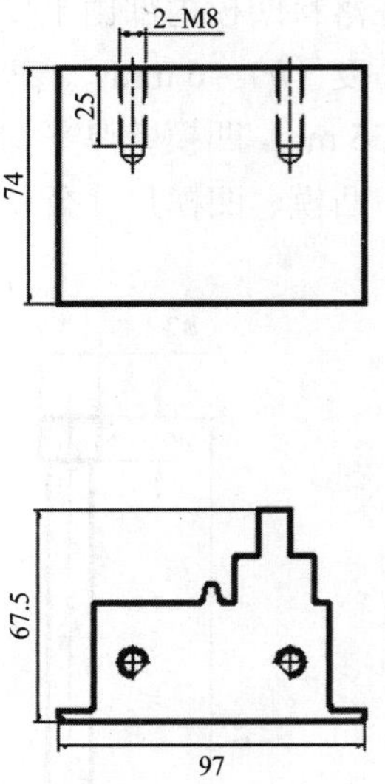

图 6-60 落料凸模 N

6.6.5.3　弯曲凸模、凹模的结构设计

该制件折弯部分尺寸标注的是外形尺寸，所以设计时应以凹模为基准件，先确定凹模尺寸，凸模尺寸减去制件料厚尺寸即可。折弯凹模采用镶拼式，结构设计如图 6-61～图 6-64 所示。

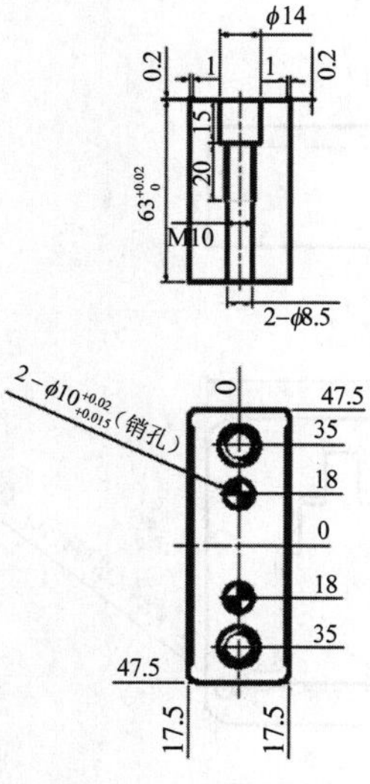

图 6-61　折弯凹模 1

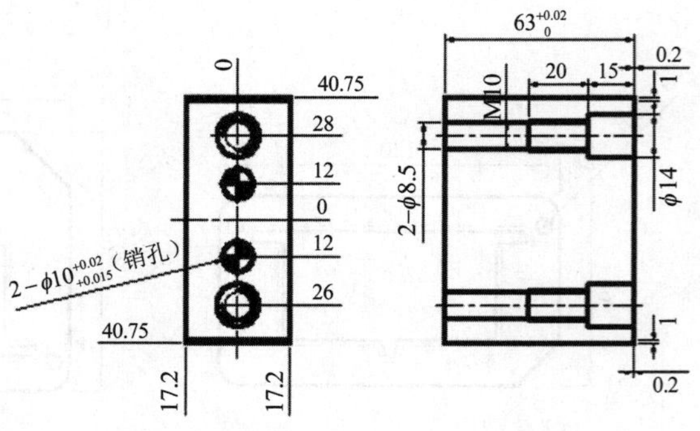

图 6-62　折弯凹模 2

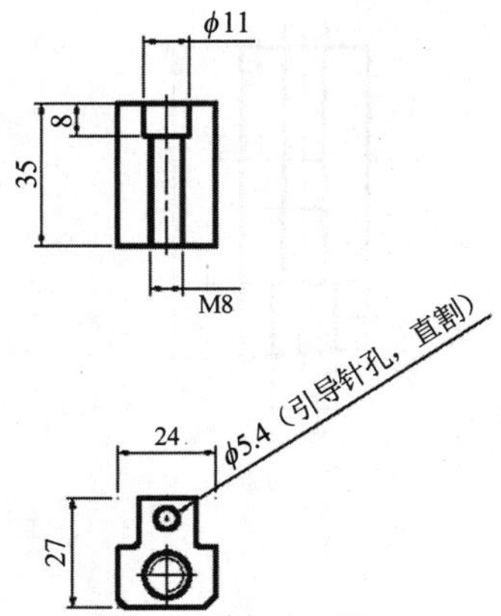

图 6-63　折弯凹模 3

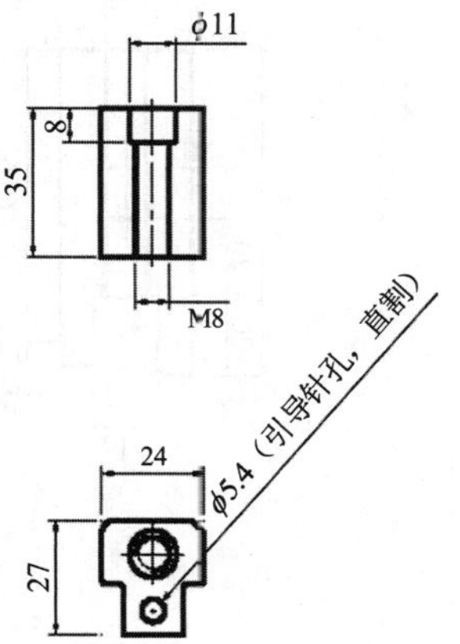

图 6-64　折弯凹模 4

折弯凸模结构尺寸如图 6-65～图 6-68 所示。

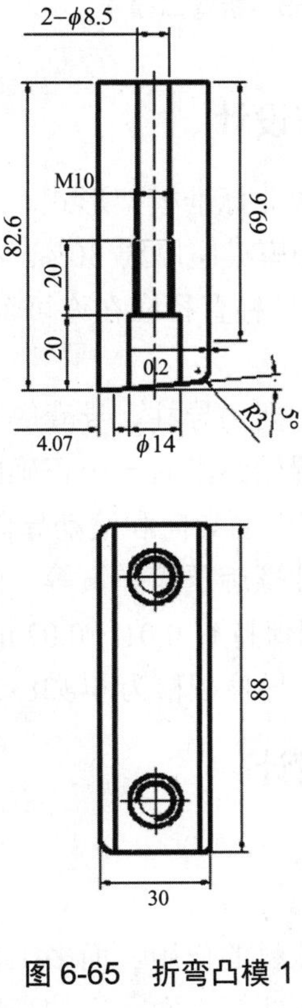

图 6-65　折弯凸模 1

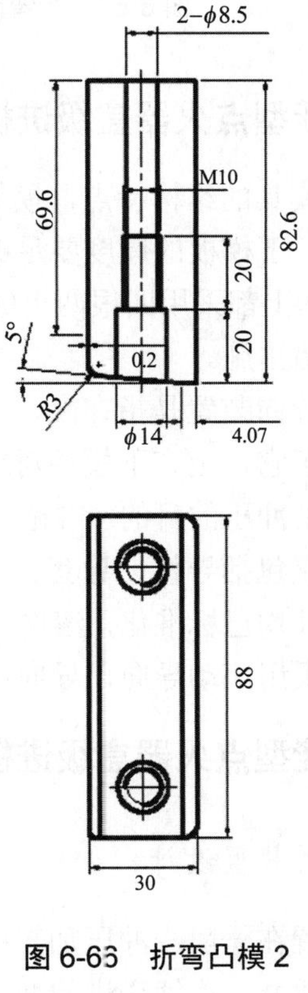

图 6-66　折弯凸模 2

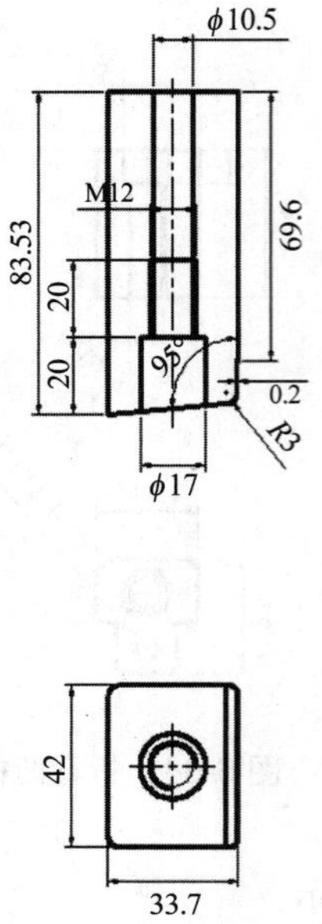

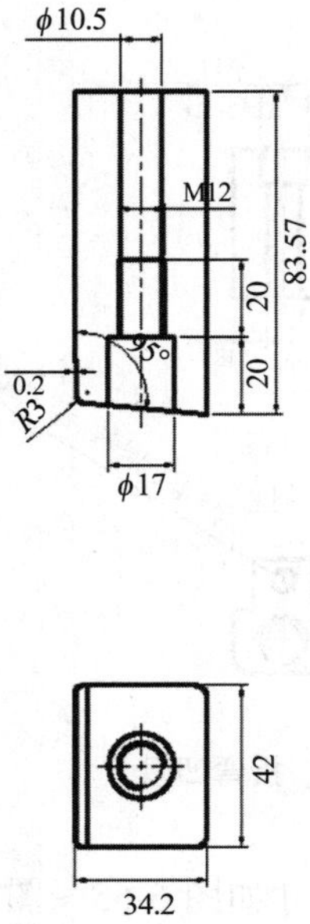

图 6-67　折弯凸模 3　　　图 6-68　折弯凸模 4

6.6.6　节能型点火器盒级进模模架的选择与设计

根据该模具的结构特点，模架采用四柱导向的非标准模架形式。为保证模架的强度，其上、下模板的厚度要足够，通常比普通冲模模座厚约 30%。模架要有精确的导向，基本上都采用四根两组的滚珠滚动导向，导柱直径应在许可范围内取大值，并考虑防装错措施。

模架的导向装置是指在上、下模座上安装了主要由导柱、导套等零件所组成的导向副，有了它，上、下模相对运动时，对应位置始终沿着一个正确的方向运动，从而达到精密冲压的目的。常见的模架导向装置有滑动导向和滚动导向两类。其中，滚动导向装置包括导柱、导套、钢球保持圈、圆柱螺旋压缩弹簧等。滚动导向装置及其组成零件均已标准化，滚珠与导柱、导套之间保持有 0.01～0.02 mm 的过盈量。该模架导柱采用滚动导向，导向可靠，精度较高，导柱规格为 4-ϕ38×240。

6.6.7　节能型点火器盒级进模其他零件的设计

6.6.7.1　卸料装置设计

卸料装置在一般冷冲压加工中主要起卸料和压料的作用，而多工位级进模由于带料（或条料）在连续送进的冲压过程中必须浮离凹模平面一定的高度，同时，多工位级进模又是多工序、多工位的冲压加工，在冲压前，材料必须被完全压紧，因此，多工位级进模中绝大部分采用弹压卸料的结构形式，而较少采用固定卸料的方式。

根据卸料板设计原则选择平板式弹压卸料板，板厚（T）=0.8H（凹模厚度）=25 mm。尺寸为 575 mm×320 mm×25 mm。

卸料板固定板尺寸选择：根据制件的让位高度，确定其尺寸为 575 mm×320 mm×18 mm。

凹模垫板尺寸选择：根据凹模板结构，确定其整体尺寸为 575 mm×320 mm×28 mm。

根据凹模的结构形式，需要设计凹模固定板，凹模固定板的整体尺寸为 575 mm×320 mm×23 mm。

凸模板设计成 3 块，一块尺寸为 330 mm×320 mm×28 mm，另外两块尺寸为 240 mm×90 mm×28 mm。

凸模固定板也设计成 3 块，其中一块尺寸为 330 mm×320 mm×35 mm，另外两块尺寸为 240 mm×90 mm×35 mm。

模座整体结构与尺寸的选择：根据凹模、定位和卸料装置等的平面布置来选择模座的外形尺寸。在进行非标准模板设计时，应保证模座的外形尺寸比凹模具的相应尺寸大 40～70 mm。模座厚度一般取凹模厚度的 1～1.5 倍。下模座的外形尺寸每边至少应超过压力机台面孔约 50 mm。

在此模具设计中，模座采用滚动导向、非标准模座形式，上、下模座尺寸为 480 mm×630 mm×50 mm。

6.6.7.2　模具的安全装置

模具在工作中，经常会因一次失误（误送、凸模折断、废料或制件回升与堵塞等）而使精密模具损坏，甚至造成压力机的损坏。因此，在生产过程中必须有制止失误的安全检测装置。检测装置可安装在模具内，也可安装在模具外。

冲压时，因某种原因影响到模具的正常工作时，检测的传感元件能迅速地把信号反馈给压力机的制动部位，以实现自动保护。目前常用的是光电传感检测和接触传感检测。

6.6.7.3　导料装置设计

该模具采用了浮动式导正销导正，导正销圆柱面的直径大于导正孔的直径，因此当圆锥面插入导正孔后肯定会使某一层锥面与导正孔无间隙接触，这就避免了因导正销与导正孔的间隙而产生的进距误差。此时由于导正销不能完全插入导正孔，所以导正销在导正孔上方的锥面会对片料有一定的压力，这样会使片料发生弯曲，因此必须在片料的导正孔下方增加弹顶销，并在销的顶端开一个让位孔。弹顶销下面的弹簧力一定要远大于导正销上面的弹簧力，这样才能保证在工作时片料不被导正销压弯。在这种浮动式导正销做精定位元件的情况下，一般是和自动送料装置联合使用。自动送料装置在一次冲压行程结束后，夹住片料，使片料前进一个进距，送到下一个工位（此时是粗定位）。在新的冲压行程开始时，自动送料装置的夹爪松开片料，退回原位。同时上模下行，浮动式导正销插入片料的导正孔，进行精定位。根据凹模的结构，采用导正钉定位，导正钉的工作直径应参照冲导正钉孔的凸模直径确定。

6.6.8 绘制模具总装图

节能型点火器盒级进模总装图如图 6-69 所示。

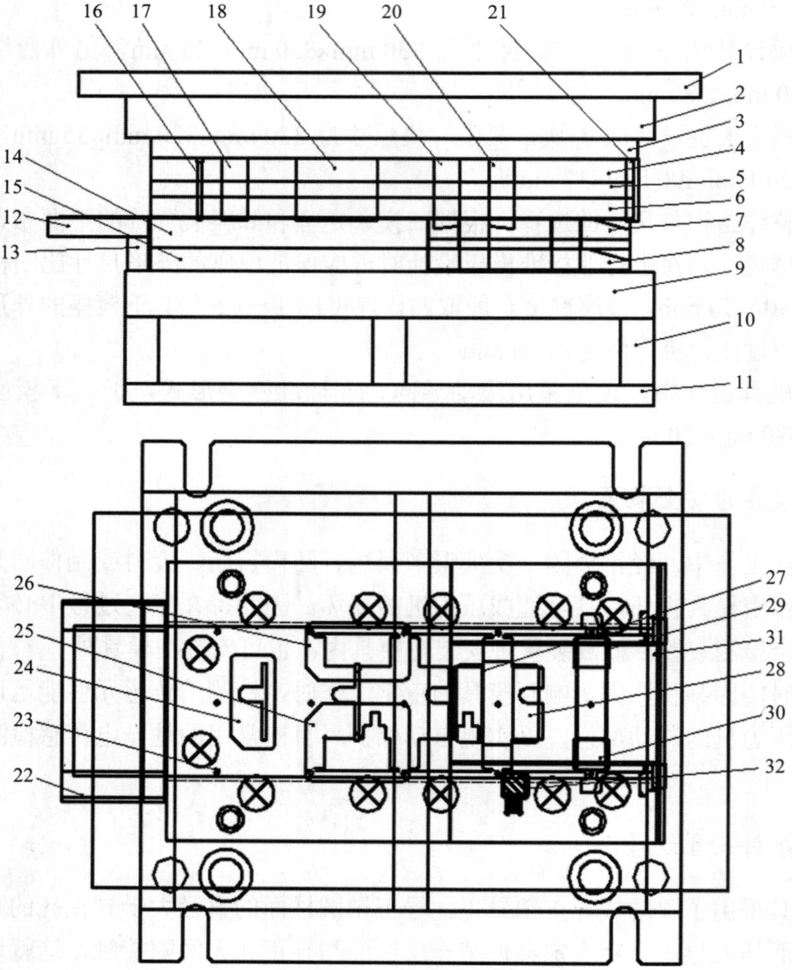

1—上模底板；2—上模座；3—上模垫板；4—上模夹板；5—止挡板；6—脱料板；7—凹模板 1；8—下模垫板 1；9—下模座；10—垫脚；11—下模底板；12—导料组件；13—垫块；14—凹模板 2；15—下模垫板 2；16—冲针；17—冲头 1；18—冲头 2；19—折弯凸模 1；20—折弯凸模 2；21—切断刀；22—导料块；23—下模镶件 1；24—下模镶件 2；25—下模镶件 3；26—下模镶件 4；27—折弯凹模 1；28—折弯凹模 2；29—折弯凹模 3；30—折弯凹模 4；31—下脱板；32—浮料销。

图 6-69 节能型点火器盒级进模总装图

6.6.9　节能烤炉烤网支撑冲裁模具压力机选择及校核

由以上计算可估算出总冲压力：

$$F=F_i+W_i+F_{卸}=223.92+128.50+11.20=363.62\text{（kN）}$$

一般情况下，压力机的公称压力应大于或等于总冲压力的 1.3 倍，因此，取压力机的压力：

$$F_{压机}\geqslant 1.3F=1.3\times 363.62=472.71\text{（kN）}$$

据此可选压力机型号（表 6-4）：

表 6-4　压力机型号

<table>
<tr><td colspan="8">开式双柱可倾压力机标准型 J23-125</td></tr>
<tr><td colspan="3">公称压力/kN</td><td>1 250</td><td rowspan="2">垫板尺寸/mm</td><td colspan="2">厚度</td><td>—</td></tr>
<tr><td colspan="3">滑块行程/mm</td><td>140</td><td colspan="2">直径</td><td>—</td></tr>
<tr><td colspan="3">滑块调节行程/mm</td><td>100</td><td colspan="2">滑块行程次数/（次/min）</td><td colspan="2">40</td></tr>
<tr><td colspan="3">最大闭合高度/mm</td><td>400</td><td colspan="2">模柄孔尺寸/mm</td><td colspan="2">60</td></tr>
<tr><td colspan="3">封闭高度调节量/mm</td><td>—</td><td colspan="2">工作台板厚度/mm</td><td colspan="2">—</td></tr>
<tr><td colspan="3">滑块中心至机身间距/mm</td><td colspan="5">320</td></tr>
<tr><td colspan="3">立柱间距/mm</td><td>420</td><td colspan="2">床身可倾角</td><td colspan="2">≥25°</td></tr>
<tr><td rowspan="2">工作台尺寸/mm</td><td colspan="2">前后</td><td colspan="5">600</td></tr>
<tr><td colspan="2">左右</td><td colspan="5">900</td></tr>
<tr><td>工作台孔尺寸/mm</td><td>前/</td><td colspan="2">后/</td><td colspan="2">直径/mm</td><td colspan="2">300</td></tr>
</table>

压力机参数校核：

①公称压力：根据公称压力，选取压力机型号为 J23-125，它的压力为 1 250 kN，模具总冲压力为 363.62 kN，符合要求。

②滑块行程次数：滑块的行程次数为 40 次/min。因为零件的生产批量为大批量，又是手工操作送料，速度不能太快。因此，滑块行程次数得以校核。

③工作台尺寸：根据下模座 $L\times B$=600 mm×480 mm，压力机的工作台 $L_2\times B_2$=900 mm×600 mm，冲压件和废料可从下模漏出，故符合要求，得以校核。

④闭合高度：模具的闭合高度为 H=395.1 mm，小于所选压力机最大闭合高度（400 mm），所选压力机合适，则压力机得以校核。

任务 6.7 多工位级进模自动送料和安全检测装置

【任务描述】

了解多工位级进模自动送料和安全检测装置的工作原理和结构组成。

【相关知识】

6.7.1 自动送料装置

级进模中使用自动送料装置的目的，是将原材料（钢带或线材）按所需要的步距正确地送入模具工作位置，在各个不同的冲压工位完成预先设定的冲压工序。级进模中常用的自动送料装置有钩式送料装置、辊式送料装置、夹持式送料装置等。目前，辊式送料装置和夹持式送料装置已经形成了一种标准化的冲压自动化周边设备。本节简单介绍这 3 种自动送料装置的特点及其应用。

6.7.1.1 钩式送料装置

（1）钩式送料装置的特点

钩式送料装置是一种结构简单、制造方便、低制造成本的自动送料装备。各种钩式送料装置的共同特点是靠拉料钩拉动工艺搭边，实现自动送料。这种送料装置只能使用在有搭边且搭边具有一定强度的冲压生产中，在拉料钩没有钩住搭边时，需靠手工送进。在级进冲压中，钩式送料通常与侧刃、导正销配合使用才能保证准确的送料步距。该类装置送料误差约在±0.15 mm，送进速度一般小于 15 m/min。

钩式送料装置可由压力机滑块带动，也可由上模直接带动，后者应用比较广泛。图 6-70 是由安装在上模的斜楔 3 带动的钩式送料装置。其工作过程是开始几个工作用手工送进，当达到送料钩位置时，上模下降，将于下模的滑块 2 在斜楔 3 的作用下向左移动，铰接在滑动块上的拉料钩 5 将材料向左拉移一个步距 *A*，此后料钩停止不动（图示位置），上模继续下降，凸模 6 冲压，当上模回升时，滑动块 2 在拉簧 1 的作用下，向右移动复位，使带斜面的拉料钩跳过搭边进入下一孔位完成第一次送料，而条料则在止退簧片 7 的作用下静止不动。以此循环，达到自动间歇送进的目的。

钩式送料装置的送料运动一般是在上模下行时进行，因此送料必须在凸模接触材料前结束，以保证冲压时材料定位在正确的冲压位置。若送料是在上模上升时进行，则材料的送进必须在凸模上升脱离冲压材料后开始。

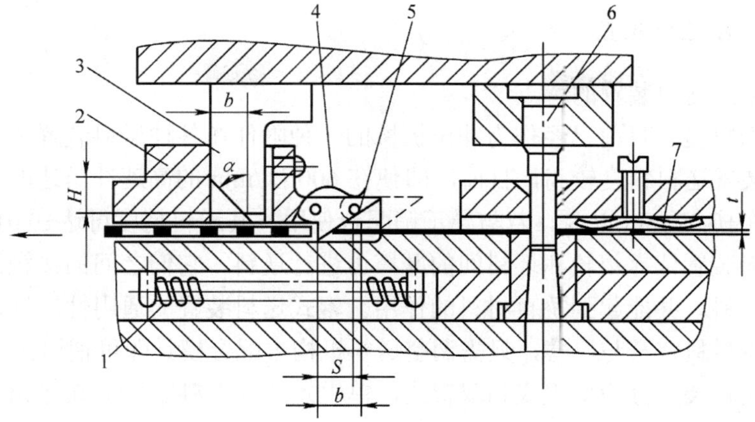

1—拉簧；2—滑块；3—斜楔；4—簧片；5—拉料钩；6—凸模；7—止退簧片。

图 6-70 钩式送料装置

（2）送料钩行程的计算

为了保证送料钩顺利地落下一个孔，应使 $S_{钩}>S$，如图 6-71 所示。

$$S_{钩}=S+S_{附} \tag{6-10}$$

$S_{附}$一般取 1～3 mm。图 6-71 所示送料钩最大行程等于斜楔斜面的投影，即 $S_{max}=b$。如果使 $S_{钩}<b$，可在 T 形导轨底板上安装限位螺钉使送料滑块复位时在所需位置上停住，从而获得所需要的送料进距。

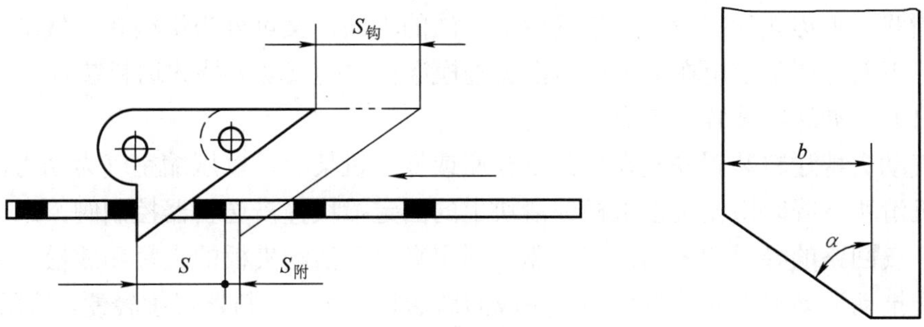

图 6-71 送料钩行程计算图

（3）压力机行程与斜面高度尺寸关系

为保证送料与冲压两者互不干涉，压力机的形成 $H\geqslant h+t+$（2～4）mm（式中，h 是斜楔斜面的高度），在带料级进拉深中，$H\geqslant h+$工作高度。

6.7.1.2 辊式送料装置

（1）辊式送料装置的特点

辊式送料装置目前已经作为冲压机械的一种附件在各种送料装置中广泛应用。这种送料装置送料精度较高，目前，即使在 600 次/min 的高速冲压速度下，其进给误差也仅在±0.02 mm 以内。若与导正销配合使用，其送料精度可达±0.01 mm。

该送料装置依靠辊轮和坯料间的摩擦力进行送料，它们之间的接触面积较大，不会压伤材料，并能起到矫直材料的作用。辊式送料装置的通用性较好，在一定范围内，无论材料宽窄与厚薄，只需调整送料机构去配合模具即可使用。

辊式送料装置分为单辊式和双辊式，单辊式适宜于料厚大于 0.15 mm 以上的级进冲压，双辊式可用于料厚小于 0.15 mm 的级进冲压。

（2）辊式送料装置的机构

辊轮是直接与材料接触的零件，它有实心辊和空心辊两种：对于送料步距小、速度不高的情况，辊轮可做成实心；当送料速度较高时，辊轮一般都采用空心结构，其重量轻，回转惯性较小，可即时停止，确保送料精度。

主动辊轮和从动辊轮大都采用齿轮传动。辊轮的外径应该设计成与齿轮的节圆相同。

6.7.1.3 夹持式送料装置

夹持式送料装置在多工位级进冲压中，广泛地用于条料、带料和线料的自动送料。它是利用送料装置中滑块机构的往复运动来实现送料的。夹持式送料装置可分为夹钳式、夹刃式和夹滚式。根据驱动方法的不同，又可分为机械式、气动式、液压式。下面介绍常应用在多工位精密级进模送料中的气动夹持式送料装置。

（1）气动送料装置的特点

气动夹持送料装置安装在模具下模座或专用机架上。以压缩空气为动力，利用压力机滑块下降时由安装在上模或滑块上的固定撞块撞击送料器控制阀，形成整个压缩空气回路的导通和关闭。气缸驱动固定夹板和活动夹板的夹紧和放松，并由送料活塞推动活动夹板的前后移动来完成间歇送料。气动送料器灵敏轻便，通用性强。因其送料长度和材料厚度均可调整，所以不但适用于大量生产的制件，也适用于多品种、小批量制件的生产。

气动送料装置的最大特点是送料步距精度较高、稳定可靠、一致性好。对于带导正销的高精度级进模，可使送料浮动，并在此期间保证导正销的导入，从而可使经导正后的带料重复定位精度高达±0.003 mm。对于一般无导正销的级进模，依靠送料装置本身的精度，也能获得高于±0.02 mm 的送料步距精度。

（2）典型的气动送料装置结构

图 6-72 是一种标准的气动送料装置结构示意图。该送料装置可用于金属、塑胶等材料的送料，适宜材料的形状有带料、圆形、角形等。

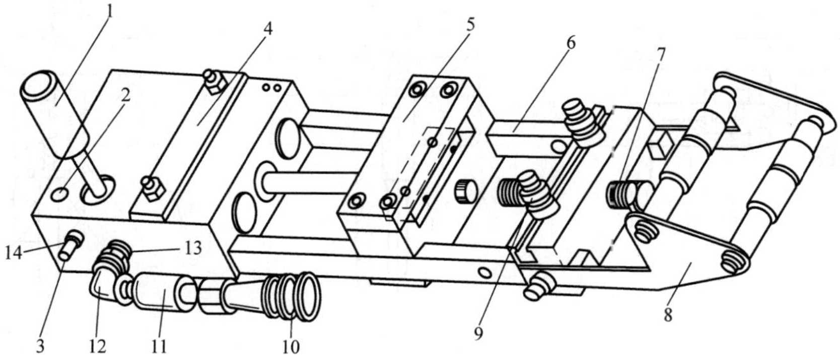

1—控制阀；2—固定孔；3—速度调整螺丝；4—固定夹板；5—移动夹板；6—方柱型导轨；7—送料长度微螺丝；8—送料滚筒支架；9—导轮；10—快速接头；11—空气阀；12—弯头；13—螺纹接头；14—排气孔。

图 6-72　气动送料装置结构示意图

6.7.2　安全检测装置

冲压自动化生产不但要有自动送料装置，还必须在生产过程中有防止失误的安全检测装置，以保护模具和压力机免受损坏。

安全检测装置既可设置在模具内，也可设置在模具外。当发生失误，影响模具正常工作时，其中的各种传感器（光电传感器、接触传感器等）就能迅速地将信号反馈给压力机的制动部分，使压力机停机并报警，实现自动保护。图 6-73 所示为冲压自动化生产中应用的各种安全检测装置。

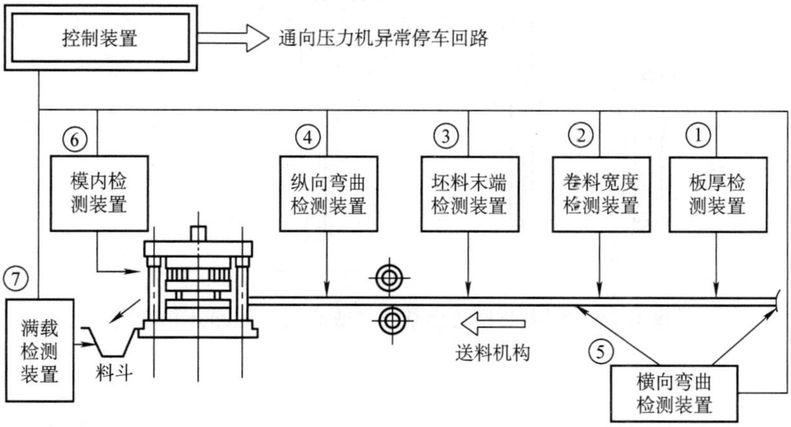

图 6-73　冲压自动化生产中的安全检测装置

图 6-74 所示为应用接触传感器和浮动导正销检测条料误送的机构示意图。

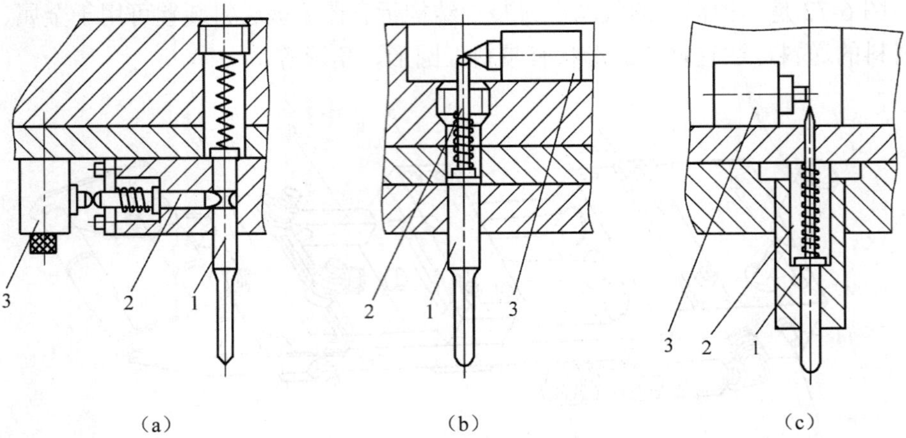

1—浮动检测销（导正销）；2—接触销；3—微动开关。

图 6-74　导正孔检测机构示意图

此外，为消除安全隐患，在模具设计时也应设计一些安全保护装置。如防止制件或废料的回升和堵塞、模面制件或废料的清理等。图 6-75 为利用凸模内装顶料销或压缩空气防止制件或废料的回升和堵塞；图 6-76 是利用压缩空气经下模将模面的制件吹离；图 6-77 是利用压缩空气将从上模中推出的制件吹离模面。

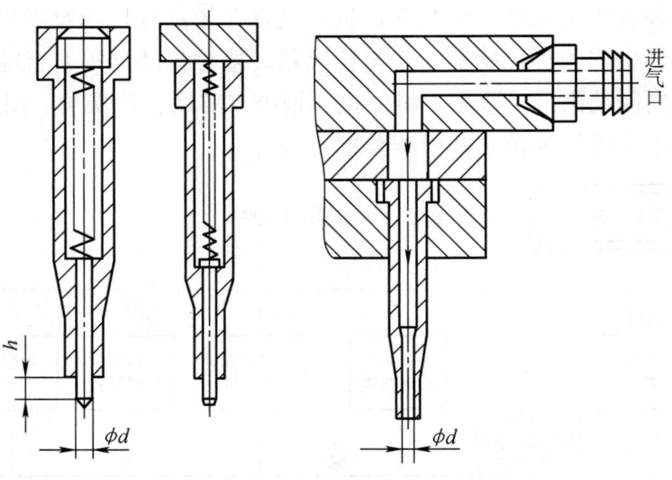

图 6-75　利用凸模防止制件（或废料）的回升和堵塞

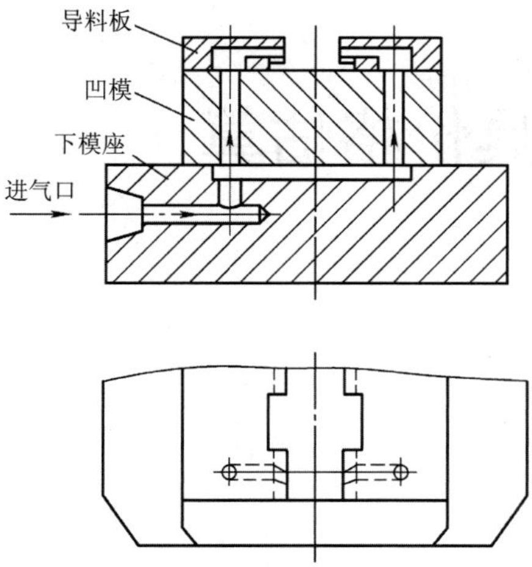

图 6-76 从模具端面吹离制件

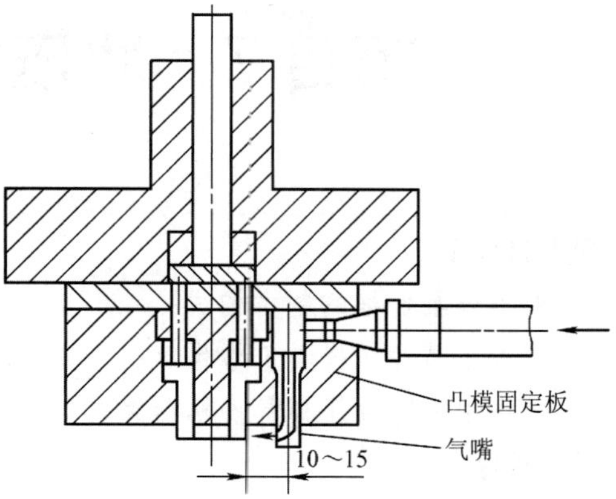

图 6-77 气嘴关闭式吹离制件

实训与练习

1. 实训

试制定图 6-78 制件的排样图，并设计该制件的级进模。

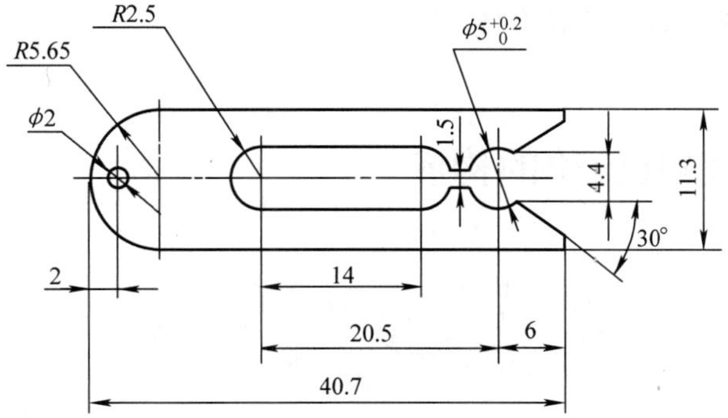

图 6-78 制件图

2. 练习

（1）什么是载体和接口？简述常见的载体种类和应用范围是什么。

（2）试述级进冲裁、级进弯曲、级进拉深的设计要点。

（3）常用的自动送料装置有哪些？分别有何特点？

（4）对多工位级进模的保护措施常用的有哪些？

项目 7　冲压模具价格估算

【知识目标】

熟悉模具价格的基本构成；

掌握小型冲压模具价格估算；

掌握中大型冲压模具价格估算。

【能力目标】

会估算小型模具的价格；

会估算中大型模具的价格。

【素质目标】

培养学生良好的职业道德和职业习惯；

培养学生节能意识和清洁生产意识。

【项目描述】

了解模具的技术经济指标，掌握模具的价格构成，估算图 7-1 灯罩支架冲压模具和图 7-2 车门板冲压模具的价格。

任务 7.1　模具价格的构成

【任务描述】

了解模具的技术经济指标，掌握模具的价格构成都有哪些，以及模具价格的评价方式。

【相关知识】

7.1.1 模具的技术经济指标

7.1.1.1 模具的精度与刚度

① 模具的精度。其包括尺寸精度、形状精度、位置精度和表面粗糙度。模具的精度主要体现在模具零件精度和配合精度。模具工作部位的精度高于产品制件的精度，如冲裁模刃口尺寸的精度要高于产品制件的精度。冲裁间隙的数值大小和均匀一致性也是主要精度参数之一。平时测量出的精度都是非工作状态下的精度（如冲裁间隙），即静态精度。而在工作状态时，受到工作条件的影响，静态精度发生了变化，变为动态精度，动态精度才是真正有实际意义的数据。一般模具的精度应与产品的精度相协调，同时还受模具加工技术手段的制约。随着制造技术的发展和模具加工技术手段的改进，模具精度也会相应地提高，模具工作零件的互换性生产也将成为现实。

② 模具的刚度。对于高速冲压模、大型件冲压成形模、精密塑料模和大型塑料模来说刚度很重要，不仅精度要高，同时还要具有良好的刚度。这类模具的工作负荷较大，当出现较大的弹性变形时，不仅影响模具的动态精度，而且关系到模具能否正常工作。因此，在模具设计中，在满足强度要求的同时，应保证模具的刚度，同时在制造中也要避免加工不当造成的附加变形。

7.1.1.2 模具的生产周期

模具的生产周期是指从接受模具订货任务开始到模具试模鉴定后交付合格模具所用的时间。当前，模具使用企业要求的模具生产周期越来越短。因此，模具生产周期的长短是衡量模具企业生产能力和技术水平的综合标志之一，也关系到模具企业在激烈的市场竞争中有无立足之地。同时，模具的生产周期也是衡量一个国家模具技术管理水平的标志。

影响模具生产周期的主要因素：①模具技术和生产的标准化程度；②模具企业的专业化程度；③模具生产技术手段的先进程度；④模具生产的经营管理水平。

7.1.1.3 模具的生产成本

模具的生产成本是指企业为生产和销售模具所支付费用的总和。模具的生产成本包括原材料费、外购件费、外协件费、设备折旧费、经营开支等；从性质上又分为生产成本、非生产成本和生产外成本。通常讲的模具生产成本是指与模具生产过程有直接关系的生产成本。

影响模具生产成本的主要因素：①模具结构的复杂程度和模具功能的高低；②模具精度的高低；③模具材料的选择；④模具的加工设备；⑤模具的标准化程度和企业生产的专门化程度。

7.1.1.4 模具的寿命

模具的寿命是指模具在保证产品零件质量的前提下，所能加工的制件的总数量，包括工作面的多次修磨及易损件更换前后所加工制件的数量之和。

一般在模具设计阶段就应明确该模具所适用的生产批量类型或模具生产制件的总次数，即模具的设计寿命。不同类型模具的正常损坏形式也不一样，但总地来说，工作表面损坏的形式有摩擦损坏、塑性变形、开裂、疲劳损坏、啃伤等。模具寿命的主要影响因素如下：

①模具的结构：合理的模具结构有助于提高模具的承载能力，减轻模具承受的机械负荷。

②模具的材料：应根据产品零件生产批量的大小选择。

③模具的加工质量：模具零件在机械加工、电火花加工、淬硬和表面处理时的缺陷，都会对模具的耐磨性、抗咬合能力、抗断裂能力产生显著的影响。

④模具的工作状态：模具工作时，所使用设备的精度与刚度、润滑条件、被加工材料的预处理状态、模具的预热和冷却条件等都对模具的寿命产生影响。

⑤产品零件的状况：被加工零件材料的表面质量状态，材料的硬度、延展率等力学性能，被加工零件的尺寸精度等都与模具的寿命有直接关系。

7.1.2 模具价格的构成

7.1.2.1 模具生产的一般过程

模具生产的一般过程为：

①模具技术开发；

②坯料准备与外协准备；

③加工制造；

④其他。

7.1.2.2 模具价格的基本构成及计算公式

模具也是商品，但它与在市场上流通的一般商品不大相同，往往都是由模具制造与使用的双方直接定价成交。模具的基本成本应由以下部分组成：材料费、制造费、技术开发费（俗称设计费）、管理费、其他费用等。因此，模具的销售价格可表达成：

$$M_x = M_c + M_z + M_g + D_d + Q + R + T \tag{7-1}$$

式中，M_x——模具销售价格，即模具的总价格（含税价），元；

M_c——材料费，包括原材料费及所有外购件的价格，元；

M_z——制造费，元；

M_g——管理费，元；

D_d——技术开发费，元；

Q——其他费用，如运输费、售后服务费、差旅费等由合同规定的费用，元；

R——利润（Return），元；

T——税金（Tax），元。

7.1.2.3　各项费用分解

（1）材料费

$$M_c = m_p + m_f + m_g + m_b \tag{7-2}$$

式中，m_p——模具坯料费，元；

m_f——各种辅助材料费，元；

m_g——辅助部件购入费，元；

m_b——模具标准件费，元。

（2）制造费

$$M_z = G_a + M_h + U + E \tag{7-3}$$

式中，G_a——加工工时费，或称制造工费，元；

M_h——热处理费，元；

U——试模费，元；

E——外协加工费，元。

制造工费（G_a）可按下式计算：

$$G_a = m_j + m_s + m_d + m_x + m_m + m_q \tag{7-4}$$

式中，m_j——常规机加工费，元；

m_s——CNC 机床加工费，元；

m_d——电火花成型加工费，元；

m_x——线切割加工费，元；

m_m——磨削加工费，元；

m_q——其他加工费，元。

上述制造工费包括模具零件和专用工具（如电极等）的制造费。G_a的特点是可以按工作小时数计算费用。

（3）技术开发费

$$D_d = D_1 + D_2 + D_3 + D_4 + D_5 \tag{7-5}$$

式中，D_1——模具结构设计费用，包括成形工艺分析与模具结构设计费用，元；

D_2——产品和模具 3D 造型费，元；

D_3——CAM 编程费用，当前许多软件都提供了自动 CAM 编程及其模拟加工功能，但 CAM 工程师的经验对于选择合理的加工方式、加工参数等仍起重要作用，本书将其列入开发费，元；

D_4——检测费（包括根据样品反求测绘费和试模样品检测等），元；

D_5——计算机辅助工艺分析与成形过程分析费，元。

目前，常取制造工费的一定比例计算技术开发费（D_d），在有充分原始积累数据的基础上，对类似模具的开发也可按照技术开发费的各项项目累计。

（4）管理费（M_g）

管理费包括管理摊派费用（即企业为管理和组织全厂正常生产所发生的各项费用）、商务费，以及其他间接费用等。管理费（M_g）的计算常采用材料费、制造费和技术开发费之和的一定比例计算。

（5）其他费用

这部分费用需由双方商定，以合同方式确定，如产品的测量与建模费、模具的包装运输费、售后服务费、风险费、不可预见费等。

（6）利润

利润率的高低是由各企业在细分市场的地位所决定的。据调查，我国当前模具行业的利润率一般在 10%～30%。若采用独特工艺（包括新生工艺），往往意味着大量的资本投资或者长期的知识积累、交叉知识的有效运用，其模具利润自然应偏高，各企业可根据市场的变化有针对性地进行自我调节。

（7）税金

税率是由国家法规确定的，目前我国模具行业的税率取 17%，若材料费或劳务费是含税价，在计算税收时应予以扣除。根据上述各项费用分解，总的模具销售价（含税价）如式（7-6）所示：

$$M_x = (M_c + M_z + M_g + D_d + Q)(1 + r_{11})(1 + r_{12}) - r_{12}(M_c + E) \tag{7-6}$$

7.1.3 模具价格的评价方式

当前，许多模具制作单位摒弃了经验估价法、分解汇总估价法等以经验为主的价格计算方法，而是以科学统计为基础的方法来对所设计的模具进行价格估算，其中用得较广的是重量法和工时法。

①重量法：重量法为模具行业内习惯称呼，又称吨位估算法。实际是以模具质量和单位质量价格作为价格要素估算模具销售价格。

原理：如果仅将构成模具总销售成本的各成分按模具的质量按比例分摊到某副模具中去，这样所得到的模具价格就是该模具的销售成本。

影响因素：体积、质量系数、制件形状、精度和模具结构、材料。

适用范围：中、大型冲压模具的价格估算。

②工时法：按模具制造工时计算模具价格的一种计价方法。

原理：将模具的总销售成本，或将总销售成本连同总利税，平均分摊到企业的每一个实际工时中去，首先核算出单位工时的含金当量值，然后再根据某套模具的制造总工时来计算出该模具的总工时费用之和，最后加上原材料费、设计费、专用工具费、试模费及销售费，得出销售价格。

影响因素：工时。

适用范围：小、中、大型冲压模具和型腔模具的价格估算。

7.1.4 模具价格与报价的关系

模具估价后，并不能马上直接作为报价。一般说来，还要根据市场行情、客户心理、竞争对手、企业状况等因素进行综合分析，对估价进行适当的调整，可在估价的基础上增加10%～30%作为第一次报价。经过讨价还价，可根据实际情况调低报价。

模具的报价策略正确与否，直接影响模具的价格和利润，影响所采用的模具生产技术管理水平等的发挥，是模具企业管理是否成功的重要体现。

7.1.5 模具报价单的填写

模具价格估算后，一般要以报价单的形式向外报价。报价单的主要内容有模具的报价、模具的生产周期、要求达到的模次（寿命）、对模具的技术要求与条件、付款方式、结算方式以及保修期等。

任务7.2 小型冲压模具价格估算

【任务描述】

如图7-1为一个灯罩支架的制件图，制件材料为JSC270C，制件周长为886 mm，模具依据制件图设计制造，模具尺寸为 580 mm×315 mm×260 mm，模具类型为翻边成形模，完成该小型模具的价格估算。

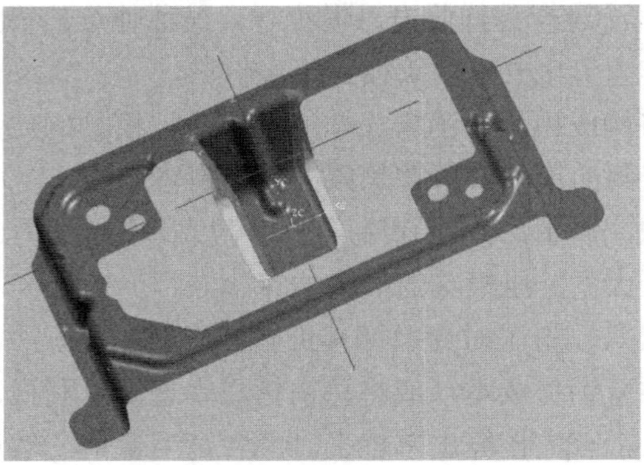

图 7-1 灯罩支架制件图

【相关知识】

7.2.1 小型冲压模具价格估算方法适用范围

①仅用于计算凹模板半周长小于 1 400 mm 的冲压模具；

②仅用于计算的模具类型有落料模、冲孔模、弯曲模、拉深模、复合模、精冲模及简单的级进模；

③仅用于模具主要零部件采用适宜的模具钢，以常规的工艺方法制造的非简易模具，对于采用其他特殊工艺方法制造的小型冲压模具，其价格计算中的有关参数要做适当地修正；

④仅用于计算国内用户订制的模具，出口模具的价格另议；

⑤对于在技术上有特殊要求或加急的模具，其价格可在按式（7-8）计算的基础上适当加价；

⑥在满足用户对冲压件质量要求的前提下，模具还应具备良好的制造精度和装配精度，并能在正常使用条件下达到正常的使用寿命。

7.2.2 小型冲压模具价格的构成

小型冲压模具价格构成公式如下：

$$M_1 = \{[G_{a1}(1+d_1)+M_{c1}+U_1](1+g_1)+Q\}(1+r_{11})(1+r_{12}) \tag{7-7}$$

式中，M_1——小型冲压模具的销售价格，元；

G_{a1}——小型冲压模具的制造工费，元；
d_1——小型冲压模具的设计费系数；
M_{c1}——小型冲压模具的材料费，元；
U_1——小型冲压模具的试模费，元；
g_1——模具制造的管理费系数；
Q——其他费用，如运输费、售后服务费、差旅费等由合同规定的费用，元；
r_{11}——成本利润率；
r_{12}——税率。

7.2.3　小型冲压模具价格估算方法

7.2.3.1　工时法

工时法是以模具制造工时为依据估算小型冲压模具价格。

（1）制造工费的计算

小型冲压模具的制造工费（G_{a1}）是其制造全过程中发生的全部工时费用的总和，即

$$G_{a1} = \sum T_1 A_1 \tag{7-8}$$

式中，$\sum T_1$——小型冲压模具制造全过程的总工时，h；

A_1——小型冲压模具制造中的单位工时的平均费用，简称工时单价，元/h。

①制造总工时（$\sum T_1$）的计算。

$$\sum T_1 = T_{01} K_{10} + \sum N_{1i} \tag{7-9}$$

$$\sum N_{1i} = N_{11} + N_{12} + N_{13} + N_{14} + N_{15} + N_{16} + N_{17} \tag{7-10}$$

基点工时（T_{01}）的值根据模具类型、模具结构或弯曲模及拉深模等的冲件形状、凹模周界尺寸，由表 7-1 确定。

根据圆形件冲裁模的凹模周界尺寸，由表 7-2 选取基点工时修正系数（K_{10}）的值。

$\sum N_{1i}$ 因不同因素增加时，见表 7-3～表 7-8。

表 7-1 中小型模具制造基点工时（T_{01}）

模具类型	模具结构	凹模周界/（mm×mm）									
		63×50	80×63	100×80	125×100	160×125	200×160	250×200	315×250	400×315	500×400
		$\phi63$	$\phi80$	$\phi100$	$\phi125$	$\phi160$	$\phi200$	$\phi250$	$\phi315$	$\phi400$	$\phi500$
落料模	固定卸料工件下漏	37	40	45	56	68	98	125	183	278	356
	弹压卸料工件下漏	41	43	49	60	72	105	131	191	285	373
	固定卸料工件下顶	43	46	53	65	76	110	138	199	298	388
	弹压卸料工件下顶	47	50	56	68	81	114	143	205	306	395
	凹模倒装工件下顶	43	46	53	65	76	110	138	199	299	388
	平均工时	39	45	51	61	75	107	135	195	293	382
级进模	2～3工位			100	112	129	169	203	278	396	505
	多于3工位			127	145	169	227	276	384	556	714
	平均工时			114	129	149	198	240	331	476	610
冲孔模	固定卸料工件下漏	38	40	45	56	68	98	126	185	278	369
	弹压卸料工件下漏	41	43	49	59	73	105	130	190	285	373
	弹压倒装工件上打	43	46	53	65	76	110	138	199	298	388
	工件上打废料下漏	47	50	56	67	80	113	143	202	303	391
	平均工时	42	45	51	62	74	107	134	194	291	380
复合模	倒装	56	59	66	77	91	126	157	221	326	418
	正装	62	66	73	86	99	135	169	235	344	418
	平均	59	63	71	82	95	131	161	228	335	418
弯曲模	V形	27	31	35	38	41	48	53	63	73	90
	U形	41	43	48	51	59	69	79	88	9	108
	平均工时	34	37	43	45	50	59	66	76	86	99
拉深模	圆形落料拉深	40	41	443	47	53	59	68	81	106	121
	矩形拉深	57	62	68	79	93	113	153	201	258	325
	平均工时	49	50	56	63	73	86	111	141	182	223
精冲模	落料				300	350	450	550	650		
	复合				340	400	500	600	700		
	平均工时				320	375	475	575	675		

表 7-2　基点工时修正系数（K_{10}）

系数	非冲裁模或非圆冲裁模	圆冲裁模凹模周界									
		$\phi 63$	$\phi 80$	$\phi 100$	$\phi 125$	$\phi 160$	$\phi 200$	$\phi 250$	$\phi 315$	$\phi 400$	$\phi 500$
K_{10}	1.0	0.74	0.73	0.7	0.66	0.61	0.5	0.45	0.37	0.3	0.28

$$N_{11} = T_{01} \cdot K_{10} \cdot K_{11}(L_z / L_{z0} - 1) \tag{7-11}$$

式中，N_{11}——冲裁周长因素工时；

$T_{01} \cdot K_{10}$——基点工时×基点工时修正系数；

K_{11}——冲裁周长因素工时系数，见表 7-3；

L_z/L_{z0}——实际冲裁周长/冲裁周长基数。

表 7-3　冲裁周长因素工时系数（K_{11}）

凹模周界/（mm×mm）		63×50	80×63	100×80	125×100	160×125	200×160	250×200	315×250	400×315	500×400
		$\phi 63$	$\phi 80$	$\phi 100$	$\phi 125$	$\phi 160$	$\phi 200$	$\phi 250$	$\phi 315$	$\phi 400$	$\phi 500$
周长基数（L_{z0}）		60	90	120	200	300	420	560	740	1 000	1 360
K_{11}	圆形	0.28	0.32	0.38	0.45	0.5	0.52	0.54	0.56	0.58	0.6
	非圆形	0.3	0.34	0.4	0.48	0.53	0.55	0.57	0.6	0.62	0.64

$$N_{12} = T_{01} \cdot K_{12} \tag{7-12}$$

式中，N_{12}——铸铁模架因素工时；

T_{01}——基点工时；

K_{12}——铸铁模架因素工时系数，见表 7-4。

表 7-4　铸铁模架因素工时系数（K_{12}）

凹模周界/（mm×mm）	63×50	80×63	100×80	125×100	160×125	200×160	250×200	315×250	400×315	500×400
K_{12}	0.058	0.058	0.058	0.058	0.064	0.064	0.07	0.07	0.07	0.07

$$N_{13} = T_{01} \cdot K_{13} \tag{7-13}$$

式中，N_{13}——钢底模架因素工时；

T_{01}——基点工时；

K_{13}——钢底模架因素工时系数，见表 7-5。

表 7-5 钢底模架因素工时系数（K_{13}）

凹模周界/（mm×mm）	63×50	80×63	100×80	125×100	160×125	200×160	250×200	315×250	400×315	500×400
K_{13}	0.38	0.37	0.35	0.31	0.28	0.20	0.17	0.13	0.10	0.07

$$N_{14}=T_{01}\cdot K_{10}K_{14} \tag{7-14}$$

式中，N_{14}——慢走丝因素工时；

K_{10}——基点工时修正系数；

K_{14}——慢走丝因素工时系数，见表 7-6。

表 7-6 慢走丝因素工时系数（K_{14}）

凹模周界/（mm×mm）		63×50	80×63	100×80	125×100	160×125	200×160	250×200	315×250	400×315	500×400
		$\phi63$	$\phi80$	$\phi100$	$\phi125$	$\phi160$	$\phi200$	$\phi250$	$\phi315$	$\phi400$	$\phi500$
K_{14}	圆形	0.59	0.68	0.81	0.95	1.01	1.06	1.14	1.19	1.23	1.27
	非圆形	0.64	0.72	0.85	1.02	1.12	1.17	1.21	1.27	1.31	1.36

$$N_{15}=\sum t_1-T_{01}\cdot K_{10} \tag{7-15}$$

式中，N_{15}——多孔因素工时，基点工时是按其中直径大的孔计算的；

$T_{01}\cdot K_{10}$——基点工时×基点工时修正系数；

t_1——单孔工时，见表 7-7。

复合模各种孔型因数工时：

$$N_{16}=\sum t_1 \tag{7-16}$$

式中，t_1——单孔工时，见表 7-7。

表 7-7 单孔工时（t_1）

孔规格	圆孔直径/mm						非圆孔周长/mm						
	≤6	>6～12	>12～16	>16～20	>20～25	>25～30	≤60	>60～80	>80～100	>100～150	>150～200	>200～250	>250～300
t_1/h	4	4.5	6	7.5	8.5	9	13.5	15	17.5	22.5	24	32	36

$$N_{17}=T_{01}\cdot K_{10}\cdot K_{17} \tag{7-17}$$

式中，N_{17}——精冲模因素工时；

$T_{01} \cdot K_{10}$——基点工时×基点工时修正系数；

K_{17}——采用精冲模的冲件材料厚度大于 4 mm 时的工时系数，见表 7-8。

表 7-8 精冲模因素工时系数（K_{17}）

凹模周界/mm		$\phi 100$	$\phi 130$	$\phi 210$	$\phi 240$
K_{17}	圆形	0.08	0.08	0.07	0.07
	非圆形	0.09	0.09	0.08	0.07

②工时单价（A_1）的确定。

工时单价（A_1）是将完全成本中的原材料费、设计费、试模费、销售费用等非制造费用除去后的非完全成本与制造过程中实际发生的所有工时之和的比值，取 20～100。

（2）小型冲压模具原材料费的计算公式及参数

$$M_{c1} = \sum 1.3 v_i \rho_i \times 10 - 3a_i + \sum a \qquad (7\text{-}18)$$

（3）技术开发费系数（d_1）（设计费系数）的确定

小型冲压模具设计费系数（d_1），依据设计难易程度、工作量多少，分 3 种情况选取，其值列于表 7-9 中。

表 7-9 技术开发费系数（d_1）

设计分类	审核模具图样	依冲件图设计	依冲件样品设计
d_1	0.02～0.03	0.08～0.1	0.12～0.15

（4）试模费（U_1）的确定

一般情况下，试模工作在制模单位即可完成，所以试模费（U_1）可忽略不计。若由于条件限制，试模工作必须在其他外单位进行时，可按每次试模发生的实际费用累计，当然最高试模次数必须给予限定，小型冲压模具以 3 次试模次数为限。

（5）管理费系数（g_1）的确定

模具制造管理费是指企业为管理和组织全厂生产所发生的各项费用的总和，管理费系数（g_1）值列于表 7-10 中。

（6）运输费、售后服务费、差旅费等其他费用（Q）的确定

小型冲压模具的包装运输费等其他费用根据实际情况予以统计核算。

（7）成本利润率（r_{11}）和税率（r_{12}）的确定

小型冲压模具的成本利润率（r_{11}）和税率（r_{12}）值列于表 7-10 中。

表 7-10 成本利润率、税率、管理费系数 单位：%

成本利润率（r_{11}）	税率（r_{12}）	管理费系数（g_1）
20～30	17	5～8

7.2.3.2 重量法

如前所述，重量法为模具行业内习惯称呼，实际是以模具质量和单位质量的价格作为价格要素估算模具销售价格。

重量法的计算公式：

$$\begin{aligned} M_1 &= WA_0(1+K_1+K_2+K_3)(1+g_1)(1+r_{11})(1+r_{12}) \\ &= V\rho K_w A_0(1+K_1+K_2+K_3)(1+g_1)(1+r_{11})(1+r_{12}) \\ &= LBH\rho K_w A_0(1+K_1+K_2+K_3)(1+g_1)(1+r_{11})(1+r_{12}) \end{aligned} \tag{7-19}$$

式中，M_1——模具销售价格，万元；

W——模具实体质量，t；

K_w——模具实体质量系数；

ρ——模具材料的密度，kg/m^3；

A_0——质量的含金额度，万元/t；

L——模具的长度，m；

B——模具的宽度，m；

H——模具的闭合高度，m；

K_1——制件的形状复杂系数；

K_2——模具材料系数；

K_3——制件厚度系数；

g_1——模具制造的管理费系数；

r_{11}——成本利润率；

r_{12}——税率。

（1）模具实体质量（W）

这里所说的模具实体质量，是指在没有设计制造前，通过零件尺寸以及设计制造经验估算的模具尺寸计算的实体质量。计算如式（7-20）所示：

$$W = LBH\rho K_w \tag{7-20}$$

因为模具的尺寸是估算的，在估算时已经对整个模具的尺寸进行了放量，故在公式中不再考虑。

（2）模具实体质量系数（K_w）

由于模具本身并不是轮廓尺寸包含的实体，有些地方是空开的。所以，在计算模具实体质量时要乘以一个系数进行修正，该系数即为模具质量实体系数（K_w），通常 $0.6 \leqslant K_w < 1.0$ 。

（3）模具材料的密度（ρ）

模具制造常用的材料有 45 钢、T10A、Cr12MoV 等模具钢，以及 HT250、HT300 等铸造材料，其密度都与铁的密度非常接近，所以在计算公式中模具材料的密度（ρ）$= 7.85 \times 10^3$ kg/m^3 。

（4）模具质量的含金额度（A_0）

模具质量的含金额度是设计、制造、装配、调试、运输、售后服务等所有费用分解到单位质量中的量化体现。在不同的国家、不同的企业，由于加工制造的手段、模具原材料等方面的不同，其 A_0 值也不同；此外，模具的种类不同，其 A_0 值也不同，如一般成形类模具的 A_0 值就比冲裁类模具的 A_0 值大，其具体取值大小有赖于经验的积累。

（5）制件的形状复杂系数（K_1）、材料系数（K_2）和厚度系数（K_3）

制件的形状复杂程度、模具材料以及制件材料厚度对模具价格具有显著影响，根据经验，相关参数见表 7-11～表 7-13。

表 7-11　制件的形状复杂系数（K_1）

类型	冲裁类		成形类	
	平面制件	立体制件	一般成形制件	拉延成形制件
K_1	0	0.1～0.3	0.1～0.2	0.3

表 7-12　制件的材料系数（K_2）

类型及明细	冲裁类			成形类		拉延类	
选用材料	45 钢	T10A	CH-1、Cr12MoV	CH-1、T10A	Cr12、Cr12MoV	HT300	MoCr、铸铁
K_2	0	0.03	0.05	0.05	0.1	0.05	0.1

表 7-13　制件的厚度系数（K_3）

制件材料厚度（t）/mm	K_3
$t \leqslant 1$	0.2
$1 < t \leqslant 2$	0.2
$2 < t \leqslant 6$	0.2
$t > 6$	0.3

（6）成本利润率（r_{11}）、税率（r_{12}）

成本利润率、税率是模具厂家通常选用的参数，也是模具价格的重要组成部分，两个参数的选取详见表 7-10。

7.2.4 小型冲压模具价格估算步骤

7.2.4.1 工时法估算步骤

步骤一：计算小型冲压模具的制造工费（G_{a1}）。

①根据模具类型、模具结构或弯曲模及拉深模等的冲件形状、凹模周界尺寸由表 7-1 确定基点工时（T_{01}）的值；

②根据圆形件冲裁模的凹模周界尺寸，由表 7-2 选取基点工时修正系数（K_{10}）的值；

③列出需增加工时的相关因素工时，依据式（7-11）～式（7-17），分别确定各因素工时 N_{11}～N_{17}，然后逐一累加计算因素工时（$\sum nN_{1i}$）；

④依据式（7-9）计算制造总工时（$\sum T_1$）的值；

⑤确定工时单价（A_1）的值；

⑥依据式（7-8）计算制造工费（G_{a1}）的值。

步骤二：计算小型冲压模具的材料费（M_{c1}）。

①估算模具的总体积（$\sum V_i$）（不含模架）；

②确定所用模具钢的综合单价；

③累计外购标准模架及标准件的总价；

④依据式（7-10）计算材料费（M_{c1}）的值。

步骤三：计算小型冲压模具的销售价格（M_1）。

①由表 7-9 选取设计费系数（d_1）的值；

②由表 7-10 选取成本利润率（r_{11}）、税率（r_{12}）的值；

③按实际发生费用确定试模费（U_1）和包装运输费等其他费用（Q）的值；

④依据式（7-7）计算销售价格的值 M_1。

7.2.4.2 重量法估算步骤

步骤一：模具实体质量（W）。

①估算模具长（L）、宽（B）、闭合高度（H）；

②确定模具实体质量系数（K_w）；

③依据式（7-20）计算模具实体质量（W）。

步骤二：确定质量的含金额度（A_0）。

步骤三：确定制件的形状复杂系数（K_1）（查表 7-11）、模具材料系数（K_2）（查表 7-12）和制件厚度系数（K_3）（查表 7-13）。

步骤四：确定模具制造的管理费系数（g_1）（查表 7-10）、成本利润率（r_{11}）（查表 7-10）和税率（r_{12}）（查表 7-10）。

步骤五：依据式（7-19）计算小型冲压模具销售价格。

【任务实施】

7.2.5　灯罩支架翻边成形模价格估算

表 7-14　灯罩支架翻边成形模价格估算

制件名称	制件材料	制件料厚	制件周长	模具尺寸	模具类型
灯罩支架	JSC270C	0.6 mm	886 mm	580 mm×315 mm×260 mm	翻边成形模
工序制件图		模具上模部分		模具下模部分	
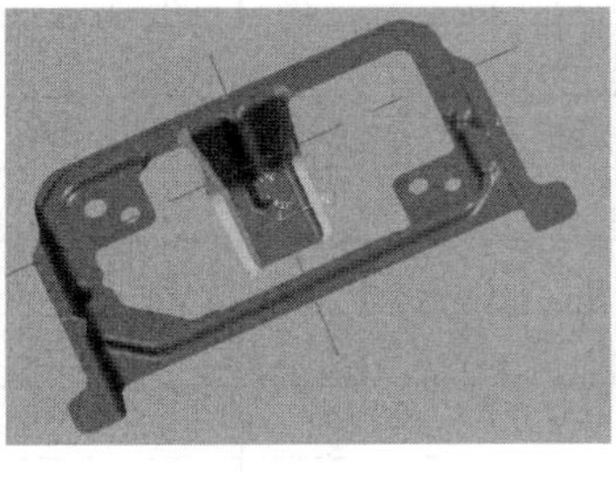		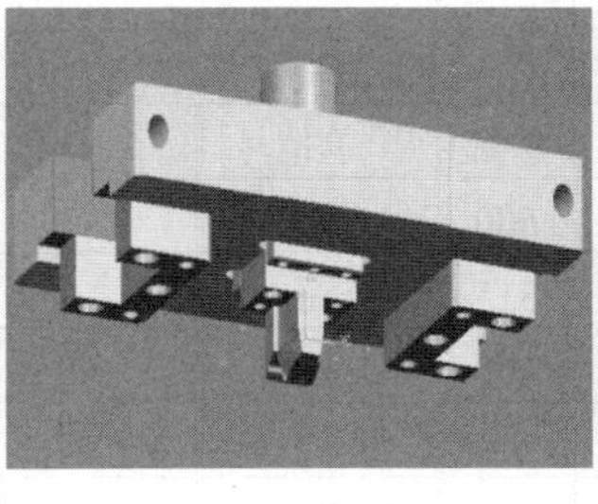		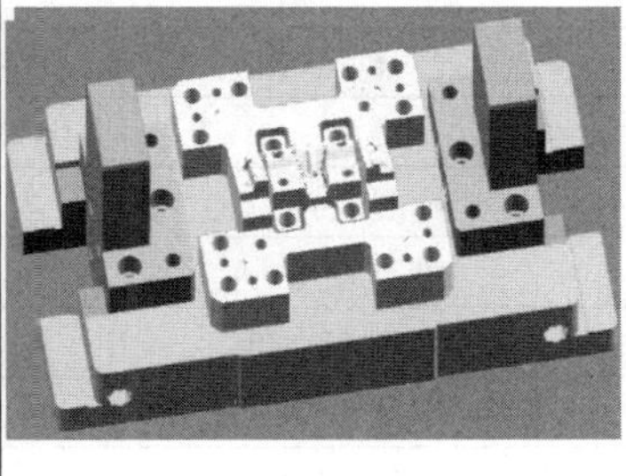	

基点工时估算法							
项目	代号	参数	单位	项目	代号	参数	单位
基点工时	T_0	79	h	冲裁件周长因素工时	N_{11}	0.000	h
工时单价	A	100	元/h	自制铸铁标准底板模架因素工时	N_{12}	4.224	h
基点工时修正系数	K_{10}	1		自制钢底板模架因素工时	N_{13}	0.000	h
冲裁周长因素工时系数	K_{11}			慢走丝切割机床加工因素工时	N_{14}	0.000	h
自制铸铁底板模架因素工时系数	K_{12}	0.064		多孔冲孔模因素工时	N_{15}	0.000	h

项目	代号	参数	单位	项目	代号	参数	单位
自制钢底板模架因素工时系数	K_{13}			复合模冲各种型孔的因素工时	N_{16}	0.000	h
慢走丝线切割机床加工因素工时系数	K_{14}						
冲裁实际周长	L_Z		mm				
冲裁周长基数	L_{Z0}		mm				
同类型规格模具的基点工时平均值	T_0'	66	h	冲压模具制造的总工时	$\sum T$	83.22	h
所有孔的工时之和	$\sum t_i$		h	模具制造工费	G_a	0.832	万元
材料费计算:							
				模具材料费	M_1	0.380	万元
销售价格计算:							
模具设计费系数	d	0.1		设计费		0.083	万元
成本利润率	p_r	20%		利润		0.339	万元
税率	t_r	17%		税率		0.346	万元
管理费系数	g	5%		管理费		0.081	万元
试模费	U	0.320	万元	试模费		0.320	万元
其他费用	Q	0.000	万元	其他费用		0.000	万元
				模具销售价格	p	2.382	万元

重量估算法

项目	代号	参数	单位	项目	代号	参数	单位
模具长度	L	580	mm				
模具宽度	B	315	mm				
模具闭合高度	H	260	mm				
模具实体质量系数	K_w	0.8					
模具材料的相对密度	ρ	7.85	$\times 10^{-9}$ t/mm^3	模具实体质量	W	0.298	t
质量的含金额度	A_0	4.29	万元/t				
制件的形状复杂系数	K_1	0.2					
模具材料系数	K_2	0.05					
制件的厚度系数	K_3	0.2					
管理费系数	g	5%					
成本利润率	p_r	20%					
税率	t_r	17%		模具销售价格	p	2.736	万元

任务 7.3　中、大型冲压模具价格估算

【任务描述】

如图 7-2 为一个车门板的制件图，制件材料为 ST14Z，制件周长为 5 000 mm，模具依据制件图设计制件，模具详细数据见【任务实施】，模具类型为修边冲孔模，完成该中、大型模具的价格估算。

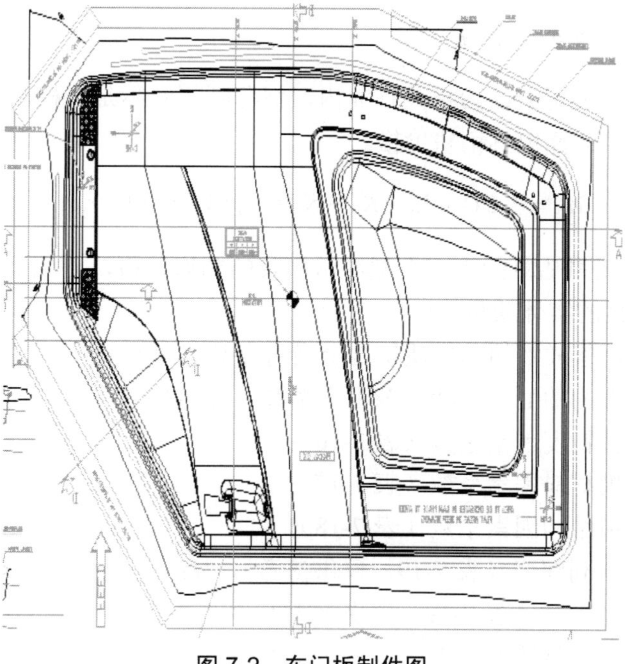

图 7-2　车门板制件图

【相关知识】

7.3.1　中、大型冲压模具价格估算方法适用范围

本节介绍的估算方法及计算参数，原则上是在较为先进的工艺条件下，在技术密集型、资金密集型和人才密集型等专业特征诸多因素的前提下制定的。模具是一种特殊的商品，因为影响模具价格的因素较多，所以价格估算的准确性会受到一定的局限，在实际应用中应根据产品的类别和性质进行判断和灵活运用。

以下是对本估价方法的两点说明：

①适用于下底板的半周长（$L+B$）≥1 400 mm 的模具，价格类别为出厂价格（不含其他费用，如运输费、售后服务费、差旅费等由合同规定的费用）；

②适用于冲压金属板类冷冲压模具，并且是按照单件进行验收的单工序类模具。

7.3.2 中、大型冲压模具价格的构成

根据中、大型冲压模具的设计与制造特点以及行业惯例，构成中、大型冲压模具价格的主要部分包括模具的冲压过程模拟与分析费、结构设计费、原材料费、制造工费、管理费、试模及模具调试费、利润、税金等。

7.3.2.1 重量（吨位）估算法

同前，重量（吨位）法为模具行业内习惯称呼，实际是以模具质量和单位质量价格作为价格要素估算模具销售价格。

$$M_2 = WA_0(1+K_1+K_2+K_3+K_4)(1+r_{21})(1+r_{22}) \tag{7-21}$$

式中，M_2——按质量估算的中、大型冲压模具的销售价格，万元；

W——模具的实体质量，t；

A_0——含销售成本的单位质量含金当量金额，万元/t；

K_1——制件的曲面与形状复杂因素系数（表 7-15）；

K_2——制件精度因素系数（表 7-16）；

K_3——冲模材料因素系数（表 7-17）；

K_4——冲模结构因素系数（表 7-18）；

r_{21}——成本利润率（表 7-19，仅供参考），%；

r_{22}——综合税率（表 7-19，仅供参考），%。

（1）计算模具实体质量（W）

①确定实体质量系数（K_w）；

②确定下底板长度方向放出量（$2l$）和下底板宽度方向放出量（$2b$）。

（2）确定单位质量含金当量金额（A_0）

（3）确定制件的曲面与形状复杂因素系数（K_1）、精度因素系数（K_2）、冲模材料因素系数（K_3）、冲模结构因素系数（K_4）

（4）成本利润率（r_{21}）、综合税率（r_{22}）的确定

$$\begin{aligned} W &= VK_w\rho \\ &= LBHK_w\rho \\ &= (L_1+2l)(B_1+2b)HK_w\rho \end{aligned} \tag{7-22}$$

7.3.2.2　逐项成本费用估算法

$$M_2 = \left[\left(M_\mathrm{m} + M_\mathrm{b} \right)(1 + K_5 + K_6 + K_7 + K_8) + D_\mathrm{d} \right](1 + g_2)(1 + r_{21})(1 + r_{22}) \tag{7-23}$$

（1）确定产品的冲压模拟分析和冲压过程图工时费

$$M_\mathrm{m} = T_\mathrm{m} A_\mathrm{m} \tag{7-24}$$

（2）模具基价（M_b）

$$M_\mathrm{b} = M_\mathrm{c} + M_\mathrm{j} \tag{7-25}$$

①模具材料费（M_c）：

$$M_\mathrm{c} = m_\mathrm{z} + m_\mathrm{d} + m_\mathrm{g} \tag{7-26}$$

铸件费：

$$m_\mathrm{z} = W_\mathrm{z} C_\mathrm{z} = W K_\mathrm{z} C_\mathrm{z} \tag{7-27}$$

锻件费与钢板费：

$$m_\mathrm{d} = W_\mathrm{d} C_\mathrm{d} = W K_\mathrm{d} C_\mathrm{d} \tag{7-28}$$

外购件费（m_g）。

②模具加工费（M_j）：

$$M_\mathrm{j} = m_\mathrm{p} + m_\mathrm{s} + m_\mathrm{x} + m_\mathrm{t} \tag{7-29}$$

普通加工费：

$$m_\mathrm{p} = n_\mathrm{p} A_\mathrm{p} \tag{7-30}$$

数控加工费：

$$m_\mathrm{s} = n_\mathrm{s} A_\mathrm{s} \tag{7-31}$$

装配精修费：

$$m_\mathrm{x} = n_\mathrm{x} A_\mathrm{x} \tag{7-32}$$

模具调试费：

$$m_\mathrm{t} = n_\mathrm{t} A_\mathrm{t} \tag{7-33}$$

（3）影响因素系数

①模具型槽因素系数（K_5）；

②制件材料厚度因素系数（K_6）；

③试验决定因素系数（K_7）；

④模具传送机构因素系数（K_8）。

（4）模具设计费（D_d）

$$D_d = Mb_d \tag{7-34}$$

（5）管理费用率（g_2）

（6）成本利润率（r_{21}）、综合税率（r_{22}）

7.3.3 中、大型冲压模具价格估算步骤

7.3.3.1 按模具质量（吨位）估算模具价格步骤

（1）制定冲压工艺

①根据制件的尺寸、形状和复杂程度，制定出完成本制件的全部冲压工艺；

②确定出模具结构类型。

（2）计算模具的实体质量

①依据制件在本工序的轮廓投影长度（L_1）和宽度（B_1），选取模具的下底板的放出量 $2l$ 和 $2b$；

②依据模具的类型与规格确定实体质量系数（K_w）；

③依据用户提供的压力机的设备规格和特殊要求确定模具的闭合高度（H）；

④确定钢材的密度（ρ）；

⑤依据式（7-22）估算出模具的实体质量（W）。

（3）确定估价公式中的各项参数

①根据本时期与本企业的订货类型确定含销售成本的含金当量金额（A_0）（万元/t）；

②依据制件的曲面与形状类别确定制件形状复杂因素系数（K_1）（表 7-15）；

表 7-15 形状复杂因素系数（K_1）

制件的曲面与形状类别			K_1
冲裁类	平面制件	凸、凹模刃口曲线平缓，无沟槽，可以采用机加工与砂轮机修整完成的制件	0
		凸、凹模刃口曲线复杂，有沟槽或孔，可以采用机加工后通过钳工精修方式完成的制件	0.1～0.3
	立体制件	修边刃口曲线变化平缓，高低起伏不大，只需垂直修边的制件	0.1～0.3
		修边刃口随线变化较为复杂，高低起伏大，可以垂直修边，局部需要采用斜楔进行修边完成的制件	0.2～0.5

制件的曲面与形状类别			K_1
成形类	一级曲线	制件周围都是曲线，顶面均为平面，其凸模或凹模基本不采用数控加工	0.1
	二级曲线	制件是比较平滑的立体曲面，拉延深度不大，其凸模或凹模必须采用数控加工	0.1～0.3
	三级曲线	制件是比较复杂且拉延深度较大的立体曲面，其凸模或凹模必须采用数控加工	0.2～0.4

③依据制件的料厚、形状类别和公差等级确定制件精度因素系数（K_2）（表 7-16）；

表 7-16　制件精度因素系数（K_2）

料厚/mm	制件公差等级	K_2		基本尺寸	公差等级			
					IT10	IT11	IT12	IT13
≤3	IT10	0.4		≤3	0.040	0.060	0.100	0.140
＞3～10	IT11			＞3～6	0.048	0.075	0.120	0.180
≤3	IT11	0.2		＞6～10	0.058	0.090	0.150	0.220
＞3～10	IT12			＞10～18	0.070	0.110	0.180	0.270
≤3	IT12	0.1		＞18～30	0.084	0.130	0.210	0.330
＞3～10	IT13			＞30～50	0.100	0.160	0.250	0.390
车种	制件类型	K_2	尺寸公差/mm	＞50～80	0.120	0.190	0.300	0.460
				＞80～120	0.140	0.220	0.350	0.540
卡车	内覆盖件	0.1		＞120～180	0.16	0.25	0.4	0.63
	外覆盖件	0.2		＞180～250	0.185	0.29	0.46	0.72
	骨架连接件	0.05		＞250～315	0.21	0.32	0.52	0.78
	梁类件	0		＞315～400	0.23	0.36	0.57	0.89
轿车	内覆盖件	0.2		＞400～500	0.25	0.4	0.63	0.97
	外覆盖件	0.3		＞500	0.28	0.44	0.7	1.1
	骨架连接件	0.1		—	—	—	—	—
	梁类件	0.15		—	—	—	—	—

④依据模具的类型与模具选用的材料确定冲模材料因素系数（K_3）（表 7-17）；

表 7-17　冲模材料因素系数（K_3）

冲模类型		常用材料	K_3	选用材料	K_3
冲裁类	落料冲孔、修边冲孔、切断	HT250、20～45、T8A～T12A	0	ZG45	0.02
				YB2、7CrSiMnMoV	0.03
				9Mo2V、Cr12MoV	0.05

冲模类型		常用材料	K_3	选用材料	K_3
成形类	成形整形、翻边弯曲	HT250、20～45、T8A～T12A	0	9Mo2V、Cr12MoV	0.05
				Cr12MoV	0.05
拉延类	拉延	HT250～300	0	MoCr/MoV	0.05
				QT60-2	0.10

⑤依据模具的结构类型确定冲模结构因素系数（K_4）（表 7-18）；

表 7-18 冲模结构因素系数（K_4）

序号	冲模结构类型	K_4
1	常规结构（工件部分为钢镶块，有导向、顶出、压料、退料装置）	0
2	常规结构上增加自动进、出料装置	0.05～0.15
3	多工位、结构复杂	0.05～0.30
4	氮气缸压料、整形、上下双活动结构	0.10～0.20
5	大型（滑块斜面长度在 1 m 以上）的吊楔、斜楔机构	0.15～0.25
6	结构简单、无导向	–0.05～–0.02
7	镶块为铸件、堆焊刃口	–0.15～–0.05
8	制件用孔定位，基本无立体面	–0.20～–0.05
9	钢板焊接结构	–0.15～–0.1

⑥确定成本利润率（r_{21}）、综合税率（r_{22}）（表 7-19）。

表 7-19 成本利润率（r_{21}）、综合税率（r_{22}） 单位：%

成本利润率（r_{21}）	综合税率（r_{22}）
10～15	17～18.5

（4）依据式（7-21）估算出模具的销售价格（M_2）

7.3.3.2 按逐项成本费用估算模具价格步骤

（1）估算进行冲压工艺过程模拟分析与冲压过程图制定的工时

按照制件的类型和大小估算进行冲压工艺过程模拟分析与冲压过程图制定的工时，查表 7-20，选取 T_m 与 A_m 值。用式（7-35）计算冲压模拟分析和制定过程图费用（M_m）。

$$M_m = T_m A_m \quad (7\text{-}35)$$

表7-20 过程模拟分析与冲压过程图制定工时与费用

冲压模拟分析和冲压过程图工时（T_m）			工时单价（A_m）/（万元/h）
制件类型	制件范围（长+宽）/mm	工时/h	
一级曲线制件	≤1 500	180～220	0.028～0.03
	>1 500～2 500	221～255	
	>2 500	256～280	
二级曲线制件	≤1 500	210～240	
	>1 500～2 500	241～275	
	>2 500	276～320	
三级曲线制件	≤1 500	240～280	
	>1 500～2 500	281～320	
	>2 500	321～360	

（2）计算出中、大型模具的基价（M_b）

$$M_b = M_c + M_j \tag{7-36}$$

1）估算模具的材料费（M_c）

$$M_c = m_z + m_d + m_g \tag{7-37}$$

①计算铸件费（m_z）。按照实体质量估算法计算模具的实体质量（W）[参考式（7-22）]；根据模具的类型确定铸件所占模具的实体质量的百分比即 K_z，铸件材料价格（C_z）根据当时的市场价格制定。利用式（7-38）计算铸件费（m_z）：

$$m_z = WK_zC_z \tag{7-38}$$

②计算锻件费（m_d）。根据模具的类型确定锻件所占模具的实体质量的百分比即 K_d，锻件材料价格（C_d）根据当时的市场价格制定。利用式（7-39）计算锻件费（m_d）：

$$\begin{aligned} m_d &= W_dC_d \\ &= WK_dC_d \end{aligned} \tag{7-39}$$

③计算外购件的费用（m_g）。根据市场的价格计算所需外购件的费用（m_g）。

2）估算模具的加工费（M_j）

$$M_j = m_p + m_s + m_x + m_t \tag{7-40}$$

计算模具的加工费（M_j），包括普通加工费（m_p）、数控加工费（m_s）、装配精修费（m_x）、模具调试费用（m_t）。以上各种加工的加工工时定额参考表7-21选取，加工工时单价根据各个企业或同行业的市场价格制定。

$$m_p = n_pA_p \tag{7-41}$$

$$m_s = n_s A_s \tag{7-42}$$

$$m_x = n_x A_x \tag{7-43}$$

$$m_t = n_t A_t \tag{7-44}$$

表 7-21　加工工时定额参考表　　单位：h

类型	中型			中、大型				大型		
半周长/mm	＞1 400～1 700	＞1 700～2 100	＞2 100～2 500	＞2 500～3 000	＞3 000～3 500	＞3 500～4 000	＞4 000～4 500	＞4 500～5 000	＞5 000～5 400	＞5 400～5 800
一级制件曲线落料模										
数控加工	12	16	20	26	32	40	56	68	72	84
普通加工	155	190	233	287	347	385	417	543	661	739
装配精修	140	161	182	224	280	321	358	455	504	560
模具调试	34	37	41	48	54	60	65	66	75	78
二级制件曲线落料模										
数控加工	14	19	24	31	38	48	67	82	86	101
普通加工	182	223	274	338	408	453	490	639	778	869
装配精修	200	230	260	320	400	458	512	650	720	800
模具调试	40	44	48	56	64	70	76	78	88	92
三级制件曲线落料模										
数控加工	18	24	30	39	48	60	84	102	108	126
普通加工	218	268	329	406	490	544	588	767	934	1 043
装配精修	230	265	299	368	460	527	589	748	828	920
模具调试	46	51	55	64	74	81	87	90	101	106
一级曲线落料冲孔模										
数控加工	12	16	20	26	32	40	56	68	72	84
普通加工	167	206	254	306	340	368	479	584	652	731
装配精修	0	0	0	0	0	0	0	0	0	0
模具调试	40	44	48	56	64	70	76	78	88	92
二级曲线落料冲孔模										
数控加工	16	21	26	34	42	53	74	90	95	111
普通加工	223	274	338	408	453	490	639	778	869	974
装配精修	230	260	320	400	458	512	650	720	800	840
模具调试	48	56	64	70	76	78	88	92	100	120
三级曲线落料冲孔模										
数控加工	20	26	33	43	53	66	92	112	119	139
普通加工	268	329	406	490	544	588	767	934	1 043	1 169
装配精修	276	312	384	480	550	614	780	864	960	1 008
模具调试	53	58	67	77	84	91	94	106	110	120

类型	中型			中、大型				大型		
半周长/mm	>1 400～1 700	>1 700～2 100	>2 100～2 500	>2 500～3 000	>3 000～3 500	>3 500～4 000	>4 000～4 500	>4 500～5 000	>5 000～5 400	>5 400～5 800
立体制件剖切模										
数控加工	11	13	14	17	20	42	63	88	112	134
普通加工	203	241	271	292	318	384	454	521	580	696
装配精修	110	116	120	156	180	228	270	315	360	432
模具调试	22	23	24	26	29	34	38	45	50	60
平面制件冲孔模										
数控加工	10	13	16	21	26	32	45	54	58	
普通加工	195	247	276	297	329	404	460	523	591	
装配精修	140	150	172	228	258	286	321	364	386	
模具调试	20	24	29	34	40	46	52	58	64	
立体简单制件冲孔模										
数控加工	14	19	24	31	38	48	67	82	86	98
普通加工	245	290	326	351	382	460	544	624	694	832
装配精修	184	194	200	260	300	380	450	525	600	720
模具调试	36	38	40	44	48	56	64	75	84	101
一级制件曲线修边冲孔模										
数控加工	50	58	70	86	112	154	174	197	291	330
普通加工	200	262	304	386	460	520	624	740	835	925
装配精修	179	207	290	400	442	469	497	607	690	836
模具调试	43	45	53	63	68	81	97	119	138	161
二级制件曲线修边冲孔模										
数控加工	66	75	92	112	146	200	227	256	379	428
普通加工	240	314	364	463	552	624	748	888	1 002	1 110
装配精修	260	300	420	580	640	680	720	880	1 000	1 212
模具调试	54	56	66	78	84	100	120	148	172	200
三级制件曲线修边冲孔模										
数控加工	76	86	106	130	168	230	262	295	437	494
普通加工	270	354	410	521	621	702	842	996	1 127	1 249
装配精修	299	345	483	667	736	782	828	1 012	1 150	1 294
模具调试	62	64	76	90	97	115	138	170	198	230
二级制件曲线修边模										
数控加工	48	55	67	82	106	146	166	187	277	313
普通加工	170	223	258	328	391	442	530	629	710	786
装配精修	230	260	300	420	580	640	680	720	880	1 000
模具调试	48	54	56	66	78	84	100	120	148	172

类型	中型			中、大型				大型		
半周长/mm	>1 400~1 700	>1 700~2 100	>2 100~2 500	>2 500~3 000	>3 000~3 500	>3 500~4 000	>4 000~4 500	>4 500~5 000	>5 000~5 400	>5 400~5 800
三级制件曲线修边模										
数控加工	55	72	83	101	124	161	221	251	283	419
普通加工	243	308	364	398	446	498	580	620	850	1 105
装配精修	265	299	345	483	667	736	782	828	1 012	1 150
模具调试	55	62	64	76	90	97	115	138	170	198
浅型面拉延模										
数控加工	142	154	196	223	255	284	320	364	388	445
普通加工	48	96	114	132	156	172	194	246	275	298
装配精修	220	240	280	350	400	500	600	720	860	1 000
模具调试	52	64	82	90	110	134	140	164	192	240
深型面拉延模										
数控加工	170	185	235	268	306	341	384	437	466	534
普通加工	55	109	130	150	178	196	221	280	314	340
装配精修	275	300	350	438	500	625	750	900	1 075	1 250
模具调试	65	80	103	113	138	168	175	205	240	300
复杂深型面拉延模										
数控加工	192	208	265	301	344	383	432	491	524	601
普通加工	57	113	135	156	184	203	229	290	325	352
装配精修	330	360	420	525	600	750	900	1 080	1 290	1 500
模具调试	78	96	123	135	165	201	210	246	288	360
简单平滑型面成型模										
数控加工	48	64	78	96	148	200	240	280	300	320
普通加工	189	236	235	270	292	318	361	402	445	478
装配精修	181	200	230	260	402	544	612	680	700	720
模具调试	40	46	52	60	94	129	164	200	232	264
复杂坡度大型面成型模										
数控加工	72	96	117	144	222	300	360	420	450	480
普通加工	224	281	279	321	347	378	430	479	530	569
装配精修	244	270	311	351	543	734	826	918	945	972
模具调试	54	62	70	81	127	174	221	270	313	356
简单曲线翻边模										
数控加工	111	124	136	166	203	233	266	294	323	346
普通加工	167	189	209	228	236	249	309	370	432	494
装配精修	126	180	260	339	360	375	513	576	714	852
模具调试	56	78	84	90	93	96	99	102	105	108

类型	中型			中、大型				大型		
半周长/mm	＞1 400～1 700	＞1 700～2 100	＞2 100～2 500	＞2 500～3 000	＞3 000～3 500	＞3 500～4 000	＞4 000～4 500	＞4 500～5 000	＞5 000～5 400	＞5 400～5 800
复杂曲线翻边模										
数控加工	134	149	163	199	244	280	319	353	388	415
普通加工	202	228	253	276	287	302	376	452	528	604
装配精修	168	240	346	452	480	500	684	768	952	1 136
模具调试	74	104	112	120	124	128	132	136	140	144
翻边整形模										
数控加工	140	156	171	209	256	294	335	370	407	436
普通加工	237	267	297	324	338	355	443	534	624	714
装配精修	218	312	450	588	624	650	839	998	1 238	1 477
模具调试	104	146	157	168	174	179	185	190	196	202
简单压弯模										
数控加工	42	64	84	92	100	112	124	130	138	146
普通加工	159	177	194	237	290	333	380	420	462	504
装配精修	142	154	160	190	220	250	280	310	330	350
模具调试	36	42	48	56	64	71	88	110	130	150
复杂压弯模										
数控加工	50	77	101	110	120	134	149	156	166	175
普通加工	180	200	218	267	327	375	428	473	521	568
装配精修	156	169	176	209	242	275	308	341	363	385
模具调试	43	50	58	67	77	85	106	132	156	180
压弯成型模										
数控加工	57	86	113	124	135	151	167	176	186	197
普通加工	207	230	251	307	377	432	493	546	601	657
装配精修	199	216	224	266	308	350	392	434	462	490
模具调试	49	57	65	76	86	96	119	149	176	203

（3）确定估算模具价格的各种修正系数

①按型槽数量选择模具的型槽因素系数（K_5），查表 7-22；

表 7-22　型槽因素系数（K_5）

模具类型	型槽数	K_5	模具类型	型槽数	K_5
落料模、落料冲孔模	2	0.15	压弯模、成形模	2	0.50
	3	0.30		3	0.80
	4	0.50		4	1.20

②按制件材料厚度选取模具的厚度因素系数（K_6），查表 7-23；

表 7-23 厚度因素系数（K_6）

制件材料厚度/mm	K_6
≤0.5	0.25
>0.5～6	1
>6	0.2

③按待试验决定最终尺寸的模具类型选取试验决定因素系数（K_7），查表 7-24；

表 7-24 试验决定因素系数（K_7）

供试验的模具类型	待试验决定最终尺寸的模具类		K_7
翻边模、翻口模	冲孔模	圆形	0.05
		一级曲线	0.10
拉延类、成形类、整形类、弯曲类	落料模、落料冲孔	圆形	0.05
		一级曲线	0.10
		二级曲线	0.15
		三级曲线	0.20
翻边类	修边模	一级曲线	0.15
		二级曲线	0.20
		三级曲线	0.25

④按模具结构类型选取模具传送机构因素系数（K_8），查表 7-25。

表 7-25 模具传送机构因素系数（K_8）

模具结构类型	K_8	
	模具结构	
	托料式送料	气动装置或退料结构
常规结构模具	0.05	0.10
联合安装模具	0.10	0.15

（4）确定模具的设计费（D_d）

设计费用率（d）的取值范围为 10%～15%，D_d 的计算公式为

$$D_d = M_{bd} \tag{7-45}$$

（5）确定管理费用率（g_2）、成本利润率（r_{21}）、综合税率（r_{22}）

①确定管理费用率（g_2），一般取值范围在 8%～12%；

②确定成本利润率（r_{21}），一般取值范围在 10%～15%；

③确定综合税率（r_{22}），一般取值范围在 17%～18.5%。

（6）依据式（7-23）估算模具的销售价格。

【任务实施】

7.3.4　车门板修边冲孔模价格估算

图 7-2 车门板修边冲孔模价格估算如表 7-26 和表 7-27 所示。

表 7-26　车门板制件参数

制件名称	车门板	模具名称	修边冲孔模	板料厚度	1.0 mm	制件材料	ST14Z

制件简图

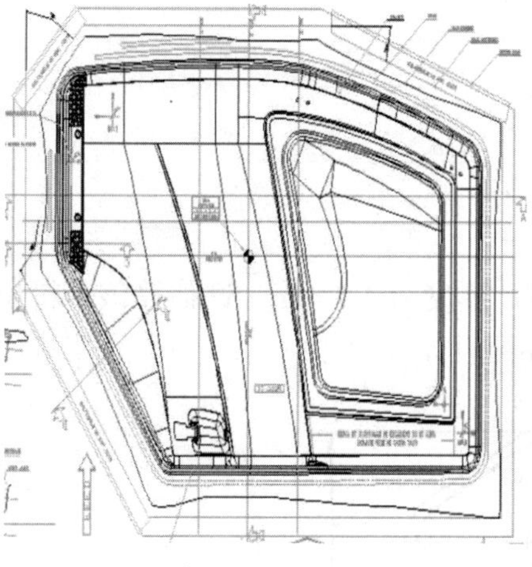

尺寸：1.35 m×0.75 m

结构简图

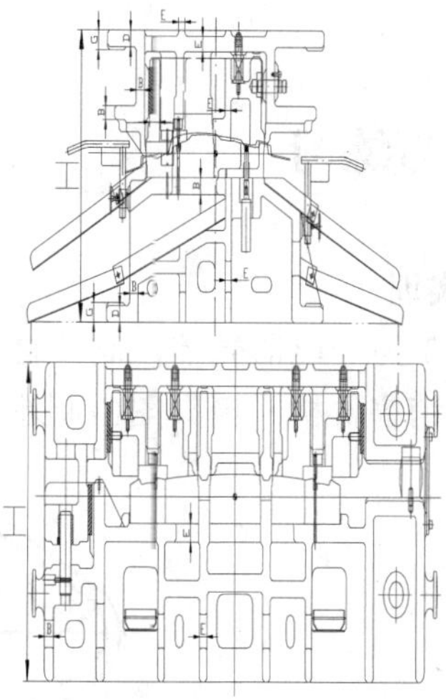

表 7-27　车门板修边冲孔模价格估算表

制件本序投影尺寸/m	长（L_1）	宽（B_1）	压床闭合高度（H）		下底板放出量/m	$2l$	$2b$
	1.6	0.9	1.1			1.1	1
项　目	代号	参数	单位	项　目	代号	参数	单位
下底板半周长长+宽		4.6	m	模拟工时	H_m	320	h
曲线等级		二级		模拟工时单价	M_f	0.028	万元/h
钢的密度	ρ	7.85		铸件占总质量比率	k_{WZ}	85%	
实体质量系数	K_w	38%		铸件单价	C_Z	0.65	万元/t
形状复杂系数	k_1	10%		锻件占总质量比率	k_{WD}	15%	
制件精度系数	k_2	10%		锻件单价	C_D	1	万元/t

项　目	代号	参数	单位	项　目	代号	参数	单位
模具材料系数	k_3			外购件费用	m_{13}	1.2	万元/套
模具结构系数	k_4			普通加工工时	H_p	888	h
模具型槽数系数	k_5			普通加工工时单价	P_f	0.006	万元/h
材料厚度系数	k_6			NC 加工工时	H_{nc}	256	h
试验决定系数	k_7	10%		NC 加工工时单价	N_{cc}	0.06	万元/h
传动机构系数	k_8			装配加工工时	H_z	880	h
设计费用率	d	12%		装配加工工时单价	Z_p	0.012 5	万元/h
管理费用率	g	10%		调试加工工时	H_t	148	h
成本利润率	P_r	10%		调试加工工时单价	T_s	0.022	万元/h
综合税率	t_r	18.50%		重量含金额度	A_0	3.5	万元/t
按实体质量估算价格				按成本发生估算价格			
模具质量/t	16.833			模具基价/万元	47.969		
销售价格/万元	92.156			销售价格/万元	98.004		

实训与练习

1．实训

图 7-3 为一电器壳体，制件材料为 08F，厚度为 1.2 mm。试估算该落料拉深复合模具的销售价格（模具图由制造方依制件图设计）。

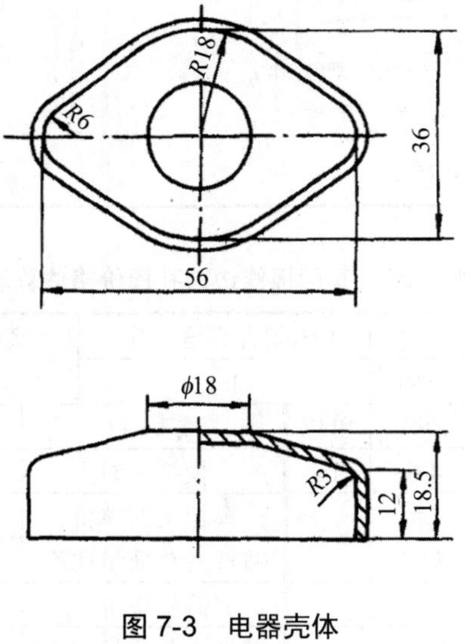

图 7-3　电器壳体

2．练习

（1）小型冲压模具估价时影响制造总工时的主要因素有哪些？

（2）小型冲压模具的原材料费有几种计算方式？一般采用什么公式估算？

（3）中、大型冲压模具的制造特点是什么？在估算模具价格时如何考虑这些特点？

（4）中、大型冲压模具价格估算方法与小型冲压模具价格估算方法相比有何不同？为什么？

附表：各项目成绩评定表

1. 冲压模具的安装与调试成绩评定表

冲压模具的安装与调试成绩评定见表 1。

表 1　模具拆装常用工具

姓名		总得分		
项目	检测内容	配分	评分标准	得分
冲压模具的装配	组件装配	20	装配错误不得分	
	装配基准的确定	5	选择错误不得分	
	凹模的装配	10	装配错误不得分	
	定位、导向装置的装配	10	装配错误不得分	
	卸料装置的装配	10	装配错误不得分	
	凸模的装配	10	装配错误不得分	
	凸模、凹模配合间隙的调整	10	调整不当不得分	
	模具的安装	10	违者不得分	
	模具调试	5	违者不得分	
安全文明生产		10	违者不得分	
项目训练记录				

2．冲裁模具设计项目成绩评定表

冲裁模具设计项目成绩评定见表 2。

表 2　冲裁模具设计项目成绩评定表

姓名		总得分		
项目	检测内容	配分	评分标准	得分
冲裁工艺设计	冲裁工艺分析	5	分析错误不得分	
	冲压工艺方案的确定	5	方案错误不得分	
冲裁模具设计	冲裁模具结构设计	5	结构错误不得分	
	排样设计	5	排样设计错误不得分	
	凸凹模刃口尺寸计算	10	错误一处扣 2 分	
	模具零部件的设计	30	错误一处扣 3 分	
	装配图、零件图绘制	25	错误一处扣 2 分	
冲压设备选择	压力机的选择数	5	选择错误不得分	
安全文明生产		10	违者不得分	
项目训练记录				

3．弯曲模具设计成绩评定表

弯曲模具设计成绩评定见表 3。

表 3　弯曲模具设计成绩评定表

姓名		总得分		
项目	检测内容	配分	评分标准	得分
弯曲工艺设计	弯曲件质量分析	5	分析错误不得分	
	弯曲工艺方案设计	5	方案错误不得分	
弯曲模具设计	弯曲模具结构设计	5	结构错误不得分	
	坯料尺寸、弯曲力的计算	5	计算错误不得分	
	模具工作部分尺寸计算	10	错误一处扣 2 分	
	模具零部件的设计	35	错误一处扣 3 分	
	装配图、零件图绘制	25	错误一处扣 2 分	
安全文明生产		10	违者不得分	
项目训练记录				

4．拉深模具设计成绩评定表

拉深模具设计成绩评定见表 4。

表 4　拉深模具设计成绩评定表

姓名		总得分		
项目	检测内容	配分	评分标准	得分
拉深工艺设计	拉深件质量分析	5	分析错误不得分	
	拉深工艺设计	5	方案错误不得分	
拉深模具设计	拉深模具结构设计	5	结构错误不得分	
	拉深工艺计算	5	计算错误不得分	
	模具工作部分尺寸计算	10	错误一处扣 2 分	
	模具零部件的设计	35	错误一处扣 3 分	
	装配图、零件图绘制	25	错误一处扣 2 分	
安全文明生产		10	违者不得分	
项目训练记录				

5．翻边模具设计成绩评定表

翻边模具安装与调试成绩评定见表 5。

表 5　翻边模具安装与调试成绩评定表

姓名		总得分		
项目	检测内容	配分	评分标准	得分
翻边工艺设计	翻边工艺分析	5	分析错误不得分	
	翻边工艺方案的确定	5	方案错误不得分	
翻边模具设计	翻边模具结构设计	5	结构错误不得分	
	预制翻边孔设计	5	排样设计错误不得分	
	工艺计算	10	错误一处扣 2 分	
	模具零部件的设计	35	错误一处扣 3 分	
	装配图、零件图绘制	25	错误一处扣 2 分	
安全文明生产		10	违者不得分	
项目训练记录				

6. 多工位级进模具设计成绩评定表

多工位级进模具安装与调试成绩评定见表 6。

表 6　多工位级进模具安装与调试成绩评定表

姓名		总得分		
项目	检测内容	配分	评分标准	得分
工艺设计	工艺分析	5	分析错误不得分	
	冲压工艺方案的确定	5	方案错误不得分	
模具设计	模具结构设计	5	结构错误不得分	
	排样设计	5	排样设计错误不得分	
	凸凹模刃口尺寸计算	10	错误一处扣 2 分	
	模具零部件的设计	35	错误一处扣 3 分	
	装配图、零件图绘制	25	错误一处扣 2 分	
安全文明生产		10	违者不得分	
项目训练记录				

7. 冲压模具价格估算成绩评定表

冲压模具价格估算成绩评定见表 7。

表 7　冲压模具价格估算成绩评定表

姓名		总得分		
项目	检测内容	配分	评分标准	得分
小型模具工时法价格估算	制造工费计算	5	计算错误不得分	
	材料费计算	4	计算错误不得分	
	销售价格计算	10	计算错误不得分	
小型模具重量法价格估算	模具实体质量	4	计算错误不得分	
	系数选择	4	计算错误不得分	
	销售价格计算	10	计算错误不得分	
中、大型模具逐项成本法价格估算	计算过程图费用	6	计算错误不得分	
	计算模具基价	9	计算错误不得分	
	模具修正系数选择	9	计算错误不得分	
	销售价格计算	12	计算错误不得分	
中、大型模具重量法价格估算	确定模具类型计算重量	6	计算错误不得分	
	选择系数	9	计算错误不得分	
	销售价格计算	12	计算错误不得分	
项目训练记录				

参考文献

[1] 王孝培．冲压手册[M]．北京：机械工业出版社，2009.

[2] 成虹．冲压工艺与模具设计[M]．北京：机械工业出版社，2017.

[3] 丁松聚．冷冲模设计[M]．北京：机械工业出版社，2011.

[4] 刘建超，张宝忠．冲压模具设计与制造[M]．北京：高等教育出版社，2010.

[5] 孙凤勤．冲压与塑压设备[M]．北京：机械工业出版社，2012.

[6] 翁其金，徐新成．冲压工艺及冲模设计[M]．北京：机械工业出版社，2008.

[7] 原红玲．冲压工艺与冲模设计[M]．北京：机械工业出版社，2008.

[8] 杨关全．冷冲模设计资料与指导[M]．大连：大连理工大学出版社，2014.

[9] 钟翔山．冲模及冲压技术实用手册[M]．北京：金盾出版社，2015.

[10] 周忠旺．冲压工艺分析与模具设计方法任务驱动式教程[M]．北京：国防出版社，2010.

[11] 丁友生．冷冲模具设计与项目实践[M]．杭州：浙江大学出版社，2014.

[12] 刘航．模具价格估算[M]．北京：机械工业出版社，2015.

[13] 王桂英．模具价格估算[M]．北京：中国科学技术出版社，2014.

[14] 施于庆，祝邦文．板料冲压[M]．杭州：浙江大学出版社，2015.

[15] 查五生．冲压工艺及模具设计[M]．重庆：重庆大学出版社，2015.

[16] 郑峥．冲压注塑成型设备[M]．北京：北京理工大学出版社，2015.

[17] 魏春雷，徐慧民．冲压工艺与模具设计[M]．北京：北京理工大学出版社，2016.

[18] 刘春雨．冲压工艺与模具设计[M]．北京：北京理工大学出版社，2017.

[19] 周树银．冲压模具设计及主要零部件加工[M]．北京：北京理工大学出版社，2017.